2023

제어공학

한솔아카데미
www.inup.co.kr

머리말 PREFACE

첫째, 새로운 가치의 창조

많은 사람들은 꿈을 꾸고 그 꿈을 위해 노력합니다. 꿈을 이루기 위해서는 여러 가지 노력을 합니다. 결국 꿈의 목적은 경제적으로 윤택한 삶을 살기 위한 것이 됩니다. 그것을 위해 주식, 재테크, 펀드, 복권 등 여러 가지 가치창조를 위한 노력을 합니다. 이와 같은 노력의 성공 확률은 극히 낮습니다.

현실적으로 자신의 가치를 높일 수 있는 가장 확률이 높은 방법은 자격증입니다. 특히 전기분야의 자격증은 여러분을 기술자로서 새로운 가치를 부여하게 될 것입니다. 전기는 국가산업 전반에 걸쳐 없어서는 안 되는 중요한 분야입니다.

전기기사, 전기공사기사, 전기산업기사, 전기공사산업기사 자격증을 취득한다는 것은 여러분을 한 단계 업그레이드 하는 새로운 가치를 창조하는 행위입니다. 더불어 전기분야 기술사를 취득할 경우 여러분은 전문직으로서 최고의 기술자가 될 수 있습니다.

스스로의 가치(Value)를 만들어가는 것은 작은 실천부터 시작됩니다. 지금 준비하는 자격증이 바로 여러분의 Name Value를 만들어가는 과정이며 결과입니다.

둘째, 인생의 패러다임

고등학교, 대학교 등을 통해 여러분은 많은 학습을 하였습니다. 그리고 새로운 학습에 도전하고 있습니다. 현대 사회는 학습하지 않으면 도태되는 평생교육의 사회입니다. 새로운 지식과 급변하는 지식에 맞춰 평생학습을 해야 합니다. 이것은 평생 직업을 갖질 수 있는 기회가 됩니다.

노력한 만큼 그 결실은 큽니다. 링컨은 자기가 노력한 만큼 행복해진다고 했습니다. 저자는 여러분에게 권합니다. 꿈과 목표를 설정하세요.

"꿈꾸는 자만이 꿈을 이룰 수 있습니다. 꿈이 없으면 절대 꿈을 이룰 수 없습니다."

전기기사
전기공사기사

5

▶ 무료동영상 제공

제어공학

HANSOL ACADEMY
ELECTRICITY

한권으로 완벽하게 끝내는
한솔아카데미 전기시리즈❺

건축전기설비기술사 **김 대 호** 저

ELECTRICITY

대호의 전기기사 산업기사 문답카페
ttps://cafe.naver.com/qnacafe

www.inup.co.kr

한솔아카데미 H/A/N/S/O/L//A/C/A/D/E/M/Y

한솔아카데미가 답이다

전기(산업)기사 필기 인터넷 강의 "전과목 0원"

학습관련 문의사항, 성심성의껏 답변드리겠습니다.

http://cafe.naver.com/qnacafe

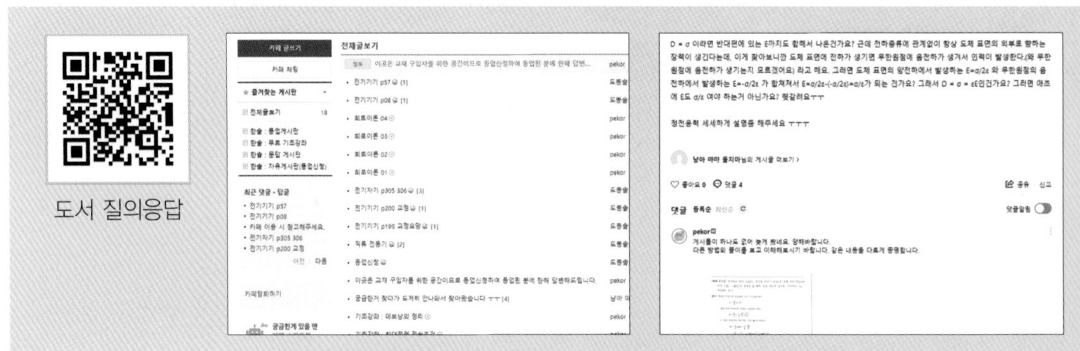

전기기사·전기산업기사 필기 교수진 및 강의시간

구 분	과 목	담당강사	강의시간	동영상	교 재
필 기	전기자기학	김병석	약 31시간		
	전력공학	강동구	약 28시간		
	전기기기	강동구	약 34시간		
	회로이론	김병석	약 27시간		
	제어공학	송형무	약 12시간		
	전기설비기술기준	송형무	약 12시간		

전기(산업)기사 필기

무료동영상 수강방법

01 회원가입

카페 가입하기 _ 전기기사 · 전기산업기사 학습지원 센터에 가입합니다.

http://cafe.naver.com/qnacafe

전기기사 · 전기산업기사 필기
교재 인증하고 무료 동영상강의 듣자

02 도서촬영

도서 촬영하여 인증하기

전기기사 시리즈 필기 교재 표지와 카페 닉네임, ID를 적은 종이를 함께 인증!

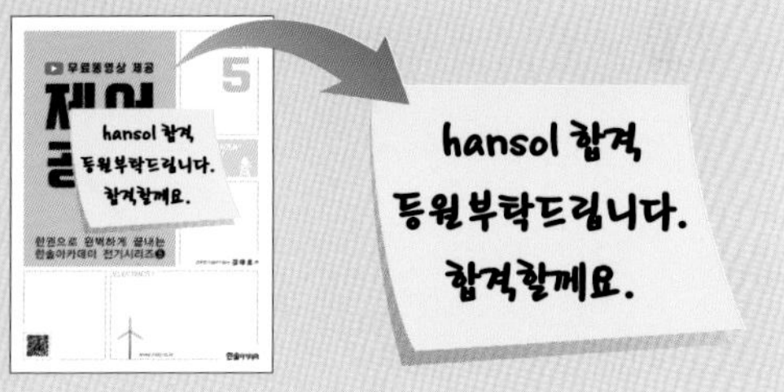

03 도서인증

카페에 도서인증 업로드하기 _ 등업게시판에 촬영한 교재 이미지를 올립니다.

04 동영상

무료동영상 시청하기

No	구분	강의내용	시간	진도	학습하기
1장 자동제어계의 요소와 구성					
1	이론	자동제어계~제어시스템의 분류	26분	0%	수업듣기
2	핵심과년도	핵심 과년도 문제 1-1번~1-6번	3분 35초	0%	수업듣기
2장 라플라스의 변환					
1	이론	라플라스변환①	26분 22초	0%	수업듣기
2	이론	라플라스변환②	26분 38초	0%	수업듣기
3	이론	라플라스변환의 성질	27분 9초	0%	수업듣기

Elctricity

꿈·은·이·루·어·진·다

셋째, 학습을 위한 조언

이번에 발행하게 된 전기기사, 산업기사 필기 자격증의 기본서로서 필기시험에 필요한 핵심 요약과 과년도 상세해설을 제공합니다.

각 단원의 내용을 이해하고 문제를 풀어갈 경우 고득점은 물론 실기시험에서도 적용할 수 있는 지식을 쌓을 수 있습니다.

여러분은 합격을 위해 매일 매일 실천하는 학습을 하시길 권합니다. 일주일에 주말을 통해 학습하는 것보다 매일 학습하는 것이 효과가 좋고 합격률이 높다는 것을 저자는 수많은 교육과 사례를 통해 알고 있습니다. 따라서 독자 여러분에게 매일 일정한 시간을 정하고 학습하는 것을 권합니다.

시간이 부족하다는 것은 핑계입니다. 하루 8시간 잠을 잔다면, 평생의 1/3을 잠을 잔다는 것입니다. 잠자는 시간 1시간만 줄여보세요. 여러분은 충분히 공부할 수 있는 시간이 있습니다. 텔레비전 보는 시간 1시간만 줄여보세요. 여러분은 공부할 시간이 더 많아집니다. 시간은 여러분이 만들 수 있습니다. 여러분 마음먹기에 따라 충분한 시간이 생깁니다. 노력하고 실천하는 독자여러분이 되시길 바랍니다.

끝으로 이 도서를 작성하는데 있어 수많은 국내외 전문서적 및 전문기술회지 등을 참고하고 인용하면서 일일이 그 내용을 밝히지 못하였으나, 이 자리를 빌어 이들 저자 각위에게 깊은 감사를 드립니다.

전기분야 자격증을 준비하는 모든 분들에게 합격의 영광이 있기를 기원합니다.

이 도서를 출간하는데 있어 먼저는 하나님께 영광을 돌리며, 수고하여 주신 도서출판 한솔아카데미 임직원 여러분께 심심한 사의를 표합니다.

저자 씀

시험안내 및 출제기준

❶ 수험원서접수

- 접수기간 내 인터넷을 통한 원서접수(www.q-net.or.kr) 원서접수 기간 이전에 미리 회원가입 후 사진 등록 필수
- 원서접수시간은 원서접수 첫날 09:00부터 마지막 날 18:00까지

❷ 기사 시험과목

구 분	전기기사	전기공사기사	전기 철도 기사
필 기	1. 전기자기학 2. 전력공학 3. 전기기기 4. 회로이론 및 제어공학 5. 전기설비기술기준 (한국전기설비규정[KEC])	1. 전기응용 및 공사재료 2. 전력공학 3. 전기기기 4. 회로이론 및 제어공학 5. 전기설비기술기준 (한국전기설비규정[KEC])	1. 전기자기학 2. 전기철도공학 3. 전력공학 4. 전기철도구조물공학
실 기	전기설비설계 및 관리	전기설비견적 및 관리	전기철도 실무

❸ 기사 응시자격

- 산업기사+1년 이상 경력자
- 기능사+3년 이상 경력자
- 타분야 기사자격 취득자
- 4년제 관련학과 대학 졸업 및 졸업예정자
- 전문대학 졸업+2년 이상 경력자
- 교육훈련기관(기사 수준) 이수자 또는 이수예정자
- 교육훈련기관(산업기사 수준) 이수자 또는 이수예정자+2년 이상 경력자
- 동일 직무분야 4년 이상 실무경력자

❹ 산업기사 시험과목

구 분	전기산업기사	전기공사산업기사
필 기	1. 전기자기학 2. 전력공학 3. 전기기기 4. 회로이론 5. 전기설비기술기준(한국전기설비규정[KEC])	1. 전기응용 2. 전력공학 3. 전기기기 4. 회로이론 5. 전기설비기술기준(한국전기설비규정[KEC])
실 기	전기설비설계 및 관리	전기설비 견적 및 시공

❺ 산업기사 응시자격

- 기능사+1년 이상 경력자
- 타분야 산업기사 자격취득자
- 전문대 관련학과 졸업 또는 졸업예정자
- 동일 직무분야 2년 이상 실무경력자
- 교육훈련기간(산업기사 수준) 이수자 또는 이수예정자

❻ 제어공학 출제기준(2021.1.1~2023.12.31)

세부항목	세 세 항 목
1. 자동제어계의 요소 및 구성	1. 제어계의 종류 2. 제어계의 구성과 자동제어의 용어 3. 자동제어계의 분류 등
2. 블록선도와 신호흐름 선도	1. 블록선도의 개요 2. 궤환제어계의 표준형 3. 블록선도의 변환 4. 아날로그계산기 등
3. 상태공간해석	1. 상태변수의 의의 2. 상태변수와 상태방정식 3. 선형시스템의 과도응답 등
4. 정상오차와 주파수응답	1. 자동제어계의 정상오차 2. 과도응답과 주파수응답 3. 주파수응답의 궤적표현 4. 2차계에서 MP와 WP 등
5. 안정도판별법	1. Routh-Hurwitz안정도판별법 2. Nyquist안정도판별법 3. Nyquist선도로부터의 이득과 위상여유 4. 특성방정식의 근 등
6. 근궤적과 자동제어의 보상	1. 근궤적 2. 근궤적의 성질 3. 종속보상법 4. 지상보상의 영향 5. 조절기의 제어동작 등
7. 샘플값제어	1. sampling방법 2. Z변환법 3. 펄스전달함수 4. sample값 제어계의 Z변환법에 의한 해석 5. sample값 제어계의 안정도 등
8. 시퀀스제어	1. 시퀀스제어의 특징 2. 제어요소의 동작과 표현 3. 불대수의 기본정리 4. 논리회로 5. 무접점회로 6. 유접점회로 등

학습전략

학습방법 및 시험유의사항

❶ 제어공학 학습방법

제어공학은 계산문제보다도 수식정리 하는 문제가 많다. 기본적인 수식정리를 할 있도록 해 두어야 한다.
라플라스변환 등은 정해진 방법에 의해 변환되므로 어렵지 않다. 신호흐름선도 블록선도 등도 기본적으로 쉽게 이해할 수 있다.
과목 특성상 문제 변화가 심하지 않으며, 기본적인 수식전개를 할 수 있다면 어렵지 않게 공부할 수 있다.
이 과목은 기사시험에 출제되는 과목으로 회로이론보다 출제빈도가 높으나 문제는 쉽게 해결할 수 있는 문제가 많다. 다만, 수식전개가 어렵다면 힘든 과목이 될 수도 있다.
안정도판별 등 기본적인 문제는 거의 매회 출제된다. 기본적으로 출제되는 문제가 많으므로 예제를 잘 공부하는 것이 좋다.

❷ 제어공학 학습전략

제어공학은 모든 장에서 고르게 출제가 되며 공식 유도와 말로 서술되는 유형 및 계산문제의 유형이 비슷한 비율로 출제된다. 라플라스 변환, 전달함수, 블록선도와 신호흐름선도, 오버슈트와 제동비, 이득과 이득여유 및 위상, 안정도 판별법, 근궤적법, 이산치 제어 등은 매회 출제된다. 회로이론 및 제어공학은 기사에서 12문항 정도 출제되며 산업기사에서는 회로이론에 포함되어 2문제 정도 출제된다.

❸ 제어공학 출제분석

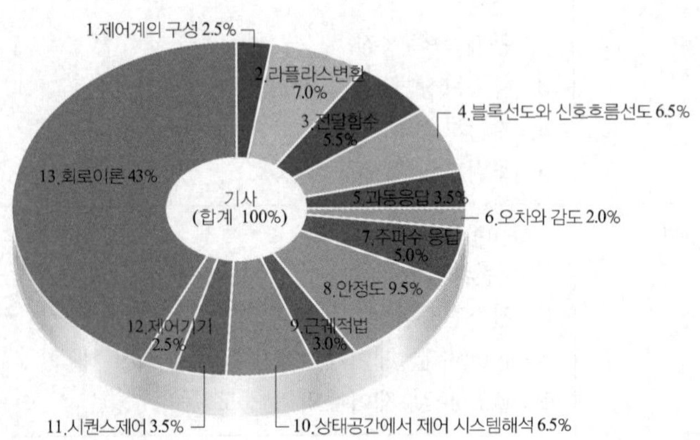

❹ 전기(산업)기사 필기 합격률

연도	기사 필기 합격률			산업기사 필기 합격률		
	응시	합격	합격률(%)	응시	합격	합격률(%)
2021	60,499	13,412	22.2%	37,892	7,011	18.5%
2020	56,376	15,970	28.3%	34,534	8,706	25.2%
2019	49,815	14,512	29.1%	37,091	6,629	17.9%
2018	44,920	12,329	27.4%	30,920	6,583	21.3%
2017	43,104	10,831	25.1%	29,428	5,779	19.6%
2016	38,632	9,085	23.5%	27,724	5,790	20.9%

❺ 필기시험 응시자 유의사항

① 수험자는 필기시험 시 (1)수험표 (2)신분증 (3)검정색 사인펜 (4)계산기 등을 지참하여 지정된 시험실에 입실 완료해야 합니다.

② 필기시험 합격자는 당해 필기시험 합격자 발표일로부터 2년간 필기시험을 면제받게 되며, 실기시험 응시자는 당해 실기시험의 발표 전까지는 동일종목의 실기시험에 중복하여 응시할 수 없습니다.

③ 기사 필기시험 전 종목은 답안카드 작성시 수정테이프(수험자 개별지참)를 사용할 수 있으나(수정액 및 스티커 사용 불가) 불완전한 수정처리로 인해 발생하는 불이익은 수험자에게 있습니다. (인적사항 마킹란을 제외한 답안만 수정가능)

※ 시험기간 중, 통신기기 및 전자기기를 소지할 수 없으며 부정행위 방지를 위해 금속탐지기를 사용하여 검색할 수 있음

④ 기사/산업기사/서비스분야(일부 제외) 시험은 응시자격이 미달되거나 정해진 기간까지 서류를 제출하지 않을 경우 필기시험 합격예정이 무효되오니 합격예정자께서는 반드시 기한 내에 서류를 공단 지사로 제출하시기 바랍니다.

■ 허용군 공학용계산기 사용을 원칙으로 하나, 허용군 외 공학용계산기를 사용하고자 하는 경우 수험자가 계산기 매뉴얼 등을 확인하여 직접 초기화(리셋) 및 감독위원 확인 후 사용가능

▶ 직접 초기화가 불가능한 계산기는 사용 불가 [2020.7.1부터 허용군 외 공학용계산기 사용불가 예정]

제조사	허용기종군
카시오(CASIO)	FX-901~999, FX-501~599, FX-301~399, FX-80~120
샤프(SHARP)	EL-501~599, EL-5100, EL-5230, EL-5250, EL-5500
유니원(UNIONE)	UC-400M, UC-600E, UC-800X
캐논(CANON)	F-715SG, F-788SG, F-792SGA
모닝글로리 (MORNING GLORY)	ECS-101

※ 위의 세부변경 사항에 대하여는 반드시 큐넷(Q-net) 홈페이지 공지사항 참조

책의 구성

이론정리 및 핵심·심화문제

이론정리로 시작하여 예제문제로 이해!!

이론정리 예제문제

- 학습길잡이 역할
- 각 장마다 이론정리와 예제문제를 연계하여 단원별 이론을 쉽게 이해할 수 있도록 하여 각 장마다 이론정리를 마스터 하도록 하였다.

⊙ 핵심&이론길잡이 ⊙

핵심개념을 쉽게 이해하도록 설명하였습니다.

⊙ 예제&개념문제 ⊙

개념이해가 쉽도록 가장 대표적인 문제를 선별하였습니다.

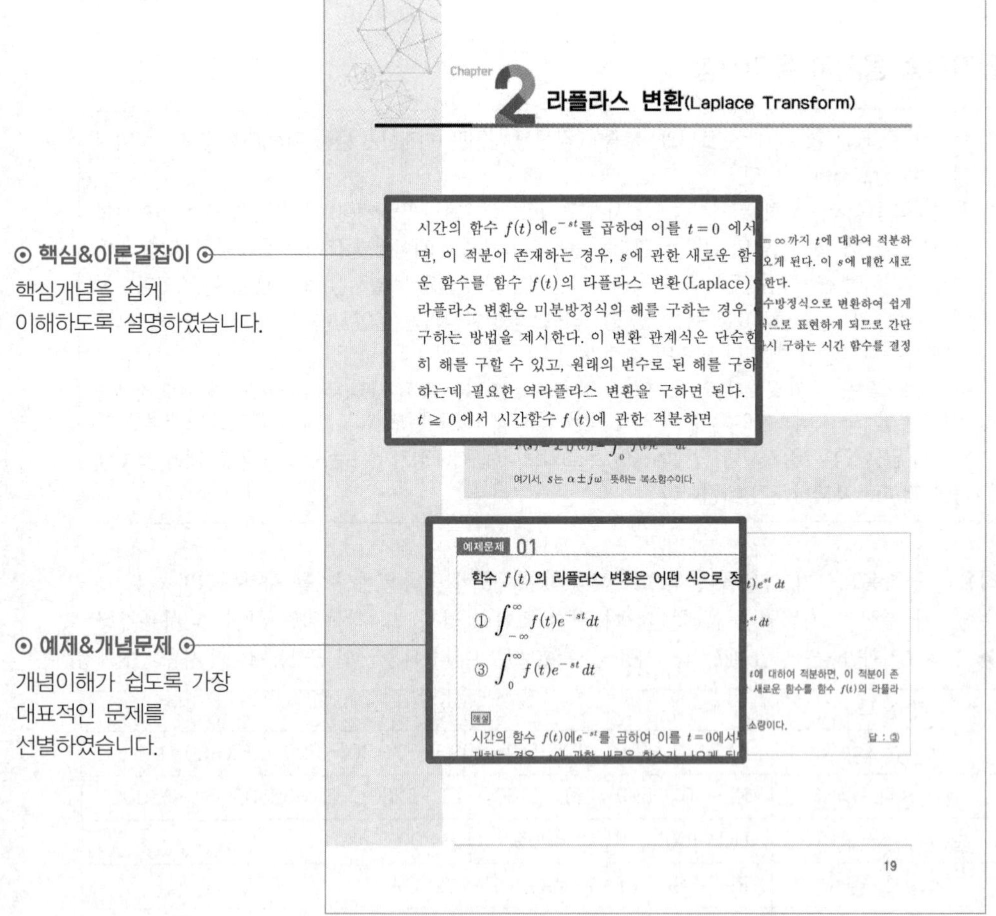

기본 문제풀이부터 고난도 심화문제까지!!

핵심 과년도구성

- 반복적인 학습문제
- 각 장마다 핵심과년도를 집중적이고 반복적으로 문제풀이를 학습하여 출제경향을 한 눈에 알 수 있게 하였다.

심화학습 문제구성

- 고난도 문제풀이
- 심화학습문제를 엄선하여 정답 및 풀이에서 고난도 문제를 해결하는 노하우를 확인할 수 있게 하였다.

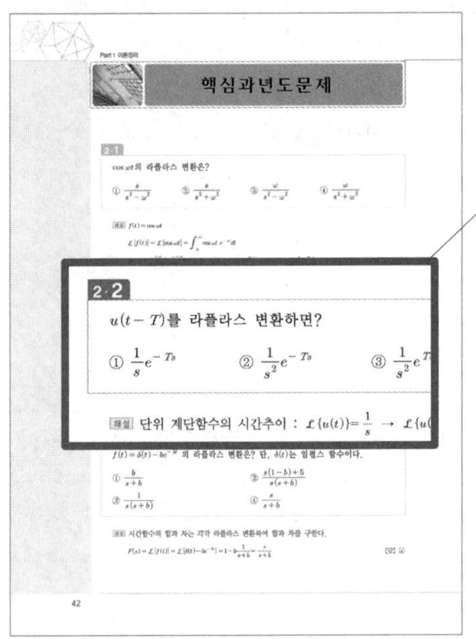

⊙ 반복적인 학습문제 ⊙

집중적이고 반복적인 문제풀이로 출제경향을 파악하도록 하였습니다.

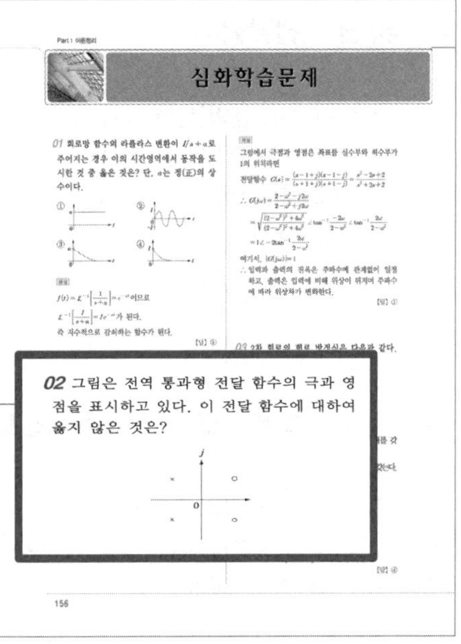

⊙ 고난도 심화문제 ⊙

문제 해결능력을 강화할 수 있도록 고난도 문제를 구성하였습니다.

목차 CONTENTS

PART 01 이론정리

CHAPTER 01 | 자동제어계의 요소와 구성 3

1. 자동제어계 ········ 4
2. 제어시스템의 분류 ········ 8
3. 제어동작(Control mode) ········ 11

핵심과년도문제 ········ 14
심화학습문제 ········ 17

CHAPTER 02 | 라플라스 변환(Laplace Transform) 19

1. 라플라스변환 ········ 20
2. 라플라스변환의 성질 ········ 31
3. 역라플라스변환 ········ 38

핵심과년도문제 ········ 42
심화학습문제 ········ 48

CHAPTER 03 | 전달함수 55

1. 시스템의 출력 응답 ········ 56
2. 제어요소의 전달함수 ········ 58
3. 전기회로의 전달함수 ········ 66
4. 보상기 ········ 71
5. 물리계의 전달함수 ········ 77
6. 미분 방정식의 전달함수 ········ 82

핵심과년도문제 ········ 84
심화학습문제 ········ 92

CHAPTER 04 | 블록선도와 신호흐름선도 99

1. 블록선도 ········ 99
2. 신호흐름선도 ········ 106
3. 연산증폭기 ········ 113

핵심과년도문제 ········ 119
심화학습문제 ········ 127

CHAPTER 05 | 과도응답 131

1. 자동제어계의 과도응답 ··· 131
2. 시간응답 ··· 132
3. 과도응답의 계산 ··· 137
핵심과년도문제 ··· 152
심화학습문제 ··· 156

CHAPTER 06 | 오차와 감도 161

1. 정상오차 ··· 161
2. 자동제어 시스템의 오차 ··· 163
3. 형에 의한 궤환 시스템의 분류 ··· 163
4. 기준 시험 입력에 대한 정상오차 ·· 165
5. 외란 ··· 171
6. 감도(Sensitivity) ··· 172
핵심과년도문제 ··· 176
심화학습문제 ··· 178

CHAPTER 07 | 주파수 응답해석 181

1. 주파수 응답 ··· 181
2. 데시벨 눈금(Decibel scale) ··· 184
3. 주파수 응답의 벡터궤적 ··· 185
4. 보드(bode) 선도를 이용한 전달함수 표기 ··· 191
5. 공진정점과 대역폭 ··· 202
핵심과년도문제 ··· 206
심화학습문제 ··· 209

CHAPTER 08 | 안정도 213

1. 루드 안정도 판별법 ··· 213
2. 훌비쯔(Hurwitz) 안정도 판별법 ··· 217
3. 나이키스트(Nyquist)의 안정도 판별법 ·· 219
핵심과년도문제 ··· 232
심화학습문제 ··· 237

목차 CONTENTS

CHAPTER 09 | 근궤적법 241

1. 근궤적의 작도법 ······ 242
심화학습문제 ······ 256

CHAPTER 10 | 상태공간에서 제어 시스템해석 261

1. 상태미분 방정식 (The state differential equation) ······ 261
2. 가제어성과 가관측성 ······ 268
3. z 변환 ······ 271
핵심과년도문제 ······ 284
심화학습문제 ······ 289

CHAPTER 11 | 시퀀스제어 295

1. 제어와 스위치 ······ 295
2. 전자계전기 ······ 297
3. 무접점 시퀀스 ······ 299
4. 논리 대수 및 드모르간의 정리 ······ 307
핵심과년도문제 ······ 310
심화학습문제 ······ 315

CHAPTER 12 | 제어기기 317

1. 제어계의 요소 ······ 317
2. 조절기기 ······ 317
3. 조작기기 ······ 319
4. 검출기기 ······ 320
심화학습문제 ······ 323

PART 1

이론정리

chapter 01 자동제어계의 요소와 구성
chapter 02 라플라스 변환 (Laplace Transform)
chapter 03 전달함수
chapter 04 블록선도와 신호흐름선도
chapter 05 과도응답
chapter 06 오차와 감도
chapter 07 주파수 응답해석
chapter 08 안정도
chapter 09 근궤적법
chapter 10 상태공간에서 제어 시스템해석
chapter 11 시퀀스제어
chapter 12 제어기기

Chapter 1

자동제어계의 요소와 구성

제어(control)어란 어느 목적에 적합하도록 대상의 되는 것에 적당한 조작을 가하는 것을 말한다. 제어는 수동제어 시스템과 자동제어 시스템으로 구분되며 자동제어시스템(automatic control system)이란 전자회로, 컴퓨터, 장치(device) 등에 의해 제어 대상을 제어의 목적에 맞게 제어(control)하는 것을 말한다.
제어대상은 전동기의 속도, 공장의 제품 진행방향 등이 어떤 것이라도 가능하며, 이것을 제어 시스템을 통해 제어하게 된다.

- 제어대상(플랜트(plant), 공정(process)) : 전동기의 속도, 공장의 제품 진행방향, 국가경쟁력 등 어떤 것이라도 가능하다.
- 제어시스템(control system) : 제어 하는 것(제어장치, control device)과 제어되는 것(제어대상, plant, process)으로 구분된다.
- 수동제어시스템(manual control system) : 사람이 직접 제어하는 것을 말한다.
- 자동제어시스템(automatic control system) : 전자회로, 컴퓨터, 장치(device) 등에 의해 제어하는 것을 말한다.

자동제어가 실현되는 분야의 예는 다음과 같다.

- 온도, 습도를 조절하는 냉난방장치의 자동제어
- 공작기계, 로봇제어, 모터의 속도제어와 위치제어의 자동제어
- 온도, 압력, 유량 등의 상태량 자동제어
- 미사일 유도장치 및 비행유도, 선박이나 항공기의 자동조정장치, 인공위성 자세제어 등의 자동제어

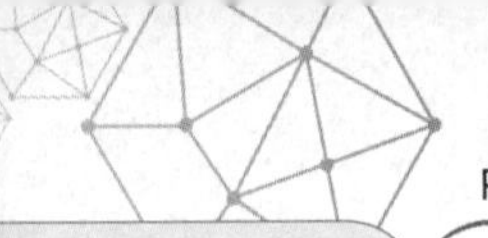

1. 자동제어계

1.1 개회로의 제어계(Open-loop Control Systems)

제어계의 입력과 출력이 서로 독립인 제어계로서 이 종류의 제어계는 부정확하고 신뢰성은 없으나 설치비가 저렴하게 드는 제어계이다.
또한 이 제어계는 미리 정해 놓은 순서에 따라서 제어의 각 단계가 순차적으로 진행되므로 시퀀스 제어(sequential control)라고도 한다.

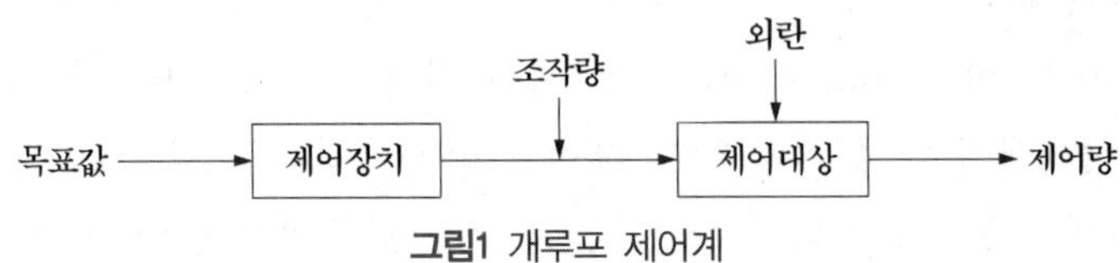

그림1 개루프 제어계

① 제어 시스템이 가장 간단하며, 설치비가 싸다.
② 제어동작이 출력과 관계가 없어 오차가 많이 생길 수 있으며 이 오차를 교정할 수가 없다.

교통신호등 제어시스템이 교통량에 관계없이 정해진 시간간격으로 순차적으로 신호가 켜질 경우 이는 개회로 제어시스템에 해당하며, 가정용 세탁기의 경우 빨래의 세탁상태와는 무관하게 세탁기가 정하여진 순서대로 불림, 세탁, 헹굼, 탈수 등의 과정을 미리 정하여진 시간대로 수행하여 세탁이 완료될 경우 이는 개회로 제어시스템에 해당한다.

1.2 폐회로 제어계

피드백(Feed Back) 제어계라고 하며 이 계통에서는 제어의 필요성을 판단하여 수정동작할 수 있다. 설정값이 정확하고 신뢰성이 있는 제어계라 할 수 있다.

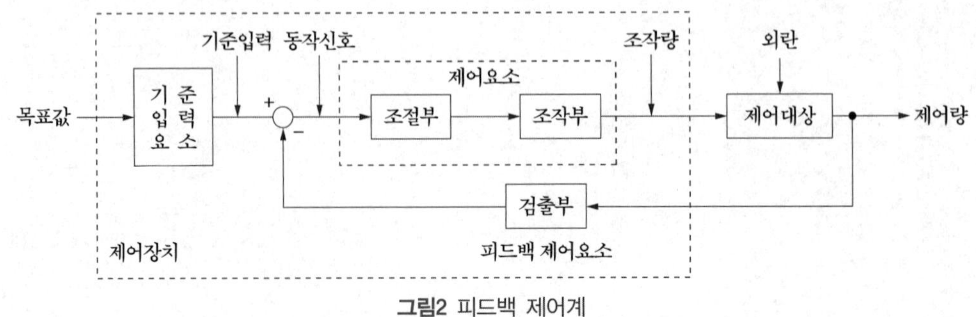

그림2 피드백 제어계

유도미사일의 경우 미사일의 특성, 비행경로에 따른 방향, 속도 등을 미리 알고, 미사일의 방향을 시간적으로 프로그램 하여 미사일에 입력시킴으로써 목표비행경로를 설정한 후, 미사일이 경로에 따라 비행하는 도중, 대기의 상태, 바람방향 등의 영향[1]으로 실제의 비행경로가 목표비행경로를 벗어나게 되면, 실제의 비행경로를 실시간으로 측정하여 벗어난 비행경로만큼 방향을 수정함으로써 원하는 목표경로를 비행하여 목표물에 명중하도록 하는 것이 일례이다.

(1) 장점

① 생산품질향상이 현저하며 균일한 제품을 얻을 수 있다.
② 원료, 연료 및 동력을 절약할 수 있으며 인건비를 줄일 수 있다.
③ 생산 속도를 상승시키고, 생산량을 크게 증대시킬 수 있다.
④ 노동조건의 향상 및 위험 환경의 안정화 기여할 수 있다.
⑤ 생산설비의 수명 연장, 설비 자동화로 원가를 절감할 수 있다.

(2) 단점

① 자동제어의 설비에 많은 비용이 들고 고도화 된 기술이 필요하다.
② 제어장치의 운전, 수리 및 보관에 고도의 지식과 능숙한 기술이 있어야 한다.
③ 설비의 일부에 고장이 있어도 전 생산 라인에 영향을 미친다.

예제문제 01

궤환제어계에서 반드시 필요한 것은?

① 구동장치
② 정확성을 높이는 장치
③ 안정성을 증가시키는 장치
④ 입력과 출력을 비교하는 장치

해설

피드백 제어 : 오차를 자동적으로 정정하게 하는 자동제어 방식을 말한다. 이 제어 회로는 폐회로로 형성되어 있으므로 이것을 폐회로 제어라고도 한다. 피드백 제어계에는 입력과 출력을 비교하는 장치가 필수적으로 있어야 한다.

답 : ④

1) 외란

1.3 구성과 용어

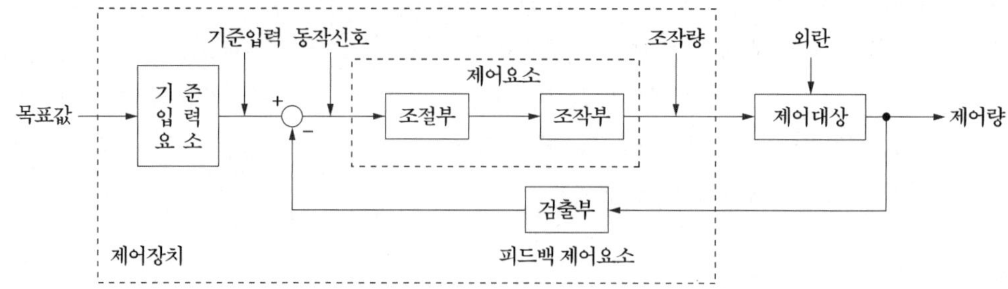

그림 3 피드백 제어계의 구성

① 목표값 : 제어량이 그 값을 갖도록 목표로 하여 외부에서 주어지는 신호로서 궤환제어계에 속하지 않으며 설정값이라 한다.

② 기준입력 : 제어계를 동작시키는 기준으로서 목표값에 비례하는 신호입력이다.

③ 주궤환 신호 : 동작신호를 얻기 위하여 기준입력과 비교되는 신호로서 제어량의 함수 관계가 된다.

④ 동작신호 : 기준입력과 주궤환 신호와의 편차인 신호로서 제어 동작을 일으키는 원인이 되는 신호이다.

⑤ 제어요소 : 제어동작 신호를 인가하면 조작량을 변화시키는 것으로서 조절부와 조작부로 구성된다.

⑥ 조절부 : 기준 입력 신호와 검출부의 출력 신호를 제어 시스템에 필요한 신호로 만들어 조작부에 보내는 것이다.

⑦ 조작부 : 조절부로부터 받은 신호를 조작량으로 변환하여 제어 대상에게 보내는 부분이다.

⑧ 조작량 : 제어요소에서 제어대상에 인가되는 양이다.

⑨ 외란 : 제어량의 값을 변화시키려는 외부로부터의 바람직하지 않은 신호이다.

⑩ 제어량 : 제어를 받는 궤환계의 양이며 제어 대상이 속하는 양이다.

⑪ 검출부 : 주로 제어 대상으로부터 제어량을 검출하고 기준 입력 신호와 비교시키는 부분이다.

⑫ 제어장치 : 제어를 하기 위해서 제어 대상에 부가하는 장치이다.

⑬ 제어대상 : 제어 시스템에서 직접 제어를 받는 장치로서 장치의 전체 또는 그 일부분을 받는다.

⑭ 제어편차 : 목표값으로 부터 제어량을 뺀 값으로 정의되며, 이 신호가 동작 신호와 일치되기도 한다.

⑮ 다변수 시스템 : 단일 입·출력이 아니고, 둘 이상의 입력과 둘 이상의 출력을 가진 시스템을 말한다.

예제문제 02

제어 요소가 제어 대상에 주는 양은?

① 기준 입력 ② 동작 신호
③ 제어량 ④ 조작량

해설
제어요소(조절부+조작부)에서 제어대상에 주는 양은 조작량이다.

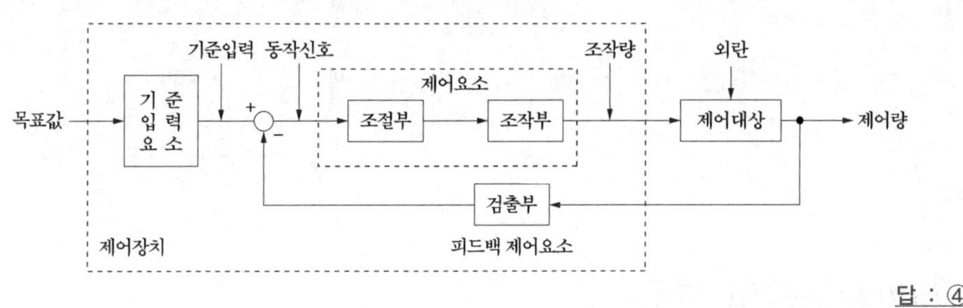

답 : ④

예제문제 03

피드백 제어계에서 제어 요소에 대한 설명 중 옳은 것은?

① 목표치에 비례하는 신호를 발생하는 요소이다.
② 조작부와 검출부로 구성되어 있다.
③ 조절부와 검출부로 구성되어 있다.
④ 동작신호를 조작량으로 변환시키는 요소이다.

해설
제어 요소는 동작 신호를 조작량으로 변환하는 요소로써 조절부와 조작부로 이루어졌다.

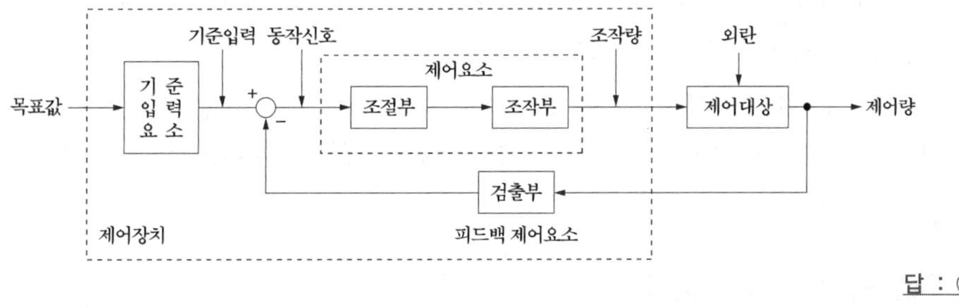

답 : ④

예제문제 04

제어 장치가 제어 대상에 가하는 제어 신호로 제어 장치의 출력인 동시에 제어 대상의 입력인 신호는?

① 목표값 ② 조작량 ③ 제어량 ④ 동작 신호

해설
제어 장치는 조작량을 제어 대상에 입력한다.

답 : ②

2. 제어시스템의 분류

2.1 목표값의 시간적 성질에 의한 분류

(1) 정치제어계(Static control system)

목표값(Set Point)과 제어량(Controlled variable)이 시간의 경과에 따라 일정한 것을 정치제어(Regulatory Control)라 한다.

(2) 추치제어

목표값이 시간적으로 변화하는 제어로 출력변동을 조정하는 동시에 목표값에 정확히 추종하도록 설계한 추적제어(Servo control)로 다음 3가지로 구분된다.

① 추종제어 : 임의의 미지 시간적 변화를 하는 목표값에 대한 제어량을 추종시키는 것을 목적으로 하는 제어
② 프로그램 제어 : 미리 정해진 프로그램에 따라 제어량을 변화시키는 제어
③ 비율제어 : 목표값이 다른 양과 일정한 비율관계를 유지하면서 변화하는 추종제어

2.2 제어목적에 의한 분류

(1) 정치 제어

제어량을 어떤 일정한 목표값으로 유지하는 것을 목적으로 하는 제어법

(2) 프로그램 제어

미리 정해진 프로그램에 따라 제어량을 변화시키는 것을 목적으로 하는 제어법(열차 무인운전, 엘리베이터)

(3) 추종 제어

미지의 임의 시간적 변화를 하는 목표값에 제어량을 추종시키는 것을 목적으로 하는 제어법(열차 무인운전, 엘리베이터 무인운전)

(4) 비율 제어

목표값이 다른 것과 일정 비율 관계를 가지고 변화하는 경우의 추종 제어법

예제문제 05

주파수를 제어하고자 하는 경우 이는 어느 제어에 속하는가?

① 비율 제어 ② 추종 제어 ③ 비례 제어 ④ 정치 제어

해설

정치제어계(Static control system) : 목표값(Set Point)과 제어량(Controlled variable)이 시간의 경과에 따라 일정한 것을 정치제어(Regulatory Control)라 한다. 프로세스 제어, 자동 조정이 이에 속한다.

답 : ④

2.3 제어량의 성질에 따른 분류

(1) 공정제어(Process Control)

제어량이 Process인 자동제어계이다. Process장치의 주된 제조과정은 자동적으로 되고, 인위적인 것은 원료, 에너지의 공급량, 출력량의 설정 및 장치내의 환경조건 등이 해당된다.

- Process 환경조건의 제어 : 온도, 압력, 액위, 습도, 농도 등
- 물질 및 에너지의 양 : 전력, 유량, 중량
- 종점제어(Endpoint control) : 밀도, 전도도, 점도, 농도

(2) 서보기구(Servo mechanism)

선박, 비행기 등의 위치, 속도, 가속도 등의 기계적인 변위를 제어량으로 하는 궤한제어계를 말하며, 산업계와 군사분야에 많이 응용되고 있다.

- 위치, 방위, 자세 등으로 기계적 변위를 제어량으로 추종한다.

(3) 자동조정(Automatic setting)

전압, 주파수, 회전수, 전력 등을 제어량으로 하여 이것을 일정하게 유지하는 것을 목적으로 하는 제어를 말한다.

예제문제 06

다음 중 프로세스 제어(process control)에 속하지 않는 것은?

① 온도 ② 압력 ③ 유량 ④ 자세

해설

공정제어 : 제어량이 Process인 자동제어계이다.
- Process 환경조건의 제어 : 온도, 압력, 액위, 습도, 농도 등
- 물질 및 에너지의 양 : 전력, 유량, 중량
- 종점제어(Endpoint control) : 밀도, 전도도, 점도, 농도

답 : ④

예제문제 07

제어량의 종류에 의한 자동 제어의 분류가 아닌 것은?

① 프로세스 제어 ② 서보 기구 ③ 자동 조정 ④ 추종 제어

해설

추종 제어 : 미지의 임의 시간적 변화를 하는 목표값에 제어량을 추종시키는 것을 목적으로 하는 제어법을 말한다.

답 : ④

예제문제 08

서보 기구에서 직접 제어되는 제어량은 주로 어느 것인가?

① 압력, 유량, 액위, 온도 ② 수분, 화학 성분
③ 위치, 각도 ④ 전압, 전류, 회전 속도, 회전력

해설

서보기구(Servo mechanism) : 선박, 비행기 등의 위치, 속도, 가속도 등의 기계적인 변위를 제어량으로 하는 궤한제어계를 말하며, 산업계와 군사분야에 많이 응용되고 있다. 위치, 방위, 자세 등으로 기계적 변위를 제어량으로 추종한다.

답 : ③

2.4 제어장치의 동특성에 따른 분류

2위치제어(On-off type), 비례제어, 비례+미분 및 비례+적분+미분제어동작이 있다.

3. 제어동작(Control mode)

3.1 2위치제어(On/Off control)

2위치제어는 가장 간단하고 저렴하여 광범위하게 응용되고 있는 제어로 2위치제어는 항상 에러를 가지게 된다. 제어기가 열리거나 닫히는 것에는 에러가 존재하지 않지만 제어기의 한계를 초과하는 경우 에러가 발생한다.

2위치제어는 시스템의 용량에 비하여 상대적으로 지연시간이 짧고 작은양의 물질이나 에너지에도 잘 반응하기 때문에 대용량의 공정에 적합한 시스템이다. 설정온도에서 온도가 떨어질 경우 스위치를 ON하여 열을 가하도록 하고 또 설정온도를 초과하는 경우 스위치를 OFF하여 더 이상 열을 공급하지 않도록 하는 것 등이 해당된다.

3.2 비례제어(Proportional control)

2위치 제어는 대용량의 공정제어에 쓰이지만 반응속도가 느리고 작은양에 반응할 경우 작은량의 동요에도 민감하게 반응한다. 그러나 비례제어는 연속적이고 여러 변수에 반응할 수 있고, 에러의 방향뿐 아니라 크기에 비례하여 시스템의 요동을 줄이면서 안정화시키기 위한 것으로, 비례제어를 사용하게 되면 대용량의 공정에서 지연시간을 줄일 수 있고 큰 질량과 에너지의 유입량을 제어할 수 있다.

비례제어는 민감하지 않은 온도제어라던가 장시간 동안의 일정한 높이제어에 사용된다. 그러나 비례제어는 오프셋이 존재하기 때문에 이 오프셋을 제거하기 위해서는 적분제어(Integrated control)가 필요하다.

3.3 적분제어(Integrated control)

적분제어는 비례제어에서 발생하는 오프셋을 제거하고 에러가 존재하는 한 자동적으로 제어한다. 적분제어 단독으로 쓰이기보다는 다른 제어방식과 연계해서 사용된다. 대부분 비례제어와 연계하게 되는데 이러한 제어 방식을 PI제어라 한다. 비례적분제어는 일반적으로 오프셋이 용납되지 않는 공정에 사용된다.

3.4 미분제어(Derivative control)

적분제어의 적분누적(Integral Windup)[2)]을 제거하기 위해서 제어값의 변화율에 의해 반응하여 안정성과 응답속도를 더 증가시킨 미분제어는 적분제어와 같이 단독으로 제어를 하는 것이 아니라 다른 제어기와 연계해서 사용하게 된다.

---

2) PID제어기와 같이 제어기에 적분기가 포함되는 경우에는 구동기가 포화될 때마다 생기는 오차신호가 적분되면서 제어신호가 더욱 커지고 따라서 구동기는 계속 포화상태로 머물게 되는 과정이 반복되는 적분누적(integration windup) 현상이 일어난다.

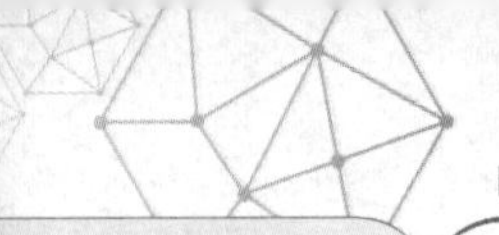

미분제어는 일반적으로 비례제어와 연계해서 사용되는데 미분제어와 비례제어가 같이 쓰이는 제어를 PD제어라 한다. 이 제어는 오프셋을 완전하게 제거하지는 못하지만 Loop의 안정과 비례대(Proportional Band)[3)]를 감소시킴으로써 오프셋을 줄일 수 있다. 미분제어는 에러가 발생하는 크기의 비에 응답하기 때문에 초기의 편차(Deviation)를 줄일 수 있다.

3.5 비례적분미분제어(Proportional Integral Derivative Control)

비례(P), 비례적분(PI), 비례미분(PD) 등은 적절히 조정하여 3가지를 모두 합친 PID 제어기는 발생되는 모든 에러의 방향, 크기, 지속성, 변화율 에 적용할 수 있다. PID제어기는 여러 가지 공정에 많은 이점을 가지고 있기는 하지만 어떤 공정에는 한계를 지니기도 한다. PID제어기의 장점은 빠른 응답과 미분제어기에서 하는 거대한 외란에도 잘 적응하며, 적분제어기의 약점인 지속성에도 잘 적응한다. 미분제어기의 장점과 적분제어기의 장점을 모두 적절히 사용할 수 있다.

표 1 제어계의 특징

종류	특징
비례제어	• P제어 • 잔류편차(off-set)가 생기는 결점
미분제어	• 오차가 커지는 것을 미리 방지
적분제어	• 잔류편차 제거
비례미분제어	• PD제어 • 속응성 • 과도특성 개선
비례적분제어	• PI제어
비례적분미분제어	• PID제어 • 잔류편차제어
온-오프제어	• 불연속제어

3) 비례대 : P값은 PID중에서 가장 기본이 되는 값으로 비례대(Proportional band)라고 하며 컨트롤러의 설정범위는 0~100이며 단위는 퍼센트(%)이다.

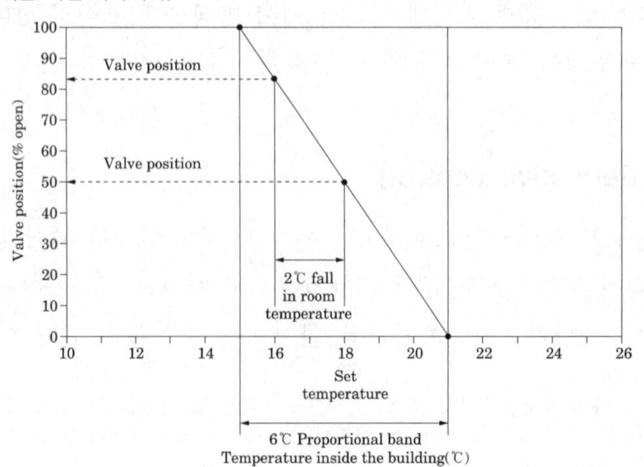

예제문제 09

잔류 편차가 있는 제이계는?

① 비례 제어계(P 제어계) ② 적분 제어계(I 제어계)
③ 비례 적분 제어계(PI 제어계) ④ 비례 적분 미분 제어계(PID 제어계)

해설
비례 제어 : 잔류편차(off-set)가 생기는 결점이 있다.

답 : ①

예제문제 10

PI 제어 동작은 공정 제어계의 무엇을 개선하기 위해 쓰이고 있는가?

① 속응성 ② 정상 특성 ③ 이득 ④ 안정도

해설
PI 제어 동작의 특성
① 시간 응답이 일반적으로 늦다.
② 이득 여유가 증가, M_P가 감소한다.
③ 속도 편차 상수가 증가한다.
④ 정상 특성이 개선된다.

답 : ②

예제문제 11

off-set을 제거하기 위한 제어법은?

① 비례 제어 ② 적분 제어 ③ on-off 제어 ④ 미분 제어

해설
적분제어는 비례제어에서 발생하는 잔류편차(오프셋)을 제거하고 에러가 존재하는 한 자동적으로 제어하지만 적분제어 단독으로 쓰이기보다는 다른 제어방식과 연계해서 사용된다.

답 : ②

예제문제 12

동작중 속응도와 정상 편차에서 최적 제어가 되는 것은?

① PI 동작 ② P 동작 ③ PD 동작 ④ PID 동작

해설
PID 제어 : P장점은 빠른 응답과 미분제어기에서 하는 거대한 외란에도 잘 적응하며, 적분제어기의 약점인 지속성에도 잘 적응한다. 미분제어기의 장점과 적분제어기의 장점을 모두 적절히 사용할 수 있다.

답 : ④

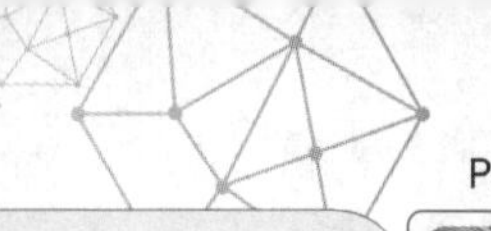

핵심과년도문제

1·1

다음 중 개루프 시스템의 주된 장점이 아닌 것은?

① 원하는 출력을 얻기 위해 보정해 줄 필요가 없다.
② 구성하기 쉽다.
③ 구성단가가 낮다.
④ 보수 및 유지가 간단하다.

해설 개루프 시스템 : 원하는 출력을 얻기 위하여 보정해 주어야 한다. 【답】 ①

1·2

제어 요소는 무엇으로 구성되는가?

① 검출부 ② 검출부와 조절부
③ 검출부와 조작부 ④ 조작부와 조절부

해설 제어부 : 검출부, 명령처리부, 조절부, 표시경보부

제어 요소 : 조작부와 조절부

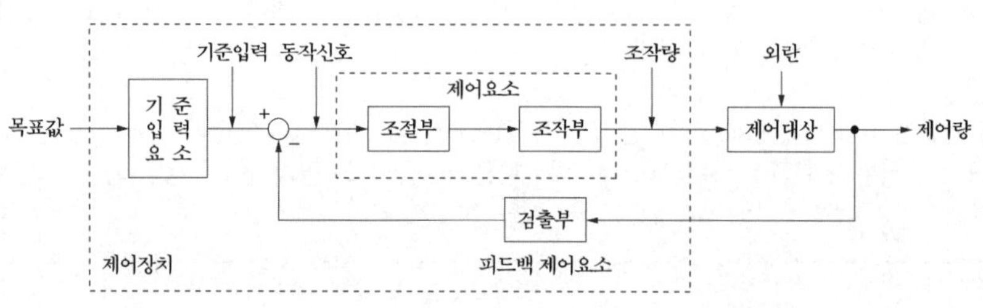

【답】 ④

1·3

전기로의 온도를 900 [℃]로 일정하게 유지시키기 위하여, 열전 온도계의 지시값을 보면서 전압 조정기로 전기로에 대한 인가 전압을 조절하는 장치가 있다. 이 경우 열전 온도계는 어느 용어에 해당되는가?

① 검출부 ② 조작량 ③ 조작부 ④ 제어량

해설 검출부 : 제어량의 값의 상태에 따라 신호를 발생하는 부분 【답】 ①

1·4

자동 조정계가 속하는 제어계는?

① 추종 제어　　② 정치 제어
③ 프로그램 제어　　④ 비율 제어

해설 정치 제어 : 목표값이 시간에 대하여 변화하지 않는 제어를 말한다. 프로세스 제어, 자동 조정이 이에 속한다. 【답】 ②

1·5

자동 제어의 추치 제어 3종이 아닌 것은?

① 프로세스 제어　　② 추종 제어
③ 비율 제어　　④ 프로그램 제어

해설 추치 제어 : 출력의 변동을 조정하는 동시에 목표값에 정확히 추종하도록 설계한 제어계로서 추종 제어, 프로그램 제어, 비율 제어가 이에 속한다. 【답】 ①

1·6

다음 중 불연속 제어계는?

① 비례 제어　　② 미분 제어
③ 적분 제어　　④ on－off 제어

해설 ① 연속 데이터 제어 : P, PI, PID 제어
② 불연속 제어 : on-off, 간헐 제어
③ 샘플값 제어 : 제어 신호가 단속적으로 측정한 샘플값일 때의 제어계 【답】 ④

1·7

온도, 유량, 압력 등의 공업 프로세스 상태량을 제어량으로 하는 제어계로서 프로세스에 가해지는 외란의 억제를 주목적으로 하는 것은?

① 프로세스 제어　　② 자동제어
③ 서보 기구　　④ 정치 제어

해설 프로세스(공정) 제어 : 공업 공정의 상태량을 제어량으로 하는 제어를 말한다. 【답】 ①

1·8

잔류 편차(off-set)를 발생하는 제어는?

① 비례 제어 ② 미분 제어
③ 적분 제어 ④ 비례 적분 미분 제어

해설 잔류편차(오프셋)이 존재하는 제어 : 비례 제어(P), 비례 미분 제어(PD) 【답】 ①

심화학습문제

01 다음 용어 설명 중 옳지 않은 것은?

① 목표값을 제어할 수 있는 신호로 변환하는 장치를 기준 입력 장치
② 목표값을 제어할 수 있는 신호로 변환하는 장치를 조작부
③ 제어량을 설정값과 비교하여 오차를 계산하는 장치를 오차 검출기
④ 제어량을 측정하는 장치를 검출단

해설

조작부 : 제어 명령을 증폭시켜 직접 제어 대상을 제어시키는 부분을 말한다.

【답】 ②

02 인가 직류 전압을 변화시켜서 전동기의 회전수를 800 [rpm]으로 하고자 한다. 이 경우 회전수는 어느 용어에 해당하는가?

① 목표값　② 조작량
③ 제어량　④ 제어 대상

해설

제어량 : 제어된 제어 대상의 양을 말하며, 일반적으로 출력을 의미한다.

【답】 ③

03 제어계를 동작시키는 기준으로서 직접 제어계에 가해지는 신호는?

① 피드백 신호　② 동작 신호
③ 기준 입력 신호　④ 제어 편차 신호

해설

기준입력신호 : 제어계를 동작시키는 기준으로서 목표값에 비례하는 신호입력이다.

【답】 ③

04 연료의 유량과 공기의 유량과의 사이의 비율을 연소에 적합한 것으로 유지하고자 하는 제어는?

① 비율 제어　② 추종 제어
③ 프로그램 제어　④ 시퀀스 제어

해설

비율 제어 : 목표값이 다른 양과 일정 비율 관계를 가지고 변화하는 경우 제어법 (보일러의 자동 연소 제어)

【답】 ①

05 다음의 제어량에서 추종 제어에 속하지 않는 것은?

① 유량　② 위치
③ 방위　④ 자세

해설

프로세스 제어(공정제어) : 제어량이 Process인 자동제어계이다.

- Process 환경조건의 제어 : 온도, 압력, 액위, 습도, 농도 등
- 물질 및 에너지의 양 : 전력, 유량, 중량
- 종점제어(Endpoint control) : 밀도, 전도도, 점도, 농도

【답】 ①

06 열차의 무인 운전을 위한 제어는 어느 것에 속하는가?

① 정치 제어　② 추종 제어
③ 비율 제어　④ 프로그램 제어

해설

프로그램 제어 : 미리 정해진 프로그램에 따라 제어량을 변화시키는 것을 목적으로 하는 제어법(열차 무인운전, 엘리베이터)

【답】 ④

07 엘리베이터의 자동제어는 다음 중 어느 것에 속하는가?

① 추종 제어　② 프로그램 제어
③ 정치 제어　④ 비율 제어

해설

프로그램 제어 : 미리 정해진 프로그램에 따라 제어량을 변화시키는 것을 목적으로 하는 제어법(열차 무인운전, 엘리베이터)

【답】 ②

08 정상 특성과 응답 속응성을 동시에 개선시키려면, 다음 어느 제어를 사용해야 하는가?

① P 제어　② PI 제어
③ PD 제어　④ PID 제어

해설

PID 제어 : P장점은 빠른 응답과 미분제어기에서 하는 거대한 외란에도 잘 적응하며, 적분제어기의 약점인 지속성에도 잘 적응한다. 미분제어기의 장점과 적분제어기의 장점을 모두 적절히 사용할 수 있다.

【답】 ④

09 제어방식에 의한 분류 중 학습제어와 지능제어에 속하지 않는 제어방식은?

① 전문가 시스템　② 신경회로망
③ 최적제어 시스템　④ 퍼지논리 시스템

【답】 ③

10 그림은 인쇄기 제어 시스템의 블록선도이다. 이러한 시스템을 무슨 제어 시스템이라고 하는가?

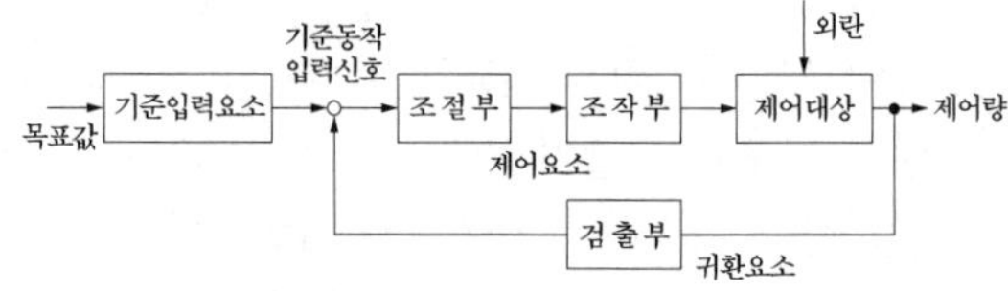

① 디지털 제어 시스템
② 아날로그 제어 시스템
③ 최적 제어 시스템
④ 적응 제어 시스템

해설

• 피드백 제어계의 특징
① 생산품질향상이 현저하며 균일한 제품을 얻을 수 있다.
② 원료, 연료 및 동력을 절약할 수 있으며 인건비를 줄일 수 있다.
③ 생산 속도를 상승시키고, 생산량을 크게 증대시킬 수 있다.
④ 노동조건의 향상 및 위험 환경의 안정화 기여
⑤ 생산설비의 수명 연장, 설비 자동화로 원가를 절감할 수 있다.

• 적응 제어계의 특징
① 피드백 제어계에서 외부 환경에 변화가 큰 경우에는 제어 대상이나 제어 특성이 변화하여 종래의 피드백 제어만으로 불충분하므로 적응 제어가 필요하다.
② 항공기의 자동 조정 장치나 컴퓨터 등을 사용한 공정 제어 시스템에 실용화 되고 있다.
③ 로켓의 경로를 제어함에 있어 로켓이 연료를 지속적으로 소모함으로써 로켓의 질량과 관성 모멘트의 정확한 값을 알기 힘들 경우, 또는 다양한 무게의 부하(load)를 운반할 수 있는 물류 로봇의 제어 등을 예로 들 수 있다.

【답】 ④

Chapter 2 라플라스 변환(Laplace Transform)

시간의 함수 $f(t)$에 e^{-st}를 곱하여 이를 $t=0$ 에서부터 $t=\infty$까지 t에 대하여 적분하면, 이 적분이 존재하는 경우, s에 관한 새로운 함수가 나오게 된다. 이 s에 대한 새로운 함수를 함수 $f(t)$의 라플라스 변환(Laplace)이라고 한다.

라플라스 변환은 미분방정식의 해를 구하는 경우 이를 대수방정식으로 변환하여 쉽게 구하는 방법을 제시한다. 이 변환 관계식은 단순한 대수식으로 표현하게 되므로 간단히 해를 구할 수 있고, 원래의 변수로 된 해를 구하려면 다시 구하는 시간 함수를 결정하는데 필요한 역라플라스 변환을 구하면 된다.

$t \geq 0$에서 시간함수 $f(t)$에 관한 적분하면

$$F(s) = \mathcal{L}[f(t)] = \int_0^{\infty} f(t)e^{-St}dt$$

여기서, s는 $\alpha \pm j\omega$ 뜻하는 복소함수이다.

예제문제 01

함수 $f(t)$ 의 라플라스 변환은 어떤 식으로 정의되는가?

① $\int_{-\infty}^{\infty} f(t)e^{-st}dt$　　② $\int_0^{\infty} f(-t)e^{st}dt$

③ $\int_0^{\infty} f(t)e^{-st}dt$　　④ $\int_0^{\infty} f(t)e^{st}dt$

해설

시간의 함수 $f(t)$에 e^{-st}를 곱하여 이를 $t=0$에서부터 $t=\infty$까지 t에 대하여 적분하면, 이 적분이 존재하는 경우, s에 관한 새로운 함수가 나오게 된다. 이 s에 대한 새로운 함수를 함수 $f(t)$의 라플라스 변환(Laplace)이라고 한다.

$\mathcal{L}[f(t)] = F(s) = \int_0^{\infty} f(t)e^{-st}dt$ 여기서, $s=\sigma+j\omega$를 뜻하는 복소량이다.

답 : ③

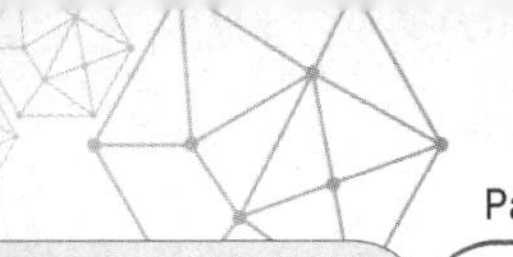

1. 라플라스변환

1.1 단위 임펄스 함수(unit impulse function)의 라플라스 변환

폭이 ϵ, 높이 $\dfrac{1}{\epsilon}$이고, 면적이 1인 파형에 대해서 $\epsilon \to 0$으로 한 극한 파형을 단위 임펄스 함수라 한다. 단위 임펄스 함수는 단위 계단함수의 미분으로 얻어지며 $\delta(t)$로 표시한다.

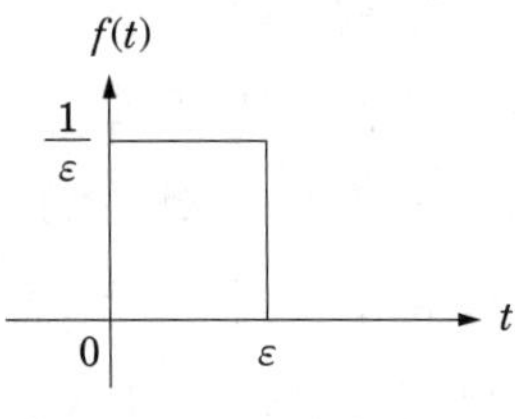

그림 1 단위 임펄스함수

단위임펄스함수를 수식으로 표현하면 다음과 같다.

$$f(t) = \delta(t) = \begin{cases} 0, & t \neq 0 \\ \infty, & t = 0 \end{cases}$$

라플라스 변환하면

$$\begin{aligned} F(s) &= \mathcal{L}[f(t)] = \mathcal{L}[\lim_{\epsilon \to 0} \delta(t)] = \lim_{\epsilon \to 0} \int_0^\infty \delta(t) e^{-st} dt \\ &= \lim_{\epsilon \to 0} \frac{1}{\epsilon} \int_0^\infty \{u(t) - u(t-\epsilon)\} e^{-st} dt \\ &= \lim_{\epsilon \to 0} \left\{ \frac{1}{\epsilon} \cdot \frac{1 - e^{-st}}{s} \right\} \end{aligned}$$

이 식을 정리하기 위해 테일러 정리를 적용한다. 테일러의 정리는

$$e^x = 1 + x + \frac{x^2}{2!} + \frac{x^3}{3!} + \frac{x^4}{4!} + \cdots$$

가 되며 이를 적용하면 다음과 같이 라플라스 변환된다.

$$F(s) = \lim_{\epsilon \to 0} \frac{1}{\epsilon} \left(\frac{1}{s} - \frac{1}{s}(1 - \epsilon s) + \frac{(\epsilon s)^2}{2!} - \frac{(\epsilon s)^3}{3!} + \cdots \right)$$

$$\begin{aligned} F(s) &= \lim_{\epsilon \to 0} \frac{1}{\epsilon} \left(\epsilon + \frac{(\epsilon s)^2}{2!} - \frac{(\epsilon s)^3}{3!} + \cdots \right) \\ &= \lim_{\epsilon \to 0} \left(1 - \frac{\epsilon s^2}{2!} + \frac{\epsilon s^3}{3!} + \cdots \right) = 1 \end{aligned}$$

예제문제 02

단위 임펄스 함수 $\delta(t)$의 라플라스 변환은?

① 0 ② 1 ③ $\dfrac{1}{s}$ ④ $\dfrac{1}{s+a}$

해설

$\mathcal{L}[\delta(t)] = 1$

답 : ②

1.2 계단 함수(step function)의 라플라스 변환

계단함수는 상수(constant)이므로 a라 하면 시간함수는 $f(t) = a$ 가 된다. 이를 라플라스변환하면 다음과 같다.

$$\mathcal{L}[a] = \int_0^{\infty} a\, e^{-st}\, dt = a\left[-\frac{e^{-st}}{s}\right]_0^{\infty} = \frac{a}{s}$$

$$\therefore \mathcal{L}[a] = \frac{a}{s}$$

(1) 단위 계단함수(unit step function)

단위 계단 함수(unit step function)는 0보다 작은 실수에 대해서 0, 0보다 큰 실수에 대해서 1의 값을 갖는 함수이다.

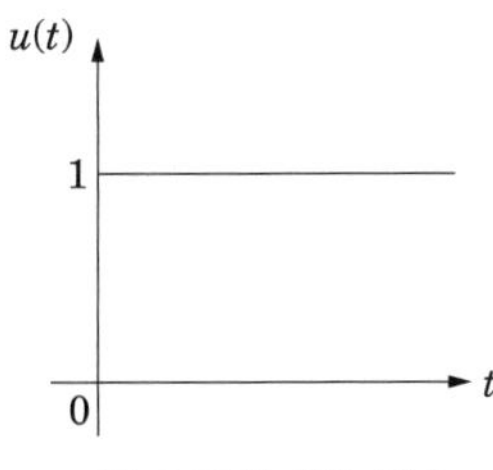

그림 2 단위계단 함수

단위계단함수를 수식으로 표현하면 다음과 같다.

$$f(t) = u(t)$$

$$u(t) = \begin{cases} 0, & t < 0 \\ 1, & t > 0 \end{cases}$$

$s > 0$ 범위에서 $u(t)$를 라플라스 변환하면

$$\mathcal{L}[u(t)] = \int_0^{\infty} u(t)e^{-st}dt = \int_0^{\infty} 1\, e^{-st}\, dt$$
$$= \left[-\frac{1}{s}e^{-st} \right]_0^{\infty} = \frac{1}{s}$$

가 된다. 또 단위계단함수가 시간 이동하는 경우는 그림 3과 같다.

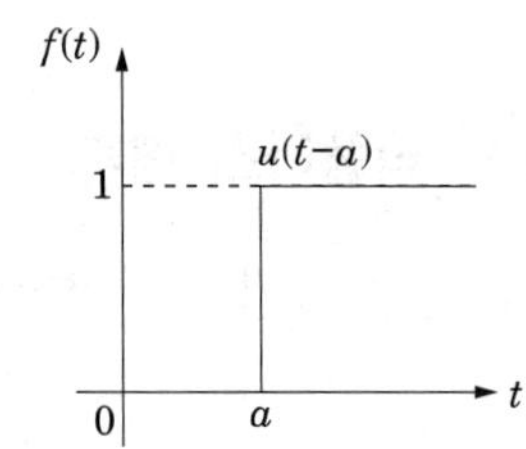

그림 3 단위계단함수의 시간이동

$$u(t-a) = \begin{cases} 0, & t < a \\ 1, & t \geqq a \end{cases}$$

$u(t-a)$를 라플라스 변환하면 다음과 같이 된다.

$$\mathcal{L}[u(t-a)] = \int_0^{\infty} u(t-a)e^{-st}dt$$
$$= \int_0^{a} 0\, e^{-st}\, dt + \int_a^{\infty} 1\, e^{-st}\, dt$$
$$= \left[-\frac{1}{s}e^{-st} \right]_a^{\infty} = -\frac{1}{s}(e^{-\infty} - e^{-as}) = \frac{1}{s}e^{-as}$$

(2) 펄스파의 라플라스 변환

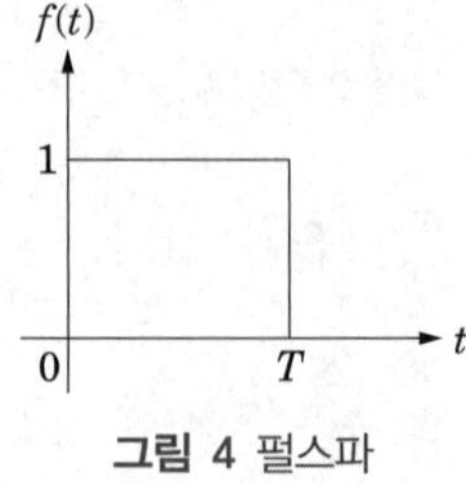

그림 4 펄스파

단위계단함수의 변형형태인 펄스파의 경우 라플라스 변환 할 경우 다음과 같이 생각할 수 있다.

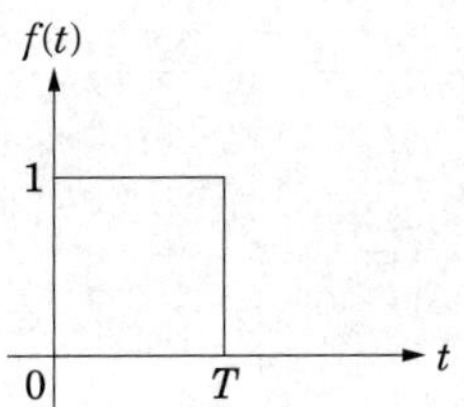

=

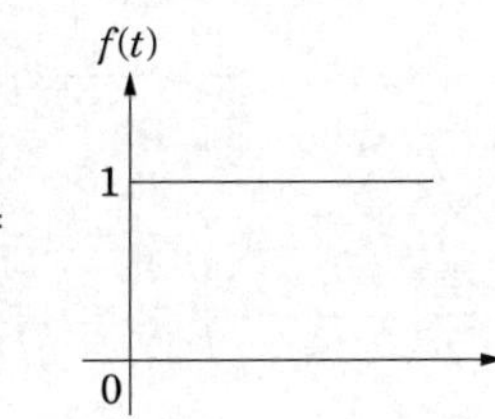

+

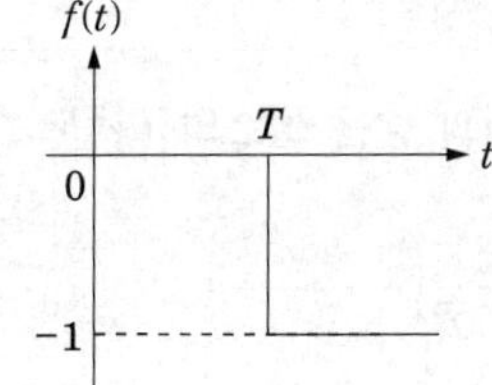

그림 5 펄스파의 라플라스변환

이 파형의 형태는 즉, $f(t) = f_1(t) + f_2(t)$ 이므로

$$\begin{cases} f_1(t) = u(t) \\ f_2(t) = -u(t-T) \end{cases}$$

시간의 함수는 $f(t) = u(t) - u(t-T)$가 되면, 이를 라플라스 변환하면

$$F(s) = \frac{1}{s} - \frac{1}{s}e^{-Ts} = \frac{1}{s}\left(1 - e^{-Ts}\right)$$

가 된다.

예제문제 03

단위 계단 함수 $u(t)$의 라플라스 변환은?

① e^{-st} ② $\frac{1}{s}e^{-st}$ ③ $\frac{1}{e^{-st}}$ ④ $\frac{1}{s}$

해설

단위 계단함수 : $f(t) = 1$

$$\mathcal{L}[u(t)] = \int_0^\infty f(t)e^{-st}dt = \int_0^\infty 1 \cdot e^{-st}dt = \left[\frac{e^{-st}}{-s}\right]_0^\infty = \frac{1}{s}$$

답 : ④

예제문제 04

단위 계단 함수 $u(t)$에 상수 5를 곱해서 라플라스 변환식을 구하면?

① $\frac{s}{5}$ ② $\frac{5}{s^2}$ ③ $\frac{5}{s-1}$ ④ $\frac{5}{s}$

해설

계단함수 : $f(t) = 5$

$$\mathcal{L}[u(t)] = \int_0^\infty f(t)e^{-st}dt = \int_0^\infty 5 \cdot e^{-st}dt = \left[\frac{e^{-st}}{-s}\right]_0^\infty = \frac{5}{s}$$

답 : ④

예제문제 05

그림과 같은 펄스의 라플라스 변환은?

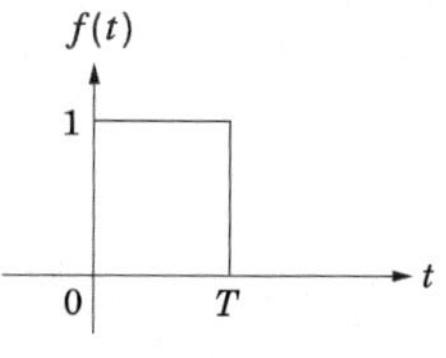

① $\frac{1}{T}\left(\frac{1-e^{Ts}}{s}\right)^2$ ② $\frac{1}{T}\left(\frac{1+e^{Ts}}{s}\right)^2$

③ $\frac{1}{s}\left(1-e^{-Ts}\right)$ ④ $\frac{1}{s}\left(1+e^{Ts}\right)$

해설

펄스파의 파형합성 $\begin{cases} f_1(t)=u(t) \\ f_2(t)=-u(t-T) \end{cases}$

$\therefore f(t)=f_1(t)+f_2(t)$

$\therefore f(t)=u(t)-u(t-T)$

라플라스 변화하면

$\therefore \mathcal{L}[f(t)]=\mathcal{L}[u(t)]-\mathcal{L}[u(t-T)]=\frac{1}{s}-\frac{1}{s}e^{-Ts}=\frac{1}{s}(1-e^{-Ts})$

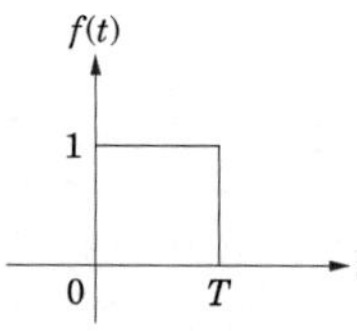

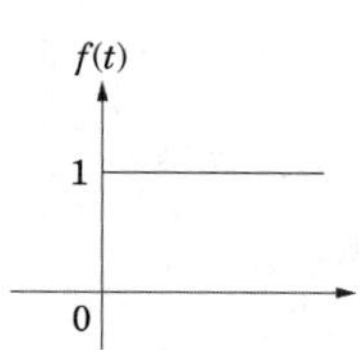

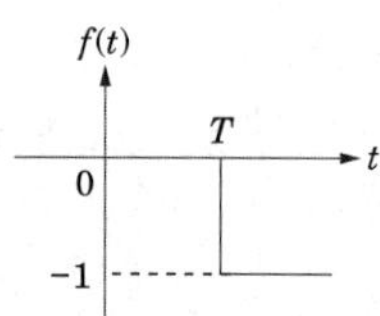

답 : ③

예제문제 06

다음과 같은 펄스의 라플라스 변환은 어느 것인가?

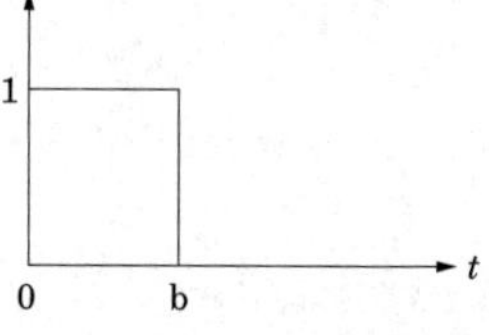

① $\frac{1}{s}\cdot e^{bt}$ ② $\frac{1}{s}\cdot e^{-bt}$

③ $\frac{1}{s}\left(1-e^{-bs}\right)$ ④ $\frac{1}{s}\left(1+e^{bs}\right)$

해설

펄스파의 파형합성 $\begin{cases} f_1(t)=u(t) \\ f_2(t)=-u(t-b) \end{cases}$

$\therefore f(t)=f_1(t)+f_2(t)$

$\therefore f(t)=u(t)-u(t-b)$

라플라스 변화하면

$\therefore \mathcal{L}[f(t)]=\mathcal{L}[u(t)]-\mathcal{L}[u(t-b)]=\frac{1}{s}-\frac{1}{s}e^{-bs}=\frac{1}{s}(1-e^{-bs})$

답 : ③

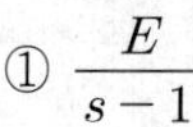

예제문제 07

그림과 같은 직류 전압의 라플라스 변환을 구하면?

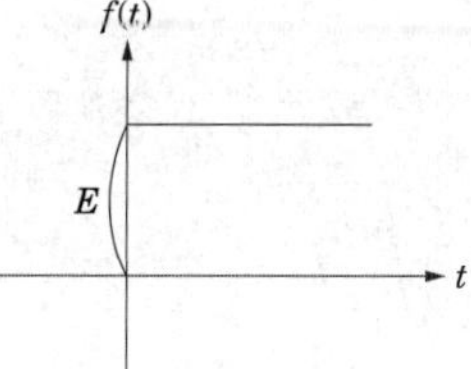

① $\dfrac{E}{s-1}$ ② $\dfrac{E}{s+1}$

③ $\dfrac{E}{s}$ ④ $\dfrac{E}{s^2}$

해설

계단함수 : $f(t)=E$

$$\mathcal{L}[u(t)]=\int_0^\infty f(t)e^{-st}dt=\int_0^\infty E\cdot e^{-st}dt=\left[\frac{e^{-st}}{-s}\right]_0^\infty=\frac{E}{s}$$

답 : ③

예제문제 08

그림과 같이 표시된 단위 계단 함수는?

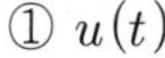

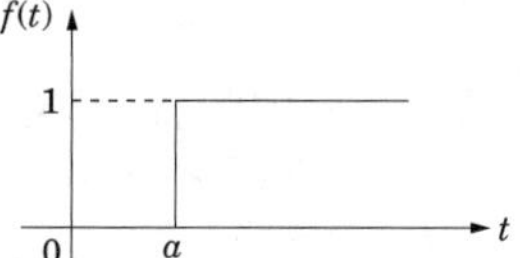

① $u(t)$ ② $u(t-a)$

③ $u(t+a)$ ④ $-u(t-a)$

해설

$f(t)=1\cdot u(t)$ 함수가 시간 t의 양(+)의 방향으로 a만큼 이동한 함수 $f(t)=1\cdot u(t-a)$

답 : ②

1.3 램프함수(ramp function) t의 라플라스 변환

(1) 단위 램프함수(unit ramp function)

$y=x(t)$ 의 식을 램프 함수라고 하며 기울기가 1이 되는 함수를 단위램프함수라 한다.

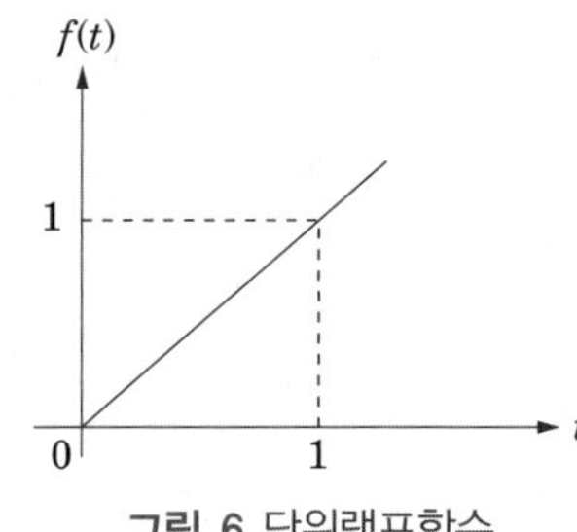

그림 6 단위램프함수

$$f(t)=tu(t)=\begin{cases}0, & t<0\\ t, & t>0\end{cases}$$

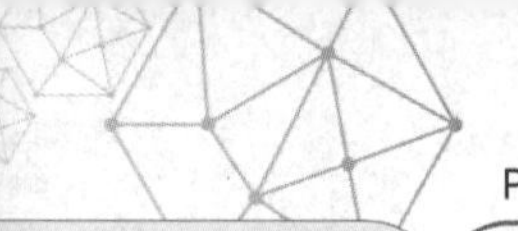

단위 램프함수를 라플라스 변환하면 다음과 같다.

$$F(s) = \mathcal{L}[f(t)] = \int_0^{\infty} t\,u(t)\,e^{-st}\,dt$$

$$\int_0^{\infty} t \cdot e^{-st}dx = \left[t\left(-\frac{1}{s}e^{-st}\right)\right]_0^{\infty} - \int_0^{\infty} 1 \cdot \left(-\frac{1}{s}e^{-st}\right)dx$$

$$= \left[t\left(-\frac{1}{s}e^{-st}\right)\right]_0^{\infty} - \left[\frac{1}{s^2}e^{-st}\right]_0^{\infty}$$

$$= \left[-\frac{1}{s^2}e^{-st}\right]_0^{\infty} = \frac{1}{s^2}$$

$$\therefore \mathcal{L}[t\,u(t)] = \frac{1}{s^2}$$

여기서, 함수와 함수의 곱의 형태이므로 부분적분 공식을 적용하여야 한다.

$$\int f(x)g(x)'dx = f(x)g(x) - \int f'(x)g(x)dx$$

부분적분의 공식을 적용하면 다음과 같다.

$$f(x) = t,\ g'(x) = e^{-st}\,dt,\ \ f'(x) = 1,\ \ g(x) = -\frac{1}{s}e^{-st}$$

(2) 램프함수(unit ramp function)

기울기가 a인 경우의 램프함수의 라플라스 변환은 단위 램프함수의 라플라스 변환에 a배 한 것과 같으며 다음과 같다.

$$\mathcal{L}[at] = \frac{a}{s^2}$$

예제문제 09

그림과 같은 램프(ramp) 함수의 라플라스 변환을 구하면?

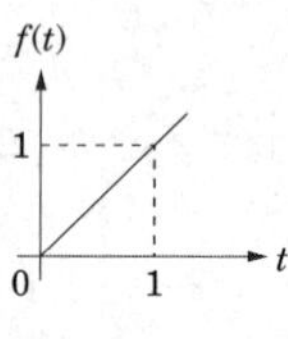

① $\frac{1}{s}$ 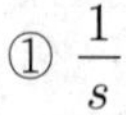

② $\frac{K}{s}$

③ $\frac{e^t}{s}$ 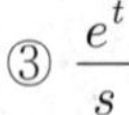

④ $\frac{1}{s^2}$ 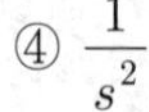

해설

램프함수 : $f(t)=t$

$\therefore \mathcal{L}[f(t)]=\mathcal{L}[t]=\int_0^\infty te^{-st}dt$

부분 적분의 식 $\int f'(t)g(t)=f(t)g(t)-\int f(t)g'(t)dt$ 에서

$\begin{pmatrix} f'(t)=e^{-st}, & g(t)=t \\ f(t)=-\frac{1}{s}e^{-st}, & g'(t)=1 \end{pmatrix}$ 이므로

$\therefore \int_0^\infty te^{-st}dt=\left[t\cdot\frac{e^{-st}}{-s}\right]_0^\infty-\int_0^\infty\frac{e^{-st}}{-s}dt=\frac{1}{s^2}$

답 : ④

1.4 지수감쇠함수

$f(t)=e^{-at}$ 의 함수를 지수감쇠함수라 한다. 지수감쇠함수의 라플라스 변환은 다음과 같다.

$$F(s)=\mathcal{L}[f(t)]=\int_0^\infty e^{-at}e^{-st}dt=\int_0^\infty e^{-(s+a)t}dt$$

$$=\left[-\frac{1}{s+a}e^{-(s+a)t}\right]_0^\infty=\frac{1}{s+a}$$

따라서 지수함수는 다음과 같이 라플라스변환의 결과를 표현할 수 있다.

$$\mathcal{L}[e^{\mp at}]=\frac{1}{s\pm a}$$

예제문제 10

$f(t)=1-e^{-at}$ **의 라플라스 변환은? 단, a는 상수이다.**

① $u(s)-e^{-as}$ ② $\frac{2s+a}{s(s+a)}$ ③ $\frac{a}{s(s+a)}$ ④ $\frac{a}{s(s-a)}$

해설

$\mathcal{L}[f(t)]=\mathcal{L}[1-e^{-at}]=\frac{1}{s}-\frac{1}{s+a}=\frac{a}{s(s+a)}$

답 : ③

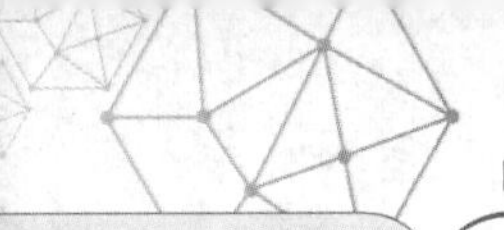

1.5 삼각 함수의 라플라스 변환

삼각함수(三角函數, trigonometric function)는 직각삼각형의 각을 직각삼각형의 변들의 길이의 비로 나타내는 함수를 말한다. $\theta = \omega t$ 의 관계에서 삼각함수

$$\sin\omega t,\ \cos\omega t$$

를 지수함수로 변환4)하여 라플라스변환 한다.

$$\sin\omega t = \frac{1}{2j}\{e^{j\omega t} - e^{-j\omega t}\}$$

따라서 라플라스 변환식은

$$\begin{aligned}\mathcal{L}[\sin\omega t] &= \frac{1}{2j}\mathcal{L}\{e^{j\omega t} - e^{-j\omega t}\} \\ &= \frac{1}{2j}\left\{\frac{1}{s-j\omega} - \frac{1}{s+j\omega}\right\} = \frac{1}{2j}\frac{(s+j\omega)-(s-j\omega)}{s^2+\omega^2} \\ &= \frac{1}{2j}\frac{2j\omega}{s^2+\omega^2} = \frac{\omega}{s^2+\omega^2}\end{aligned}$$

또한 $\cos\omega t = \frac{1}{2}\{e^{j\omega t} + e^{-j\omega t}\}$ 이므로

$$\begin{aligned}\mathcal{L}[\cos\omega t] &= \frac{1}{2}\mathcal{L}\{e^{j\omega t} + e^{-j\omega t}\} \\ &= \frac{1}{2}\left\{\frac{1}{s+j\omega} + \frac{1}{s-j\omega}\right\} = \frac{1}{2}\frac{(s-j\omega)+(s+j\omega)}{s^2+\omega^2} \\ &= \frac{1}{2}\frac{2s}{s^2+\omega^2} = \frac{s}{s^2+\omega^2}\end{aligned}$$

가 된다.

---

4) 삼각함수의 공식

$$e^{j\theta} = \cos\theta + j\sin\theta$$

$$e^{-j\theta} = \cos\theta - j\sin\theta$$

두식의 차를 구하면

$$e^{j\theta} - e^{-j\theta} = \cos\theta + j\sin\theta - \cos\theta + j\sin\theta = 2j\sin\theta$$

따라서, $\sin\theta = \frac{1}{2j}(e^{j\theta} - e^{-j\theta})$가 된다.

예제문제 11

$f(t) = \sin t + 2\cos t$ 를 라플라스 변환하면?

① $\dfrac{2s}{s^2+1}$ ② $\dfrac{2s+1}{(s+1)^2}$ ③ $\dfrac{2s+1}{s^2+1}$ ④ $\dfrac{2s}{(s+1)^2}$

해설

정현파 함수 : $\mathcal{L}[\sin\omega t] = \dfrac{\omega}{s^2+\omega^2}$ 이므로 $\mathcal{L}[\sin t] = \dfrac{1}{s^2+1^2}$ 가 된다.

$\therefore F(s) = \mathcal{L}[f(t)] = \mathcal{L}[\sin t] + \mathcal{L}[2\cos t] = \dfrac{1}{s^2+1} + 2\cdot\dfrac{s}{s^2+1} = \dfrac{2s+1}{s^2+1}$

답 : ③

예제문제 12

$e^{-2t}\cos 3t$ 의 라플라스 변환은?

① $\dfrac{s+2}{(s+2)^2+3^2}$ ② $\dfrac{s-2}{(s-2)^2+3^2}$ ③ $\dfrac{s}{(s+2)^2+3^2}$ ④ $\dfrac{s}{(s-2)^2+3^2}$

해설

지수 여현파 함수 : $\mathcal{L}[e^{-at}f(t)] = F(s+a)$

$\mathcal{L}[e^{-at}\cos\omega t] = \dfrac{s+a}{(s+a)^2+\omega^2}$ 이므로 $\mathcal{L}[e^{-2t}\cos 3t] = \dfrac{s+2}{(s+2)^2+3^2}$

답 : ①

예제문제 13

$f(t) = \sin(\omega t + \theta)$ 의 라플라스 변환은?

① $\dfrac{\omega\sin\theta}{s^2+\omega^2}$ ② $\dfrac{\omega\cos\theta}{s^2+\omega^2}$ ③ $\dfrac{\cos\theta+\sin\theta}{s^2+\omega^2}$ ④ $\dfrac{\omega\cos\theta+s\sin\theta}{s^2+\omega^2}$

해설

$f(t) = \sin(\omega t+\theta) = \sin\omega t\cdot\cos\theta + \cos\omega t\cdot\sin\theta$

$\therefore \mathcal{L}[\sin(\omega t+\theta)] = \cos\theta\ \mathcal{L}[\sin\omega t] + \sin\theta\,\mathcal{L}[\cos\omega t]$

$= \cos\theta\cdot\dfrac{\omega}{s^2+\omega^2} + \sin\theta\cdot\dfrac{s}{s^2+\omega^2} = \dfrac{\omega\cos\theta+s\sin\theta}{s^2+\omega^2}$

답 : ④

1.6 쌍곡선 함수의 라플라스 변환

쌍곡선함수(双曲線函數)는 일반적인 삼각함수와 유사한 성질을 갖는 함수로 삼각함수가 단위원 그래프를 매개변수로 표시하는 것처럼, 표준쌍곡선을 매개변수로 표시할 때의 함수를 말한다.

$\sinh\omega t,\ \cosh\omega t$

를 지수함수로 변환하여 라플라스변환 한다.

$$\sinh\omega t = \frac{1}{2}\{e^{\omega t} - e^{-\omega t}\}$$

$$\mathcal{L}[\sinh\omega t] = \frac{1}{2}\mathcal{L}\{e^{\omega t} - e^{-\omega t}\} = \frac{\omega}{s^2 - \omega^2}$$

$$\cosh\omega t = \frac{1}{2}\{e^{\omega t} + e^{-\omega t}\}$$

$$\mathcal{L}[\cos\omega t] = \frac{1}{2}\mathcal{L}\{e^{j\omega t} + e^{-j\omega t}\} = \frac{s}{s^2 - \omega^2}$$

라플라스변환을 문제 하나하나를 해결할 때 상기와 같이 수학적으로 해석하는 것 보다는 다음 정리한 라플라스변환 표에 의한 결과를 가지고 문제를 해결하는 것이 보통이다.

표 1 라플라스변환

함수의 종류	시간함수	라플라스변환함수
단위 계단함수	$u(t)$	$\frac{1}{s}$
	a	$\frac{a}{s}$
단위 램프함수	t	$\frac{1}{s^2}$
	t^n	$\frac{n!}{s^{n+1}}$
임펄스 함수	$\delta(t)$	1
도함수	$\frac{d}{dt}f(t)$	$sF(s) - f(0)$
	$\frac{d^2}{dt^2}f(t)$	$s^2F(s) - sf_{(0)} - f'_{(0)}$
적분함수	$\int f(t)dt$	$\frac{1}{s}F(s) + \frac{1}{s}f^{(-1)}_{(0)}$
정현파함수	$\sin\omega t$	$\frac{\omega}{s^2+\omega^2}$
	$\cos\omega t$	$\frac{s}{s^2+\omega^2}$
지수함수	$e^{-\alpha t}$	$\frac{1}{s+\alpha}$
	$e^{\alpha t}$	$\frac{1}{s-\alpha}$
지수 램프함수	$t^n e^{\alpha t}$	$\frac{n!}{(s-\alpha)^{n+1}}$

함수의 종류	시간함수	라플라스변환함수
지수 정현파함수	$e^{-\alpha t}\sin\omega t$	$\dfrac{\omega}{(s+\alpha)^2+\omega^2}$
	$e^{\alpha t}\cos\omega t$	$\dfrac{(s-\alpha)}{(s-\alpha)^2+\omega^2}$
정현파 램프함수	$t\sin\omega t$	$\dfrac{2\omega s}{(s^2+\omega^2)^2}$
	$t\cos\omega t$	$\dfrac{s^2-\omega^2}{(s^2+\omega^2)^2}$
쌍곡선 함수	$\sinh at$	$\dfrac{a}{s^2-a^2}$
	$\cosh at$	$\dfrac{s}{s^2-a^2}$

2. 라플라스변환의 성질

2.1 선형성

임의의 상수a,b에 대해서 다음 관계가 성립한다. 이를 선형성이라 한다.

$$\mathcal{L}\{a\ f(t)\ \pm b\ g(t)\} = aF(s) \pm bF(s)$$

2.2 상사(相似)[5]정리

시간함수$f\left(\dfrac{t}{a}\right)$로 된 함수를 라플라스 변환하면

$$\mathcal{L}\left[f\left(\frac{t}{a}\right)\right] = \int_0^\infty f\left(\frac{t}{a}\right)e^{-st}dt$$

에서 $\dfrac{t}{a} = \tau$라 하면 $t = a\tau,\ at = ad\tau$이므로 이를 대입하면

$$\mathcal{L}\left[f\left(\frac{t}{a}\right)\right] = \int_0^\infty f(\tau)e^{-as\tau}ad\tau = aF(as)$$

가 된다. 그러므로

5) 상사(相似) : 모양이 서로 비슷함

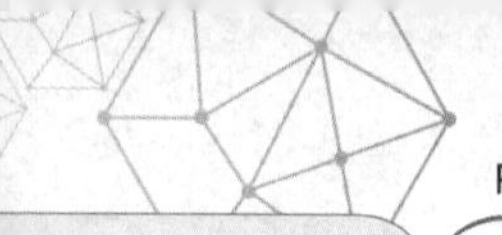

$$\mathcal{L}\left[f\left(\frac{t}{a}\right)\right] = aF(as)$$

여기서, a : 상수

가 된다. 이를 상사 정리라 한다.

2.3 시간추이(推移)[6)]정리

그림 7과 같이 $t < a$에서 0인 함수 $f(t-a)$에 대하여 라플라스 변환하면 다음과 같다.

$$\mathcal{L}[f(t-a)] = \int_0^{\infty} f(t-a)e^{-st}dt$$

여기서, $t-a=\tau$라 놓으면 $dt = d\tau$, $t = \tau + a$ 이므로 이를 정리하면

$$\mathcal{L}[f(t-a)] = \int_0^{\infty} f(\tau)e^{-s(\tau+a)}d\tau$$

$$= \int_0^{\infty} f(\tau)e^{-s\tau}e^{-as}d\tau = e^{-as}F(s)$$

가 된다. 이것은 $\mathcal{L}[f(t)] = F(s)$ 이고 $f(t)$를 시간 t의 양의 방향으로 a만큼 이동한 함수 $f(t-a)$에 대하여 $\mathcal{L}[f(t-a)] = e^{-as}F(s)$가 관계가 있음을 알 수 있다.

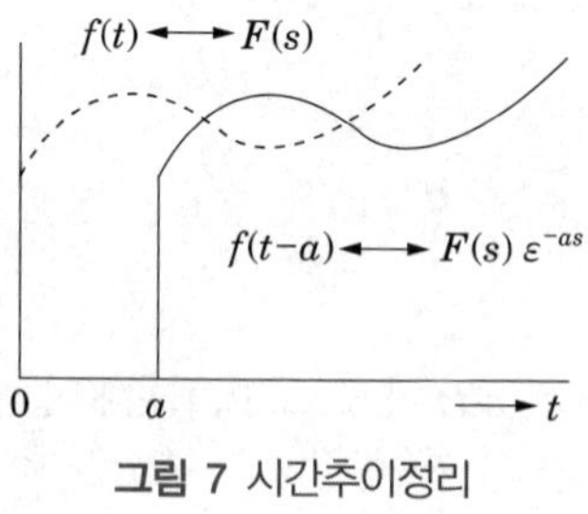

그림 7 시간추이정리

6) 추이(推移) : 시간이 지나감에 따라 변해감.

예제문제 14

$F(s) = \dfrac{\pi}{s^2 + \pi^2} \cdot e^{-2s}$ **함수를 역변환할 때의 그림은?**

①
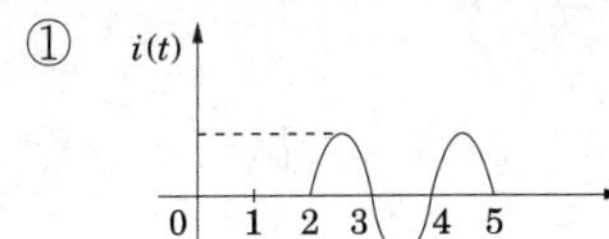

②
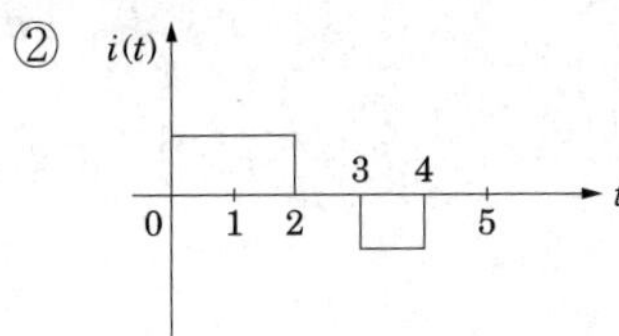

③
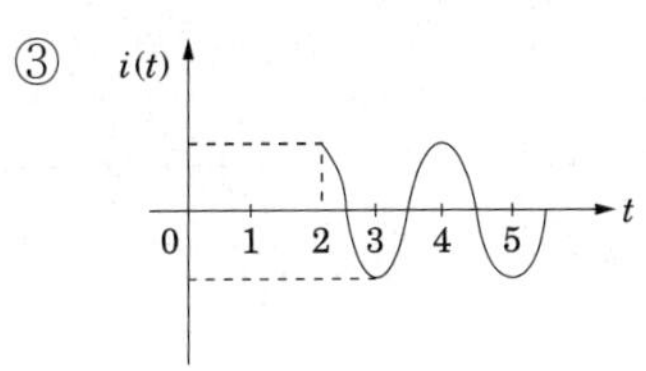

④
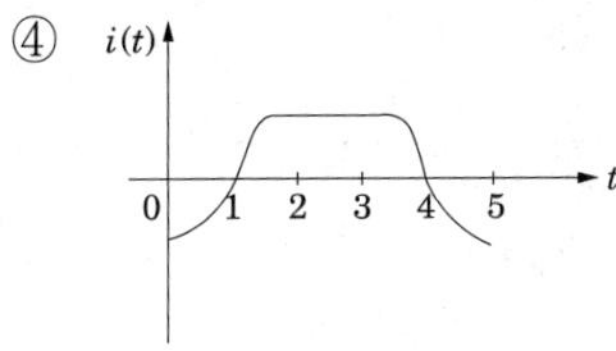

해설
시간 추이 정리에 의해서 역변환한다.
$\therefore f(t) = \sin\pi(t-2)u(t-2)$

답 : ①

2.4 복소추이정리

$s > a$일 때 $\mathcal{L}[f(t)] = F(s)$이면 함수$e^{\pm at}f(t)$의 라플라스 변환을 하면 다음과 같다.

$$\mathcal{L}[e^{\pm at}f(t)] = \int_0^\infty e^{\pm at}e^{-st}dt = \int_0^\infty f(t)e^{-(s \mp a)t}dt = F(s \mp a)$$

$$\mathcal{L}[e^{\pm at}f(t)] = F(s \mp a)$$

성립하며 라플라스 변환식$F(s)$에서 s대신 $s \mp a$ 를 대입한 것을 말한다.

2.5 실미분정리

$f(t)$도함수의 라플라스 변환은 다음식과 같다.

$$\mathcal{L}[\frac{d}{dt}f(t)] = sF(s) - f(0)$$

여기서, $f(0)$는 함수 $f(t)$의 $t = 0$의 값

이식은 부분적분을 적용하여 Laplace 변환식을 적분하면

$$\int_0^\infty f(t)e^{-st}dt = f(t)\frac{e^{-st}}{-s}\Big|_0^\infty - \int_0^\infty [\frac{d}{dt}f(t)]\frac{e^{-st}}{-s}dt$$

$$= \frac{f(0)}{s} + \frac{1}{s}\int_0^\infty [\frac{d}{dt}f(t)]e^{-st}dt$$

$$F(s) = \frac{f(0)}{s} + \frac{1}{s}\mathcal{L}[\frac{d}{dt}f(t)] \quad \text{따라서,} \quad \mathcal{L}[\frac{d}{dt}f(t)] = sF(s) - f(0)$$

가 된다.

예제문제 15

$\mathcal{L}\left[\frac{d}{dt}\cos\omega t\right]$ **의 값은?**

① $\frac{s^2}{s^2+\omega^2}$ ② $\frac{-s^2}{s^2+\omega^2}$ ③ $\frac{\omega^2}{s^2+\omega^2}$ ④ $\frac{-\omega^2}{s^2+\omega^2}$

해설

실미분의 정리 : $\mathcal{L}[f'(t)] = sF(s) - f(0)$

$f(0) = \cos 0 = 1$ 이므로 $\mathcal{L}\left[\frac{d}{dt}\cos\omega t\right] = s \cdot \frac{s}{s^2+\omega^2} - 1 = \frac{-\omega^2}{s^2+\omega^2}$

답 : ④

2.6 실적분정리

적분요소의 라플라스 변환도 도함수의 라플라스 변화과 같은 방법으로 적용한다.

$$\mathcal{L}[\int f(t)dt] = \int_0^\infty [\int f(t)dt]e^{-st}dt$$

$$= \left[\left(\int f(t)dt\right)\left(\frac{1}{-s}e^{-st}\right)\right]_0^\infty - \int_0^\infty f(t)\left(-\frac{1}{s}e^{-st}\right)dt$$

$$= \frac{1}{s}F(s) + \frac{1}{s}f^{(-1)}(0_+)$$

$f^{(-1)}(0_+)$는 양의 영역에서 $t=0$일 때 계산한 적분값을 의미 한다.

$$\mathcal{L}[\int f(t)dt] = \frac{1}{s}F(s) + \frac{1}{s}f^{(-1)}(0_+)$$

여기서, 초기값이 0 인 경우는

$$\mathcal{L}[\int f(t)dt] = \frac{1}{s}F(s)$$

가 된다.

2.7 복소미분정리

복소 미분정리는 다음과 같다.

$$\mathcal{L}[tf(t)] = -1\frac{d}{ds}F(s)$$

이 식은 부분적분을 적용하여 Laplace 변환식을 적분하면

$$\mathcal{L}[tf(t)] = \int_0^\infty tf(t)e^{-st}dt = -\int_0^\infty f(t)\frac{d}{ds}(e^{-st})dt$$

$$= -\frac{d}{ds}\int_0^\infty f(t)e^{-st}dt = -\frac{d}{ds}F(s)$$

$$\mathcal{L}[tf(t)] = -1\frac{d}{ds}F(s)$$

가 된다. 이를 복소미분정리라 한다.

$$\mathcal{L}[t^n f(t)] = (-1)^n \frac{d^n}{ds^n}F(s)$$

2.8 복소적분정리

s의 함수 $F(s)$를 적분하면 다음과 같이 된다.

$$\int_s^\infty F(s)ds = \int_s^\infty \left(\int_0^\infty f(t)e^{-st}dt\right)ds = \int_0^\infty f(t)\left(\int_s^\infty e^{-st}ds\right)dt$$

여기서

$$\int_s^\infty e^{-st}ds = \left[-\frac{1}{t}e^{-st}\right]_s^\infty = \frac{1}{t}e^{-st}$$

가 된다. 따라서 이식을 본식에 대입하면 다음과 같이 된다.

$$\int_s^\infty F(s)ds = \mathcal{L}\left[\frac{f(t)}{t}\right]$$

이를 복소적분정리라 한다.

2.9 초기값 정리

$\lim_{t\to\infty} f(t)$가 존재하는 경우 라플라스 변환식으로부터 시스템의 초기값을 구하기 위하여

$$\mathcal{L}\left[\frac{d}{dt}f(t)\right] = sF(s) - f(0_+)$$

에 의하여

$$\lim_{s\to\infty}\left[\int_0^\infty \frac{d}{dt}f(t)e^{-st}dt\right] = \lim_{s\to\infty}[sF(s) - f(0_+)]$$

이 되고 $\lim_{s\to\infty} e^{-st} = 0$이므로 좌변은 0이 된다. 그러므로

$$0 = \lim_{s\to\infty}[sF(s) - f(0_+)]$$

$$f(0_+) = \lim_{t\to 0} f(t) = \lim_{s\to\infty} sF(s)$$

가 된다. 이것은 어떤 함수 $f(t)$에 대해서 시간 t가 0에 가까워지는 경우 $f(t)$의 극한값을 초기값(initial value)이라 한다.

예제문제 16

다음과 같은 $I(s)$의 초기값 $I(0_+)$가 바르게 구해진 것은?

$$I(s) = \frac{2(s+1)}{s^2+2s+5}$$

① $\frac{2}{5}$ ② $\frac{1}{5}$ ③ 2 ④ −2

해설

초기값 정리 : $\lim_{t\to 0} i(t) = \lim_{s\to\infty} s\cdot I(s) = \lim_{s\to\infty} s\cdot\frac{2(s+1)}{s^2+2s+5} = \lim_{s\to\infty}\frac{2+\frac{2}{s}}{1+\frac{2}{s}+\frac{5}{s^2}} = 2$

답 : ③

2.10 최종값 정리

$\lim_{t\to\infty} f(t)$가 존재하는 경우 라플라스 변환식으로부터 시스템의 정상상태인 최종값을 구하기 위하여

$$\mathcal{L}\left[\frac{d}{dt}f(t)\right] = sF(s) - f(0_+)$$

여기서, $f(0)$는 함수 $f(t)$의 $t=0$의 값

에 의하여 다음 식으로 증명한다.

$$\lim_{s\to 0}\left[\int_0^\infty \frac{d}{dt}f(t)e^{-st}dt\right] = \lim_{s\to 0}[sF(s) - f(0_+)]$$

이 되고 $\lim_{s\to 0} e^{-st} = 1$이고, 좌변은 극한과 적분은 순서를 바꾸어 계산해도 되므로

$$\lim_{s\to 0}\left[\int_0^\infty \frac{d}{dt}f(t)e^{-st}dt\right] = \lim_{t\to\infty}\int_0^t \frac{d}{dt}f(t)\,dt = \lim_{t\to\infty}[f(t) - f(0_+)]$$

가 된다. 그러므로

$$\lim_{t\to\infty}[f(t) - f(0_+)] = \lim_{s\to 0}[sF(s) - f(0_+)]$$

$$\lim_{t\to\infty} f(t) = \lim_{s\to 0} sF(s)$$

가 된다. 이것은 어떤 함수 $f(t)$에 대해서 시간 t가 ∞에 가까워지는 경우 $f(t)$의 극한값을 최종값(final value)이라 한다.

예제문제 17

임의의 함수 $f(t)$에 대한 라플라스 변환 $\mathcal{L}[f(t)] = F(s)$ 라고 할 때 최종값 정리는?

① $\lim_{s\to 0} F(s)$　② $\lim_{s\to\infty} sF(s)$　③ $\lim_{s\to\infty} F_2(s)$　④ $\lim_{s\to 0} sF(s)$

해설

최종값의 정리 : $\lim_{t\to\infty} f(t) = \lim_{s\to 0} sF(s)$

답 : ④

예제문제 18

$F(s) = \dfrac{3s+10}{s^3+2s^2+5s}$ 일 때 $f(t)$의 최종값은?

① 0　② 1　③ 2　④ 8

해설

최종값 정리 : $\lim_{t\to\infty} f(t) = \lim_{s\to 0} sF(s) = \lim_{s\to 0} s \cdot \dfrac{3s+10}{s(s^2+2s+5)} = \dfrac{10}{5} = 2$

답 : ③

예제문제 19

어떤 제어계의 출력이 $C(s) = \dfrac{s+0.5}{s(s^2+s+2)}$로 주어질 때 정상값은?

① 4 ② 2 ③ 0.5 ④ 0.25

해설

최종값 정리 : $\lim_{t\to\infty} c(t) = \lim_{s\to 0} sC(s) = \lim_{s\to 0} s \cdot \dfrac{s+0.5}{s(s^2+s+2)} = 0.25$

답 : ④

표 2 라스변환의 성질

가감산	$\mathcal{L}[f_1(t) \pm f_2(t)] = [F_1(s) \pm F_2(s)]$
상사정리	$\mathcal{L}\left[f\left(\frac{t}{a}\right)\right] = aF(as)$
미분정리	$\mathcal{L}\left[\frac{df(t)}{dt}\right] = sF(s) - f(0)$ $\mathcal{L}\left[\frac{d^n f(t)}{dt^n}\right] = s^n F(s) - s^{n-1} f(0) - s^{n-2} f^{(1)}(0) - \cdots - f^{(n-1)}(0)$
적분정리	$\mathcal{L}\left[\int_0^t f(\tau)\, d\tau\right] = \frac{F(s)}{s}$ $\mathcal{L}\left[\int_0^{t_1}\int_0^{t_2}\cdots\int_0^{t_n} f(\tau)\, d\tau^n\right] = \frac{F(s)}{s^n}$
시간추이정리	$\mathcal{L}[f(t-a)] = e^{-as}F(s)$
복소추이정리	$\mathcal{L}[e^{\mp at} f(t)] = F(s \pm a)$
복소미분정리	$\mathcal{L}[tf(t)] = (-1)^1 \frac{d}{ds} F(s)$
복소적분정리	$\mathcal{L}\left[\frac{f(t)}{t}\right] = \int_s^\infty F(s)ds$
초기값정리	$\lim_{t\to 0} f(t) = \lim_{s\to\infty} sF(s)$
최종값정리	$\lim_{t\to\infty} f(t) = \lim_{s\to 0} sF(s)$

3. 역라플라스변환

복수함수$F(s)$의 시간영역 $f(t)$를 구하기 위해서는 역라플라스변환 $\mathcal{L}^{-1}F(s)$을 구하여야 한다. 이 과정을 통해 미분방정식의 해를 구하게 된다. 이것은 다음과 같은 부분분수 전개법을 사용하여 계산하면 편리하다.

$$F(s) = \frac{b_m s^m + b_{n-1} s^{m-1} + \cdots + b_1 s + b_0}{a_n s^n + a_{n-1} s^{n-1} + \cdots + a_1 s + a_0} = \frac{\sum_{i=0}^{m} b_i s^i}{\sum_{i=0}^{n} a_i s^i} = \frac{B(s)}{A(s)}$$

위 식을 인수분해 하면 다음과 같이 된다.

$$F(s) = \frac{(s-Z_1)(s-Z_2)\cdots(s-Z_n)}{(s-P_1)(s-P_2)\cdots(s-P_n)}$$

따라서, 부분분수 전개를 하면

$$F(s) = \frac{K_1}{sP_1} + \frac{K_2}{s-P_2} + \cdots + \frac{K_n}{s-P_n}$$

가 되며, 여기서 K_1, K_2, $\cdots$ K_n등을 구하여 각각 역라플라스 변환한다.

3.1 분모가 인수분해 되는 경우

$$F(s) = \frac{K_1}{s-P_1} + \frac{K_2}{s-P_2}$$

위 식에서 K_1, K_2를 다음과 같이 구한다.

$$K_1 = \lim_{s \to p_1} (s-P_1)\, F(s)$$

$$K_2 = \lim_{s \to p_2} (s-P_2) F(s)$$

3.2 중근이 되는 경우

$$F(s) = \frac{A(s)}{(s-P_1)^n\,(s-P_2)\,(s-P_3)}$$

위 식과 같이 극점 P_1은 n가 중복되어 있는 경우

$$F(s) = \frac{K_{11}}{(s-P_1)^n} + \frac{K_{21}}{(s-P_1)^{n-1}} + \cdots + \frac{K_{n1}}{(s-P_1)}$$

위 식에서 K_{11}, K_{12}, K_{n1}를 다음과 같이 구한다.

$$K_{11} = \lim_{s \to p_1} (s-P_1)^n F(s)$$

$$K_{21} = \lim_{s \to p_1} \left\{ \frac{d}{ds}(s-P_1)^n F(s) \right\}$$

$$K_{n1} = \lim_{s \to p_1} \left\{ \frac{1}{(n-1)} \frac{d^{n-1}}{ds^{n-1}}(s-P_1)^n F(s) \right\}$$

예제문제 20

라플라스 변환함수 $F(s) = \dfrac{s+2}{s^2+4s+13}$ **에 대한 역변환 함수** $f(t)$ **는?**

① $e^{-2t}\cos 3t$ ② $e^{-3t}\sin 2t$

③ $e^{3t}\cos 2t$ ④ $e^{2t}\sin 3t$

해설

$F(s) = \dfrac{s+2}{s^2+4s+13} = \dfrac{s+2}{s^2+4s+4+9} = \dfrac{s+2}{(s+2)^2+3^2}$ 이므로 지수 여현파함수가 된다.

$\therefore f(t) = e^{-2t}\cos 3t$ 가 된다.

답 : ①

예제문제 21

$F(s) = \dfrac{2s+3}{s^2+3s+2}$ **의 시간 함수** $f(t)$ **는?**

① $f(t) = e^{-t} - e^{-2t}$ ② $f(t) = e^{-t} + e^{-2t}$

③ $f(t) = e^{-t} + 2e^{-2t}$ ④ $f(t) = e^{-t} - 2e^{-2t}$

해설

$$F(s) = \frac{2s+3}{s^2+3s+2} = \frac{2s+3}{(s+1)(s+2)} = \frac{K_1}{s+1} + \frac{K_2}{s+2}$$

$$K_1 = \lim_{s \to -1}(s+1)F(s) = \left[\frac{2s+3}{s+2}\right]_{s=-1} = 1$$

$$K_2 = \lim_{s \to -2}(s+2)F(s) = \left[\frac{2s+3}{s+1}\right]_{s=-2} = 1$$

$$\therefore F(s) = \frac{1}{s+1} + \frac{1}{s+2}$$

$$\therefore f(t) = \mathcal{L}^{-1}[F(s)] = \mathcal{L}^{-1}\left[\frac{1}{s+1} + \frac{1}{s+2}\right] = e^{-t} + e^{-2t}$$

답 : ②

예제문제 22

$f(t) = \dfrac{s+2}{(s+1)^2}$ 의 라플라스 역변환은?

① $e^{-t} - te^{-t}$ ② $e^{-t} + te^{-t}$ ③ $1 - te^{-t}$ ④ $1 + te^{-t}$

해설

$F(s) = \dfrac{s+2}{(s+1)^2} = \dfrac{K_1}{(s+1)^2} + \dfrac{K_2}{s+1}$

$K_1 = \lim\limits_{s \to -1} (s+1)^2 F(s) = [s+2]_{s=-1} = 1$

$K_2 = \lim\limits_{s \to -1} \dfrac{d}{ds}(s+2) = [1]_{s=-1} = 1$

$\therefore F(s) = \dfrac{1}{(s+1)^2} + \dfrac{1}{s+1}$

$\therefore f(t) = \mathcal{L}^{-1}[F(s)] = te^{-t} + e^{-t}$

[별해] $f(t) = \mathcal{L}^{-1}\left[\dfrac{s+2}{(s+1)^2}\right] = \mathcal{L}^{-1}\left[\dfrac{s+1}{(s+1)^2} + \dfrac{1}{(s+1)^2}\right] = \mathcal{L}^{-1}\left[\dfrac{1}{s+1} + \dfrac{1}{(s+1)^2}\right] = e^{-t} + te^{-t}$

답 : ②

예제문제 23

$\mathcal{L}^{-1}\left[\dfrac{s}{(s+1)^2}\right]$ 는?

① $e^{-t} - te^{-t}$ ② $e^{-t} + 2te^{-t}$ ③ $e^{t} - te^{-t}$ ④ $e^{-t} + te^{-t}$

해설

$F(s) = \dfrac{s}{(s+1)^2} = \dfrac{K_1}{(s+1)^2} + \dfrac{K_2}{s+1}$

$K_1 = \lim\limits_{s \to -1} (s+1)^2 F(s) = [s]_{s=-1} = -1$

$K_2 = \lim\limits_{s \to -1} \dfrac{d}{ds} s = [1]_{s=-1} = 1$

$F(s) = \dfrac{-1}{(s+1)^2} + \dfrac{1}{s+1} = \dfrac{1}{s+1} - \dfrac{1}{(s+1)^2}$

$\therefore f(t) = \mathcal{L}^{-1}[F(s)] = e^{-t} - te^{-t}$

[별해] $f(t) = \mathcal{L}^{-1}\left[\dfrac{s}{(s+1)^2}\right] = \mathcal{L}^{-1}\left[\dfrac{s+1}{(s+1)^2} + \dfrac{-1}{(s+1)^2}\right] = \mathcal{L}^{-1}\left[\dfrac{1}{s+1} - \dfrac{1}{(s+1)^2}\right] = e^{-t} - te^{-t}$

답 : ①

핵심과년도문제

2·1

$\cos\omega t$의 라플라스 변환은?

① $\dfrac{s}{s^2-\omega^2}$ ② $\dfrac{s}{s^2+\omega^2}$ ③ $\dfrac{\omega}{s^2-\omega^2}$ ④ $\dfrac{\omega}{s^2+\omega^2}$

해설 $f(t)=\cos\omega t$

$$\mathcal{L}[f(t)]=\mathcal{L}[\cos\omega t]=\int_0^\infty \cos\omega t\, e^{-st}dt$$

$\cos\omega t=\dfrac{e^{j\omega t}+e^{-j\omega t}}{2}$ 이므로 $\mathcal{L}[\cos\omega t]=\int_0^\infty \cos\omega t e^{-st}dt=\dfrac{1}{2}\int_0^\infty (e^{j\omega t}+e^{-j\omega t})e^{-st}dt$

$$=\frac{1}{2}\int_0^\infty (e^{-(s-j\omega)t}+e^{-(s+j\omega)t})dt$$

$$=\frac{1}{2}\left(\frac{1}{s-j\omega}+\frac{1}{s+j\omega}\right)=\frac{s}{s^2+\omega^2}$$

【답】 ②

2·2

$u(t-T)$를 라플라스 변환하면?

① $\dfrac{1}{s}e^{-Ts}$ ② $\dfrac{1}{s^2}e^{-Ts}$ ③ $\dfrac{1}{s^2}e^{Ts}$ ④ $\dfrac{1}{s}e^{Ts}$

해설 단위 계단함수의 시간추이 : $\mathcal{L}\{u(t)\}=\dfrac{1}{s}$ → $\mathcal{L}\{u(t-T)\}=\dfrac{1}{s}e^{-Ts}$

【답】 ①

2·3

$f(t)=\delta(t)-be^{-bt}$ 의 라플라스 변환은? 단, $\delta(t)$는 임펄스 함수이다.

① $\dfrac{b}{s+b}$ ② $\dfrac{s(1-b)+5}{s(s+b)}$

③ $\dfrac{1}{s(s+b)}$ ④ $\dfrac{s}{s+b}$

해설 시간함수의 합과 차는 각각 라플라스 변환하여 합과 차를 구한다.

$$F(s)=\mathcal{L}[f(t)]=\mathcal{L}[\delta(t)-be^{-bt}]=1-b\frac{1}{s+b}=\frac{s}{s+b}$$

【답】 ④

2·4

$\mathcal{L}[\sin t] = \dfrac{1}{s^2+1}$ 을 이용하여 ⓐ $\mathcal{L}[\cos \omega t]$, ⓑ $\mathcal{L}[\sin at]$를 구하면?

① ⓐ $\dfrac{1}{s^2-a^2}$, ⓑ $\dfrac{1}{s^2-\omega^2}$　② ⓐ $\dfrac{1}{s+a}$, ⓑ $\dfrac{s}{s+\omega}$

③ ⓐ $\dfrac{s}{s^2+\omega^2}$, ⓑ $\dfrac{a}{s^2+a^2}$　④ ⓐ $\dfrac{1}{s+a}$, ⓑ $\dfrac{1}{s-\omega}$

해설 여현파 함수 : $\mathcal{L}[\cos \omega t] = \dfrac{s}{s^2+\omega^2}$

정현파 함수 : $\mathcal{L}[\sin at] = \dfrac{a}{s^2+a^2}$　【답】 ③

2·5

함수 $f(t) = te^{at}$ 를 옳게 라플라스 변환시킨 것은?

① $F(s) = \dfrac{1}{(s-a)^2}$　② $F(s) = \dfrac{1}{s-a}$

③ $F(s) = \dfrac{1}{s(s-a)}$　④ $F(s) = \dfrac{1}{s(s-a)^2}$

해설 지수 램프함수 : $f(t) = te^{at}$

$\mathcal{L}[t] = \dfrac{1}{s^2}$　$\mathcal{L}[e^{at}f(t)] = F(s-a)$ 이므로 $\mathcal{L}[te^{at}] = \dfrac{1}{(s-a)^2}$　【답】 ①

2·6

$f(t) = \dfrac{e^{at}+e^{-at}}{2}$ 의 라플라스 변환은?

① $\dfrac{s}{s^2+a^2}$　② $\dfrac{s}{s^2-a^2}$　③ $\dfrac{a}{s^2+a^2}$　④ $\dfrac{a}{s^2-a^2}$

해설 $\mathcal{L}\left[\dfrac{1}{2}(e^{at}+e^{-at})\right] = \dfrac{1}{2}\mathcal{L}[e^{at}+e^{-at}] = \dfrac{1}{2}\left(\dfrac{1}{s-a}+\dfrac{1}{s+a}\right) = \dfrac{s}{s^2-a^2}$　【답】 ②

2·7

$f(t) = \sin t \cos t$ 를 라플라스 변환하면?

① $\dfrac{1}{s^2+4}$　② $\dfrac{1}{s^2+2}$　③ $\dfrac{1}{(s+2)^2}$　④ $\dfrac{1}{(s+4)^2}$

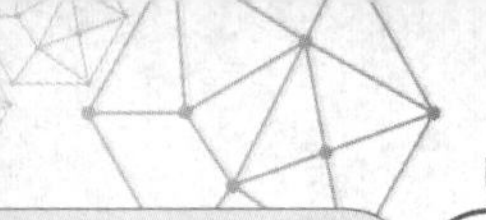

해설 삼각 함수의 가법 정리 : $\sin 2t = \sin(t+t) = 2\sin t\cos t$

$\therefore \sin t\cos t = \frac{1}{2}\sin 2t$

$\therefore F(s) = \mathcal{L}[\sin t\ \cos t] = \mathcal{L}\left[\frac{1}{2}\sin 2t\right] = \frac{1}{2}\cdot\frac{2}{s^2+2^2} = \frac{1}{s^2+4}$ 【답】 ①

2·8

다음과 같은 2개의 전류의 초기값 $i_1(0_+)$, $i_2(0_+)$가 옳게 구해진 것은?

$$I_1(s) = \frac{12(s+8)}{4s(s+6)}, \quad I_2(s) = \frac{12}{s(s+6)}$$

① 3, 0 ② 4, 0 ③ 4, 2 ④ 3, 4

해설 초기값 정리

$$\lim_{s\to\infty} s\cdot I_1(s) = \lim_{s\to\infty} s\cdot\frac{12(s+8)}{4s(s+6)} = 3$$

$$\lim_{s\to\infty} s\cdot I_2(s) = \lim_{s\to\infty} s\cdot\frac{12}{s(s+6)} = 0$$

【답】 ①

2·9

다음과 같은 전류의 초기값 $I(0_+)$를 구하면?

$$I(s) = \frac{12}{2s(s+6)}$$

① 6 ② 2 ③ 1 ④ 0

해설 초기값 정리 : $\lim_{s\to\infty} sI(s) = \lim_{s\to\infty} s\frac{12}{2s(s+6)} = \lim_{s\to\infty}\frac{12}{2(s+6)} = 0$ 【답】 ④

2·10

그림과 같은 구형파의 라플라스 변환은?

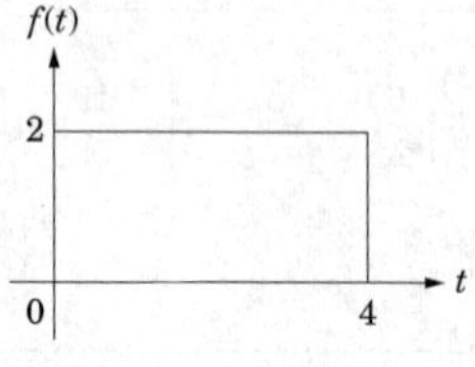

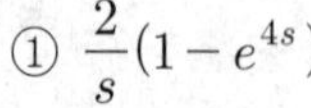

① $\frac{2}{s}(1-e^{4s})$ ② $\frac{4}{s}(1-e^{2s})$

③ $\frac{2}{s}(1-e^{-4s})$ ④ $\frac{4}{s}(1-e^{-2s})$

해설 계단함수의 합성이므로 $f(t) = 2u(t) - 2u(t-4)$

$\therefore F(s) = \mathcal{L}[f(t)] = \mathcal{L}[2u(t) - 2u(t-4)] = 2\left(\frac{1}{s} - \frac{1}{s}e^{-4s}\right) = \frac{2}{s}(1-e^{-4s})$ 【답】 ③

2·11

그림의 파형을 단위 함수(unit step function) $v(t)$로 표시하면?

① $v(t) = u(t) - u(t-T) + u(t-2T) - u(t-3T)$
② $v(t) = u(t) - 2u(t-T) + 2u(t-2T) - u(t-3T)$
③ $v(t) = u(t-T) - u(t-2T) + u(t-3T)$
④ $v(t) = u(t-T) - 2u(t-2T) + 2u(t-3T)$

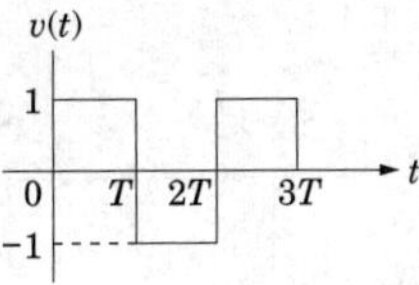

해설

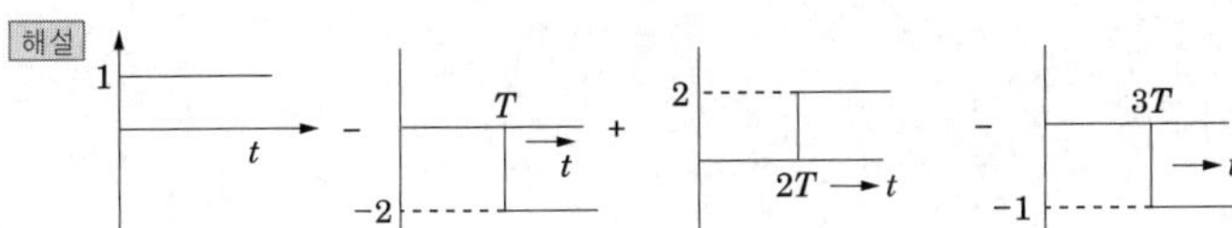

계단함수의 합성이므로 $v(t) = u(t) - 2u(t-T) + 2u(t-2T) - u(t-3T)$ 【답】 ②

2·12

제어계의 입력 신호 $x(t)$와 출력 신호 $y(t)$와의 관계가 $y(t) = Kx(t-T)$로 표시되는 추이 요소에서 입력을 단위 계단 함수로 주어질 때 출력 파형으로 알맞은 것은?

①
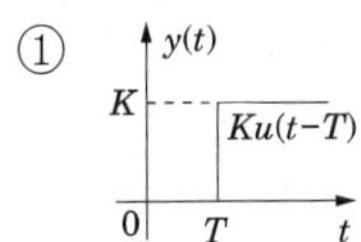

②
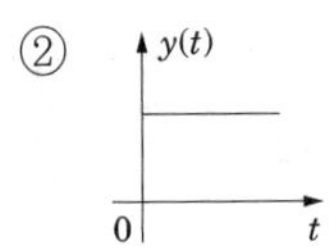

③
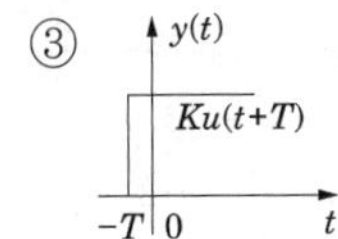

④
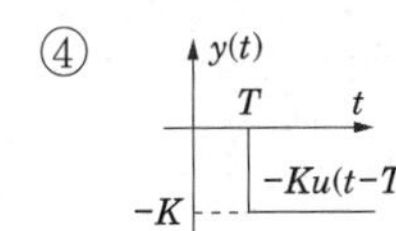

해설 시간추이정리에 의해

② $y(t) = x(t)$, ③ $y(t) = Kx(t+T)$, ④ $y(t) = -Kx(t-T)$가 된다. 【답】 ①

2·13

$F(s) = \dfrac{A}{\alpha + s}$라 하면 이의 역변환은?

① αe^{At}　② $Ae^{\alpha t}$　③ αe^{-At}　④ $Ae^{-\alpha t}$

해설 $F(s)$는 지수함수의 형태이므로

$$f(t) = \mathcal{L}^{-1}\left[\frac{A}{s+\alpha}\right] = A\mathcal{L}^{-1}\left[\frac{1}{s+\alpha}\right] = Ae^{-\alpha t}$$

【답】 ④

2·14

$\dfrac{1}{s(s+1)}$ 의 라플라스 역변환을 구하면?

① $e^{-t}\sin t$　② $1+e^{-t}$　③ $1-e^{-t}$　④ $e^{-t}\cos t$

해설 $F(s)=\dfrac{1}{s(s+1)}=\dfrac{K_1}{s}+\dfrac{K_2}{s+1}$

$K_1=\lim\limits_{s\to 0} s\cdot F(s)=\left[\dfrac{1}{s+1}\right]_{s=0}=1$

$K_2=\lim\limits_{s\to -1}(s+1)F(s)=\left[\dfrac{1}{s}\right]_{s=-1}=-1$

$\therefore F(s)=\dfrac{1}{s}-\dfrac{1}{s+1}$

$\therefore f(t)=\mathcal{L}^{-1}\left[\dfrac{1}{s}-\dfrac{1}{s+1}\right]=1-e^{-t}$

【답】 ③

2·15

$F(s)=\dfrac{s+1}{s^2+2s}$ 로 주어졌을 때 $F(s)$의 역변환을 한 것은?

① $\dfrac{1}{2}(1+e^{t})$　② $\dfrac{1}{2}(1-e^{-t})$　③ $\dfrac{1}{2}(1+e^{-2t})$　④ $\dfrac{1}{2}(1-e^{-2t})$

해설 $F(s)=\dfrac{s+1}{s^2+2s}=\dfrac{s+1}{s(s+2)}=\dfrac{K_1}{s}+\dfrac{K_2}{s+2}$

$K_1=\lim\limits_{s\to 0} sF(s)=\left[\dfrac{s+1}{s+2}\right]_{s=0}=\dfrac{1}{2}$

$K_2=\lim\limits_{s\to -2}(s+2)F(s)=\left[\dfrac{s+1}{s}\right]_{s=-2}=\dfrac{1}{2}$

$\therefore F(s)=\dfrac{1}{2}\left(\dfrac{1}{s}+\dfrac{1}{s+2}\right)$

$\therefore f(t)=\mathcal{L}^{-1}[F(s)]=\dfrac{1}{2}(1+e^{-2t})$

【답】 ③

2·16

$\mathcal{L}^{-1}\left[\dfrac{1}{s^2+a^2}\right]$은 어느 것인가?

① $\sin at$　② $\dfrac{1}{a}\sin at$　③ $\cos at$　④ $\dfrac{1}{a}\cos at$

해설 정현파 함수 역 라플라스변환 $\mathcal{L}^{-1}\left[\dfrac{a}{s^2+a^2}\right]=\sin at$ 이므로 $\mathcal{L}^{-1}\left[\dfrac{1}{s^2+a^2}\right]=\dfrac{1}{a}\sin at$

【답】 ②

2·17

$e_i(t) = Ri(t) + L\frac{di(t)}{dt} + \frac{1}{C}\int i(t)dt$ 에서 모든 초기 조건을 0으로 하고 라플라스 변환하면 어떻게 되는가?

① $I(s) = \frac{Cs}{LCs^2 + RCs + 1}E_i(s)$　　② $I(s) = \frac{1}{LCs^2 + RCs + 1}E_i(s)$

③ $I(s) = \frac{LCs}{LCs^2 + RCs + 1}E_i(s)$　　④ $I(s) = \frac{C}{LCs^2 + RCs + 1}E_i(s)$

해설 $E_i(s) = RI(s) + LsI(s) + \frac{1}{Cs}I(s)$

$\therefore I(s) = \frac{1}{R + Ls + \frac{1}{Cs}}E_i(s) = \frac{Cs}{LCs^2 + RCs + 1}E_i(s)$ 【답】①

2·18

$\frac{di(t)}{dt} + 4i(t) + 4\int i(t)dt = 50u(t)$를 라플라스 변환하여 풀면 전류는? 단, t=0에서 $i(0) = 0$, $\int_{-\infty}^{0} i(t) = 0$이다.

① $50e^{2t}(1+t)$　② $e^t(1+5t)$　③ $\frac{1}{4}(1-e^t)$　④ $50te^{-2t}$

해설 $sI(s) + 4I(s) + \frac{4}{s}I(s) = \frac{50}{s}$

$\therefore I(s)\left(s + 4 + \frac{4}{s}\right) = \frac{50}{s}$

$I(s) = \frac{\frac{50}{s}}{s + 4 + \frac{4}{s}} = \frac{50}{s^2 + 4s + 4} = \frac{50}{(s+2)^2}$ 를 역 라플라스변환 하면

$\therefore i(t) = \mathcal{L}^{-1}[I(s)] = 50te^{-2t}$ 【답】④

심화학습문제

01 $f(t)=\cos^2 t$ 인 함수의 라플라스 변환을 구하면?

① $\dfrac{s}{2(s^2+4)}-\dfrac{1}{2s}$ ② $\dfrac{1}{s^2}+\dfrac{4}{s}$

③ $e^{-2t}\cos t$ ④ $\dfrac{1}{2s}+\dfrac{s}{2(s^2+4)}8$

해설

반각공식 : $\cos^2 t=\dfrac{1+\cos 2t}{2}$

$\mathcal{L}[\cos 2t]=\mathcal{L}[\dfrac{1+\cos 2t}{2}]=\dfrac{1}{2}\{\mathcal{L}[1]+\mathcal{L}(\cos 2t)\}$

$=\dfrac{1}{2}\left(\dfrac{1}{s}+\dfrac{s}{s^2+4}\right)$

【답】 ④

02 두 함수 $f_1(t)=1$, $f_2(t)=e^{-t}$ 일 때 합성 적분(convolution 적분)값은?

① $1-e^{-t}$ ② $1+e^{-t}$

③ $\dfrac{1}{1-e^{-t}}$ ④ $\dfrac{1}{1+e^{-t}}$

해설

합성 적분(convolution 적분, 합성곱)

: $f(t)*g(t)=\int_0^{\infty} f(\tau)g(t-\tau)d\tau$

$\therefore$ $f_1(t)$와 $f_2(t)$의 합성 적분은

$f_v=\int_0^t f_1(t-z)f_2(z)dz$이다. 라플라스 변환하면

$\mathcal{L}(f_v)=F_1(s)F_2(s)=\dfrac{1}{s}-\dfrac{1}{s+1}=F(s)$

$\therefore\ \mathcal{L}^{-1}[F(s)]=1-e^{-t}$

【답】 ①

03 어떤 제어계의 출력 $C(s)$가 다음과 같이 주어질 때 출력의 시간 함수 $C(t)$의 정상값은?

$$C(s)=\frac{2}{s(s^2+s+3)}$$

① 2 ② 3

③ $\dfrac{3}{2}$ ④ $\dfrac{2}{3}$

해설

최종값 정리

$\lim\limits_{t\to\infty} C(t)=\lim\limits_{s\to 0} sC(s)=\lim\limits_{s\to 0}\dfrac{2}{s^2+s+3}=\dfrac{2}{3}$

【답】 ④

04 그림과 같은 높이가 1인 펄스의 라플라스 변환은?

① $\dfrac{1}{s}\left(e^{-as}+e^{-bs}\right)$

② $\dfrac{1}{s}\left(e^{-as}-e^{-bs}\right)$

③ $\dfrac{1}{a-b}\left(\dfrac{e^{-as}+e^{-bs}}{s}\right)$

④ $\dfrac{1}{a-b}\left(\dfrac{e^{as}-e^{-bs}}{s}\right)$

f(t)
0 a b t

해설

계단함수의 합성이므로 $f(t)=u(t-a)-u(t-b)$

$\therefore\ F(s)=\mathcal{L}[f(t)]=\mathcal{L}[u(t-a)]-\mathcal{L}[u(t-b)]$

$=\dfrac{e^{-as}}{s}-\dfrac{e^{-bs}}{s}=\dfrac{1}{s}(e^{-as}-e^{-bs})$

【답】 ②

05 그림과 같은 구형파의 라플라스 변환을 구하면?

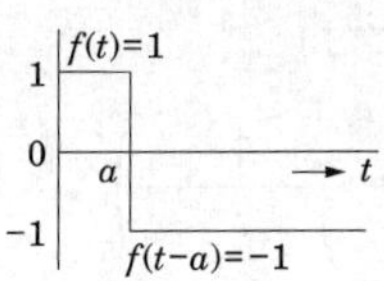

① $\dfrac{1}{s}$　② $\dfrac{e^{-as}}{s}$

③ $\dfrac{1+e^{-as}}{s}$　④ $\dfrac{1-2e^{-as}}{s}$

해설

계단함수의 합성이므로 $f(t)=u(t)-2u(t-a)$

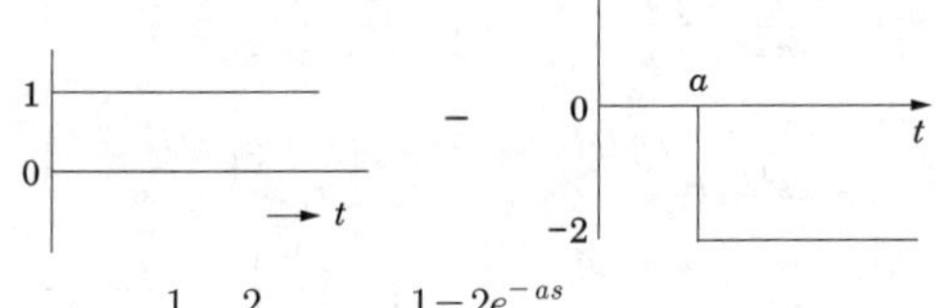

$\therefore F(s)=\dfrac{1}{s}-\dfrac{2}{s}e^{-as}=\dfrac{1-2e^{-as}}{s}$

【답】④

06 $f(t)=u(t-a)-u(t-b)$ 식으로 표시되는 4각파의 라플라스는?

① $\dfrac{1}{s}(e^{-as}-e^{-bs})$

② $\dfrac{1}{s}(e^{as}+e^{bs})$

③ $\dfrac{1}{s^2}(e^{-as}-e^{-bs})$

④ $\dfrac{1}{s^2}(e^{as}+e^{bs})$

해설

$F(s)=\mathcal{L}[f(t)]=\mathcal{L}[u(t-a)]-\mathcal{L}[u(t-b)]$

$=\dfrac{e^{-as}}{s}-\dfrac{e^{-bs}}{s}=\dfrac{1}{s}(e^{-as}-e^{-bs})$

【답】①

07 다음과 같은 파형의 라플라스 변환은?

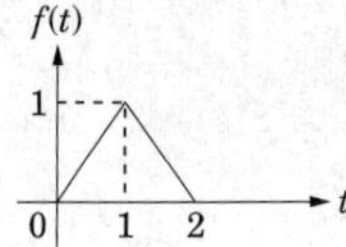

① $1-2e^{-s}+e^{-2s}$

② $s(1-2e^{-s}+e^{-2s})$

③ $\dfrac{1}{s}(1-2e^{-s}+e^{-2s})$

④ $\dfrac{1}{s^2}(1-2e^{-s}+e^{-2s})$

해설

$f(t)=0:\ t<0$

$f(t)=t:\ 0\leqq t<1$

$f(t)=2-t:\ 1\leqq t<2$

$f(t)=0:\ t\geqq 2$

$F(s)=\mathcal{L}[f(t)]=\int_0^1 te^{-st}dt+\int_1^2(2-t)\cdot e^{-st}dt$

$=[t\cdot\dfrac{e^{-st}}{-s}]_0^1+\dfrac{1}{s}\int_0^1 e^{-st}dt+[(2-t)\cdot\dfrac{e^{-st}}{-s}]_1^2-\dfrac{1}{s}\int_1^2 e^{-st}dt$

$=-\dfrac{1}{s}e^{-s}-\dfrac{1}{s^2}e^{-s}+\dfrac{1}{s^2}+\dfrac{1}{s}e^{-s}+\dfrac{1}{s^2}e^{-2s}-\dfrac{1}{s^2}e^{-s}$

$=\dfrac{1}{s^2}(1-2e^{-s}+e^{-2s})$

【답】④

08 그림과 같은 게이트 함수의 라플라스 변환을 구하면?

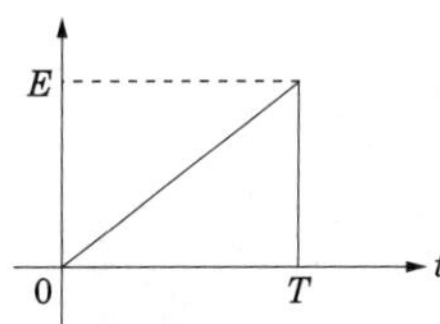

① $\dfrac{E}{Ts^2}[1-(Ts+1)e^{-Ts}]$

② $\dfrac{E}{Ts^2}[1+(Ts+1)e^{-Ts}]$

③ $\dfrac{E}{Ts^2}(Ts+1)e^{-Ts}$

④ $\dfrac{E}{Ts^2}(Ts-1)e^{-Ts}$

해설

램프함수와 계단함수의 합성이므로

$$f(t)=\frac{E}{T}tu(t)-\frac{E}{T}(t-T)u(t-T)-Eu(t-T)$$

$$\therefore\ F(s)=\mathcal{L}[f(t)]=\frac{E}{T}\frac{1}{s^2}-\frac{E}{T}\frac{1}{s^2}e^{-Ts}-\frac{E}{s}e^{-Ts}$$

$$=\frac{E}{Ts^2}(1-e^{-Ts}-Tse^{-Ts})$$

$$=\frac{E}{Ts^2}[1-(Ts+1)e^{-Ts}]$$

【답】 ①

09 그림에서 주어진 파형의 라플라스 변환은?

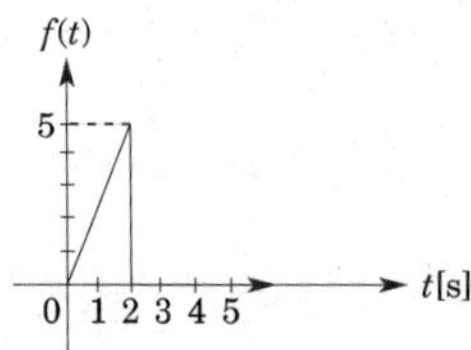

① $\dfrac{2.5}{s^2}(1-e^{-2s}-2se^{-2s})$

② $\dfrac{2.5}{s^2}(1-e^{-2s}-5se^{-2s})$

③ $\dfrac{2.5}{s^2}(1-e^{-2s}-se^{-2s})$

④ $\dfrac{2.5}{s^2}(1-e^{-2s}-e^{-2s})$

해설

램프함수와 계단함수의 합성이므로

$$f(t)=\frac{5}{2}tu(t)-5u(t-2)-\frac{5}{2}(t-2)u(t-2)$$

$$F(s)=2.5\frac{1}{s^2}-5\frac{e^{-2s}}{s}-2.5\frac{e^{-2s}}{s^2}=\frac{2.5}{s^2}(1-e^{-2s}-2se^{-2s})$$

【답】 ①

10 그림과 같은 톱니파를 라플라스 변환하면?

① $\dfrac{a}{s}\left(\dfrac{1}{Ts}-\dfrac{e^{-Ts}}{1-e^{-Ts}}\right)$

② $\dfrac{a}{s}\left(\dfrac{1-e^{-Ts}}{Ts}\right)$

③ $\dfrac{a}{s}\left(\dfrac{e^{-Ts}}{Ts}-\dfrac{1}{1-e^{-Ts}}\right)$

④ $\dfrac{a}{s}\left(1-\dfrac{a^{-Ts}}{1-e^{-Ts}}\right)$

해설

$$f(t)=\frac{a}{T}t\,u(t)-au(t-T)-au(t-2T)-au(t-3T)-\cdots$$

$$=\frac{a}{T}t\,u(t)-a\{u(t-T)+u(t-2T)+u(t-3T)+\cdots\}$$

$$F(s)=\frac{a}{Ts^2}-e\left(\frac{1}{s}e^{-Ts}+\frac{1}{s}e^{-2Ts}+\frac{1}{s}e^{-3Ts}+\cdots\right)$$

$$=\frac{a}{Ts^2}-\frac{a}{s}a^{-Ts}(1+e^{-Ts}+e^{-2Ts}+e^{-3Ts}+\cdots)$$

$$=\frac{a}{Ts^2}-\frac{a}{s}e^{-Ts}\left(\frac{1}{1-e^{-Ts}}\right)=\frac{a}{s}\left(\frac{1}{Ts}-\frac{e^{-Ts}}{1-e^{-Ts}}\right)$$

$\because \displaystyle\sum_{n=0}^{\infty}x^n=1+x+x^2+\cdots=\frac{1}{1-x}$ (등비 급수)

【답】 ①

11 그림과 같은 반파 정현파의 라플라스 변환은?

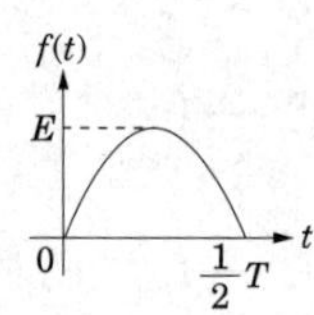

① $\dfrac{E\omega}{s^2+\omega^2}\left(1-e^{-\frac{1}{2}Ts}\right)$

② $\dfrac{Es}{s^2+\omega^2}\left(1-e^{-\frac{1}{2}Ts}\right)$

③ $\dfrac{E\omega}{s^2+\omega^2}\left(1+e^{-\frac{1}{2}Ts}\right)$

④ $\dfrac{Ts}{s^2+\omega^2}\left(1+e^{-\frac{1}{2}Ts}\right)$

해설

정현파 함수의 합성이므로

$$f(t)=E\sin\omega t\ u(t)+E\sin\omega\left(t-\frac{1}{2}T\right)u\left(t-\frac{1}{2}T\right)$$

$$F(s)=\frac{E\omega}{s^2+\omega^2}+\frac{E\omega}{s^2+\omega^2}e^{-\frac{1}{2}Ts}=\frac{E\omega}{s^2+\omega^2}\left(1+e^{-\frac{1}{2}Ts}\right)$$

【답】 ③

12 그림과 같은 계단 함수의 라플라스 변환은?

① $E(1+e^{-Ts})$

② $\dfrac{E}{(1-e^{-Ts})}$

③ $\dfrac{E}{s(1-e^{-Ts})}$

④ $\dfrac{E}{s(1-e^{-Ts/2})}$

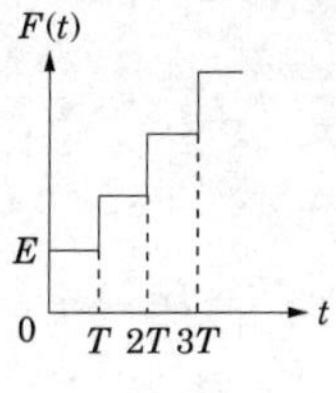

해설

계단함수의 합성이므로

$f(t)=Eu(t)+Eu(t-T)+Eu(t-2T)+Eu(t-3T)+\cdots$

$F(s)=\mathcal{L}[f(t)]=\dfrac{E}{s}+\dfrac{E}{s}e^{-Ts}+\dfrac{E}{s}e^{-2Ts}+\dfrac{E}{s}e^{-3Ts}+\cdots$

$=\dfrac{E}{s}(1+e^{-Ts}+e^{-2Ts}+e^{-3Ts}+\cdots)$

$=\dfrac{E}{s}\left(\dfrac{1}{1-e^{-Ts}}\right)=\dfrac{E}{s(1-e^{-Ts})}$

$\because \sum_{n=0}^{\infty}x^n=1+x+x^2+\cdots=\dfrac{1}{1-x}$ (등비 급수)

【답】 ③

13 $F(s)=\dfrac{e^{-bs}}{s+a}$ 의 역라플라스 변환은?

① $e^{-a(t-b)}$　② $e^{-a(t+b)}$

③ $e^{a(t-b)}$　④ $e^{a(t+b)}$

해설

시간추이정리 : $\mathcal{L}^{-1}[e^{-bs}F(s)]=f(t-b)$

$\mathcal{L}^{-1}\left[\dfrac{1}{s+a}\right]=e^{-at}$ 이므로 $\mathcal{L}^{-1}\left[\dfrac{e^{-bs}}{s+a}\right]=e^{-a(t-b)}$

$\because e^{-bs}$는 시간 지연분 이므로 $e^{-at} \rightarrow e^{-a(t-b)}$가 된다.

【답】 ①

14 $f(t)=\mathcal{L}^{-1}\left[\dfrac{s^2+3s+10}{s^2+2s+5}\right]$ 는?

① $\delta(t)+e^{-t}(\cos 2t-\sin 2t)$

② $\delta(t)+e^{-t}(\cos 2t+2\sin 2t)$

③ $\delta(t)+e^{-t}(\cos 2t-2\sin 2t)$

④ $\delta(t)+e^{-t}(\cos 2t+\sin 2t)$

해설

$\mathcal{L}^{-1}\left[\dfrac{s^2+3s+10}{s^2+2s+5}\right]=\mathcal{L}^{-1}\left[1+\dfrac{s+5}{s^2+2s+5}\right]$

$=\mathcal{L}^{-1}\left[1+\dfrac{s+5}{(s+1)^2+2^2}\right]$

$=\mathcal{L}^{-1}\left[1+\dfrac{s+1}{(s+1)^2+2^2}+2\dfrac{2}{(s+1)^2+2^2}\right]$

$=\delta(t)+e^{-t}\cos 2t+2e^{-t}\sin 2t$

$=\delta(t)+e^{-t}(\cos 2t+2\sin 2t)$

【답】 ②

15 출력 $Y(s)=\dfrac{K_1}{s^2}+\dfrac{K_2}{(s+3)^2}$ 일 때 $y(t)$는?

① $2K_1+2K_2t$　② K_1t-3K_2t

③ $K_1t+K_2te^{-3t}$　④ $K_1t-3K_2e^{-2t}$

해설

$y(t)=\mathcal{L}^{-1}[Y(s)]=\mathcal{L}^{-1}\left[\dfrac{K_1}{s^2}+\dfrac{K_2}{(s+3)^2}\right]$

$=K_1t+K_2te^{-3t}$

【답】 ③

16 $f(t)=\mathcal{L}^{-1}\left[\dfrac{1}{s^2+6s+10}\right]$ 의 값은 얼마인가?

① $e^{-3t}\sin t$　② $e^{-3t}\cos t$

③ $e^{-t}\sin 5t$　④ $e^{-t}\sin 5\omega t$

해설

$F(s)=\dfrac{1}{s^2+6s+10}=\dfrac{1}{(s+3)^2+1}$

$\therefore f(t)=e^{-3t}\sin t$

【답】 ①

17 다음 함수 $F(s)=\dfrac{5s+3}{s(s+1)}$의 역라플라스 변환은 어떻게 되는가?

① $2+3e^{-t}$　② $3+2e^{-t}$
③ $3-2e^{-t}$　④ $2-3e^{-t}$

해설

$$F(s)=\frac{5s+3}{s(s+1)}=\frac{K_1}{s}+\frac{K_2}{s+1}$$

$$K_1=\lim_{s\to 0}sF(s)=\left[\frac{5s+3}{s+1}\right]_{s=0}=3$$

$$K_2=\lim_{s\to -1}(s+1)F(s)=\left[\frac{5s+3}{s}\right]_{s=-1}=2$$

$$F(s)=\frac{3}{s}+\frac{2}{s+1}$$

$$\therefore f(t)=\mathcal{L}^{-1}[F(s)]=\mathcal{L}^{-1}\left[\frac{3}{s}+\frac{2}{s+1}\right]=3+2e^{-t}$$

【답】 ②

18 다음 함수들의 라플라스 역변환에 관하여 옳지 않은 것은?

(1) $\dfrac{s}{(2s+1)(s+1)}$

(2) $\dfrac{s+2}{(s+1)^2}$

(3) $\dfrac{s^2+3s+1}{s+1}$

① (1)은 e^{-t}, $e^{-\frac{t}{2}}$ 항을 가질 것이다.
② (2)는 2중근을 가지므로 te^{-t}항을 가진다.
③ (3)은 분자가 분모보다 차수가 높으므로 $\delta(t)$를 포함한다.
④ (3)은 $s\to\infty$ 일 때 ∞가 되므로 역변환 적분은 불가능하다.

해설

분자의 차수가 분모의 차수보다 높으므로 몫과 나머지를 이용하여 역변환을 할 수 있다.

【답】 ④

19 $F(s)=\dfrac{1}{(s+1)^2(s+2)}$의 역라플라스 변환을 구하여라.

① $e^{-t}+te^{-t}+e^{-2t}$
② $-e^{-t}+te^{-t}+e^{-2t}$
③ $e^{-t}-te^{-t}+e^{-2t}$
④ $e^{t}+te^{t}+e^{2t}$

해설

$$F(s)=\frac{1}{(s+1)^2(s+2)}=\frac{K_1}{(s+1)^2}+\frac{K_2}{(s+1)}+\frac{K_3}{(s+2)}$$

$$K_1=\lim_{s\to -1}(s+1)^2\cdot F(s)=\left[\frac{1}{s+2}\right]_{s=-1}=1$$

$$K_2=\lim_{s\to -1}\frac{d}{ds}\left(\frac{1}{s+2}\right)=\left[\frac{-1}{(s+2)^2}\right]_{s=-1}=-1$$

$$K_3=\lim_{s\to -2}(s+2)\cdot F(s)=\left[\frac{1}{(s+1)^2}\right]_{s=-2}=1$$

$$F(s)=\frac{1}{(s+1)^2}-\frac{1}{(s+1)}+\frac{1}{(s+2)}$$

$$\therefore f(t)=\mathcal{L}^{-1}[F(s)]=te^{-t}-e^{-t}+e^{-2t}$$

【답】 ②

20 $f(t)=\mathcal{L}^{-1}\left[\dfrac{s+2}{s^3(s-1)^2}\right]$는 어떻게 되는가?

① $(3t-8)e^{t}+(t^2+t+8)$
② $(3t-8)e^{-t}+(t^2+5t+8)$
③ $(3t-8)e^{t}+(t^2+5t+8)$
④ $(3t-8)e^{-t}+(t^2+t+8)$

해설

$$F(s)=\frac{s+2}{s^3(s-1)^2}=\frac{K_1}{s^3}+\frac{K_2}{s^2}+\frac{K_3}{s}+\frac{K_4}{(s-1)^2}+\frac{K_5}{s-1}$$

$$K_1=\lim_{s\to 0}\frac{s+2}{(s-1)^2}=2$$

$$K_2=\lim_{s\to 0}\frac{d}{ds}\cdot\frac{s+2}{(s-1)^2}=5$$

$$K_3=\lim_{s\to 0}\frac{d^2}{ds^2}\cdot\frac{s+2}{(s-1)^2}=8$$

$$K_4=\lim_{s\to 1}\frac{s+2}{s^3}=3$$

$$K_5=\lim_{s\to 1}\frac{d}{ds}\cdot\frac{s+2}{s^3}=-8$$

$$F(s)=\frac{2}{s^3}+\frac{5}{s^2}+\frac{8}{s}+\frac{3}{(s-1)^2}-\frac{8}{s-1}$$

$$\therefore f(t)=t^2+5t+8+3te^t-8e^t=(3t-8)e^t+(t^2+5t+8)$$

【답】 ③

21 $Ri(t)+L\dfrac{di(t)}{dt}=E$에서 모든 초기값을 0으로 하였을 때의 $i(t)$의 값은?

① $\dfrac{E}{R}\left(1-e^{-\frac{R}{L}t}\right)$　② $\dfrac{E}{R}\left(1-e^{-\frac{L}{R}t}\right)$

③ $\dfrac{E}{R}e^{-\frac{L}{R}t}$　④ $\dfrac{E}{R}e^{-\frac{R}{L}t}$

해설

$RI(s)+LsI(s)=\dfrac{E}{s}$ 에서 $I(s)$를 구하면 구하고 부분분수 전개를 한다.

$$I(s)=\frac{E}{s(R+Ls)}=\frac{\frac{E}{L}}{s\left(s+\frac{R}{L}\right)}$$

$$=\frac{\frac{E}{R}}{s}-\frac{\frac{E}{R}}{s+\frac{R}{L}}=\frac{E}{R}\left(\frac{1}{s}-\frac{1}{s+\frac{R}{L}}\right)$$

$$\therefore i(t)=\mathcal{L}^{-1}[I(s)]=\frac{E}{R}\left(1-e^{-\frac{R}{L}t}\right)$$

【답】 ①

22 그림과 같은 회로에서 $t=0$ 의 시각에 스위치 S를 닫을 때 전류 $i(t)$의 라플라스 변환 $I(s)$는? 단, $V_c(0)=1$ [V]이다.

S　2[Ω]
2[V]　V_c + − 3[F]

① $\dfrac{3s}{6s+1}$　② $\dfrac{3}{6s+1}$

③ $\dfrac{6}{6s+1}$　④ $\dfrac{-s}{6s+1}$

해설

미분방정식 : $Ri+\dfrac{1}{C}\int idt=2$

라플라스변환 하면 $2I(s)+\dfrac{1}{3s}\{I(s)+i^{-1}(0_+)\}=\dfrac{2}{s}$

여기서, $i^{-1}(0_+)$는 초기 충전 전하이므로

$$Q_0=CV_c(0)=3\times1=3$$

$$\therefore I(s)=\frac{\frac{2}{s}-\frac{1}{s}}{2+\frac{1}{3s}}=\frac{3}{6s+1}$$

【답】 ②

23 RC 직렬 회로에서 전류 $i(t)$에 대한 시간 영역 방정식이 $v=Ri+\dfrac{1}{C}\int idt$로 주어져 있을 때, 이 방정식의 s영역 방정식 $I(s)$는? 단, C에는 초기 전하가 없다.

① $I(s)=\dfrac{V}{R}\dfrac{1}{s-1/RC}$

② $I(s)=\dfrac{C}{R}\dfrac{1}{s+1/RC}$

③ $I(s)=\dfrac{V}{R}\dfrac{1}{s+1/RC}$

④ $I(s)=\dfrac{R}{C}\dfrac{1}{s-1/RC}$

해설

미분방정식을 라플라스 변환하면

$$RI(s)+\frac{1}{Cs}I(s)=\frac{V}{s}$$

$$\therefore I(s)=\frac{\frac{V}{s}}{R+\frac{1}{Cs}}=\frac{\frac{V}{R}}{s+\frac{1}{RC}}=\frac{V}{R}\frac{1}{s+1/RC}$$

【답】 ③

24 라플라스 변환을 이용하여 미분 방정식을 풀면? $\frac{d^2y}{dt^2}+3y=0$ 단, $y(0)=3$, $y'(0)=4$

① $3\cos\sqrt{3}t+\frac{4\sqrt{3}}{3}\sin\sqrt{3}t$

② $3\cos\sqrt{3}t+\frac{4}{3}\sin\sqrt{3}t$

③ $3\cos\sqrt{3}t+4\sin\sqrt{3}t$

④ $3\cos 3t+\frac{4}{\sqrt{3}}\sin 3t$

해설

미분 방정식을 라플라스 변환하면

$s^2Y(s)-sy(0)-y'(0)+3Y(s)=0$

초기값을 대입하여 정리하면

$(s^2+3)Y(s)-3s-4=0$

$\therefore\ Y(s)=\frac{3s+4}{s^2+3}=\frac{3s}{s^2+3}+\frac{4}{s^2+3}$

$=\frac{3s}{s^2+3}+\frac{4\sqrt{3}}{3}\cdot\frac{\sqrt{3}}{s^2+3}$

$\therefore\ y(t)=3\cos\sqrt{3}t+\frac{4\sqrt{3}}{3}\cdot\sin\sqrt{3}t$

【답】 ①

25 $I(s)=\frac{6+60/s}{12+s/2}$에 대응되는 시간 함수 $i(t)$는?

① $5-7e^{-24t}$　② $5+7e^{-24t}$

③ $5-7e^{+24t}$　④ $7-5e^{-24t}$

해설

$I(s)=\frac{12s+120}{s^2+24s}=\frac{12s+120}{s(s+24)}=\frac{K_1}{s}+\frac{K_2}{s+24}$

$K_1=\lim_{s\to 0}s\cdot I(s)=\left[\frac{12s+120}{s+24}\right]_{s=0}=5$

$K_1=\lim_{s\to -24}(s+24)\cdot I(s)=\left[\frac{12s+120}{s}\right]_{s=-24}=7$

$I(s)=\frac{5}{s}+\frac{7}{s+24}$

$\therefore\ i(t)=\mathcal{L}^{-1}[I(s)]=5+7e^{-24t}$

【답】 ②

26 $\frac{d^2x(t)}{dt^2}+2\frac{dx(t)}{dt}+x(t)=1$에서 $x(t)$는 얼마인가? 단, $x(0)=x'(0)=0$이다.

① $te^{-t}-e^{-t}$　② $te^{-t}+e^{-t}$

③ $1-te^{-t}-e^{-t}$　④ $1+te^{-t}+e^{-t}$

해설

미분방정식을 라플라스 변환하면

$s^2X(s)+2sX(s)+X(s)=\frac{1}{s}$

$\therefore\ X(s)(s^2+2s+1)=\frac{1}{s}$

$\therefore\ X(s)=\frac{1}{s(s^2+2s+1)}=\frac{1}{s(s+1)^2}$

$=\frac{K_1}{s}+\frac{K_2}{(s+1)^2}+\frac{K_3}{(s+1)}$

$K_1=\lim_{s\to 0}s\cdot F(s)=\left[\frac{1}{s^2+2s+1}\right]_{s=0}=1$

$K_2=\lim_{s\to -1}(s+1)^2\cdot F(s)=\left[\frac{1}{s}\right]_{s=-1}=-1$

$K_3=\lim_{s\to -1}\frac{d}{ds}\left(\frac{1}{s}\right)=\left[\frac{-1}{s^2}\right]_{s=-1}=-1$

$X(s)=\frac{1}{s}-\frac{1}{(s+1)^2}-\frac{1}{(s+1)}$

$\therefore x(t)=\mathcal{L}^{-1}[X(s)]=1-te^{-t}-e^{-t}$

【답】 ③

Chapter 3 전달함수

전달함수는 "모든 초기값을 0으로 했을 때 출력 신호의 라플라스 변환과 입력신호의 라플라스 변환의 비"로 정의한다.

여기서 모든 초기값을 0으로 한다는 것을 제어계에 입력이 가하여 지기전, 즉 $T<0$에서는 그 계가 휴지상태에 있다는 것을 말한다. 입력신호 $r(t)$에 대해 출력신호 $c(t)$가 그림 1과 같을 때

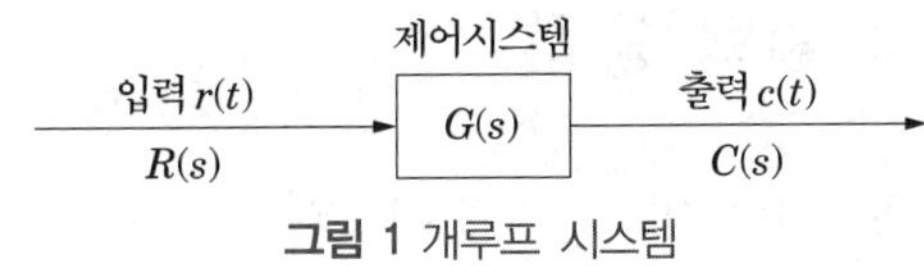

그림 1 개루프 시스템

전달함수 $G(s)$는

$$G(s) = \mathcal{L}\frac{c(t)}{r(t)} = \frac{C(s)}{R(s)}$$

$$G(s) = \frac{C(s)}{R(s)} = \frac{b_m s^m + b_{m-1}s^{m-1} + \cdots + b_1 s + b_0}{a_n s^n + a_{n-1}s^{n-1} + \cdots + a_1 s + a_0}$$

① 전달 함수는 선형 시불변 시스템에서만 정의되고, 비선형 시스템에서는 정의되지 않는다.
② 시스템의 입력변수와 출력변수 사이의 전달 함수는 임펄스 응답의 라플라스 변환으로 정의된다.
③ 시스템의 초기 조건은 0으로 한다.
④ 전달 함수는 시스템의 입력과는 무관하다.
⑤ 제어시스템의 전달 함수는 s만의 함수로 표시된다.

예제문제 01

그림에서 전달 함수 $G(s)$는?

① $\dfrac{U(s)}{C(s)}$ ② $\dfrac{C(s)}{U(s)}$

③ $U(s) \cdot C(s)$ ④ $\dfrac{C^2(s)}{U(s)}$

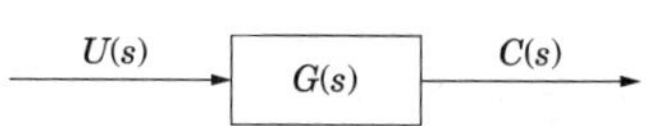

해설

전달 함수는 모든 초기값을 0으로 하였을 때 출력 신호의 라플라스 변환과 입력 신호의 라플라스 변환의 비를 말한다.

$\therefore G(s) = \dfrac{C(s)}{U(s)}$

답 : ②

1. 시스템의 출력 응답

1.1 임펄스 응답(impulse response)

전달함수

$$G(s) = \frac{C(s)}{R(s)}$$

의 식에서 출력을 구하면

$$C(s) = G(s) \cdot R(s)$$

가 된다. 따라서 시간영역의 출력신호는 위 식을 역 라플라스 변환하면

$$c(t) = \mathcal{L}^{-1}[G(s)R(s)]$$

와 같이 구한다. 여기서, 입력신호가 단위임펄스 함수인

$$r(t) = \delta(t)$$

일 때 이를 라플라스 변환하면

$$R(s) = \mathcal{L}[\delta(t)] = 1$$

이 된다. 그러므로 출력신호의 라플라스 변환은

$$C(s) = G(s)$$

가 된다. 즉, 전달함수는 단위 임펄스 함수를 입력했을 때 출력의 라플라스 변환이 된다. 이 출력응납은

$$c(t) = \mathcal{L}^{-1}[G(s)R(s)] = \mathcal{L}^{-1}[G(s)]$$

가 된다. 이것을 임펄스 응답(impulse response)이라 한다.

1.2 인디셜 응답(indicial response)

전달함수

$$G(s) = \frac{C(s)}{R(s)}$$

의 식에서 출력을 구하면

$$C(s) = G(s) \cdot R(s)$$

가 된다. 따라서 시간영역의 출력신호는 위 식을 역 라플라스 변환하면

$$c(t) = \mathcal{L}^{-1}[G(s)R(s)]$$

가 된다. 여기서, 입력신호가 단위 계단함수인

$$r(t) = u(t)$$

일 때 이를 라플라스변환하면

$$R(s) = \mathcal{L}[u(t)] = \frac{1}{s}$$

이므로

$$C(s) = \frac{G(s)}{s}$$

가 된다. 이때 출력응답은

$$c(t) = \mathcal{L}^{-1}[G(s)R(s)] = \mathcal{L}^{-1}\left[\frac{1}{s}G(s)\right]$$

가 된다. 이것을 인디셜 응답(indicial response) 또는 단위 계단 응답(unit step response)이라 한다.

예제문제 02

자동 제어계에서 중량 함수(weight function)라고 불려지는 것은?

① 인디셜 ② 임펄스 ③ 전달 함수 ④ 램프 함수

해설

① 인디셜 응답 : 단위 계단 응답
② 임펄스 응답 : 하중 함수
③ 전달 함수 : 임펄스 응답의 라플라스 변환

답 : ②

2. 제어요소의 전달함수

2.1 비례 요소

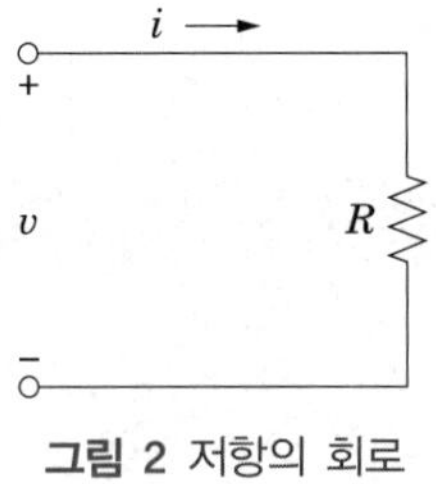

그림 2 저항의 회로

입력 신호 $x(t)$와 출력 신호 $y(t)$의 관계가,

$$y(t) = Kx(t)$$

로 표시되는 요소를 비례 요소라고 한다. 위 식을 라플라스 변환하면,

$$Y(s) = KX(s)$$

$$G(s) = \frac{Y(s)}{X(s)} = K$$

여기서, K를 이득 정수(gain constant)라 하며, 시간지연이 없다고 해서 비례요소, 0차 지연요소라 한다. 전위차계, 습동저항, 전자증폭관. 지렛대 등이 해당된다.

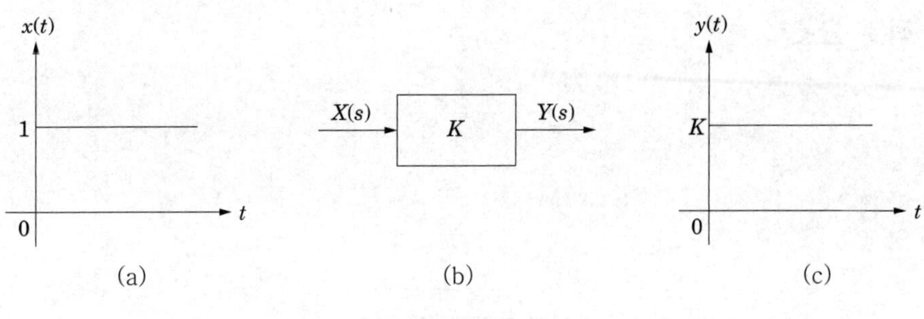

그림 3 비례 요소

2.2 미분 요소

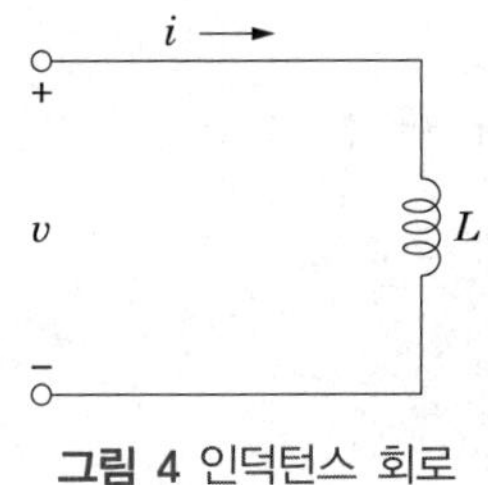

그림 4 인덕턴스 회로

입력 신호 $x(t)$와 출력 신호 $y(t)$의 관계가,

$$y(t) = K\frac{dx(t)}{dt}$$

와 같이 표시되는 요소를 미분 요소라 한다. 전달함수는

$$G(s) = \frac{Y(s)}{X(s)} = Ks$$

가 된다. 인덕턴스회로, 미분회로, 속도발전기(tacho Generator)가 여기에 해당한다. 미분요소의 인디셜 응답은 임펄스로 된다.

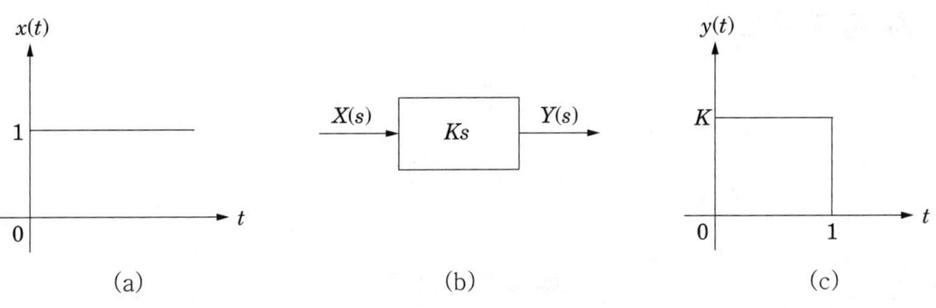

그림 5 미분 요소

2.3 적분 요소

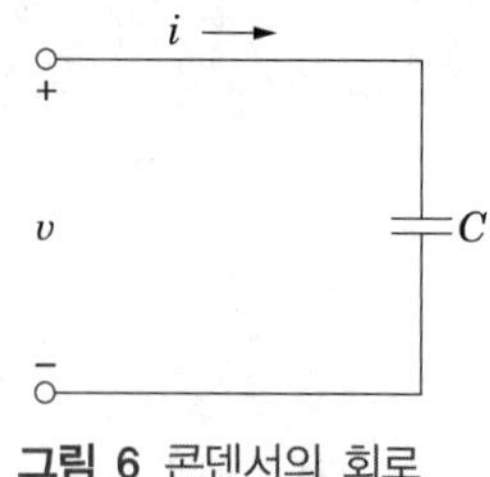

그림 6 콘덴서의 회로

입력 신호 $x(t)$와 출력 신호 $y(t)$와의 관계가,

$$y(t) = K\int x(t)dt$$

로 표시되는 요소를 적분 요소라 한다. 전달함수는

$$G(s) = \frac{Y(s)}{X(s)} = \frac{K}{s}$$

로 된다. 이와 같이 출력이 입력신호의 적분값에 비례하는 요소를 적분요소라 한다. 수위계, 적분회로, 가열기 등이 여기에 해당된다.

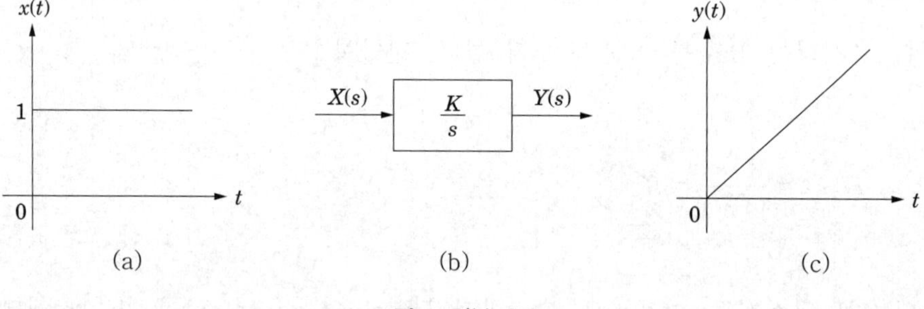

그림 7 적분 요소

2.4 1차 지연 요소

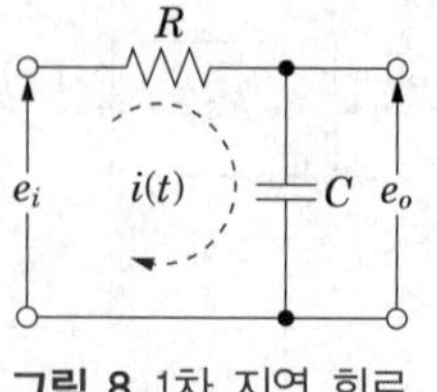

그림 8 1차 지연 회로

1차 지연 요소의 시간 함수로서는 입력 신호 $x(t)$와 출력 신호 $y(t)$와의 관계가,

$$b_1\frac{dy(t)}{dt}+b_0y(t)=a_0x(t)\left(b_1,\ b_0>0\right)$$

로 표시되는 요소를 1차 지연 요소라 한다.

$$G(s)=\frac{Y(s)}{X(s)}=\frac{a_0}{b_1s+b_0}=\frac{a_0/b_0}{(b_1/b_0)s+1}=\frac{K}{Ts+1}$$

단, $a_0/b_0=K,\ b_1/b_0=T$(시정수)

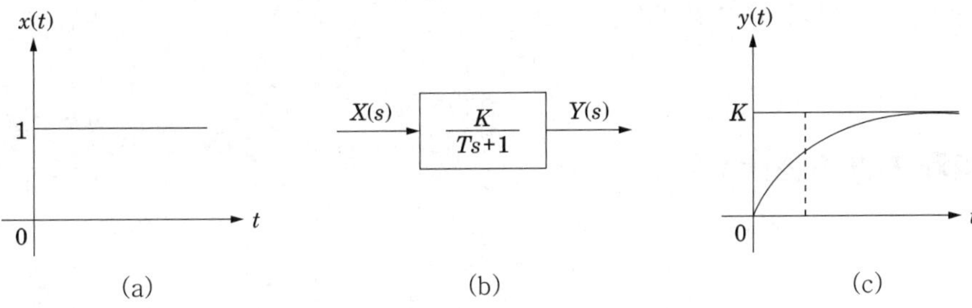

그림 9 1차 지연 요소

1차 지연요소의 전달함수는

$$G(s)=\frac{Y(s)}{X(s)}=\frac{C(s)}{R(s)}=\frac{a_0}{b_1s+b_0}=\frac{a_0/b_0}{(b_1/b_0)s+1}=\frac{K}{Ts+1}$$

단, $a_0/b_0=K,\ b_1/b_0=T$(시정수)

1차 지연요소의 그림 8에서 미분방정식을 세우면

$$e_i(t)=Ri(t)+\frac{1}{C}\int i(t)\,dt$$

$$e_0(t)=\frac{1}{C}\int i(t)\,dt$$

가 되며 라플라스 변환하면

$$E_i(s)=RI(s)+\frac{1}{Cs}I(s)=\left(R+\frac{1}{Cs}\right)I(s)$$

$$E_0(s)=\frac{1}{Cs}I(s)$$

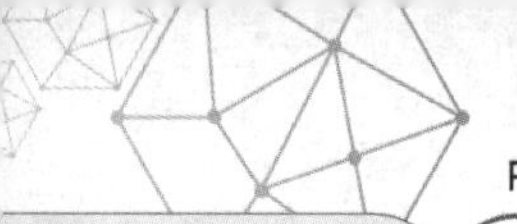

가 된다. 전달함수는

$$G(s)=\frac{C(s)}{R(s)}=\frac{\frac{1}{Cs}I(s)}{\left(R+\frac{1}{Cs}\right)I(s)}=\frac{\frac{1}{Cs}}{R+\frac{1}{Cs}}=\frac{1}{RCs+1}=\frac{1}{Ts+1}$$

이와 같은 1차 지연 요소의 블록선도는 그림 9(b)와 같으며 인디셜 응답은 위 식을 라플라스 역변환한 것으로

$$y(t)=\mathcal{L}^{-1}\left[\frac{1}{s}G(s)\right]=\mathcal{L}^{-1}\left[\frac{K}{s(Ts+1)}\right]=K(1-e^{-\frac{1}{T}t})$$

의 곡선으로 나타내며 그림 9(c)와 같다.

2.5 2차 지연 요소

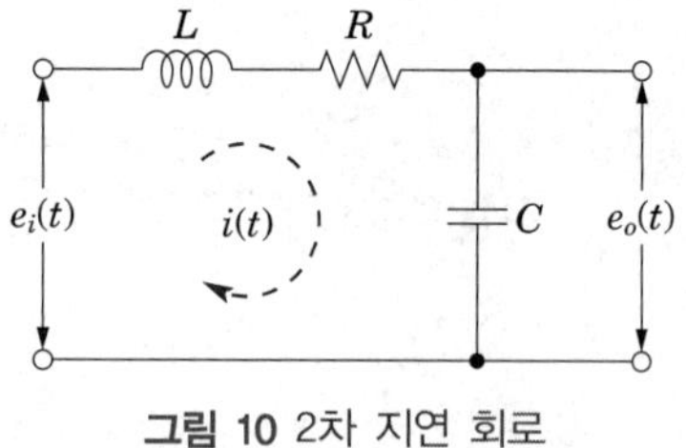

그림 10 2차 지연 회로

입력 신호 $x(t)$와 출력 신호 $y(t)$와의 관계가,

$$b_2\frac{d^2y(t)}{dt^2}+b_1\frac{dy(t)}{dt}+b_0y(t)=a_0x(t)\left(b_2,\ b_1,\ b_0>0\right)$$

와 같이 표시되는 요소를 2차 지연 요소라 한다.

$$G(s)=\frac{Y(s)}{X(s)}=\frac{a_0}{b_2s^2+b_1s+b_0}$$

$$=\frac{K}{1+2\delta Ts+T^2s^2}=\frac{K\omega_n^2}{s^2+2\delta\omega_ns+\omega_n^2}$$

단, $a_0/b_0=K$, $b_2/b_0=T^2$, $b_1/b_0=2\delta T$ 또는 $1/T=\omega_n$

여기서, δ를 감쇠 계수(decaying coefficient) 또는 제동비(damping ratio), ω_n을 고

유 주파수(natural angular frequency)라 한다.

2차 지연 요소의 블록선도는 그림 11(b)와 같으며, 인디셜 응답은 그림 11(c)와 같은 모양이 된다.

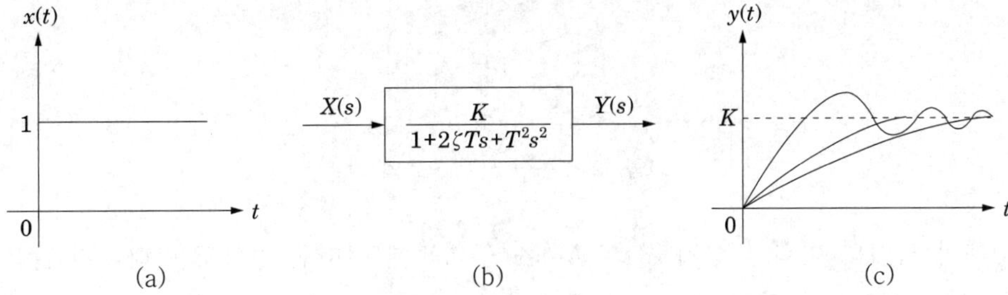

그림 11 2차 지연 요소

2차 지연요소의 그림 10에서 미분방정식을 세우면

$$e_i(t) = Ri(t) + L\frac{di(t)}{dt} + \frac{1}{C}\int i(t)\,dt$$

$$e_0(t) = \frac{1}{C}\int i(t)\,dt$$

가 된다. 이를 라플라스변환 하면

$$E_i(s) = RI(s) + Ls\,I(s) + \frac{1}{Cs}I(s)$$

$$E_0(s) = \frac{1}{Cs}I(s)$$

가 되며, 전달함수는

$$G(s) = \frac{C(s)}{R(s)} = \frac{E_0(s)}{E_i(s)} = \frac{\frac{1}{Cs}I(s)}{\left(R + Ls + \frac{1}{Cs}\right)I(s)} = \frac{\frac{1}{Cs}}{R + Ls + \frac{1}{Cs}}$$

$$= \frac{1}{LCs^2 + RCs + 1}$$

가 된다. 2차지연요소의 인디셜 응답은 그림 11(c)와 같은 모양이다.

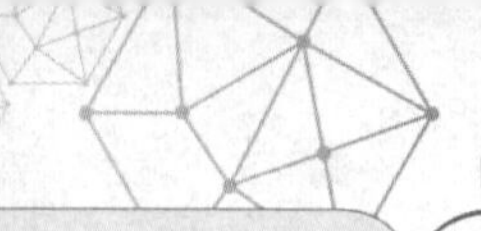

2.6 부동작 시간 요소

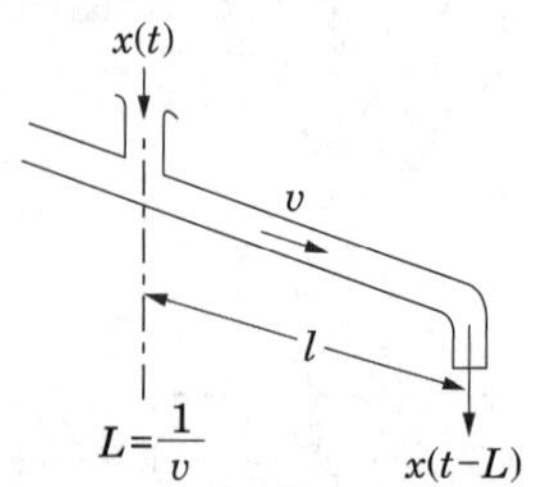

그림 12 부동작 시간 요소의 예

$t=0$에서 입력의 변화가 생겨도 $t=L$까지 출력측에 어떠한 영향도 나타나지 않은 요소를 부동작 요소라 하며, 그 입력과 출력의 관계는,

$$y(t)=Kx(t-L)$$

로 표시된다. 이를 라플라스 변환하면

$$Y(s)=Ke^{-Ls}X(s)$$

$$\therefore\ G(s)=\frac{Y(s)}{X(s)}=Ke^{-Ls}$$

여기서, L을 부동작 시간이라 한다.

부동작 시간 요소의 블록선도는 그림 13(b)와 같으며 인디셜 응답은 그림 13(c)와 같이 된다.

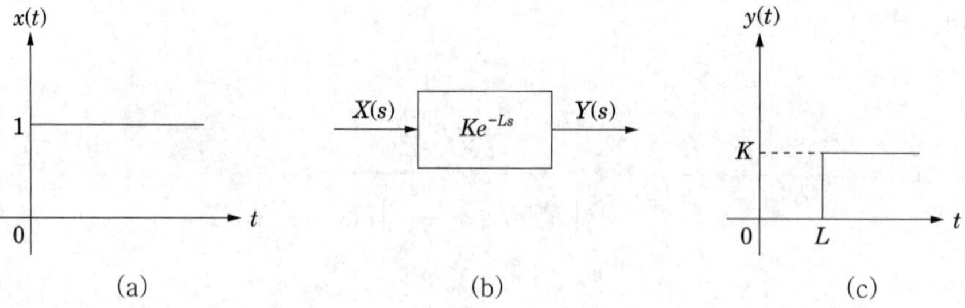

그림 13 부동작 시간 요소

예제문제 03

적분 요소의 전달 함수는?

① K ② $\dfrac{K}{1+Ts}$ ③ $\dfrac{1}{Ts}$ ④ Ts

해설

비례요소 : K , 미분요소 : Ts , 적분요소 : $\dfrac{1}{Ts}$, 1차 지연요소 : $\dfrac{K}{Ts+1}$

2차 지연요소 : $\dfrac{\frac{1}{K}}{T^2s^2+2\delta Ts+1}$, 부동작 시간요소 : Ke^{-Ls}

답 : ③

예제문제 04

다음 사항 중 옳게 표현된 것은?

① 비례 요소의 전달 함수는 $\dfrac{1}{Ts}$ 이다.

② 미분 요소의 전달 함수는 K이다.

③ 적분 요소의 전달 함수는 Ts이다.

④ 1차 지연 요소의 전달 함수는 $\dfrac{K}{Ts+1}$ 이다.

해설

비례요소 : K , 미분요소 : Ts , 적분요소 : $\dfrac{1}{Ts}$, 1차 지연요소 : $\dfrac{K}{Ts+1}$

2차 지연요소 : $\dfrac{\frac{1}{K}}{T^2s^2+2\delta Ts+1}$, 부동작 시간요소 : Ke^{-Ls}

답 : ④

예제문제 05

단위 계단 함수를 어떤 제어 요소에 입력으로 넣었을 때 그 전달 함수가 그림과 같은 블록 선도로 표시될 수 있다면 이것은?

① 1차 지연 요소 ② 2차 지연 요소

③ 미분 요소 ④ 적분 요소

$R(s) \rightarrow \boxed{\dfrac{\omega_n^2}{s^2+2\zeta\omega_n s+\omega_n^2}} \rightarrow C(s)$

해설

비례요소 : K , 미분요소 : Ts , 적분요소 : $\dfrac{1}{Ts}$, 1차 지연요소 : $\dfrac{K}{Ts+1}$

2차 지연요소 : $\dfrac{\frac{1}{K}}{T^2s^2+2\delta Ts+1}$, 부동작 시간요소 : Ke^{-Ls}

답 : ②

예제문제 06

다음 중 부동작 시간(dead time) 요소의 전달 함수는?

① Ks　　② $1+Ks^{-1}$

③ K/e^{Ls}　　④ $T/1+Ts$

해설

$y(t)=Kx(t-L)$를 라플라스 변환하면 $Y(s)=Ke^{-Ls}X(s)$

$\therefore G(s)=\dfrac{Y(s)}{X(s)}=Ke^{-Ls}=\dfrac{K}{e^{Ls}}$

답 : ③

3. 전기회로의 전달함수

3.1 R, C 직렬 회로의 전달함수

그림 8 회로의 미분방정식은

$$\begin{cases} e_i(t)=Ri(t)+\dfrac{1}{C}\displaystyle\int i(t)dt \\ e_o(t)=\dfrac{1}{C}\displaystyle\int i(t)dt \end{cases}$$

초기값을 0으로 하고 라플라스 변환하면

$$\begin{cases} E_i(s)=RI(s)+\dfrac{1}{Cs}I(s)=\left(R+\dfrac{1}{Cs}\right)I(s) \\ E_o(s)=\dfrac{1}{Cs}I(s) \end{cases}$$

위 식을 정리하면

$$\therefore G(s)=\frac{E_o(s)}{E_i(s)}=\frac{\dfrac{1}{Cs}}{R+\dfrac{1}{Cs}}=\frac{1}{RCs+1}=\frac{1}{Ts+1}$$

여기서, $T=RC$ 가 된다.

3.2 R, C 병렬 회로의 임피던스 전달함수

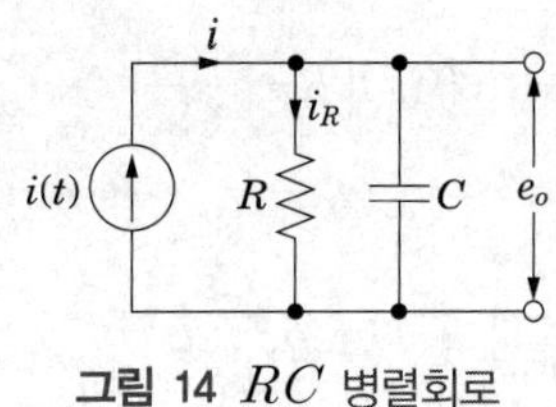

그림 14 RC 병렬회로

그림 14 회로의 미분방정식은

$$\begin{cases} e_o(t) = \dfrac{1}{C}\displaystyle\int \{i(t) - i_R(t)\}dt \\ i_R(t) = \dfrac{1}{R}e_o(t) \end{cases}$$

초기값을 0으로 하고 라플라스 변환하면

$$\begin{cases} E_o(s) = \dfrac{1}{Cs}\{I(s) - I_R(s)\} \\ I_R(s) = \dfrac{1}{R}E_o(s) \end{cases}$$

$$E_o(s) = \frac{1}{Cs}I(s) - \frac{1}{RCs}E_o(s)$$

$$E_o(s)\left(1 + \frac{1}{RCs}\right) = \frac{1}{Cs}I(s)$$

$$\therefore\ G(s) = \frac{E_o(s)}{I(s)} = \frac{\dfrac{1}{Cs}}{1 + \dfrac{1}{RCs}} = \frac{R}{RCs + 1}$$

3.3 R, C 직렬 회로의 어드미턴스 전달함수

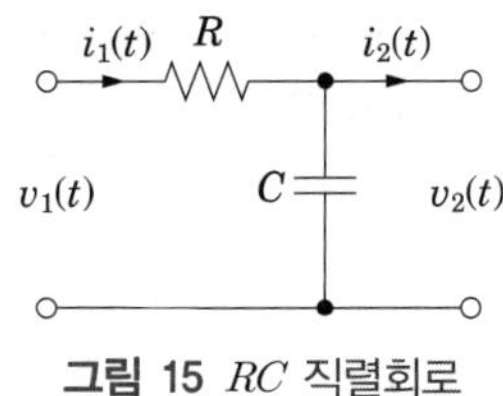

그림 15 RC 직렬회로

그림 15의 2차측을 개방하면 $I_2 = 0$이므로

$$v_1(t) = i_1(t)R + \frac{1}{C}\int i_1(t)dt$$

양변을 라플라스 변환하면

$$V_1(s) = I_1(s)R + \frac{I_1(s)}{Cs} = I_1(s)\left(R + \frac{1}{Cs}\right)$$

$$\therefore\ Y(s) = \frac{I_1(s)}{V_1(s)} = \frac{1}{R + \frac{1}{Cs}} = \frac{Cs}{RCs + 1}$$

예제문제 07

그림과 같은 회로의 전달 함수는? 단, $T = RC$이다.

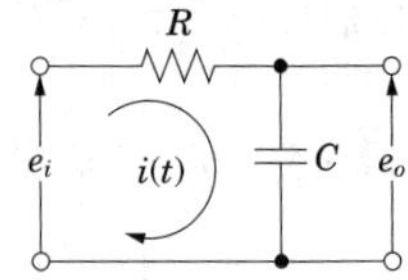

① $\dfrac{1}{Ts^2+1}$　　② $\dfrac{1}{Ts+1}$

③ Ts^2+1　　④ $Ts+1$

해설

회로에 대하여 미분방정식을 세우면

$$\begin{cases} e_i(t) = Ri(t) + \dfrac{1}{C}\displaystyle\int i(t)dt \\ e_o(t) = \dfrac{1}{C}\displaystyle\int i(t)dt \end{cases}$$

초기값을 0으로 하고 라플라스 변환하면

$$\begin{cases} E_i(s) = RI(s) + \dfrac{1}{Cs}I(s) = \left(R + \dfrac{1}{Cs}\right)I(s) \\ E_o(s) = \dfrac{1}{Cs}I(s) \end{cases}$$

$$\therefore G(s) = \frac{E_o(s)}{E_i(s)} = \frac{\frac{1}{Cs}}{R + \frac{1}{Cs}} = \frac{1}{RCs+1} = \frac{1}{Ts+1}$$

답 : ②

예제문제 08

그림과 같은 회로의 전달 함수는 어느 것인가?

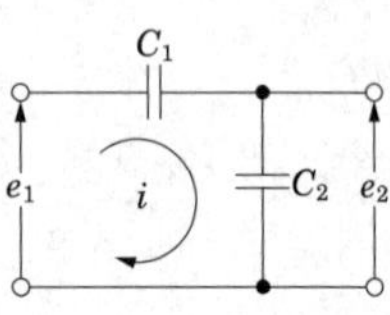

① $C_1 + C_2$　　② $\dfrac{C_2}{C_1}$

③ $\dfrac{C_1}{C_1+C_2}$　　④ $\dfrac{C_2}{C_1+C_2}$

해설

회로에 대하여 미분방정식을 세우면

$$\begin{cases} e_1(t) = \frac{1}{C_1}\int i(t)dt + \frac{1}{C_2}\int i(t)dt \\ e_2(t) = \frac{1}{C_2}\int i(t)dt \end{cases}$$

초기값을 0으로 하고 라플라스 변환하면

$$\begin{cases} E_1(s) = \left(\frac{1}{C_1 s} + \frac{1}{C_2 s}\right)I(s) = \frac{C_1 + C_2}{C_1 C_2 s} \cdot I(s) \\ E_2(s) = \frac{I(s)}{C_2 s} \end{cases}$$

$$\therefore G(s) = \frac{E_2(s)}{E_1(s)} = \frac{\frac{1}{C_2 s} \cdot I(s)}{\frac{C_1 + C_2}{C_1 C_2 s} \cdot I(s)} = \frac{C_1}{C_1 + C_2}$$

답 : ③

예제문제 09

회로망의 전달 함수 $H(s) = \frac{V_2(s)}{V_1(s)}$ 를 구하면?

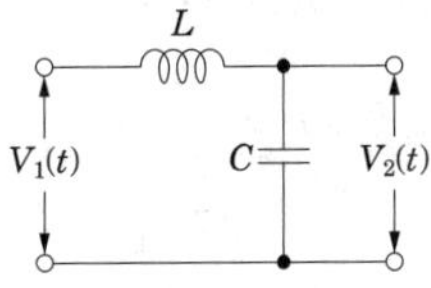

① $\frac{LC}{1+LCs}$

② $\frac{LC}{1+LCs^2}$

③ $\frac{1}{1+LCs}$

④ $\frac{1}{1+LCs^2}$

해설

회로에 대하여 미분방정식을 세우면

$$\begin{cases} v_1(t) = L\frac{di(t)}{dt} + \frac{1}{C}\int i(t)dt \\ v_2(t) = \frac{1}{C}\int i(t)dt \end{cases}$$

초기값을 0으로 하고 라플라스 변환하면

$$\begin{cases} V_1(s) = \left(Ls + \frac{1}{Cs}\right)I(s) \\ V_2(s) = \frac{I(s)}{Cs} \end{cases}$$

$$\therefore \frac{V_2(s)}{V_1(s)} = \frac{\frac{1}{Cs}}{Ls + \frac{1}{Cs}} = \frac{1}{1+LCs^2}$$

답 : ④

예제문제 10

그림과 같은 $R-C$ 병렬 회로의 전달 함수 $\dfrac{E_o(s)}{I(s)}$ 는?

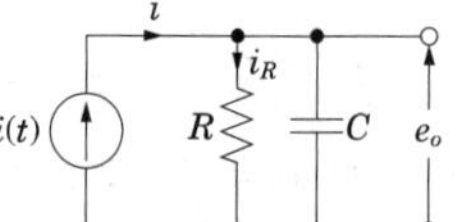

① $\dfrac{R}{RCs+1}$　　② $\dfrac{C}{RCs+1}$

③ $\dfrac{RC}{RCs+1}$　　④ $\dfrac{RCs}{RCs+1}$

해설

회로에 대하여 미분방정식을 세우면

$$\begin{cases} e_o(t) = \dfrac{1}{C}\displaystyle\int \{i(t) - i_R(t)\}dt \\ i_R(t) = \dfrac{1}{R}e_o(t) \end{cases}$$

초기값을 0으로 하고 라플라스 변환하면

$$\begin{cases} E_o(s) = \dfrac{1}{Cs}\{I(s) - I_R(s)\} \\ I_R(s) = \dfrac{1}{R}E_o(s) \end{cases}$$

$$E_o(s) = \frac{1}{Cs}I(s) - \frac{1}{RCs}E_o(s)$$

$$\therefore\ E_o(s)\left(1 + \frac{1}{RCs}\right) = \frac{1}{Cs}I(s)$$

$$\therefore\ G(s) = \frac{E_o(s)}{I(s)} = \frac{\frac{1}{Cs}}{1 + \frac{1}{RCs}} = \frac{R}{RCs+1}$$

답 : ①

예제문제 11

그림과 같은 회로에서 2차측을 개방했을 때 $Y(s) = \dfrac{I_1(s)}{V_1(s)}$ 는 얼마인가?

① $\dfrac{Rs}{s+CR}$　　② $\dfrac{Cs}{Cs+R}$

③ $\dfrac{Cs}{CRs+1}$　　④ $\dfrac{s}{s+\frac{1}{CR}}$

해설

2차측을 개방하면 $I_2 = 0$이므로 미분방정식을 세우면

$$v_1(t) = i_1(t)R + \frac{1}{C}\int i_1(t)dt$$

초기값을 0으로 하고 라플라스 변환하면

$$V_1(s) = I_1(s)R + \frac{I_1(s)}{Cs} = I_1(s)\left(R + \frac{1}{Cs}\right)$$

$$\therefore\ Y(s) = \frac{I_1(s)}{V_1(s)} = \frac{1}{R + \frac{1}{Cs}} = \frac{Cs}{RCs+1}$$

답 : ③

4. 보상기

4.1 진상 보상기(lead compensator), 미분기

진상 보상기는 C가 있어 출력이 앞선다. 진상 보상기의 목적은 위상특성이 빠른 요소, 즉 진상요소를 보상요소로 사용하며 안정도와 속응성의 개선을 목적으로 한다. RC 회로망으로 구성된 진상 보상기는 그림 16과 같이 표시되며

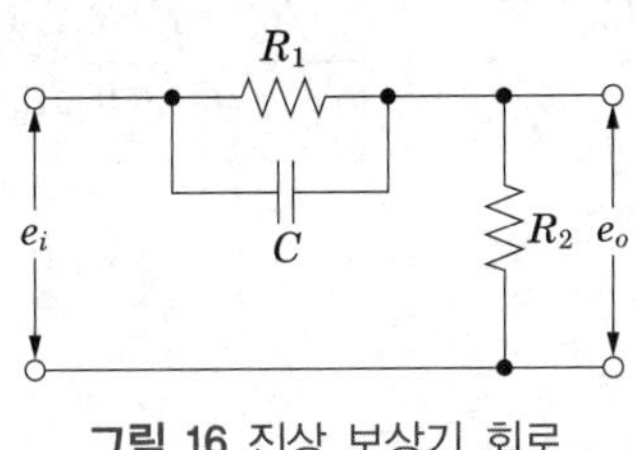

그림 16 진상 보상기 회로

$$e_i = \frac{R_1 i(t) \frac{1}{C}\int i(t)dt}{R_1 i(t) + \frac{1}{C}\int i(t)dt} + R_2 i(t)$$

$$e_o = R_2 i(t)$$

초기값을 0으로 하고, 위 식을 라플라스 변환하면

$$e_i = \left(\frac{R_1}{R_1 Cs + 1} + R_2\right) I_s$$

$$e_o = R_2 I(s)$$

따라서 전달함수 $G(s)$는

$$G(s) = \frac{e_o}{e_i} = \frac{R_2}{\frac{R_1}{R_1 Cs + 1} + R_2} = \frac{R_2 + R_1 R_2 Cs}{R_1 + R_2 + R_1 R_2 Cs}$$

여기서, $s \to j\omega$을 대입하여 출력이 입력보다 앞서는 것을 벡터적으로 알아보자.

$$e_i = \frac{R_1}{i\omega R_1 C + 1} + R_2 = \frac{R_1 \underline{/0}}{\sqrt{(\omega R_1 C)^2 + 1}\ \underline{/\tan^{-1}\omega R_1 C}} + R_2$$

$$e_o = R_2 I(s)$$

그러므로 그림 17의 벡터도에서 나타낸 바와 같이 출력이 입력보다 각 θ만큼 앞선다.

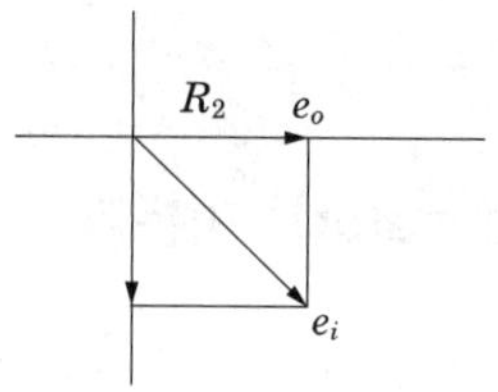

그림 17 전압의 위상

$$G(s)=\frac{e_o}{e_i}=\frac{R_2}{\dfrac{R_1}{R_1Cs+1}+R_2}=\frac{R_2+R_1R_2Cs}{R_1+R_2+R_1R_2Cs}=\frac{s+a}{s+b}$$

$$G(s)=\frac{Cs+\dfrac{1}{R_1}}{Cs+\dfrac{1}{R_1}+\dfrac{1}{R_2}}=\frac{s+a}{s+b}$$

단, $a=\dfrac{1}{R_1C}$, $b=\dfrac{1}{R_1C}+\dfrac{1}{R_2C}$

회로는 진상보상기이며, 이 회로는 $b>a$가 된다.

(1) 주파수 응답

① 공진 주파수 근처에서 위상이 정방향으로 증가한다.

② 동일한 안정성에 대하여 일반적으로 정속도 정수가 증가한다.

③ 주어진 이득정수 K에 대하여 보드 선도의 이득 교차점에서 크기 선도의 기울기가 감소한다. 그러므로 제어계의 안정성이 개선된다. 즉, 위상여유가 증가하고 공진정점 M_p가 감소한다.

④ 대폭은 일반적으로 증가한다.

(2) 시간응답

① 오버슈트가 감소한다.

② 상승시간이 빨라진다.

예제문제 12

그림과 같은 회로망은 어떤 보상기로 사용할 수 있는가? (단, $1 \ll R_1 C$인 경우로 한다.)

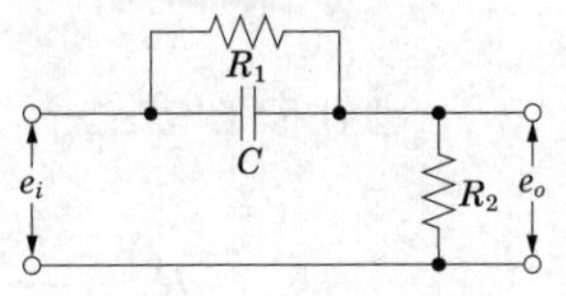

① 진상보상기 ② 지상보상기
③ 지·진상보상기 ④ 진·지상보상기

해설
미분방정식을 세우고 초기값을 0을 하여 라플라스 변환한 다음 전달함수를 구하면

$$G(s) = \frac{\frac{1}{R_1} + Cs}{\frac{1}{R_1} + \frac{1}{R_2} + Cs} = \frac{R_2 + R_1 R_2 Cs}{R_1 + R_2 + R_1 R_2 Cs} = \frac{R_2}{R_1 + R_2} \cdot \frac{1 + R_1 Cs}{1 + \frac{R_1 R_2}{R_1 + R_2} Cs}$$

$\alpha = \frac{R_2}{R_1 + R_2}$, $\alpha < 1$

$T = R_1 C$라 놓으면

$\therefore G(s) = \frac{\alpha(1 + Ts)}{1 + \alpha Ts}$

여기서, $\alpha Ts \ll 1$ 이라고 하면 전달 함수는 근사적으로 $G(s) \fallingdotseq \alpha(1 + Ts)$ 로 되어 미분 요소(진상 회로)가 된다.

답 : ①

4.2 지상 보상기(lag compensator)

지상 보상기의 목적은 위상특성이 늦은 요소, 즉 지상요소를 보상요소로 사용하며 보상요소를 삽입한 후 이득을 재조정하여 정상편차를 개선하는 것을 목적으로 한다.

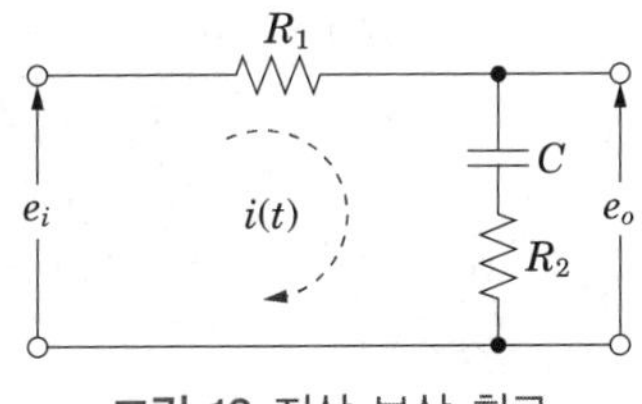

그림 18 지상 보상 회로

입력 $e_i = R_1\, i(t) + R_2\, i(t) + \frac{1}{C}\int i(t)\, dt$

출력 $e_o = R_2\, i(t) + \frac{1}{C}\int i(t)\, dt$

위 두 식에서 초기값을 0으로 하고, 라플라스 변환하면

$$E_1(s) = R_1 I(s) + R_2 I(s) + \frac{1}{Cs} I(s)$$

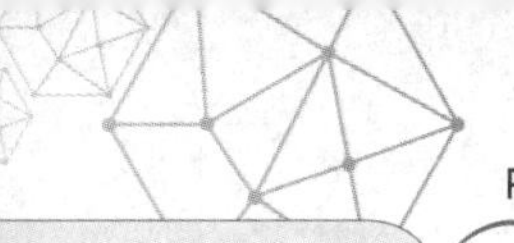

$$E_0(s) = R_2 I(s) + \frac{1}{Cs} I(s)$$

따라서, 전달함수 $G(s)$는

$$G(s) = \frac{R_2 + \frac{1}{Cs}}{R_1 + R_2 + \frac{1}{Cs}} = \frac{R_2 Cs + 1}{R_1 Cs + R_2 Cs + 1}$$

여기서, $s \to j\omega$을 대입하여 입력이 출력보다 앞서는 것을 벡터적으로 알아보자.

$$E_1 = R_1 I(s) + R_2 I(s) + \frac{1}{j\omega C} I(s) = \left(R_1 + R_2 + \frac{-j}{\omega c}\right) I(s)$$

$$E_0 = \left(R_2 + \frac{-j}{\omega c}\right) I(s)$$

그러므로 그림 19의 벡터도에서 나타낸 바와 같이 입력이 출력보다 각 θ만큼 앞선다.

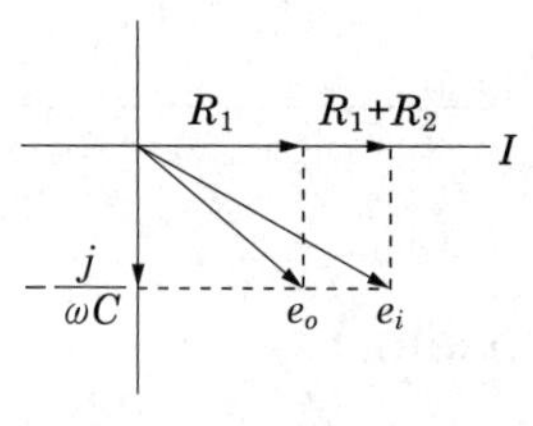

그림 19 전압의 위상

$$G(s) = \frac{R_2 + \frac{1}{Cs}}{R_1 + R_2 + \frac{1}{Cs}} = \frac{R_2 Cs + 1}{R_1 Cs + R_2 Cs + 1} = \frac{a(s+b)}{b(s+a)}$$

$$a = \frac{1}{(R_1 + R_2)C}, \quad b = \frac{1}{R_2 C}$$

회로는 지상보상기이며, $b > a$가 된다.

(1) 주파수 응답

① 주어진 안정도에 대하여 속도정수 K_v가 증가한다.

② 이득 교차점 주파수가 낮아진다. 그러므로 대폭이 감소한다.

③ 주어진 이득 K에 대하여 $G_1(s)$의 크기 선도가 저주파 영역에서 감쇠되므로 이득여유와 공진정점 M_P가 개선된다.

④ 지상보상에 의하여 고유 주파수 ω_n과 대폭이 감소되므로 시간 응답이 일반적으로 늦어진다.

예제문제 13

그림과 같은 $R-C$ 회로망으로 구성된 지상 보상 회로(lag compensator)의 전달 함수를 구하면?

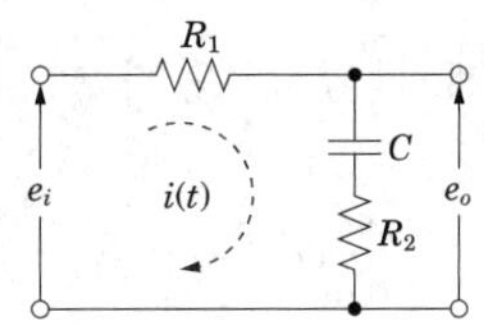

① $\dfrac{R_2+\dfrac{1}{Cs}}{R_1+R_2+\dfrac{1}{Cs}}$　② $\dfrac{Cs}{Cs+R_1+R_2}$

③ $\dfrac{\dfrac{1}{R_1}}{Cs+R_1+R_2}$　④ $\dfrac{Cs+\dfrac{1}{R_1}}{Cs+\dfrac{1}{R_1}+\dfrac{1}{R_2}}$

해설

회로에 대하여 미분방정식을 세우면

$$\begin{cases} R_1 i(t)+\dfrac{1}{C}\displaystyle\int i(t)dt+R_2 i(t)=e_i(t) \\ \dfrac{1}{C}\displaystyle\int i(t)dt+R_2 i(t)=e_o(t) \end{cases}$$

초기값을 0으로 하고 라플라스 변환하면,

$$\begin{cases} \left(R_1+R_2+\dfrac{1}{Cs}\right)I(s)=E_i(s) \\ \left(R_2+\dfrac{1}{Cs}\right)I(s)=E_o(s) \end{cases}$$

$$\therefore G(s)=\frac{E_o(s)}{E_i(s)}=\frac{R_2+\dfrac{1}{Cs}}{R_1+R_2+\dfrac{1}{Cs}}=\frac{a(s+b)}{b(s+a)}$$

여기서 $a=\dfrac{1}{(R_1+R_2)C}$, $b=\dfrac{1}{R_2C}$이고 $a<b$이다.

답 : ①

4.3 지상 진상 보상기(lag lead compensator)

진상·지상 보상기의 목적은 요소의 위상특성이 정·부로 변화하여 1개의 요소로서 보상을 행하고 속응성과 안정도 및 정상편차를 동시에 개선한다.

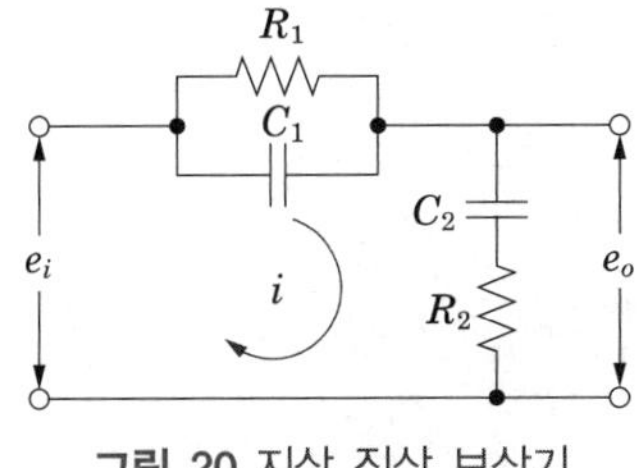

그림 20 지상 진상 보상기

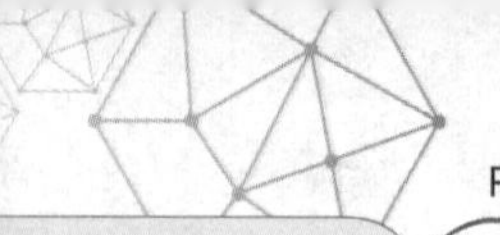

절점(node) A에서의 전류 방정식은

$$\frac{1}{R_1}(e_i - e_o) + C_1 \frac{d}{dt}(e_i - e_o) = i$$

이 되며, 전류 I와 e_o 사이에는

$$\frac{1}{C_2}\int i\,dt + R_2\, i = e_o$$

의 관계가 있다. 먼저 이 두 방정식의 라플라스 변환식을 구하면

$$\frac{1}{R_1}[E_i(s) - E_o(s)] + C_1 s\,[E_i(s) - E_o(s)] = I(s)$$

$$\frac{1}{C_2 s} I(s) + R_2 I(s) = E_o(s)$$

$I(s)$를 위 식에 대입하여 정리하면

$$\left(\frac{1}{C_2 s} + R_2\right)\left\{\frac{1}{R_1}[E_i(s) - E_o(s)] + C_1 s\,[E_i(s) - E_o(s)]\right\} = E_o(s)$$

$$\left(\frac{1}{C_2 s} + R_2\right)\left(\frac{1}{R_1} + C_1 s\right)\{E_i(s) - E_o(s)\} = E_o(s)$$

$$\left(\frac{1}{C_2 s} + R_2\right)\left(\frac{1}{R_1} + C_1 s\right)E_i(s) = \left\{1 + \left(\frac{1}{C_2 s} + R_2\right)\left(\frac{1}{R_1} + C_1 s\right)\right\}E_o(s)$$

가 된다. 그러므로 전달함수는

$$G(s) = \frac{E_o(s)}{E_i(s)} = \frac{\left(\frac{1}{C_2 s} + R_2\right)\left(\frac{1}{R_1} + C_1 s\right)}{1 + \left(\frac{1}{C_2 s} + R_2\right)\left(\frac{1}{R_1} + C_1 s\right)}$$

분모, 분자에 $R_1 C_2 s$를 곱하면 정리하면

$$= \frac{(1 + R_2 C_2 s)(1 + R_1 C_1 s)}{R_1 C_2 s + (1 + R_2 C_2 s)(1 + R_1 C_1 s)}$$

분모, 분자를 $R_1 C_1 \cdot R_2 C_2$로 나누어 정리하면

$$= \frac{\left(s + \frac{1}{R_2 C_2}\right)\left(s + \frac{1}{R_1 C_1}\right)}{\frac{s}{R_2 C_1} + \left(s + \frac{1}{R_1 C_1}\right)\left(s + \frac{1}{R_2 C_2}\right)}$$

$$= \frac{\left(s+\frac{1}{R_1C_1}\right)\left(s+\frac{1}{R_2C_2}\right)}{s^2+\left(\frac{1}{R_1C_1}+\frac{1}{R_2C_2}+\frac{1}{R_2C_1}\right)+\frac{1}{R_1C_1R_2C_2}} = \frac{(s+a_1)(s+b_2)}{(s+b_1)(s+a_2)}$$

여기서, $a_1 = \frac{1}{R_1C_1}$, $b_1a_2 = a_1b_2$,

$b_1 + a_2 = a_1 + b_2 + \frac{1}{R_2C_1}$, $b_2 = \frac{1}{R_2C_2}$

이 보상기는 2개의 0점과 극점을 가진다. 진상·지상 보상기로 동작하기 위한 조건은 $b_1 > a_1$, $b_2 > a_2$ 이다.

5. 물리계의 전달함수

표 1 물리계의 전달함수

전기계	기계계		유체계		열 계
	직선운동계	회전운동계	액면계	유압계	
전압 E	힘 f	토크 τ	액위 h	압력 p	온도 θ
전류 I	속도 v	각속도 ω	유량 q	유량 q	열유량 q
전하 Q	변위 x	각변위 θ	액체량 V	액체량 V	열량 Q
인덕턴스 L	질량 m	관성모멘트 J			
저항 R	제동계수 μ	제동계수 μ	출구저항 R	유체저항 R	열저항 R
정전용량 C	스프링정수 k	스프링정수 k	액면면적 A		열용량 C

기계적 제어시스템 요소는 병진(선형) 운동요소와 회전 운동요소로 구분할 수 있다. 병진 운동요소의 경우는 힘과 이동거리가 사용되며, 회전 운동요소의 경우는 회전력과 각도가 사용된다. 이들의 전달함수는 다음과 같다.

5.1 병진운동의 시스템 요소

기계적인 병진운동 시스템의 기본요소는 질량, 스프링, 점성마찰 3가지로 볼 수 있다. 다음 그림 21은 스프링-질량 시스템에 마찰 장치가 부가된 실제적인 시스템을 나타낸 것이다.

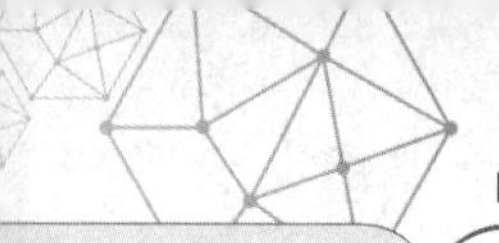

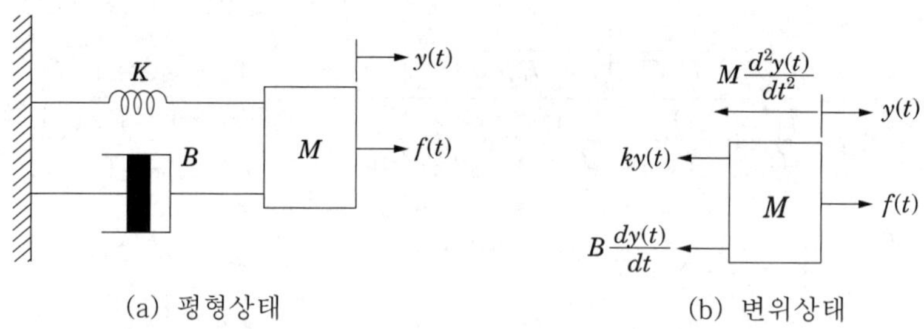

그림 21 스프링－질량－마찰 시스템

평형상태에서 힘 $f(t)$로 $y(t)$만큼 변위 시킬 때 질량은

$$M\frac{d^2}{dt^2}y(t)$$

스프링 저항력은

$$Ky(t)$$

이고, 점성 마찰력은

$$B\frac{dy(t)}{dt}$$

가 된다. 뉴턴의 운동 제2법칙을 적용하면 이 시스템의 운동 방정식은 다음과 같다.

$$\begin{aligned} f(t) &= M\frac{d^2y(t)}{dt^2} + B\frac{dy(t)}{dt} + Ky(t) \\ &= M\frac{dv(t)}{dt} + Bv(t) + K\int v(t)dt \end{aligned}$$

전기회로 방정식으로 변환하면

$$\begin{aligned} e(t) &= L\frac{d^2q(t)}{dt^2} + R\frac{dq(t)}{dt} + \frac{1}{C}q(t) \\ &= L\frac{di(t)}{dt} + Ri(t) + \frac{1}{C}\int i(t)dt \end{aligned}$$

여기서, $e(t)$는 인가전압, $q(t)$ 전하량, $i(t)$는 인가 전류이다.

병진운동 시스템의 전달함수는 위 식을 라플라스 변환하면

$$(Ms^2 + Bs + K)Y(s) = F(s)$$

따라서 전달함수는

$$G(s) = \frac{Y(s)}{F(s)} = \frac{1}{Ms^2 + Bs + K}$$

가 된다.

예제문제 14

질량, 속도, 힘을 전기계로 유추(analogy)하는 경우 옳은 것은?

① 질량 = 임피던스, 속도 = 전류, 힘 = 전압
② 질량 = 인덕턴스, 속도 = 전류, 힘 = 전압
③ 질량 = 저항, 속도 = 전류, 힘 = 전압
④ 질량 = 용량, 속도 = 전류, 힘 = 전압

해설
병진형 운동계를 전기계로 유추하면 다음과 같다.
① 변위(각변위) → 전기량
② 힘(토크) → 전압
③ 속도(각속도) → 전류
④ 점성 저항(점성 마찰) → 전기 저항
⑤ 강도 → 정전 용량
⑥ 질량(관성모먼트) → 인덕턴스

답 : ②

예제문제 15

그림과 같은 질량-스프링-마찰계의 전달 함수 $G(s) = X(s)/F(s)$는 어느 것인가?

① $\dfrac{1}{Ms^2 + Bs + K}$ ② $\dfrac{1}{Ms^2 - Bs - K}$

③ $\dfrac{1}{Ms^2 - Bs + K}$ ④ $\dfrac{1}{Ms^2 + Bs - K}$

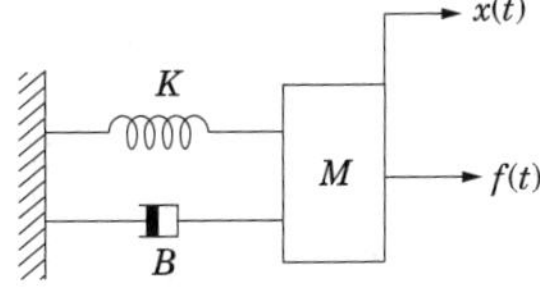

해설
병진형 운동계의 미분방정식은

$$M\frac{d^2}{dt^2}y(t) + B\frac{d}{dt}y(t) + Ky(t) = f(t)$$

초기값을 0으로 하여 라플라스 변환후 정리하면

$$(Ms^2 + Bs + K)Y(s) = F(s)$$

$$\therefore\ G(s) = \frac{Y(s)}{F(s)} = \frac{1}{Ms^2 + Bs + K}$$

이 경우를 전기 회로로 표시하면 그림과 같다.

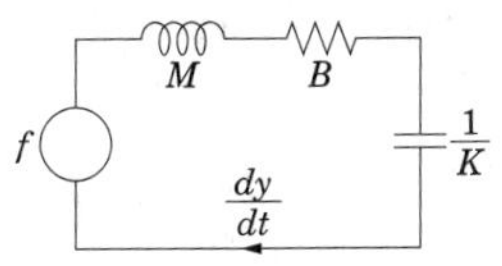

답 : ①

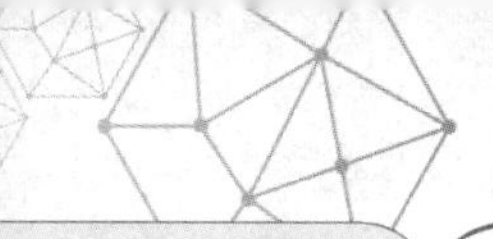

5.2 회전운동의 시스템

회전운동을 나타내기 위하여 사용되는 변수는 토크 $T(t)$, 각속도 $\omega(t)$, 각가속도 $a(t)$ 및 각 변위 $\theta(t)$등이 된다.

(1) 회전운동의 관성 시스템

그림 22와 같이 관성 J인 물체에 토크 $T(t)$가 가해질 때 방정식은 다음과 같다.

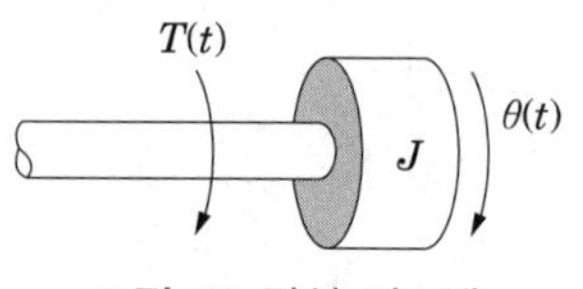

그림 22 관성 시스템

$$T(t) = Ja(t) = J\frac{d\omega(t)}{dt} = J\frac{d^2\theta(t)}{dt^2}$$

이 시스템의 전기적 시스템의 방정식의 변환은 다음과 같다.

$$e(t) = L\frac{di(t)}{dt} = L\frac{d^2q(t)}{dt^2}$$

여기서, $e(t)$는 인가전압, L는 인덕턴스, $i(t)$는 인가전류, $q(t)$는 전하량이다.

(2) 회전운동의 스프링 시스템

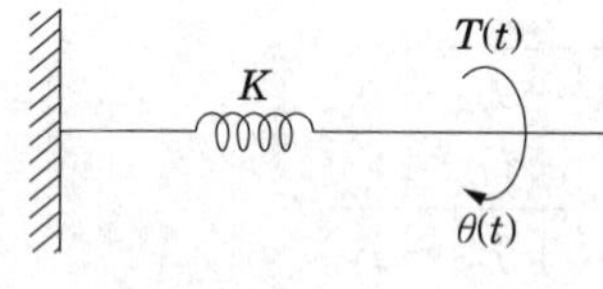

그림 23 스프링 시스템

그림 23과 같이 단위 각변위당 토크로 나타내는 비틀림 스프링 상수 K, 병진운동에 대한 선형 스프링 등과 같이 회전체 토크 $T(t)$를 가해지는 경우 시스템의 방정식은

$$T(t) = K\theta(t) = K\int \omega(t)dt$$

전기적 시스템의 방정식으로 변환하면

$$e(t) = \frac{1}{C}q(t) = \frac{1}{C}\int i(t)dt$$

여기서, C는 커패시터이다.

가 된다.

(3) 회전운동의 관성–마찰 시스템

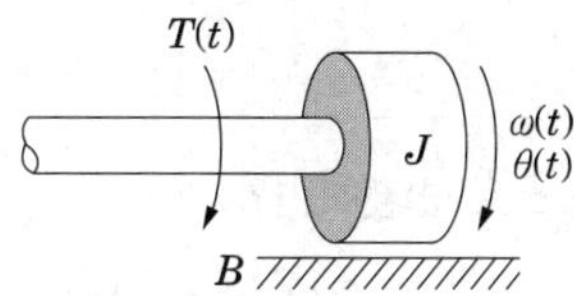

그림 24 관성–마찰 시스템

그림 24의 병진운동에서는 변위각 $\theta(t)$만큼 물체의 회전을 방해하려는 힘으로 회전점성–마찰 존재하며 시스템 방정식은

$$T(t) = B\omega(t) = B\frac{d\theta(t)}{dt}$$

가 된다. 관성 J인 물체에 토크 $T(t)$가 가해질 때 물체의 회전을 방해하는 회전 마찰이 부가된 시스템의 전기적인 방정식은 다음과 같다.

$$T(t) - B\frac{d\theta(t)}{dt} = J\frac{d^2\theta(t)}{dt^2}$$

$$T(t) = J\frac{d^2\theta(t)}{dt^2} + B\frac{d\theta(t)}{dt} = J\frac{d\omega(t)}{dt} + B\omega(t)$$

예제문제 16

그림과 같은 기계적인 회전 운동계에서 토크 $T(t)$를 입력으로, 변위 $\theta(t)$를 출력으로 하였을 때의 전달 함수는?

① $\dfrac{1}{Js^2 + Bs + K}$

② $Js^2 + Bs + K$

③ $\dfrac{s}{Js^2 + Bs + K}$

④ $\dfrac{Js^2 + Bs + K}{s}$

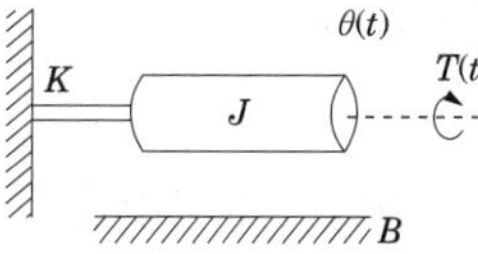

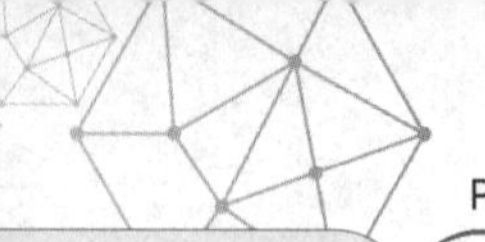

해설

토크 $T(t)$와 변위 $\theta(t)$ 사이의 관계는 뉴턴의 법칙에 의하여 미분방정식을 세우면

$J\frac{d^2}{dt^2}\theta(t)+B\frac{d}{dt}\theta(t)+K\theta(t)=T(t)$

초기값을 0으로 하고 라플라스 변환하면

$Js^2\theta(s)+Bs\theta(s)+K\theta(s)=T(s)$

$\therefore G(s)=\frac{\theta(s)}{T(s)}=\frac{1}{Js^2+Bs+K}$

답 : ①

예제문제 17

회전 운동계의 각속도를 전기적 요소로 변환하면?

① 전압 ② 전류 ③ 정전 용량 ④ 인덕턴스

해설

회전 운동계의 전기적 요소 변환

① 각도 → 전하
② 토크 → 전압
③ 각속도(속도) → 전류
④ 회전마찰(제동계수) → 전기저항
⑤ 비틀림 강도(스프링정수) → 정전용량
⑥ 관성 모먼트 → 인덕턴스

답 : ②

6. 미분 방정식의 전달함수

앞 절에서 제어계의 전달함수를 구할 경우 미분방정식을 세우고 이것을 라플라스 변환하여 전달함수를 구하였다. 이를 다시 정리하면, 미분방정식의 입력 신호가 v_i, 출력 신호가 v_o일 경우 미분방정식은

$$\frac{d^2y}{dt^2}+3\frac{dy}{dt}+2y=x+\frac{dx}{dt}$$

전달 함수를 구하기 라플라스 변환하면

$$\{s^2Y(s)-sy(0)-y'(0)\}+3\{sY(s)-y(0)\}+2Y(s)$$
$$=X(s)+\{sX(s)-x(0)\}$$

가 된다. 모든 초기값을 0으로 보고 정리하면

$$(s^2+3s+2)Y(s)=(s+1)X(s)$$

전달함수는

$$\frac{Y(s)}{X(s)} = \frac{s+1}{s^2+3s+2}$$

가 된다.

예제문제 18

미분 방정식 $\frac{d^2y}{dt^2}+3\frac{dy}{dt}+2y = x+\frac{dx}{dt}$ 로 나타낼 수 있는 선형계(linear system)의 전달 함수는? 단, $y=y(t)$는 계의 출력, $x=x(t)$는 계의 입력이다.

① $\frac{s+2}{3s^2+s+1}$ ② $\frac{s+1}{2s^2+s+3}$ ③ $\frac{s+1}{s^2+3s+2}$ ④ $\frac{s+1}{s^2+s+3}$

해설

주어진 미분방정식을 라플라스 변환하면

$\{s^2Y(s)-sy(0)-y'(0)\}+3\{sY(s)-y(0)\}+2Y(s)=X(s)+\{sX(s)-x(0)\}$

모든 초기값을 0으로 보고 정리하면

$(s^2+3s+2)Y(s)=(s+1)X(s)$

$\therefore \frac{Y(s)}{X(s)}=\frac{s+1}{s^2+3s+2}$

답 : ③

예제문제 19

어떤 계를 표시하는 미분 방정식이 $\frac{d^2y(t)}{dt^2}+3\frac{dy(t)}{dt}+2y(t)=\frac{dx(t)}{dt}+x(t)$ 라고 한다. $x(t)$는 입력, $y(t)$는 출력이라고 한다면 이 계의 전달 함수는 어떻게 표시되는가?

① $G(s)=\frac{s^2+3s+2}{s+1}$ ② $G(s)=\frac{2s+1}{s^2+s+1}$

③ $G(s)=\frac{s+1}{s^2+3s+2}$ ④ $G(s)=\frac{s^2+s+1}{2s+1}$

해설

주어진 미분방정식을 라플라스 변환하면

$\{s^2Y(s)-sy(0)-y'(0)\}+3\{sY(s)-y(0)\}+2Y(s)=X(s)+\{sX(s)-x(0)$

모든 초기값을 0으로 보고 정리하면

$(s^2+3s+2)Y(s)=(s+1)X(s)$

$\therefore \frac{Y(s)}{X(s)}=\frac{s+1}{s^2+3s+2}$

답 : ③

핵심과년도문제

3·1

그림과 같은 회로의 전달 함수는? 단, 초기값은 0이다.

① $\dfrac{s}{R+Ls}$ ② $\dfrac{1}{s+\dfrac{R}{L}}$

③ $\dfrac{1}{R+Ls}$ ④ $\dfrac{s}{s+\dfrac{R}{L}}$

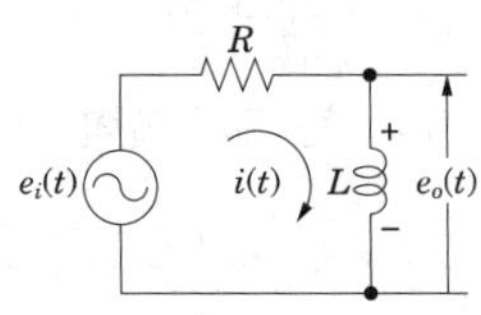

해설 전기회로의 미분방정식을 세우면

$$\begin{cases} e_i(t) = Ri(t) + L\dfrac{d}{dt}i(t) \\ e_o(t) = L\dfrac{d}{dt}i(t) \end{cases}$$

모든 초기값을 0으로 하고 라플라스 변환하면

$$\begin{cases} E_i(s) = (R+Ls)I(s) \\ E_o(s) = LsI(s) \end{cases}$$

$$\therefore\ G(s) = \frac{E_o(s)}{E_i(s)} = \frac{Ls}{R+Ls} = \frac{s}{s+\dfrac{R}{L}}$$

【답】④

3·2

그림의 전기회로에서 전달 함수는?

① $\dfrac{LRs}{LCs^2+RCs+1}$

② $\dfrac{Cs}{LCs^2+RCs+1}$

③ $\dfrac{RCs}{LCs^2+RCs+1}$

④ $\dfrac{LRCs}{LCs^2+RCs+1}$

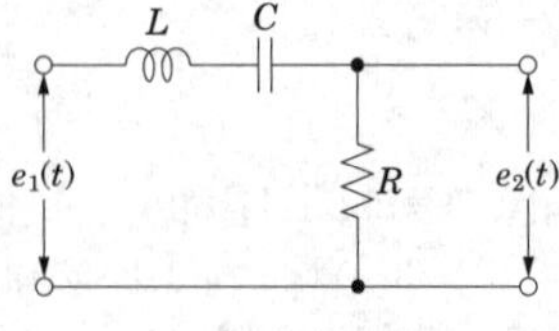

해설 전기회로의 미분방정식을 세우면

$$\begin{cases} e_2(t) = Ri(t) \\ e_1(t) = L\dfrac{d}{dt}i(t) + \dfrac{1}{C}\displaystyle\int i(t)dt + Ri(t) \end{cases}$$

초기값을 0으로 하고 라플라스 변환하면

$$\begin{cases} E_2(s) = RI(s) \\ E_1(s) = Ls\,I(s) + \dfrac{1}{Cs}I(s) + RI(s) = \left(Ls + \dfrac{1}{Cs} + R\right)I(s) \end{cases}$$

$$\therefore\ G(s) = \frac{E_2(s)}{E_1(s)} = \frac{R}{Ls + \dfrac{1}{Cs} + R} = \frac{RCs}{LCs^2 + RCs + 1}$$

【답】 ③

3·3

그림과 같은 회로에서 e_i를 입력, e_o를 출력으로 할 경우 전달 함수는?

① $\dfrac{s}{LCs^2 + RCs + 1}$

② $\dfrac{1}{LCs^2 + RCs + 1}$

③ $\dfrac{Ls}{LCs^2 + RCs + 1}$

④ $\dfrac{Cs}{LCs^2 + RCs + 1}$

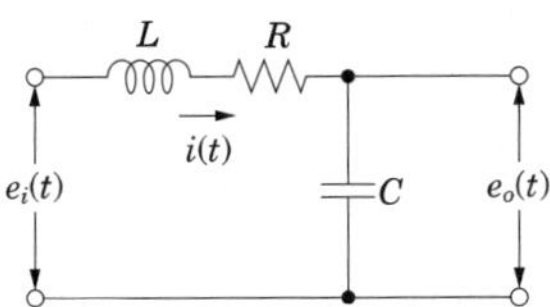

해설 전기회로의 미분방정식을 세우면

$$\begin{cases} e_i(t) = L\dfrac{d}{dt}i(t) + Ri(t) + \dfrac{1}{C}\displaystyle\int i(t)dt \\ e_o(t) = \dfrac{1}{C}\displaystyle\int i(t)dt \end{cases}$$

초기값을 0으로 하고 라플라스 변환하면

$$\begin{cases} E_i(s) = Ls\,I(s) + RI(s) + \dfrac{1}{Cs}I(s) = \left(Ls + R + \dfrac{1}{Cs}\right)I(s) \\ E_o(s) = \dfrac{1}{Cs}I(s) \end{cases}$$

$$\therefore\ G(s) = \frac{E_o(s)}{E_i(s)} = \frac{\dfrac{1}{Cs}}{R + Ls + \dfrac{1}{Cs}} = \frac{1}{LCs^2 + RCs + 1}$$

【답】 ②

3·4

다음 회로의 전달 함수 $G(s) = E_o(s)/E_i(s)$는 얼마인가?

① $\dfrac{(R_1 + R_2)C_2 s + 1}{R_2 C_2 s + 1}$

② $\dfrac{R_2 C_2 s + 1}{(R_1 + R_2)C_2 s + 1}$

③ $\dfrac{R_2 C_2 + 1}{(R_1 + R_2)C_2 s + 1}$

④ $\dfrac{(R_1 + R_2)C_2 + 1}{R_2 C_2 + 1}$

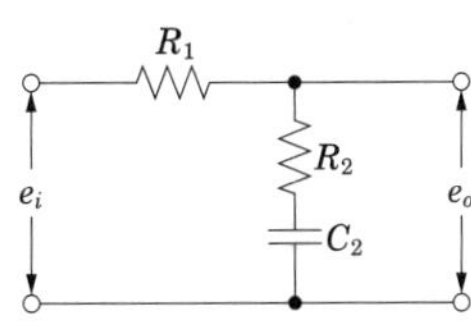

해설 전기회로의 미분방정식을 세우면

$$\begin{cases} e_i(t) = R_1 i(t) + R_2 i(t) + \dfrac{1}{C_2}\displaystyle\int i(t)dt \\ e_o(t) = R_2 i(t) + \dfrac{1}{C_2}\displaystyle\int i(t)dt \end{cases}$$

초기값을 0으로 하고 라플라스 변환하면

$$\begin{cases} E_i(s) = R_1 I(s) + R_2 I(s) + \dfrac{1}{C_2 s} I(s) = \left(R_1 + R_2 + \dfrac{1}{C_2 s}\right) I(s) \\ E_o(s) = R_2 + \dfrac{1}{C_2 s} I(s) \end{cases}$$

$$\therefore G(s) = \frac{E_o(s)}{E_i(s)} = \frac{R_2 + \dfrac{1}{C_2 s}}{R_1 + R_2 + \dfrac{1}{C_2 s}} = \frac{R_2 C_2 s + 1}{(R_1 + R_2) C_2 s + 1}$$

【답】 ②

3·5

그림과 같은 회로의 전압비 전달 함수 $H(j\omega)$는 얼마인가? 단, 입력 $v(t)$는 정현파 교류 전압이며, 출력은 v_R이다.

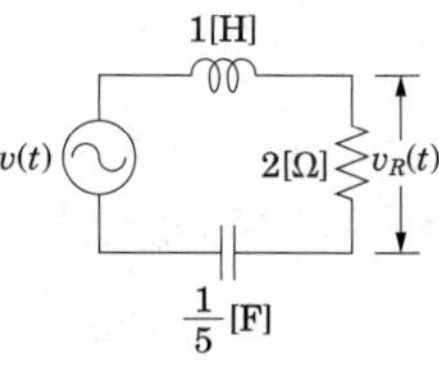

① $\dfrac{j\omega}{(5-\omega^2)+j\omega}$　② $\dfrac{j\omega}{(5+\omega^2)+j\omega}$

③ $\dfrac{j\omega}{(5-\omega)^2+j\omega}$　④ $\dfrac{j\omega}{(5+\omega)^2+j\omega}$

해설 전기회로의 미분방정식을 세우면

$$\begin{cases} v_R(t) = Ri(t) \\ v(t) = L\dfrac{d}{dt}i(t) + Ri(t) + \dfrac{1}{C}\displaystyle\int i(t)dt \end{cases}$$

초기값을 0으로 하고 라플라스 변환하면

$$\begin{cases} V_R(s) = RI(s) \\ V(s) = LsI(s) + RI(s) + \dfrac{1}{Cs} I(s) = \left(Ls + R + \dfrac{1}{Cs}\right) I(s) \end{cases}$$

$$H(s) = \frac{V_R(s)}{V(s)} = \frac{R}{Ls + R + \dfrac{1}{Cs}}$$

$H(s)$에 $s = j\omega$, $L = 1$ [H], $R = 1$ [Ω], $C = \dfrac{1}{5}$ [F]를 대입하면

$$\therefore H(j\omega) = \frac{V_R(j\omega)}{V(j\omega)} = \frac{1}{j\omega + 1 + \dfrac{1}{\dfrac{1}{5}j\omega}} = \frac{j\omega}{(j\omega)^2 + j\omega + 5} = \frac{j\omega}{(5-\omega^2)+j\omega}$$

【답】 ①

3·6

그림과 같은 회로에서 전압비 전달 함수$\left(\dfrac{E_o(s)}{E_i(s)}\right)$는?

① $\dfrac{R_1}{R_1Cs+1}$ ② $\dfrac{s+1}{s+(R_1+R_2)+R_1R_2C}$

③ $\dfrac{R_1R_2s+RCs}{R_1Cs+R_1R_2s^2+C}$ ④ $\dfrac{R_2+R_1R_2Cs}{R_2+R_1R_2Cs+R_1}$

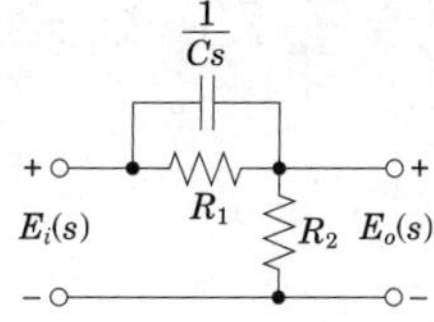

해설 R_1과 C의 합성 임피던스 등가 회로는 그림과 같다.

$\dfrac{R_1}{1+CsR_1}$, $E_i(s)$, R_2, $E_o(s)$

주어진 값이 라플라스 변환한 값이므로 전압의 방정식을 세우면

$$E_i(s)=\left\{\left(\frac{R_1}{1+CsR_1}\right)+R_2\right\}I(s)$$

$$E_o(s)=R_2I(s)$$

$$\therefore G(s)=\frac{E_o(s)}{E_i(s)}=\frac{R_2}{\dfrac{R_1}{1+CsR_1}+R_2}=\frac{R_2+R_1R_2Cs}{R_1+R_2+R_1R_2Cs}$$

【답】 ④

3·7

그림과 같은 $R-C$ 회로의 전달 함수는? 단, $T_1=R_2C$, $T_2=(R_1+R_2)C$ 이다.

① $\dfrac{T_1}{T_2s+1}$ ② $\dfrac{T_2s}{T_1s+1}$

③ $\dfrac{T_1s+1}{T_2s+1}$ ④ $\dfrac{T_1(T_1s+1)}{T_2(T_2s+1)}$

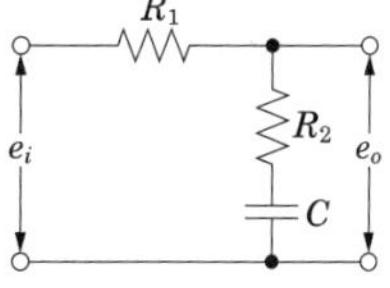

해설 전기회로의 미분방정식을 세우면

$$\begin{cases} e_i(t)=R_1i(t)+R_2i(t)+\dfrac{1}{C}\displaystyle\int i(t)dt \\ e_o(t)=R_2i(t)+\dfrac{1}{C}\displaystyle\int i(t)dt \end{cases}$$

초기값을 0으로 하고 라플라스 변환하면

$$\begin{cases} E_i(s)=R_1I(s)+R_2I(s)+\dfrac{1}{Cs}I(s)=\left(R_1+R_2+\dfrac{1}{C_2s}\right)I(s) \\ E_o(s)=R_2+\dfrac{1}{Cs}I(s) \end{cases}$$

$$\therefore G(s)=\frac{E_o(s)}{E_i(s)}=\frac{R_2+\dfrac{1}{Cs}}{R_1+R_2+\dfrac{1}{Cs}}=\frac{R_2Cs+1}{(R_1+R_2)Cs+1}=\frac{T_1s+1}{T_2s+1}$$

【답】 ③

3·8

그림과 같은 회로에서 전달 함수 $G(s)=\dfrac{I(s)}{V(s)}$를 구하면? 단, $R=5\,[\Omega]$, $C_1=\dfrac{1}{10}\,[\mathrm{F}]$, $C_2=\dfrac{1}{5}\,[\mathrm{F}]$, $L=1\,[\mathrm{H}]$이다.

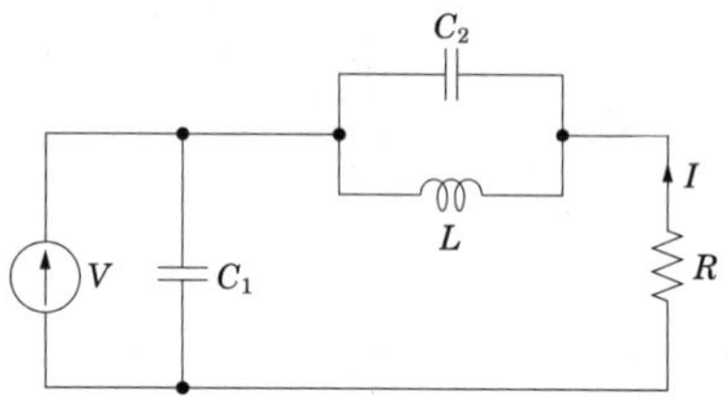

① $\dfrac{1}{5}\cdot\dfrac{s^2+5}{s^2+s+5}$ ② $\dfrac{1}{10}\cdot\dfrac{2s+5}{s^2+2s+5}$

③ $\dfrac{1}{10}\cdot\dfrac{2s^2+15}{s^2+2s+3}$ ④ $\dfrac{1}{5}\cdot\dfrac{s^2+5}{s^2+s+1}$

해설 전달함수 : $G(s)=\dfrac{I(s)}{V(s)}=\dfrac{1}{R+\dfrac{\dfrac{Ls}{C_2 s}}{\dfrac{1}{C_2 s}+Ls}}=\dfrac{LC_2s^2+1}{RLC_2s^2+Ls+R}=\dfrac{1}{5}\cdot\dfrac{s^2+5}{s^2+s+5}$ 【답】①

3·9

그림에서 전달 함수 $G(s)=\dfrac{V_2(s)}{V_1(s)}$를 구하시오. 단, $R=10\,[\Omega]$, $L_1=0.4\,[\mathrm{H}]$, $L_2=0.6\,[\mathrm{H}]$, $M=0.4\,[\mathrm{H}]$이다.

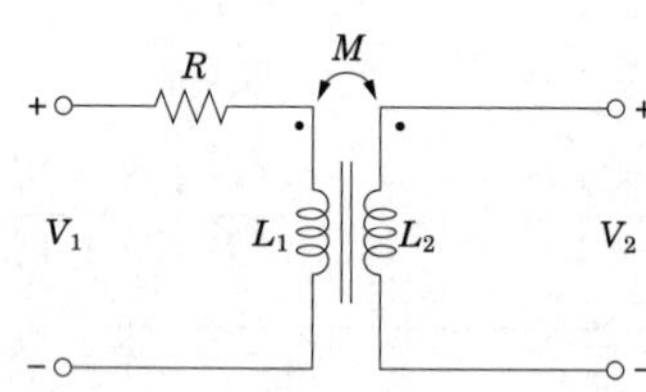

① $\dfrac{s+30}{s+25}$ ② $\dfrac{30}{s+25}$

③ $\dfrac{s}{s+25}$ ④ $\dfrac{s}{3s+50}$

해설 미분방정식을 세우면

$$v_1(t)=Ri_1(t)+L_1\frac{di_1(t)}{dt}$$

$$v_2(t)=M\frac{di_1(t)}{d(t)}$$

초기값을 0으로 하여 라플라스 변환하면

$$V_1(s)=RI_1(s)+sL_1I_1$$

$$V_2(s)=sMI_1$$

$$\therefore\ G(s)=\frac{V_2(s)}{V_1(s)}=\frac{sM}{R+sL_1}=\frac{s}{s+25}$$ 【답】③

3·10

그림과 같은 회로에서 입력전압의 위상은 출력전압의 위상과 비교하여 어떠한가?

① 앞선다.
② 뒤진다.
③ 동상이다.
④ 앞설 수도 있고 뒤질 수도 있다.

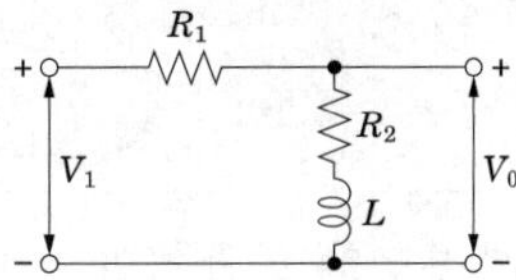

해설 전압의 벡터도를 그리면 V_1보다 V_0가 앞선다.

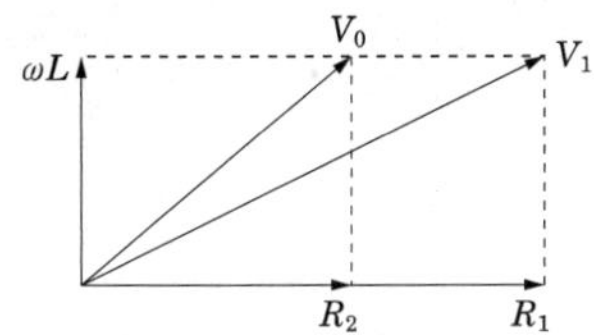

【답】 ②

3·11

다음의 전달 함수를 갖는 회로가 진상 보상 회로의 특성을 가지려면 그 조건은 어떠한가?

$$G(s) = \frac{s+b}{s+a}$$

① $a > b$　　② $a < b$　　③ $a > 1$　　④ $b > 1$

해설 지상 보상 조건 : $b>a$

진상 보상 조건 : $a>b$

【답】 ①

3·12

시간 지연 요인을 포함한 어떤 특정계가 다음 미분 방정식으로 표현된다. 이 계의 전달 함수를 구하면?

$$\frac{dy(t)}{dt} + y(t) = x(t-T)$$

① $P(s) = \frac{Y(s)}{X(s)} = \frac{e^{-sT}}{s+1}$　　② $P(s) = \frac{X(s)}{Y(s)} = \frac{e^{sT}}{s-1}$

③ $P(s) = \frac{X(s)}{Y(s)} = \frac{s+1}{e^{sT}}$　　④ $P(s) = \frac{Y(s)}{X(s)} = \frac{s^{-2sT}}{s+1}$

해설 미분방정식을 초기값을 0으로 하고 라플라스 변환하여 정리하면

$(s+1)Y(s)=e^{-sT}X(s)$

$\therefore \frac{Y(s)}{X(s)}=\frac{e^{-sT}}{s+1}$ 【답】 ①

3·13

$R-L-C$ 회로와 역학계의 등가 회로에서 그림과 같이 스프링 달린 질량 M의 물체가 바닥에 닿아 있을 때 힘 F를 가하는 경우로 L은 M에, $\frac{1}{C}$은 K에, R은 f에 해당한다. 이 역학계에 대한 운동 방정식은?

① $F=Mx+f\frac{dx}{dt}+K\frac{d^2x}{dt^2}$

② $F=M\frac{dx}{dt}+fx+K$

③ $F=M\frac{d^2x}{dt^2}+f\frac{dx}{dt}+Kx$

④ $F=M\frac{dx}{dt}+f\frac{d^2x}{dt^2}+K$

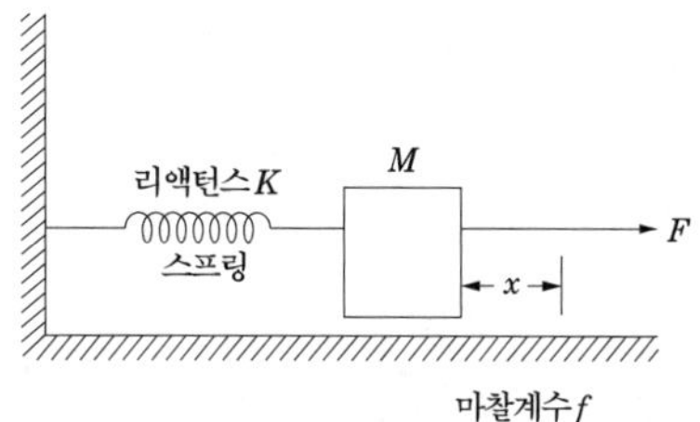

해설 스프링, 질량 마찰계의 운동 방정식 : $F=M\frac{d^2x}{dt^2}+f\frac{dx}{dt}+Kx$ 이다. 【답】 ③

3·14

어떤 계의 임펄스 응답(impulse response)이 정현파 신호 $\sin t$ 일 때, 이 계의 전달 함수와 미분 방정식을 구하면?

① $\frac{1}{s^2+1}$, $\frac{d^2y}{dt^2}+y=x$

② $\frac{1}{s^2-1}$, $\frac{d^2y}{dt^2}+2y=2x$

③ $\frac{1}{2s+1}$, $\frac{d^2y}{dt^2}-y=x$

④ $\frac{1}{2s^2-1}$, $\frac{d^2y}{dt^2}-2y=2x$

해설 정현파 신호 : $y(t)=\sin t$

라플라스변환 하면 $Y(s)=\mathcal{L}[y(t)]=\mathcal{L}[\sin t]=\frac{1}{s^2+1}$

전달함수 : $\frac{Y(s)}{X(s)}=\frac{1}{s^2+1}$

출력은 $X(s)=(s^2+1)Y(s)$

역라플라스 변환하면 $\therefore x(t)=\frac{d^2}{dt^2}y(t)+y(t)$ 【답】 ①

3·15

어떤 제어계의 임펄스 응답이 $\sin 2t$ 일 때 계의 전달 함수는?

① $\dfrac{s}{s+2}$　② $\dfrac{s}{s^2+2}$　③ $\dfrac{2}{s^2+2}$　④ $\dfrac{2}{s^2+4}$

해설 전달 함수는 임펄스 응답의 라플라스 변환을 말한다. 계의 임펄스 응답이 $\sin 2t$ 일 때 전달 함수는

$$G(s) = \frac{2}{s^2+2^2} = \frac{2}{s^2+4}$$

【답】 ④

심화학습문제

01 다음의 브리지 회로에서 입력 전압 e_i에 대한 출력 전압 e_o의 전달 함수를 구하면?

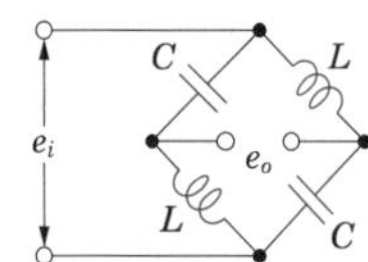

① $\dfrac{LCs^2+1}{LCs^2-1}$　② $\dfrac{1}{LCs^2+1}$

③ $\dfrac{1}{LCs^2-1}$　④ $\dfrac{LCs^2-1}{LCs^2+1}$

해설

하나의 회로를 기준으로 하여 전압의 방정식을 세우면

$$\begin{cases} e_i(t) = L\dfrac{d}{dt}i(t) + \dfrac{1}{C}\displaystyle\int i(t)dt \\ e_o(t) = L\dfrac{d}{dt}i(t) - \dfrac{1}{C}\displaystyle\int i(t)dt \end{cases}$$

초기값을 0으로 하고 라플라스 변환하면

$$\begin{cases} E_i(s) = LsI(s) + \dfrac{1}{Cs}I(s) = \left(Ls + \dfrac{1}{Cs}\right)I(s) \\ E_o(s) = LsI(s) - \dfrac{1}{Cs}I(s) = \left(Ls - \dfrac{1}{Cs}\right)I(s) \end{cases}$$

$$\therefore G(s) = \frac{E_o(s)}{E_i(s)} = \frac{Ls - \dfrac{1}{Cs}}{Ls + \dfrac{1}{Cs}} = \frac{LCs^2-1}{LCs^2+1}$$

【답】 ④

02 그림과 같은 RC 브리지 회로의 전달 함수 $\dfrac{E_o(s)}{E_i(s)}$는?

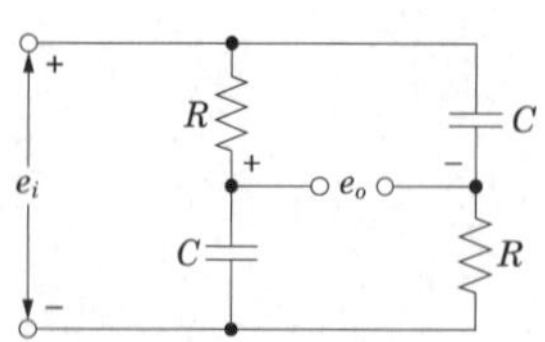

① $\dfrac{1}{1+RCs}$　② $\dfrac{RCs}{1+RCs}$

③ $\dfrac{1+RCs}{1-RCs}$　④ $\dfrac{1-RCs}{1+RCs}$

해설

하나의 회로를 기준으로 하여 전압의 방정식을 세우면

$$\begin{cases} e_i(t) = Ri(t) + \dfrac{1}{C}\displaystyle\int i(t)dt \\ e_o(t) = \dfrac{1}{C}\displaystyle\int i(t) - Ri(t) \end{cases}$$

초기값을 0으로 하고 라플라스 변환하면

$$\begin{cases} E_i(s) = \left(R + \dfrac{1}{Cs}\right)I(s) \\ E_o(s) = \left(\dfrac{1}{Cs} - R\right)I(s) \end{cases}$$

$$\therefore G(s) = \frac{E_o(s)}{E_i(s)} = \frac{\dfrac{1}{Cs} - R}{R + \dfrac{1}{Cs}} = \frac{1-RCs}{RCs+1}$$

【답】 ④

03 그림과 같은 회로에서 전류비 전달 함수를 라플라스 함수로 표시하면?

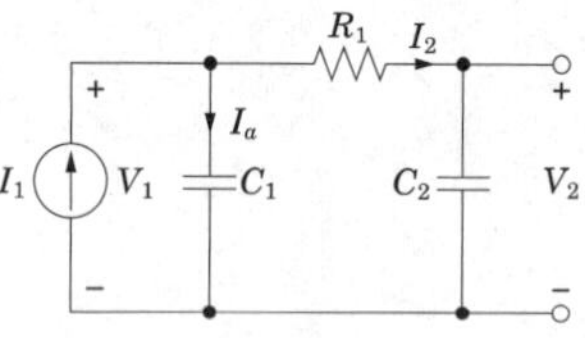

① $\dfrac{1}{s+(C_1+C_2)/R_1C_1s}$

② $\dfrac{RC_1C_2s}{R_1C_1s+(C_1+C_2)/R_1C_1C_2}$

③ $\dfrac{R_1(C_1+C_2)s}{R_1C_2s+R_1C_1C_2s^2}\left(\dfrac{1}{R_1C_1C_2}\right)$

④ $\dfrac{1}{s+(C_1+C_2)/R_1C_1C_2}\left(\dfrac{1}{R_1C_1}\right)$

해설

회로의 미분방정식을 세우면

$$\frac{1}{C_1}\int (I_1 - I_2)dt = \frac{1}{C_2}\int I_2 dt + R_1 I_2$$

초기값을 0으로 하고 라플라스 변환하면

$$\frac{1}{sC_1}\{I_1(s) - I_2(s)\} = \frac{1}{sC_2}I_2(s) + R_1 I_2(s)$$

$$\therefore \frac{I_2(s)}{I_1(s)} = \frac{\frac{1}{sC_1}}{\frac{1}{sC_1} + \frac{1}{sC_2} + R_1} = \frac{1}{s + \frac{C_1 + C_2}{R_1 C_1 C_2}}\left(\frac{1}{R_1 C_1}\right)$$

【답】 ④

04 그림과 같은 회로의 전달 함수는?

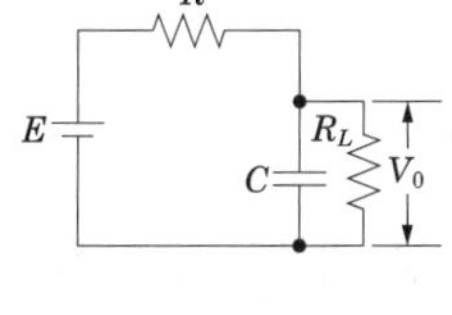

① $\dfrac{1}{CRs + 1 + \dfrac{R}{R_L}}$

② $\dfrac{1}{CRs + \dfrac{R}{R_L}}$

③ $\dfrac{1}{\dfrac{s}{CR} + 1 + \dfrac{R}{R_L}}$

④ $\dfrac{1}{\dfrac{s}{CR} + \dfrac{R}{R_L}}$

해설

회로 전류를 각각 i_1, i_2라 하면 계통 방정식은

$$\begin{cases} Ri_1 + \frac{1}{C}\int (i_1 - i_2)dt = E \\ R_L i_2 + \frac{1}{C}\int (i_2 - i_1)dt = 0 \\ R_L i_2 = V_o \end{cases}$$

초기값을 0으로 하고 라플라스 변환하면

$$\begin{cases} \left(R + \frac{1}{Cs}\right)I_1(s) - \frac{1}{Cs}I_2(s) = E(s) \\ \left(R_L + \frac{1}{Cs}\right)I_2(s) = \frac{1}{Cs}I_1(s) \\ R_L I_2(s) = V_o(s) \end{cases}$$

위의 식들에서 $I_1(s)$, $I_2(s)$를 소거하고, $V_o(s)$, $E(s)$에 대해서 풀면

$$\therefore G(s) = \frac{V_o(s)}{E(s)} = \frac{1}{CRs + \left(1 + \frac{R}{R_L}\right)}$$

【답】 ①

05 그림과 같은 액면계에서 $q(t)$를 입력, $h(t)$를 출력으로 본 전달 함수는?

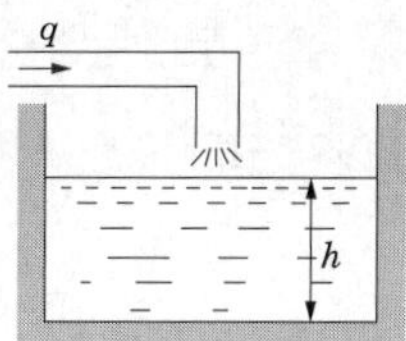

① $\dfrac{K}{s}$　　② Ks

③ $1 + Ks$　　④ $\dfrac{K}{1+s}$

해설

액면계의 단면적을 A라 하면 미분방정식은

$$h(t) = \frac{1}{A}\int q(t)dt$$

초기값을 0으로 하고 라플라스 변환하면

$$H(s) = \frac{1}{As}Q(s)$$

$$\therefore G(s) = \frac{H(s)}{Q(s)} = \frac{1}{As} = \frac{K}{s}\left(\because K = \frac{1}{A}\right)$$

【답】 ①

06 PD 제어기는 제어계의 과도 특성 개선을 위해 흔히 사용된다. 이것에 대응하는 보상기는?

① 지·진상 보상기　　② 지상 보상기

③ 진상 보상기　　④ 동상 보상기

해설

PD(비례 미분 요소) : 진상 보상

PI(비례 적분 요소) : 지상 보상

【답】 ③

07 보상기의 전달 함수가 $G_c(s) = \dfrac{1 + \alpha Ts}{1 + Ts}$ 일 때 진상 보상기가 되기 위한 조건은?

① $\alpha > 1$　　② $\alpha < 1$

③ $\alpha = 1$　　④ $\alpha = 0$

해설

전달함수 $G_c(s)=\dfrac{\alpha\left(s+\dfrac{1}{\alpha T}\right)}{s+\dfrac{1}{T}}$ 에서 진상 보상기 조건은 $\dfrac{1}{\alpha T}<\dfrac{1}{T}$이어야 한다.

$\therefore \alpha>1$

【답】①

08 그림과 같은 기계계의 회로를 전기 회로로 옳게 표시한 것은? 단, K : 스프링 상수, B : 마찰 제동 계수, M : 질량이다.

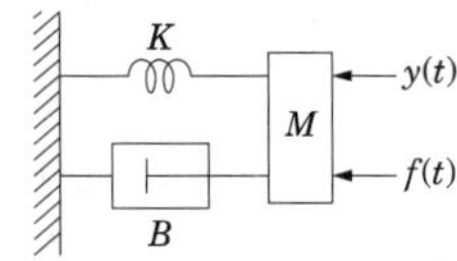

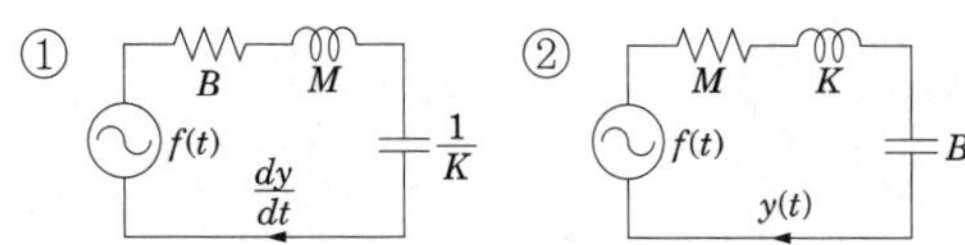

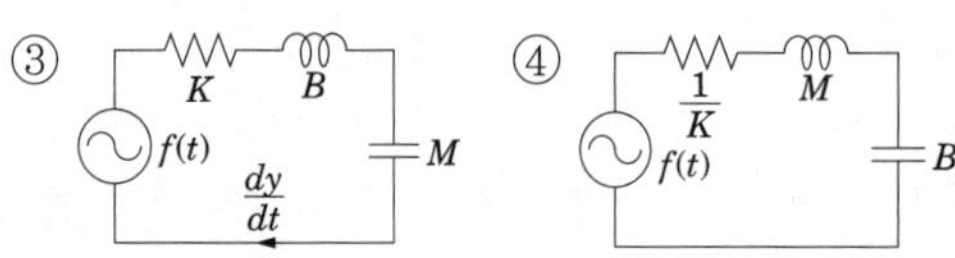

해설

미분방정식을 세우면

$$M\frac{d^2}{dt^2}y(t)+B\frac{d}{dt}y(t)+Ky(t)=f(t)$$

라플라스 변환하여 정리하면

$$(Ms^2+Bs+K)Y(s)=F(s)$$

$$\therefore G(s)=\frac{Y(s)}{F(s)}=\frac{1}{Ms^2+Bs+K}$$

이 경우를 전기 회로로 표시하면 그림과 같다.

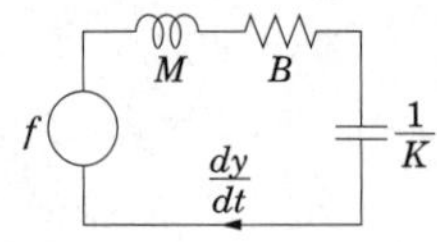

【답】①

09 일정한 질량 M을 가진 이동하는 물체의 위치 y는 이 물체에 가해지는 외력이 f일 때 운동계는 마찰 등의 반저항력을 무시하면 $M\dfrac{d^2y}{dt^2}=f$ 의 미분 방정식으로 표시된다. 위치에 관계되는 전달 함수를 구하면?

① $\dfrac{Y(s)}{F(s)}=\dfrac{1}{Ms^2}$ ② $\dfrac{F(s)}{Y(s)}=\dfrac{s^2}{M}$

③ $\dfrac{F(s)}{Y(s)}=\dfrac{s}{M^2}$ ④ $\dfrac{Y(s)}{F(s)}=\dfrac{-1}{Ms^2}$

해설

미분방정식 $f=M\dfrac{d^2y}{dt^2}$를 라플라스 변환하면

$$F(s)=Ms^2Y(s)$$

$\therefore G(s)=\dfrac{Y(s)}{F(s)}=\dfrac{1}{Ms^2}$가 된다.

【답】①

10 관성이 J이고 점성 마찰이 B일 때 부하에 연결된 모터는 입력 전류 i에 비례하는 토크를 발생시킨다. 모터와 부하에 대한 미분 방정식이 $J\dfrac{d^2\theta}{dt^2}+B\dfrac{d\theta}{dt}=Ki$ 일 때 입력 전류와 전동기 축 위치(각변위) θ간의 전달 함수를 구하면?

① $KJs+B$ ② s^2B+KJs

③ $\dfrac{s}{K(J+B)}$ ④ $\dfrac{K}{s(Js+B)}$

해설

미분방정식 $J\dfrac{d^2\theta}{dt^2}+B\dfrac{d\theta}{dt}=Ki$를 초기값을 0으로 하고 라플라스 변환하여 정리하면

$$\therefore (Js^2+Bs)\theta(s)=KI(s)$$

$$\therefore G(s)=\frac{\theta(s)}{I(s)}=\frac{K}{s(Js+B)}$$

【답】④

11 힘 f 에 의하여 움직이고 있는 질량 M 인 물체의 좌표를 y 축에 가한 힘에 의한 전달 함수는?

① Ms^2 ② Ms

③ $\frac{1}{Ms}$ ④ $\frac{1}{Ms^2}$

해설

미분방정식 $f(t)=M\frac{d^2y(t)}{dt^2}$ 를 초기값을 0으로 하고 라플라스 변환하면

$F(s)=Ms^2Y(s)$

$\therefore G(s)=\frac{Y(s)}{F(s)}=\frac{1}{Ms^2}$

【답】 ④

12 직류 전동기의 각변위를 $\theta(t)$라 할 때, 전동기의 회전 관성 J_m과 전동기의 토크 T_m 사이에는 어떠한 관계가 있는가?

① $T_m(t)=J_m\int_0^t\theta(\tau)d\tau$

② $T_m(t)=J_m\theta(t)$

③ $T_m(t)=J_m\frac{d}{dt}\theta(t)$

④ $T_m(t)=J_m\frac{d^2}{dt^2}\theta(t)$

해설

토크 $T_m(t)$와 변위 $\theta(t)$ 사이의 관계는 뉴튼의 법칙에 의해 $T_m(t)=J_m\frac{d^2}{dt^2}\theta(t)$의 관계가 있다.

【답】 ④

13 입력 신호가 v_i, 출력 신호가 v_o일 때, $a_1v_o+a_2\frac{dv_o}{dt}+a_3\int v_o dt=v_i$의 전달 함수는?

① $\frac{s}{a_2s^2+a_1s+a_3}$ ② $\frac{1}{a_2s^2+a_1s+a_3}$

③ $\frac{s}{a_3s^2+a_2s+a_1}$ ④ $\frac{1}{a_2s^2+a_2s+a_1}$

해설

미분방정식을 초기값 0으로 하고 라플라스 변환하면

$a_1V_o(s)=a_2sV_o(s)+\frac{1}{s}a_3V_o(s)=V_i(s)$

$V_o(s)\left(a_1+a_2s+\frac{a_3}{s}\right)=V_i(s)$

$\therefore G(s)=\frac{V_o(s)}{V_i(s)}=\frac{1}{a_1+a_2s+\frac{a_3}{s}}=\frac{s}{a_2s^2+a_1s+a_3}$

【답】 ①

14 다음 방정식에서 $X_1(s)/X_3(s)$를 구하면?

$$\begin{cases} x_2(t)=3\frac{d}{dt}x_1(t) \\ x_3(t)=x_2(t)+2\frac{d}{dt}x_2(t)+5\int x_3(t)dt-2x_1(t) \end{cases}$$

단, 초기값은 모두 0이다.

① $\frac{s-5}{6s^2+3s-2}$ ② $\frac{s+5}{6s^2-3s+2}$

③ $\frac{s-5}{6s^3+3s^2-2s}$ ④ $\frac{s+5}{6s^3+3s^2+2s}$

해설

미분방정식을 초기값을 0으로 하여 라플라스 변환하면

$$\begin{cases} X_2(s)=3sX_1(s) \\ X_3(s)=X_2(s)+2sX_2(s)+\frac{5}{s}X_3(s)-2X_1(s) \end{cases}$$

위 두 식에서 $X_2(s)$를 소거하면,

$$\begin{cases} X_3(s)=3sX_1(s)+6s^2X_1(s)+\frac{5}{s}X_3(s)-2X_1(s) \\ X_3(s)\left(1-\frac{5}{s}\right)=(6s^2+3s-2)X_1(s) \end{cases}$$

$$\therefore \frac{X_1(s)}{X_3(s)} = \frac{1-\frac{5}{s}}{6s^2+3s-2}$$
$$= \frac{s-5}{s(6s^2+3s-2)} = \frac{s-5}{6s^3+3s^2-2s}$$

【답】 ③

15 입력 신호$x(t)$와 출력 신호 $y(t)$의 관계가 다음과 같을 때 전달 함수는? 단, $\frac{d^2}{dt^2}y(t)+5\frac{d}{dt}y(t)+6y(t)=x(t)$

① $\frac{1}{(S+2)(S+3)}$ ② $\frac{S+1}{(S+2)(S+3)}$

③ $\frac{S+4}{(S+2)(S+3)}$ ④ $\frac{S}{(S+2)(S+3)}$

해설

미분방정식을 라플라스 변환하면

$\{s^2Y(s)-sy(0)-y'(0)\}+5\{sY(s)-y(0)\}+6Y(s)=x(s)$

모든 초기치를 0으로 보고 정리하면

$(s^2+5s+6)Y(s)=X(s)$

$\therefore \frac{Y(s)}{X(s)} = \frac{1}{s^2+5s+6} = \frac{1}{(s+2)(s+3)}$

【답】 ①

16 $\frac{X(s)}{R(s)} = \frac{1}{s+4}$의 전달 함수를 미분 방정식으로 표시하면?

① $\frac{d}{dt}r(t)+4r(t)=x(t)$

② $\int r(t)dt+4r(t)=x(t)$

③ $\frac{d}{dt}x(t)+4x(t)=r(t)$

④ $\int x(t)dt+4x(t)=r(t)$

해설

$X(s)(s+4)=R(s)$

$\therefore sX(s)+4X(s)=R(s)$

$\therefore \frac{d}{dt}x(t)+4x(t)=r(t)$

【답】 ③

17 $\frac{A(s)}{B(s)} = \frac{1}{2s+1}$의 전달 함수를 미분 방정식으로 표시하면?

① $\frac{da(t)}{dt}+2a(t)=2b(t)$

② $2\frac{da(t)}{dt}+a(t)=2b(t)$

③ $\frac{da(t)}{dt}+2a(t)=b(t)$

④ $2\frac{da(t)}{dt}+a(t)=b(t)$

해설

$\frac{A(s)}{B(s)} = \frac{1}{2s+1}$는 $A(s)(2s+1)=B(s)$이므로

$2sA(s)+A(s)=B(s)$가 된다.

$\therefore 2\frac{d}{dt}a(t)+a(t)=b(t)$

【답】 ④

18 $\frac{X(s)}{Y(s)} = \frac{2}{(s+1)^2}$의 전달 함수를 미분 방정식으로 표시하면?

① $y(t)=\frac{1}{2}\frac{d^2x(t)}{dt^2}+\frac{dx(t)}{dt}+\frac{1}{2}x(t)$

② $y(t)=2\frac{dx(t)}{dt}+x(t)+\int x(t)dt$

③ $y(t)=\frac{dx(t)}{dt}+x(t)+1$

④ $2x(t)=\frac{d^2y(t)}{dt^2}+2\frac{dy(t)}{dt}+y(t)$

해설

$\frac{X(s)}{Y(s)} = \frac{2}{s^2+2s+1}$

$\therefore 2Y(s)=s^2X(s)+2sX(s)+X(s)$

역라플라스 변환하면

$2y(t)=\frac{d^2}{dt^2}x(t)+2\frac{d}{dt}x(t)+x(t)$가 된다.

$\therefore y(t)=\frac{1}{2}\frac{d^2}{dt^2}x(t)+\frac{d}{dt}x(t)+\frac{1}{2}x(t)$

【답】 ①

19 $\frac{E_o(s)}{E_i(s)} = \frac{1}{s^2+3s+1}$의 전달 함수를 미분 방정식으로 표시하면?

① $\frac{d^2}{dt^2}e_o(t)+3\frac{d}{dt}e_o(t)+e_o(t)=e_i(t)$

② $\frac{d^2}{dt^2}e_i(t)+3\frac{d}{dt}e_i(t)+e_i(t)=e_o(t)$

③ $\frac{d^2}{dt^2}e_i(t)+3\frac{d}{dt}e_i(t)+\int e_i(t)dt=e_o(t)$

④ $\frac{d^2}{dt^2}e_o(t)+3\frac{d}{dt}e_o(t)+\int e_o(t)dt=e_i(t)$

해설

$\frac{E_o(s)}{E_i(s)} = \frac{1}{s^2+3s+1}$

$\therefore (s^2+3s+1)E_o(s)=E_i(s)$

역라플라스 변환하면

$\frac{d^2}{dt^2}e_o(t)+3\frac{d}{dt}e_o(t)+e_o(t)=e_i(t)$가 된다.

【답】 ①

20 전달 함수가 $G(s)=\frac{C(s)}{R(s)}=\frac{s+1}{s^2+3s+1}$ 인 함수의 미분 방정식은?

① $\frac{d^2c(t)}{dt^2}+3\frac{dc(t)}{dt}+c(t)=\frac{dr(t)}{dt}+r(t)$

② $\frac{d^2c(t)}{dt^2}+\frac{dc(t)}{dt}+c(t)=\frac{dr(t)}{dt}+r(t)$

③ $3\frac{d^2c(t)}{dt^2}+\frac{dc(t)}{dt}+c(t)=\frac{dr(t)}{dt}+r(t)$

④ $\frac{d^2c(t)}{dt^2}+3\frac{dc(t)}{dt}+3c(t)=2\frac{dr(t)}{dt}+r(t)$

해설

$\frac{C(s)}{R(s)}=\frac{s+1}{s^2+3s+1}$

$\therefore\ C(s)(s^2+3s+1)=(s+1)R(s)$

역라플라스 변환하면

$\frac{d^2c(t)}{dt^2}+3\frac{dc(t)}{dt}+c(t)=\frac{dr(t)}{dt}+r(t)$가 된다.

【답】 ①

21 전달 함수가

$G(s)=\frac{Y(s)}{X(s)}=\frac{10}{(s+1)(s+2)}$인 계를 미분 방정식의 형으로 나타낸 것은?

① $\frac{d^2}{dt^2}x(t)+3\frac{d}{dt}x(t)+2x(t)=10y(t)$

② $\frac{d^2}{dt^2}x(t)+3\frac{d}{dy}x(t)+2x(t)=10$

③ $\frac{d^2}{dt^2}y(t)+3\frac{d}{dt}y(t)+2y(t)=10x(t)$

④ $\frac{d^2}{dt^2}y(t)+3\frac{d}{dx}y(t)+2y(t)=10$

해설

$\frac{Y(s)}{X(s)}=\frac{10}{s^2+3s+2}$

$\therefore\ s^2Y(s)+3sY(s)+2Y(s)=10X(s)$

역라플라스 변환하면

$\frac{d^2}{dt^2}y(t)+3\frac{d}{dt}y(t)+2y(t)=10x(t)$가 된다.

【답】 ③

블록선도와 신호흐름선도

1. 블록선도

1.1 블록선도

블록 선도도와 신호흐름선도는 제어에 관계되는 신호가 어떠한 모양으로 변하여 어떻게 전달되는가를 표시하는 계통도를 말한다. 이것은 선형 시스템뿐만 아니라 비선형 시스템을 나타내는데도 쓰일 수 있어 유용하다.
블록선도는 일반적으로 전달요소, 화살표 표시, 가합점, 인출점으로 구성된다.

(1) 전달요소

입력신호를 받아서 변환된 출력신호를 만드는 신호 전달 요소를 말한다. 그림 1과 같이 블록 속에 전달요소를 표시하며, 입력 $r(t)$를 라플라스 한 값과 출력 $c(t)$를 라플라스 한 값 사이의 관계를 표시한다.

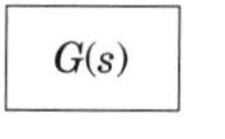

그림 1 전달요소

(2) 화살표

신호가 흐르는 방향을 표시할 경우는 화살표(→)로 표시한다. 이것은 전달요소에서의 신호흐름의 방향을 표시하며 신호의 역 방향으로는 전해지지 않는다.
$R(s)$는 입력, $C(s)$는 출력이고, 식으로 나타내면 다음과 같다.

$$C(s) = G(s)R(s)$$

여기서, $G(s)$를 제어시스템의 전달함수라 한다.

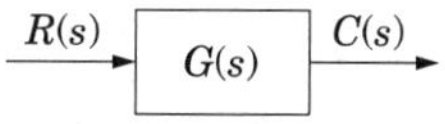

R(s)
G(s)
C(s)

그림 2 신호의 흐름

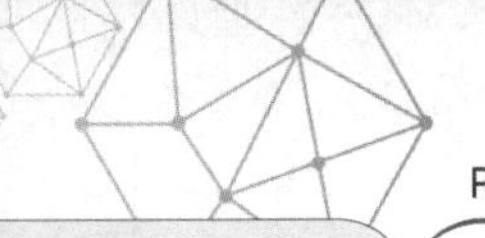

(3) 가합점

두 가지 이상의 신호가 있을 때 이들 신호의 합과 차를 만드는 점을 가합점이라 한다. 그림 3과 같이 화살표 옆에 +, −의 기호를 붙여 차, 또는 합을 나타낸다.

신호의 합 : $C(s) = R(s) + B(s)$

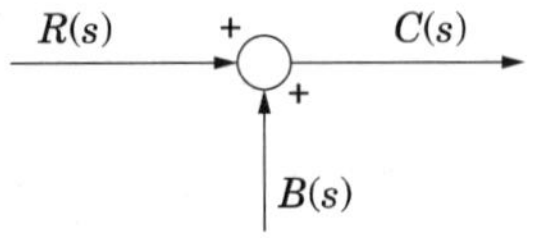

그림 3 가합점의 합

신호의 차 : $C(s) = R(s) - B(s)$

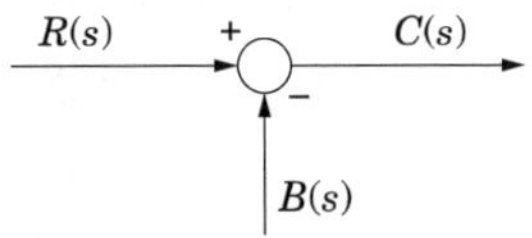

그림 4 가합점의 차

(4) 인출점

하나의 신호를 여러 부분으로 분기하는 점을 인출점이라 한다. 인출점은 그림 5와 같이 나타내며 경로에 흐르는 신호는 인출되는 경로에도 흐른다.

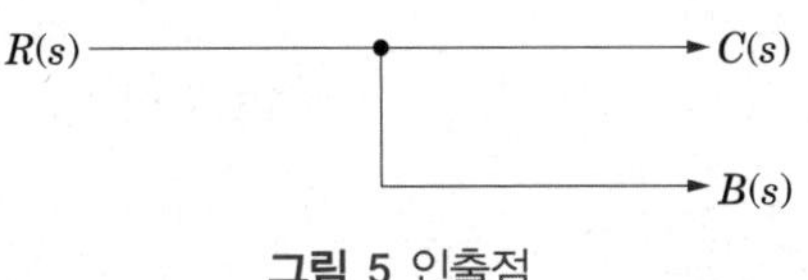

그림 5 인출점

$R(s) = C(s) = B(s)$

(5) 전기시스템의 기본요소

전기회로의 수동회로소자 R, L, C를 블록선도로 나타내면 다음 그림 6과 같다.

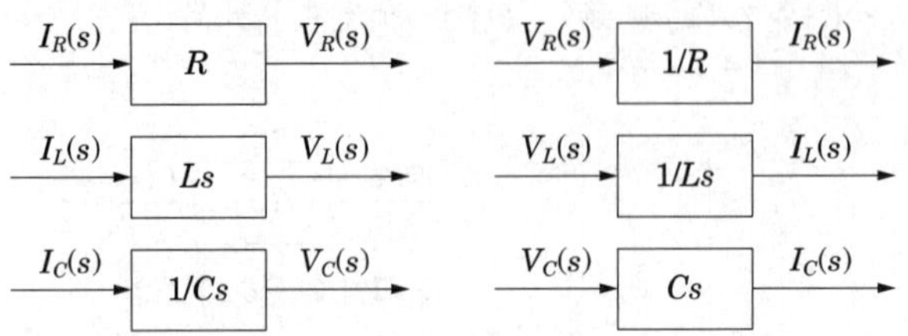

그림 6 회로소자의 블록선도

(6) 전기회로망의 블록선도 그리기

그림 7과 같은 RC 식렬 회로망을 블록선도로 그리기 위해서는 미분 방정식을 세운다. 그리고 미분방정식의 라플라스 변환을 한다.

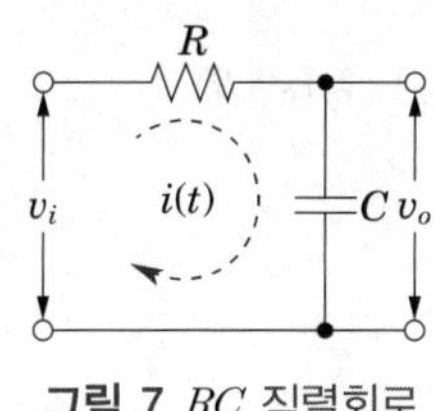

그림 7 RC 직렬회로

$$i(s) = \frac{1}{R}[V_i(s) - V_0(s)]$$

$$V_0(s) = \frac{1}{Cs} I(s)$$

이를 블록선도로 표시하면

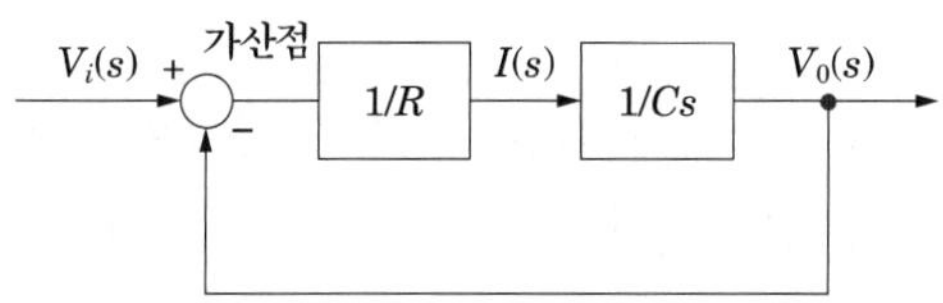

그림 8 RC 직렬회로의 블록선도

가 된다. 이를 $I(s)$를 출력으로 하는 단위 피드백 회로로 변환하면 다음과 같다.

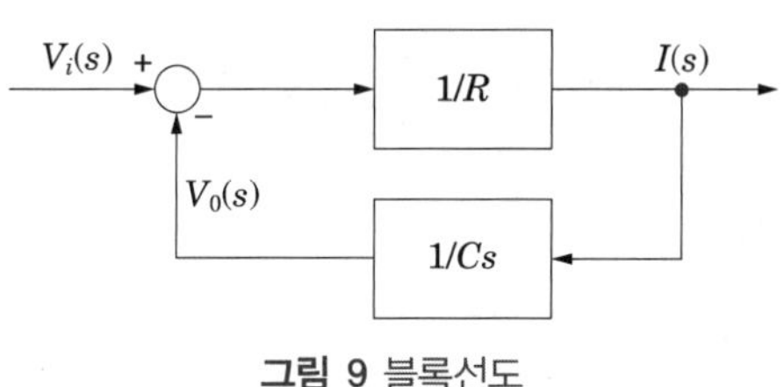

그림 9 블록선도

1.2 블록선도의 등가변환

(1) 직렬접속

전달함수 $G_1(s)$, $G_2(s)$를 갖는 2개의 전달요소가 그림 10과 같이 직렬로 접속되어 있다고 하면 전달요소는 다음 식과 같다.

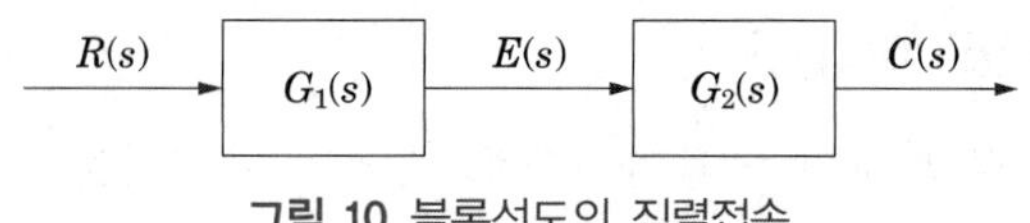

그림 10 블록선도의 직렬접속

$$E(s) = G_1(s)R(s)$$
$$C(s) = G_2(s)E(s) = G_1(s)G_2(s)R(s)$$

그러므로

$$\frac{C(s)}{R(s)} = G_1(s)G_2(s)$$

가 된다. 이것은 아래 그림 11과 같은 전달요소를 갖는 블록선도와 같다.

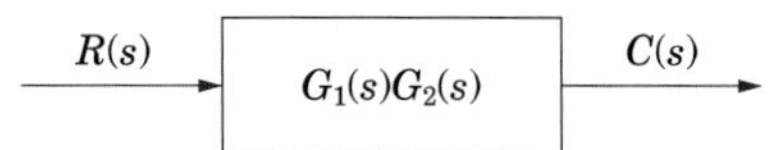

그림 11 직렬접속의 등가 블록선도

(2) 병렬접속

전달함수 $G_1(s)$, $G_2(s)$를 갖는 2개의 전달요소가 그림 12와 같이 병렬로 접속되어 있다고 하면 전달요소는 다음 식과 같다.

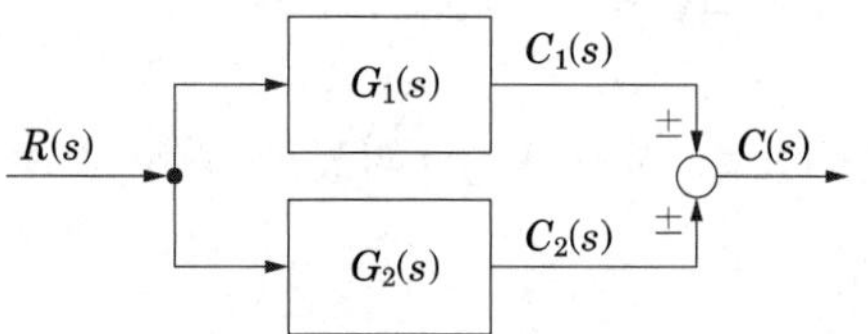

그림 12 블록선도의 병렬접속

$$C_1(s) = G_1(s)R(s)$$
$$C_2(s) = G_2(s)R(s)$$

이므로

$$C(s) = C_1(s) \pm C_2(s)$$

가 된다. 이것은 아래 그림 13과 같은 전달요소를 갖는 블록선도와 같다.

R(s) → $G_1(s) \pm G_2(s)$ → C(s)

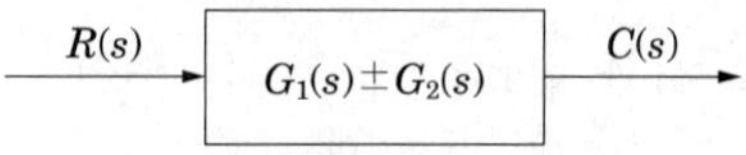

그림 13 병렬접속의 등가 블록선도

(3) 궤환접속[7)]

다음의 블록선도는 자동 제어에서 주로 사용하고 있는 부궤환 제어 시스템(negative feedback control system)의 기본 블록선도 이다. 이러한 회로의 전달요소는 다음 식과 같다.

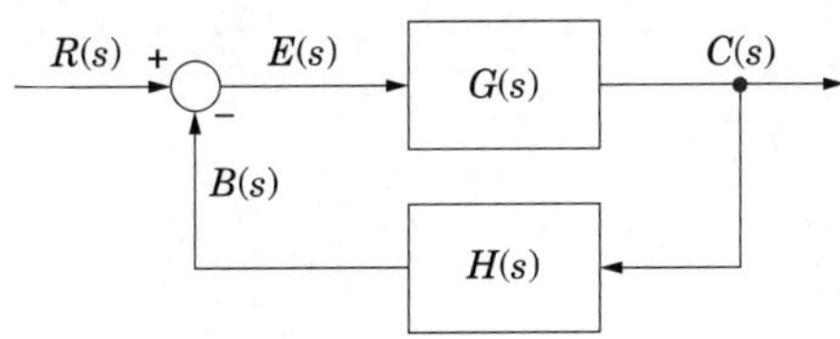

그림 14 궤환제어계의 블록선도

$$E(s) = R(s) - B(s) = R(s) - H(s)C(s)$$
$$C(s) = G(s)E(s)$$
$$B(s) = H(s)C(s)$$

식을 정리해 보면

$$C(s) = G(s)R(s) - G(s)H(s)C(s)$$

가 된다. 이것은

$$\frac{C(s)}{R(s)} = \frac{G(s)}{1 + G(s)H(s)}$$

로 나타낼 수 있으며 부궤한 제어 시스템의 전달함수와 같다. 이를 하나의 전달요소로 표현하면 다음과 같으며, 개루프 전달함수에서 폐루프 전달함수를 구할 경우 역으로 적용된다.

그림15와 같은 형태는 개루프 형이며 이것의 전달요소는 전달함수가 된다.

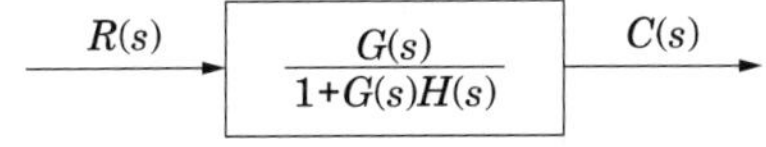

그림 15 블록선도의 전달함수로 전달요소의 표시

7) 궤환되는 신호가 가산점에 (+)로 들어갈 때는 정궤환이라고 하나 거의 사용되지 않는다.

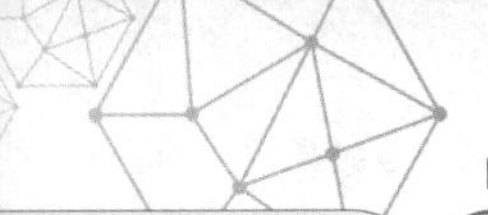

예제문제 01

종속으로 접속된 두 전달 함수의 종합 전달 함수를 구하면?

① $G_1 + G_2$　　② $G_1 \times G_2$

③ $\frac{1}{G_1} + \frac{1}{G_2}$　　④ $\frac{1}{G_1} \times \frac{1}{G_2}$

해설

입력을 X, 출력을 Y라 하면 $Y = (G_1 \cdot G_2)X$

$\therefore G(s) = \frac{Y}{X} = G_1 \cdot G_2$

답 : ②

예제문제 02

다음과 같은 블록 선도의 등가 합성 전달 함수는?

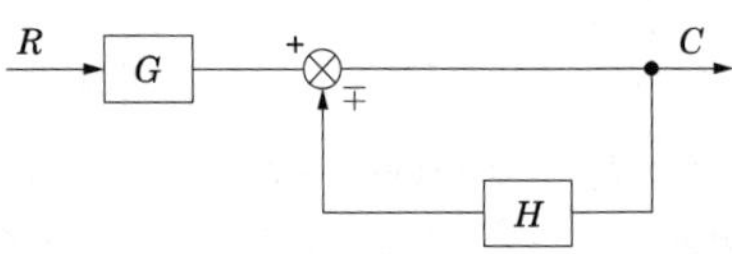

① $\frac{1}{1 \pm GH}$　　② $\frac{G}{1 \pm GH}$

③ $\frac{G}{1 \pm H}$　　④ $\frac{1}{1 \pm H}$

해설

$C = RG \pm CH$

$C(1 \pm H) = RG$

$\therefore \frac{C}{R} = \frac{G}{1 \pm H}$

답 : ③

예제문제 03

그림과 같은 피드백 회로의 종합 전달 함수는?

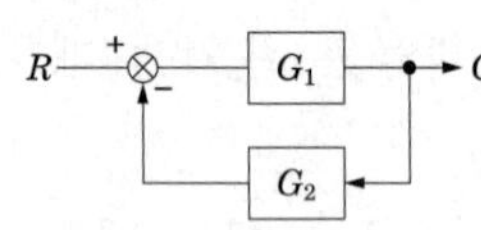

① $\frac{1}{G_1} + \frac{1}{G_2}$　　② $\frac{G_1}{1 - G_1 G_2}$

③ $\frac{G_1}{1 + G_1 G_2}$　　④ $\frac{G_1 G_2}{1 + G_1 G_2}$

해설

$(R - CG_2)G_1 = C$

$RG_1 = C + CG_1 G_2 = C(1 + G_1 G_2)$

$\therefore \frac{C}{R} = \frac{G_1}{1 + G_1 G_2}$

[별해] $G(s) = \frac{\sum \text{전향 경로 이득}}{1 - \sum \text{루프이득}} = \frac{G_1}{1 + G_1 G_2}$

전향경로 이득 : G_1　　루프이득 : $-G_1 G_2$

답 : ③

예제문제 04

그림의 블록 선도에서 C/R를 구하면?

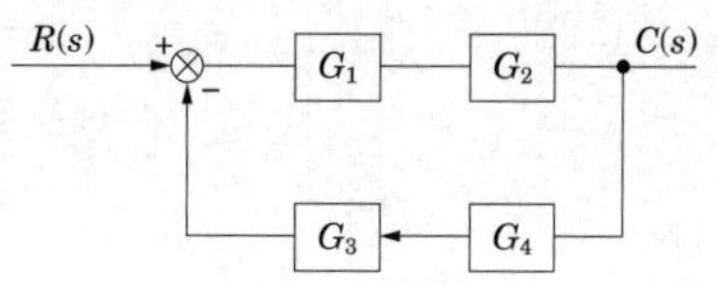

① $\dfrac{G_1+G_2}{1+G_1G_2+G_3G_4}$　② $\dfrac{G_1G_2}{1+G_1G_2G_3G_4}$

③ $\dfrac{G_3G_4}{1+G_1G_2G_3G_4}$　④ $\dfrac{G_1G_2}{1+G_1G_2+G_3G_4}$

해설

$C=(R-CG_3G_4)G_1G_2$　　$C(1+G_1G_2G_3G_4)=RG_1G_2$

$\therefore \dfrac{C}{R}=\dfrac{G_1G_2}{1+G_1G_2G_3G_4}$

[별해] $G(s)=\dfrac{\sum \text{전향 경로 이득}}{1-\sum \text{루프이득}}=\dfrac{G_1G_2}{1+G_1G_2G_3G_4}$

전향경로 이득 : G_1G_2

루프이득 : $-G_1G_2G_3G_4$

답 : ②

예제문제 05

그림의 두 블록 선도가 등가인 경우 A 요소의 전달 함수는?

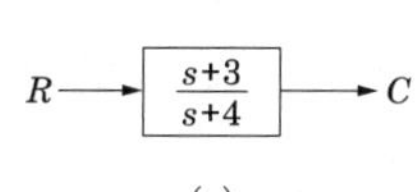

(a)

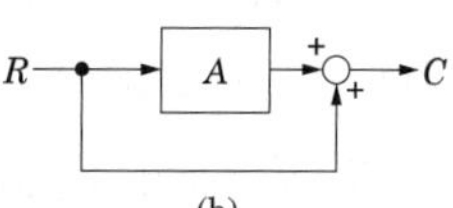

(b)

① $\dfrac{-1}{s+4}$　② $\dfrac{-2}{s+4}$

③ $\dfrac{-3}{s+4}$　④ $\dfrac{-4}{s+4}$

해설

등가 이므로 $\dfrac{s+3}{s+4}=A+1$

$\therefore A=\dfrac{s+3}{s+4}-1=\dfrac{-1}{s+4}$

답 : ①

예제문제 06

그림과 같은 블록 선도에서 $\dfrac{C}{R}$의 값은?

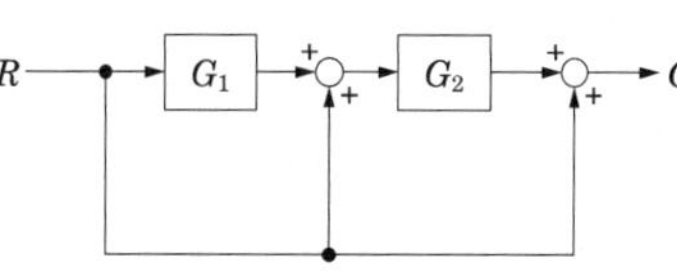

① $1+G_1+G_1G_2$　② $1+G_2+G_1G_2$

③ $\dfrac{G_1+G_2}{1-G_2-G_1G_2}$　④ $\dfrac{(1+G_1)G_2}{1-G_2}$

해설

$(RG_1+R)G_2+R=C$　　$R(G_1G_2+G_2+1)=C$

$\therefore G(s)=\dfrac{C}{R}=G_1G_2+G_2+1$

답 : ②

예제문제 07

그림의 전체 전달 함수는?

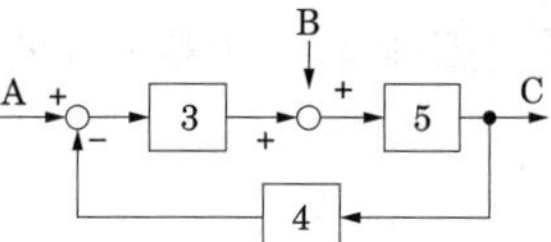

① 0.22　　② 0.33

③ 1.22　　④ 3.1

해설

$\frac{C}{A} = \frac{3 \times 5}{1+(3 \times 4 \times 5)} = \frac{15}{61}$

$\frac{C}{B} = \frac{5}{1+(3 \times 4 \times 5)} = \frac{5}{61}$

$\therefore G(s) = \frac{C}{A} + \frac{C}{B} = \frac{15}{61} + \frac{5}{61} = \frac{20}{61} = 0.33$

답 : ②

2. 신호흐름선도

2.1 신호흐름선도

블록선도를 좀 더 간결하게 표현하면서 동시에 시스템의 간소화를 하기 위해 도입한 것이 신호흐름선도(signal flow graph)이다. 신호흐름선도의 기본 변수를 나타낸 것을 마디(node)라 하며 신호의 흐름을 나타내는 화살표를 가지(branch)라 한다. 가지에 표시된 것은 이득(gain)이 된다.

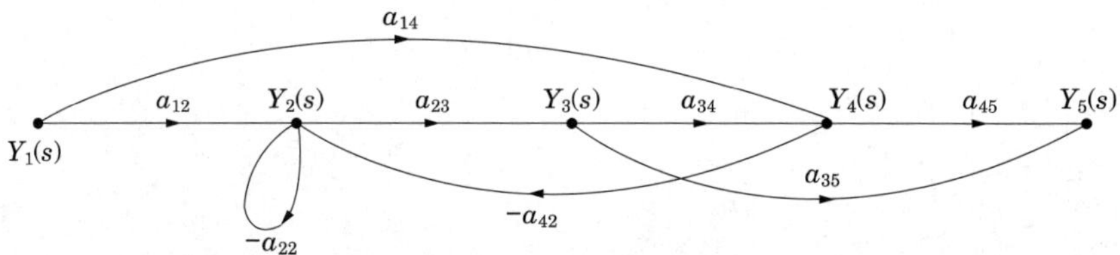

그림 16 신호흐름선도의 구성

① 입력마디(source) : 신호가 밖으로 나가는 방향의 가지만을 갖는 마디 $Y_1(s)$

② 출력마디(sink) : 신호가 들어오는 방향의 가지만을 갖는 마디 $Y_5(s)$

③ 경로(path) : 동일한 진행방향을 갖는 연결된 가지의 집합을 말한다. 경로의 종료는 다음과 같다.

$Y_1(s) \rightarrow Y_2(s) \rightarrow Y_3(s) \rightarrow Y_4(s) \rightarrow Y_5(s)$

$Y_1(s) \rightarrow Y_4(s) \rightarrow Y_5(s)$

$Y_1(s) \rightarrow Y_2(s) \rightarrow Y_3(s) \rightarrow Y_5(s)$

④ 전향경로(forward path) : 입력 마디(source)에서 시작하여 두 번 이상 거치지 않고 출력 마디(sink)까지 도달하는 경로

$Y_1(s) \rightarrow Y_2(s) \rightarrow Y_3(s) \rightarrow Y_4(s) \rightarrow Y_5(s)$

$Y_1(s) \rightarrow Y_4(s) \rightarrow Y_5(s)$

$Y_1(s) \rightarrow Y_2(s) \rightarrow Y_3(s) \rightarrow Y_5(s)$

⑤ 경로이득(path gain) ; 경로를 형성하고 있는 가지들의 이득의 곱을 말한다.

$Y_1(s) \rightarrow Y_2(s) \rightarrow Y_3(s) \rightarrow Y_5(s)$의 경로의 이득은 $a_{12}a_{23}a_{34}a_{45}$

⑥ 전향경로이득(forward path gain) : 전향경로의 경로를 형성하고 있는 가지들의 이득의 곱을 발한다.

$Y_1(s) \rightarrow Y_4(s) \rightarrow Y_5(s)$의 경로이득은 $a_{14}a_{45}$

⑦ 루프(loop) : 한 마디에서 시작하여 다시 그 마디로 돌아오는 경로를 말하며, 모든 마디는 두 번 이상 지날 수 없다. 루프는 다음 그림 17과 같다.

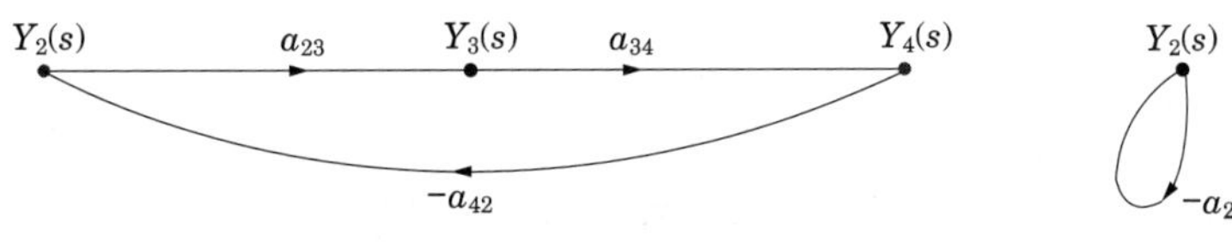

그림 17 신호흐름 선도의 루프

⑧ 루프이득(loop gain) : 루프의 경로형성하고 있는 가지들의 이득의 곱을 말한다.

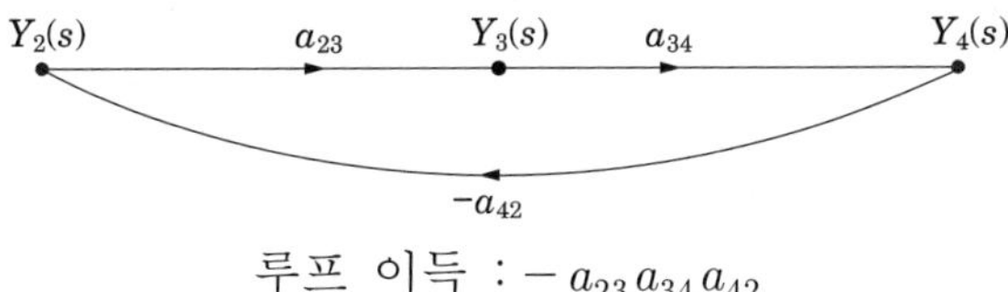

루프 이득 : $-a_{23}a_{34}a_{42}$

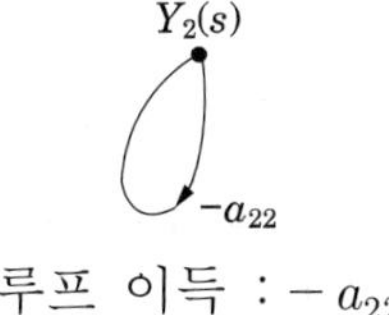

루프 이득 : $-a_{22}$

그림 18 루프이득

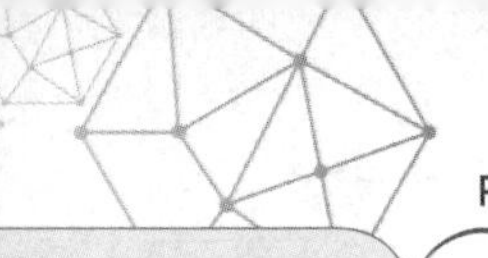

2.2 신호흐름선도의 연산

(1) 가산법

마디의 변수 이득의 값은 마디로 들어오는 가지의 신호들의 합과 같다. 예를 들면 다음 그림 19와 같다.

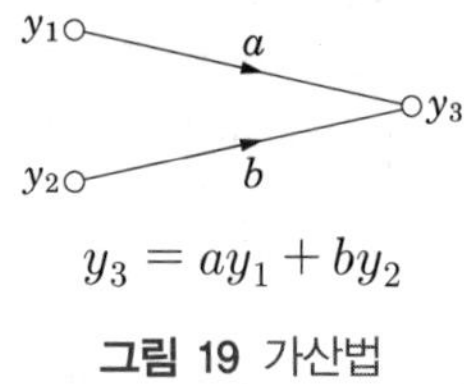

$$y_3 = ay_1 + by_2$$

그림 19 가산법

(2) 병렬법

신호흐름 선도에서 두 마디 사이에 같은 방향으로 연결된 병렬 가지는 병렬로 된 가지들의 이득의 합과 같은 이득을 갖는 하나의 가지로 나타낼 수 있다. 이 때 가지 이득은 합이 된다.

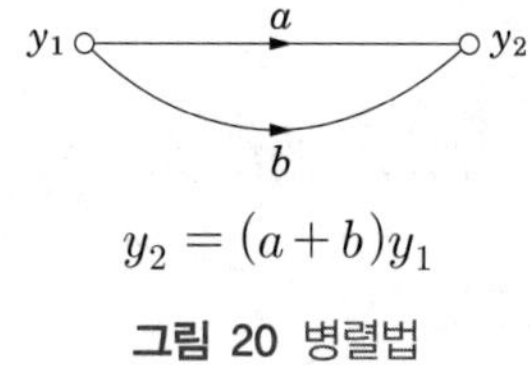

$$y_2 = (a+b)y_1$$

그림 20 병렬법

(3) 적산법

신호흐름 선도에서 한 방향으로 직렬로 연결된 가지들은 각 가지들의 이득의 곱한값과 같은 이득을 가지는 한 개의 가지로 나타낼 수 있다. 이 때 이득은 가지 이득의 곱이 된다.

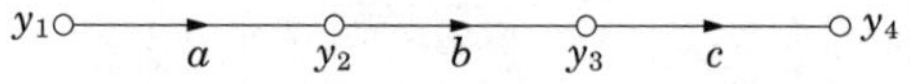

$$y_4 = abcy_1$$

그림 21 적산법

(4) 궤한루프법

단위 부궤한 제어계의 이득은 전달함수의 이득과 같다.

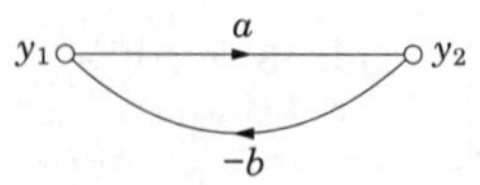

$$y_2 = \frac{a}{1+ab} y_1$$

그림 22 궤환루프법

(5) 자기루프법

그림 23과 같은 하나의 마디에서 같은 마디로 궤한 하는 경우를 자기루프라 한다. 이 경우 이득은 전달함수의 이득과 같다.

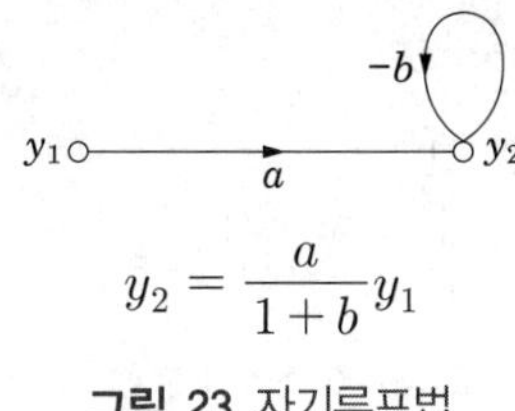

$$y_2 = \frac{a}{1+b} y_1$$

그림 23 자기루프법

2.3 신호흐름선도의 전달함수

메이슨(Mason)의 정리에 의하여 구할 수 있다.

$$G = \frac{\sum G_k \Delta_k}{\Delta}$$

Δ =1−(각각의 루프 이득의 합)+(2개의 비접촉 루프 이득곱의 합)−(3개의 비접촉 루프 이득곱의 합)+⋯

여기서, G_k : 입력마디에서 출력마디까지의 K 번째의 전방경로 이득

Δ_k : Δ 에서 G_k에 접촉하는 항을 제외한 것으로 K번째의 전향경로 이득과 서로 접촉하지 않는 신호흐름 선도에 대한 △의 값

2.4 신호흐름 선도 그리기

그림 24와 같은 R, C 직렬회로망을 신호흐름선도로 그리기 위해서는 회로의 미분방정식을 세운다.

$$(e_i - e_0)\frac{1}{R} = i \ , \quad \frac{1}{Cs} i = e_0$$

이를 라플라스변환하면

$$E_i \frac{1}{R} - E_0 \frac{1}{R} = I \ , \quad \frac{1}{Cs} I = E_0$$

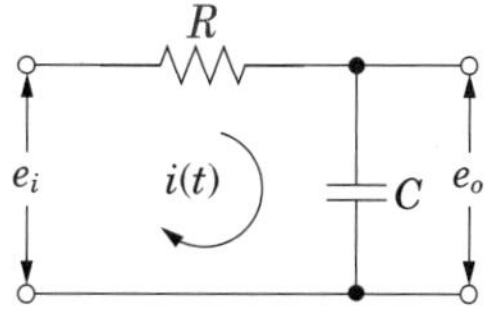

그림 24 RC 직렬 회로망

가 된다. 두 식은 그림 25(a)의 신호흐름선도가 되며, 이를 합성하면 그림 25(b)가 된다.

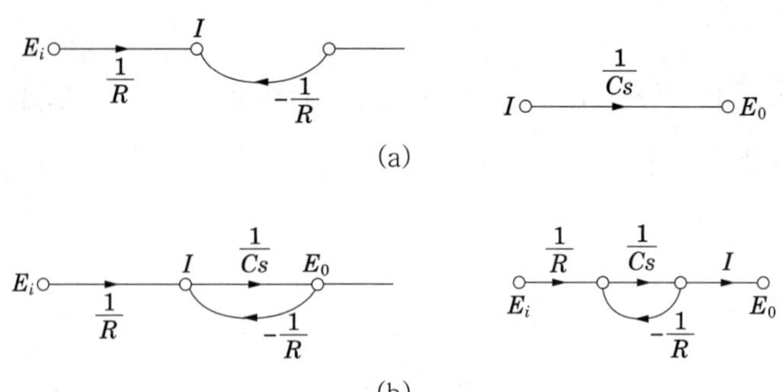

그림 25 신호흐름선도

예제문제 08

그림과 같은 회로망에 맞는 신호 흐름 선도는?

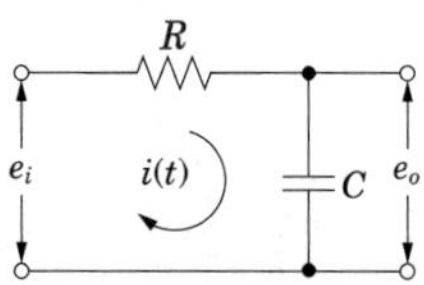

① E_i —$\frac{1}{R}$→ ○ —$\frac{1}{Cs}$→ ○ —I→ E_0, 궤환 $-\frac{1}{R}$

② E_i —$\frac{1}{R}$→ ○ —$\frac{1}{Cs}$→ ○ —I→ E_0, 궤환 $\frac{1}{R}$

③ E_i —$\frac{1}{R}$→ ○ —$\frac{1}{Cs}$→ ○ —I→ E_0, 궤환 $-\frac{1}{R}$

④ E_i ←$\frac{1}{R}$— ○ ←$\frac{1}{Cs}$— ○ ←I— E_0, 궤환 $\frac{1}{R}$

해설

미분방정식

$$\begin{cases}(e_i - e_0)\dfrac{1}{R} = i \\ \dfrac{1}{Cs} i = e_0\end{cases}$$

라플라스 변환하면

$$\begin{cases}E_i\dfrac{1}{R} - E_0\dfrac{1}{R} = I \\ \dfrac{1}{Cs} I = E_0\end{cases}$$

그러므로

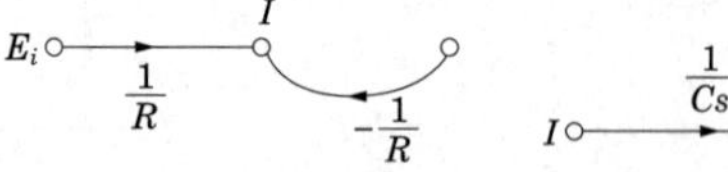

합성하면

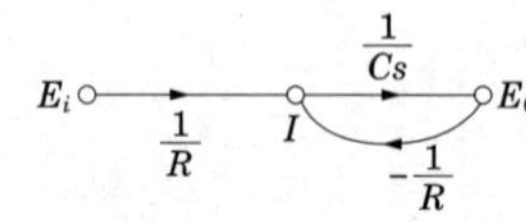

답 : ①

예제문제 09

그림과 같은 신호 흐름 선도에서 $C(s)/R(s)$의 값은?

① $\dfrac{C(s)}{R(s)}=\dfrac{X_1}{1-X_1Y_1}$ ② $\dfrac{C(s)}{R(s)}=\dfrac{X_2}{1-X_1Y_1}$

③ $\dfrac{C(s)}{R(s)}=\dfrac{X_1X_2}{1-X_1Y_1}$ ④ $\dfrac{C(s)}{R(s)}=\dfrac{X_1+X_2}{1-X_1Y_1}$

해설

$$G(s)=\frac{\sum \text{전향 경로 이득}}{1-\sum \text{루프이득}}=\frac{X_1+X_2}{1-X_1Y_1}$$

답 : ④

예제문제 10

그림과 같은 신호 흐름 선도에서 $\dfrac{C}{R}$의 값은?

① $-\dfrac{1}{41}$ ② $-\dfrac{3}{41}$

③ $-\dfrac{5}{41}$ ④ $-\dfrac{6}{41}$

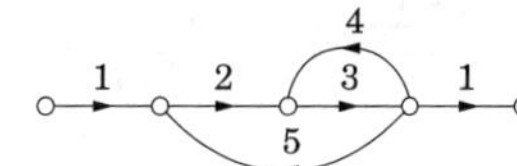

해설

$$G(s)=\frac{\sum \text{전향 경로 이득}}{1-\sum \text{루프이득}}=\frac{2\cdot 3}{1-2\cdot 3\cdot 5-3\cdot 4}=-\frac{6}{41}$$

답 : ④

예제문제 11

그림과 같은 신호 흐름 선도에서 전달 함수 $\dfrac{C(s)}{R(s)}$는?

① $-\dfrac{8}{9}$ ② $\dfrac{4}{5}$

③ 180 ④ 10

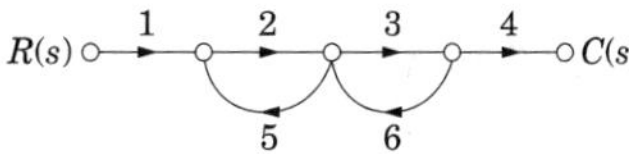

해설

$G_1=1\cdot 2\cdot 3\cdot 4=24$

$\Delta_1=1$

$L_{11}=2\cdot 5=10$

$L_{21}=3\cdot 6=18$

$\Delta=1-(L_{11}+L_{21})=1-(10+18)=-27$

$\therefore G=\dfrac{C}{R}=\dfrac{G_1\Delta_1}{\Delta}=\dfrac{24}{-27}=-\dfrac{8}{9}$

답 : ①

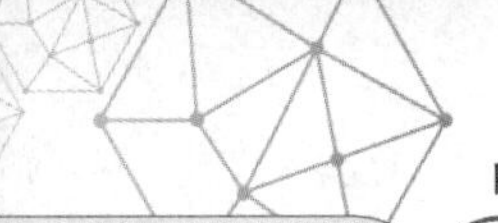

예제문제 12

다음 신호 흐름 선도에서 전달 함수 C/R를 구하면 얼마인가?

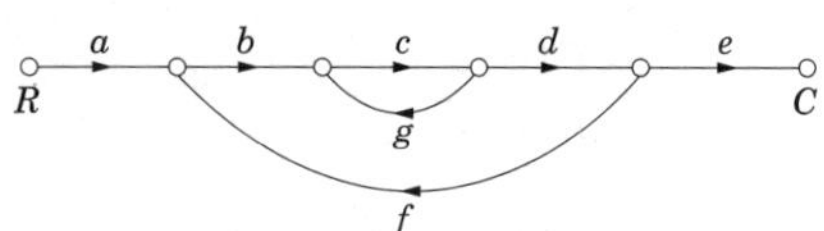

① $\dfrac{abcdg}{1-abcde}$　② $\dfrac{abcde}{1-cg-bcdf}$

③ $\dfrac{abcde}{1-cg-cgf}$　④ $\dfrac{abcde}{1+cg+cgf}$

해설

$G_1 = abcde$

$\Delta_1 = 1$

$L_{11} = cg$

$L_{21} = bcdf$

$\Delta = 1-(L_{11}+L_{21}) = 1-cg-bcdf$

$\therefore G = \dfrac{C}{R} = \dfrac{G_1\Delta_1}{\Delta} = \dfrac{abcde}{1-cg-bcdf}$

답 : ②

예제문제 13

그림과 같은 신호 흐름 선도에서 $\dfrac{C}{R}$는?

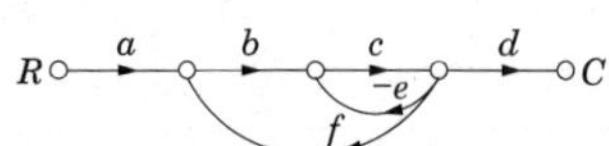

① $\dfrac{abcd}{1+ce+bcf}$　② $\dfrac{abcd}{1-ce+bcf}$

③ $\dfrac{abcd}{1+ce-bcf}$　④ $\dfrac{abcd}{1-ce-bcf}$

해설

$G_1 = abcd$

$\Delta_1 = 1$

$L_{11} = -ce$

$L_{21} = bcf$

$\Delta = 1-(L_{11}+L_{21}) = 1+ce-bcf$

$\therefore G = \dfrac{C}{R} = \dfrac{G_1\Delta_1}{\Delta} = \dfrac{abcd}{1+ce-bcf}$

답 : ③

예제문제 14

그림과 같은 신호 흐름 선도의 전달 함수 $\frac{C}{R}$는?

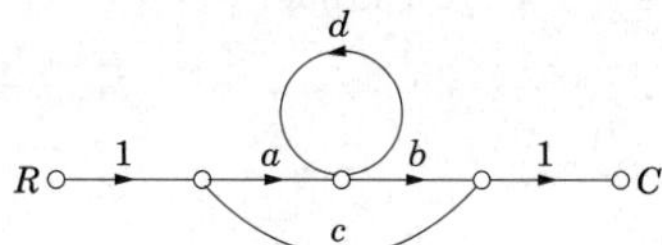

① $\frac{ab+c(1-d)}{1-d}$ ② $\frac{ab+c}{1-d}$

③ $\frac{ab+c(1+d)}{1-d}$ ④ $\frac{ab}{1-d}$

해설

$G_1 = ab$

$\Delta_1 = 1$

$G_2 = c$

$\Delta_2 = 1-d$

$L_{11} = d$

$\Delta = 1 - L_{11} = 1-d$

$\therefore G = \frac{C}{R} = \frac{G_1\Delta_1 + G_2\Delta_2}{\Delta} = \frac{ab+c(1-d)}{1-d}$

답 : ①

3. 연산증폭기

3.1 연산증폭기의 개요

연상증폭기의 입출력 단자는 다음과 같이 구성된다.

- 반전(inverting)입력단자 : 입력신호와 출력신호가 반전위상을 가지도록 입력
- 비반전(noninverting)입력단자 : 입력신호와 출력신호가 동일한 위상을 가지도록 입력
- 출력(output)단자 : 출력신호가 나오는 단자
- 전원($+v$, $-v$)단자 : +전원과 -전원이 인가되는 단자
- 오프셋제거(offset nulling)단자와 주파수보상을 위한 단자

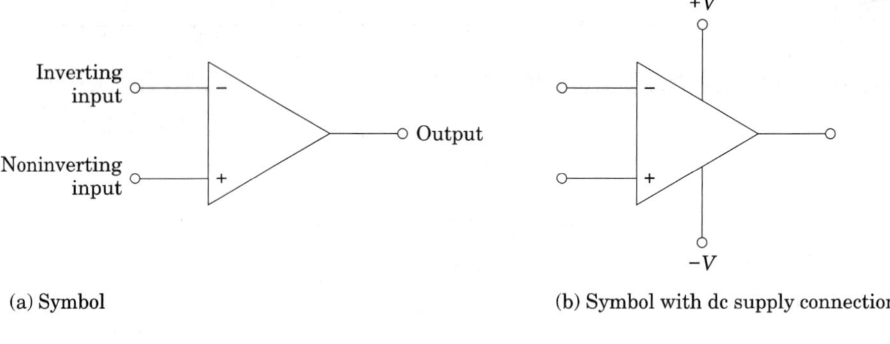

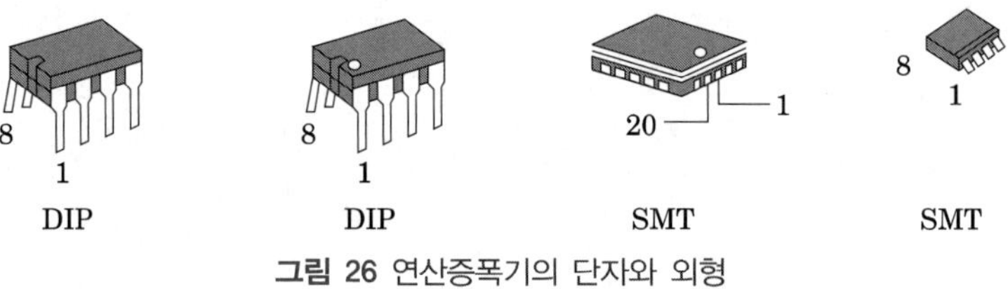

그림 26 연산증폭기의 단자와 외형

3.2 연산증폭기의 기능

(1) 증폭기능

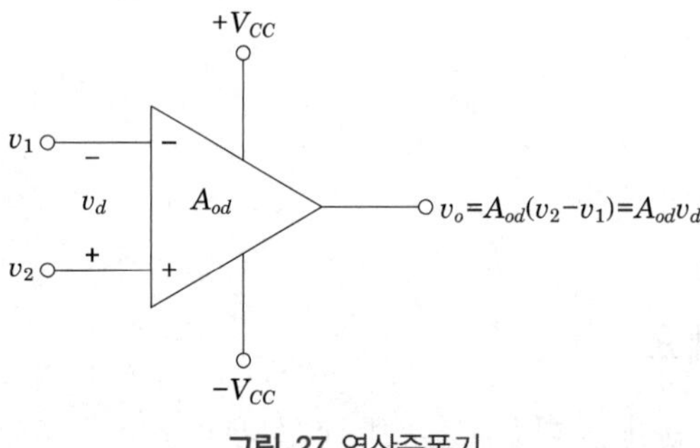

그림 27 연산증폭기

입력단자에 인가된 신호의 차를 연산 증폭기의 자체 이득만큼 증폭한 다음 단일 신호로 출력하는 기능을 갖는다.

$$v_0 = A_{od}(v_2 - v_1) = A_{od}v_d$$

여기서, A_{od} : 연산증폭기의 개방루프 이득

(2) 반전증폭 기능

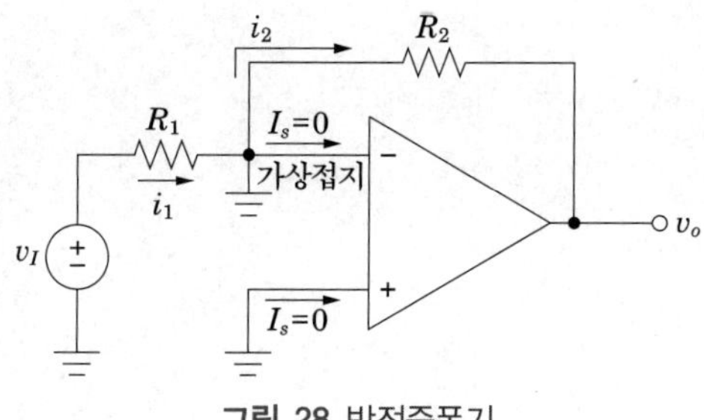

그림 28 반전증폭기

폐루프이득의 부호가 부(−)인 것은 입력신호와 출력신호의 위상이 반전관계임을 의미한다.

$$i_1 = \frac{v_1}{R_1} = i_2 = -\frac{v_o}{R_2}$$

$$A_v = \frac{v_o}{v_i} = -\frac{R_2}{R_1}$$

$$R_i = \frac{v_1}{i_1} = \frac{v_i}{\frac{v_i}{R_1}} = R_1$$

다음 그림 29는 반전증폭기의 위상을 나타낸 것이다.

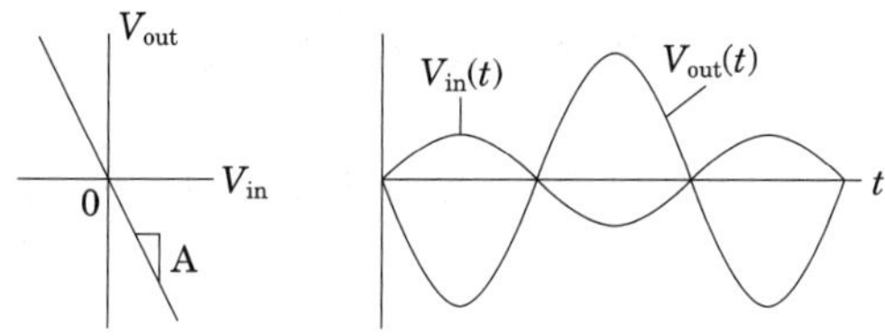

그림 29 반전증폭기의 위상

(3) 반전가산기 기능

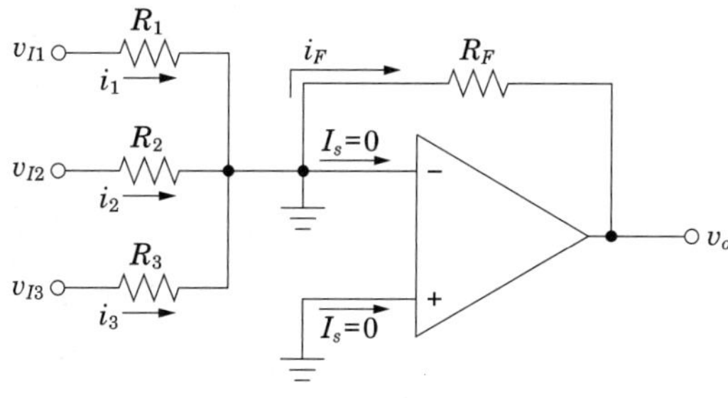

그림 30 반전가산기 8)

8) 가상접지 : 연산증폭기의 비반전단자를 접지시키고 반전단자에 부귀환을 연결하여 연산증폭기 입력단자가 접지된 것처럼 보이는 특성

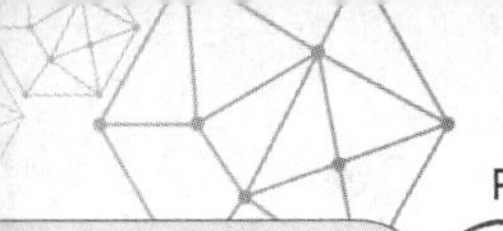

반전증폭기에 두 개 이상의 입력이 인가된 경우 반전가산기로 동작한다.

$$i_1 = \frac{v_{r1}}{R_1}$$

$$i_2 = \frac{v_{r2}}{R_2}$$

$$i_3 = \frac{v_{r3}}{R_3}$$

$$i_F = i_1 + i_2 + i_3 = \frac{v_{r1}}{R_1} + \frac{v_{r2}}{R_2} + \frac{v_{r3}}{R_3}$$

$$v_o = -R_F i_F = -\left(\frac{R_F}{R_1}v_{i1} + \frac{R_F}{R_2}v_{i2} + \frac{R_F}{R_3}v_{i3}\right)$$

(4) 비반전증폭 기능

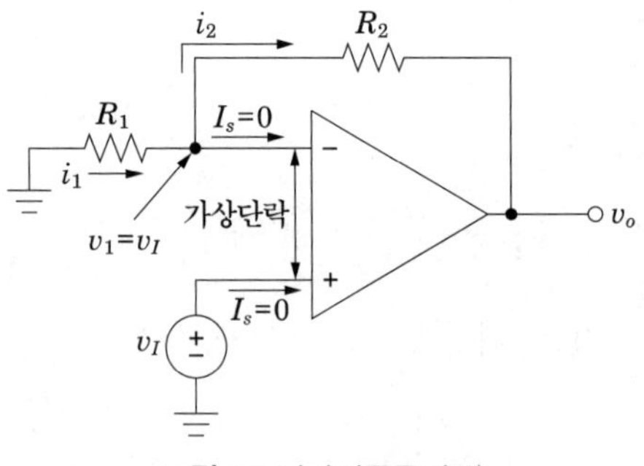

그림 31 비반전증폭기 9)

이상적인 증폭기의 경우 페루프 이득의 부호가 정(+)인 것은 입력신호와 출력신호의 위상이 동일함을 의미한다.

$$i_1 = -\frac{v_1}{R_1} = -\frac{v_i}{R_1}$$

$$i_2 = \frac{v_1 - v_o}{R_2} = \frac{v_i - v_o}{R_2}$$

$$-\frac{v_i}{R_1} = \frac{v_i - v_o}{R_2}$$

$$A_v = \frac{v_o}{v_i} = 1 + \frac{R_2}{R_1}$$

$$R_i = \frac{v_i}{I_B} = \frac{v_i}{0} = \infty$$

9) 가상단락 : 두 입력단자 사이에 전압이 0에 가까워지면 두단자가 단락된 것처럼 보이며, 두 단자의 전류가 0이 되는 특성

3.3 연산증폭기 응용회로

(1) 차동증폭기

차동증폭기는 두입력 신호의 차를 증폭하는 회로를 말한다.

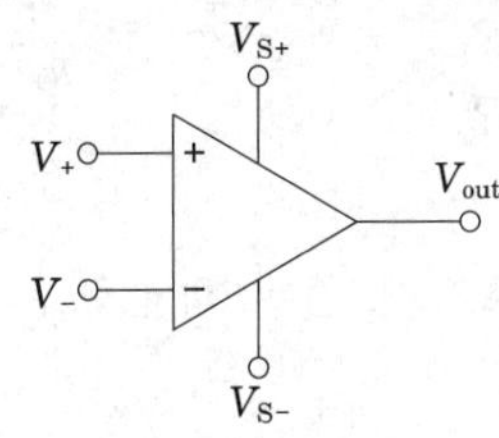

그림 32 차동증폭기

(2) 적분기(integrator)

반전증폭기 회로에서 귀환저항을 대신하여 콘덴서를 연결한 구조의 증폭기를 말한다.

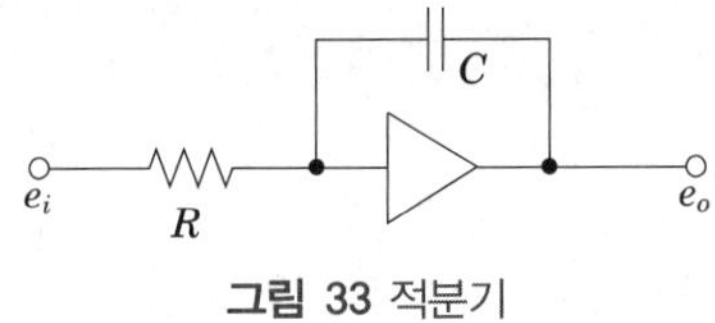

그림 33 적분기

(3) 미분기(differentiator)

적분기 회로에서 저항과 콘덴서의 위치를 서로 바꾼 회로를 말한다.

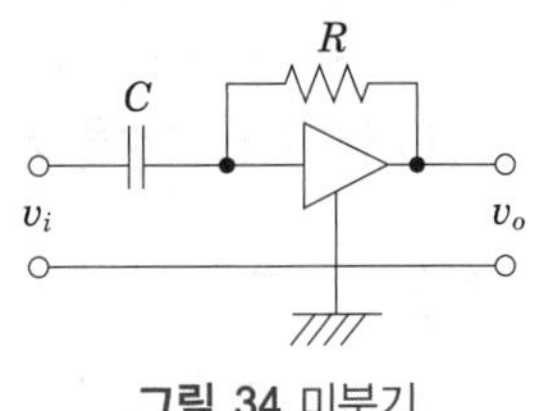

그림 34 미분기

예제문제 15

다음 연산 기구의 출력으로 바르게 표현된 것은? 단, OP 증폭기는 이상적인 것으로 생각한다.

① $e_o = -\dfrac{1}{RC}\int e_i dt$　　② $e_o = -\dfrac{1}{RC}\dfrac{de_i}{dt}$

③ $e_o = -RC\int e_i dt$　　④ $e_o = -\dfrac{C}{R}\int e_i dt$

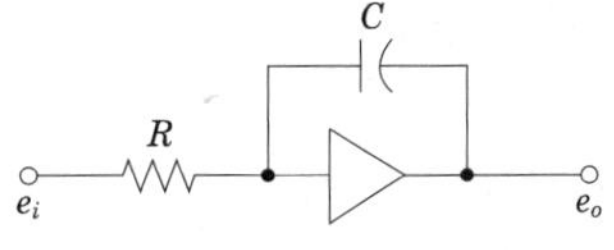

해설

적분기 : $e_o = -\dfrac{1}{RC}\int e_i\, dt$

답 : ①

예제문제 16

그림과 같은 곱셈 회로에서 출력 전압 e_2는? 단, A는 이상적인 연산 증폭기이다.

① $e_2 = \frac{R_2}{R_1}e_1$　② $e_2 = \frac{R_1}{R_2}e_1$

③ $e_2 =- \frac{R_2}{R_1}e_1$　④ $e_2 =- \frac{R_1}{R_2}e_1$

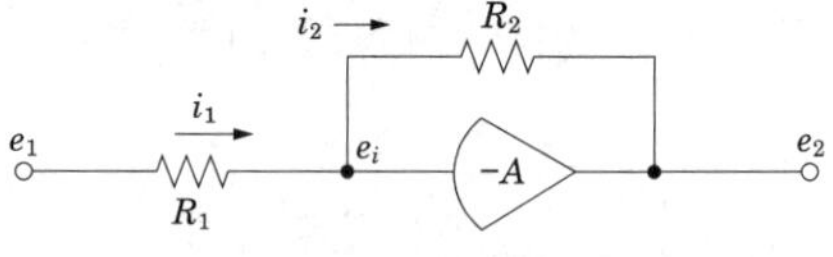

해설

각 분기 회로의 전류가 그림과 같이 흐를 때, 증폭기의 입력 임피던스가 저항 R_2보다 훨씬 더 크다면, 그때는 $i_A \fallingdotseq 0$ 이 된다. 따라서 $i_1 \fallingdotseq i_2$

저항을 통한 옴의 법칙을 적용하면

$e_1 - e_i = R_1 i_1$

$e_i - e_2 = R_2 i_2 \fallingdotseq R_2 i_1$

$\therefore i_1 = \frac{e_1 - e_i}{R_1} = \frac{e_i - e_2}{R_2}$

증폭기의 관계식 $\frac{e_2}{e_i} =- A$를 적용하면

$$\frac{e_1 + \frac{e_2}{A}}{R_1} = \frac{-\frac{e_2}{A} - e_2}{R_2}$$

그리고 A가 $e_1 \gg \frac{e_2}{A}$ 와 $e_2 \gg \frac{e_2}{A}$ 를 만드는 매우 큰 수라면 $\frac{e_1}{R_1} =- \frac{e_2}{R_2}$

$\therefore e_2 =- \frac{R_2}{R_1}e_1$

답 : ③

예제문제 17

그림과 같이 연산 증폭기를 사용한 연산 회로의 출력항은 어느 것인가?

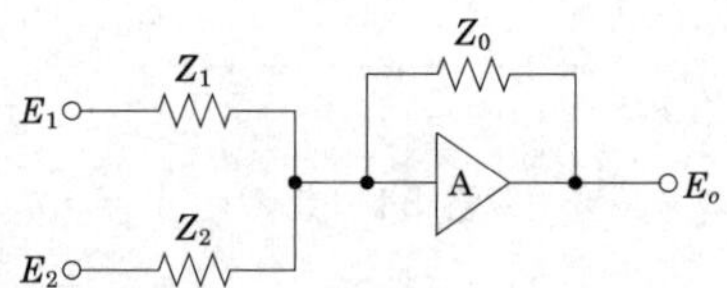

① $E_o = Z_0\left(\frac{E_1}{Z_1} + \frac{E_2}{Z_2}\right)$　② $E_o =- Z_0\left(\frac{E_1}{Z_1} + \frac{E_2}{Z_2}\right)$

③ $E_o = Z_0\left(\frac{E_1}{Z_2} + \frac{E_2}{Z_2}\right)$　④ $E_o =- Z_0\left(\frac{E_1}{Z_2} + \frac{E_2}{Z_2}\right)$

해설

$E_o =- \frac{Z_o}{Z_1}E_1 - \frac{Z_o}{Z_2}E_2 =- Z_o\left(\frac{E_1}{Z_1} + \frac{E_2}{Z_2}\right)$

답 : ②

4·1

그림과 같은 피드백 제어계의 폐루프 전달 함수는?

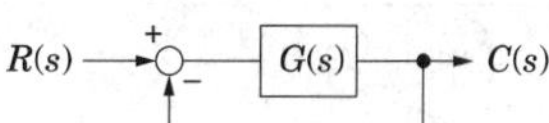

① $\dfrac{R(s)C(s)}{1+G(s)}$ ② $\dfrac{G(s)}{1+R(s)}$

③ $\dfrac{C(s)}{1+R(s)}$ ④ $\dfrac{G(s)}{1+G(s)}$

해설 $G(s)=\dfrac{\sum \text{전향 경로 이득}}{1-\sum \text{루프이득}}=\dfrac{G}{1+G}$ 【답】 ④

4·2

다음 시스템의 전달 함수(C/R)는?

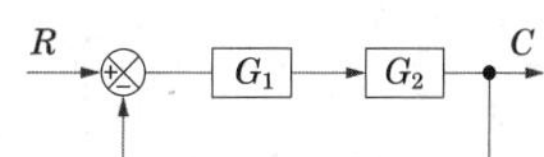

① $\dfrac{C}{R}=\dfrac{G_1G_2}{1+G_1G_2}$ ② $\dfrac{C}{R}=\dfrac{G_1G_2}{1-G_1G_2}$

③ $\dfrac{C}{R}=\dfrac{1+G_1G_2}{G_1G_2}$ ④ $\dfrac{C}{R}=\dfrac{1-G_1G_2}{G_1G_2}$

해설 $G(s)=\dfrac{\sum \text{전향 경로 이득}}{1-\sum \text{루프이득}}=\dfrac{G_1G_2}{1+G_1G_2}$ 【답】 ①

4·3

다음 블록 선도의 변환에서 (   )에 맞는 것은?

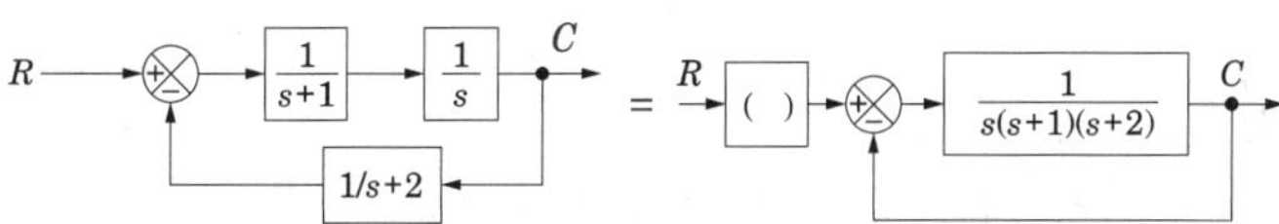

① $s+2$ ② $s+1$ ③ s ④ $s(s+1)(s+2)$

해설 각각의 전달함수를 구하고 비교한다.

$$G(s)=\frac{\sum \text{전향 경로 이득}}{1-\sum \text{루프이득}}=\frac{\dfrac{1}{s(s+1)}}{1+\dfrac{1}{s(s+1)(s+2)}}=\frac{s+2}{s(s+1)(s+2)+1}$$

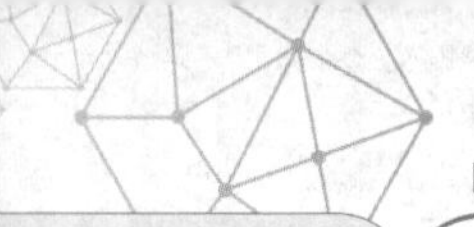

$$G(s)=\frac{\sum 전향\ 경로\ 이득}{1-\sum 루프이득}=\frac{A\cdot\frac{1}{s(s+1)(s+2)}}{1+\frac{1}{s(s+1)(s+2)}}=\frac{A}{s(s+1)(s+2)+1}$$

$\therefore A=s+2$ 【답】 ①

4·4

그림과 같은 블록 선도에서 등가 전달 함수는?

① $\dfrac{G_1G_2}{1+G_2+G_1G_2G_3}$ ② $\dfrac{G_1G_2}{1-G_2+G_1G_2G_3}$

③ $\dfrac{G_1G_3}{1+G_2+G_1G_2G_3}$ ④ $\dfrac{G_2G_3}{1-G_2+G_1G_2G_3}$

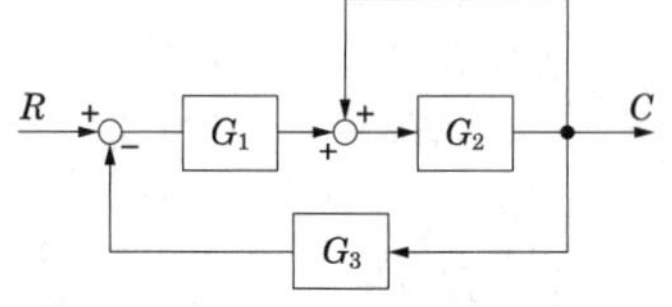

해설 $G(s)=\dfrac{\sum 전향\ 경로\ 이득}{1-\sum 루프이득}=\dfrac{G_1G_2}{1-G_2+G_1G_2G_3}$ 【답】 ②

4·5

다음 그림의 블록 선도에서 C/R는?

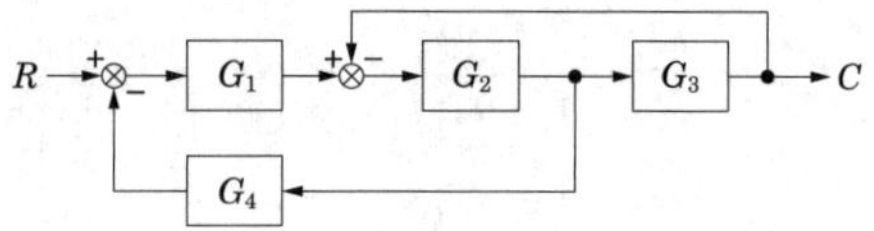

① $\dfrac{G_3G_4}{1+G_1G_2G_3}$ ② $\dfrac{G_1G_3}{1+G_1G_2+G_3G_4}$

③ $\dfrac{G_1G_2G_3}{1+G_2G_3+G_1G_2G_4}$ ④ $\dfrac{G_1G_2}{1+G_2G_3+G_1G_4}$

해설 $G(s)=\dfrac{\sum 전향\ 경로\ 이득}{1-\sum 루프이득}=\dfrac{G_1G_2G_3}{1+G_2G_3+G_1G_2G_4}$ 【답】 ③

4·6

그림의 블록 선도에서 전달 함수로 표시한 것은?

① $\dfrac{12}{5}$ ② $\dfrac{16}{5}$

③ $\dfrac{20}{5}$ ④ $\dfrac{28}{5}$

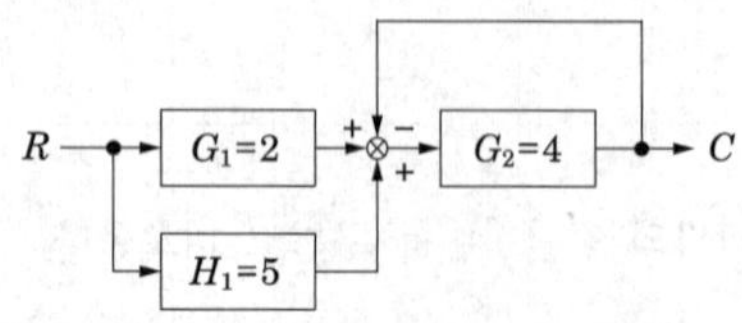

해설 $G(s)=\dfrac{\sum 전향\ 경로\ 이득}{1-\sum 루프이득}=\dfrac{(G_1+H_1)G_2}{1+G_2}=\dfrac{(2+5)\cdot 4}{1+4}=\dfrac{28}{5}$ 【답】 ④

4·7

블록 선도에서 $r(t)=25$, $G_1=1$, $H_1=5$, $c(t)=50$ 일 때 H_2를 구하면?

① $\dfrac{1}{4}$　② $\dfrac{1}{10}$

③ $\dfrac{2}{5}$　④ $\dfrac{2}{3}$

해설 $G(s)=\dfrac{\sum 전향\ 경로\ 이득}{1-\sum 루프이득}=\dfrac{G_1}{1-G_1\cdot H_1\cdot H_2}=\dfrac{50}{25}$

$2=\dfrac{1}{1-5H_2}$ 에서 $H_2=\dfrac{1}{10}$

【답】 ②

4·8

그림과 같은 피드백 회로의 종합 전달 함수는?

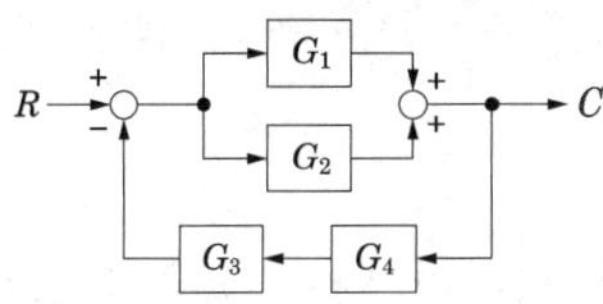

① $\dfrac{G_1G_2}{1+G_1G_2+G_3G_4}$　② $\dfrac{G_1+G_2}{1+G_1G_3G_4+G_2G_3G_4}$

③ $\dfrac{G_1+G_2}{1+G_1G_2G_3G_4}$　④ $\dfrac{G_1G_2}{1+G_4G_2+G_3G_1}$

해설 $G(s)=\dfrac{\sum 전향\ 경로\ 이득}{1-\sum 루프이득}=\dfrac{G_1+G_2}{1+(G_1+G_2)G_3G_4}=\dfrac{G_1+G_2}{1+G_1G_3G_4+G_2G_3G_4}$

【답】 ②

4·9

$r(t)=2$, $G_1=100$, $H_1=0.01$ 일 때 $c(t)$를 구하면?

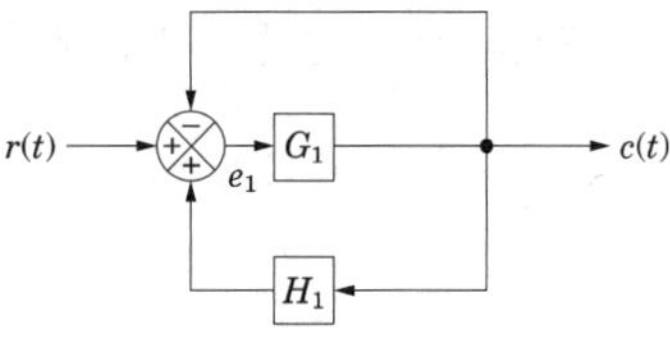

① 2　② 5

③ 9　④ 10

해설 $G(s)=\dfrac{C(s)}{R(s)}=\dfrac{\sum 전향\ 경로\ 이득}{1-\sum 루프이득}=\dfrac{G_1}{1+G_1-G_1H_1}$

$\therefore C(s)=\dfrac{R(s)G_1}{1+G_1-G_1H_1}=\dfrac{2\times 100}{1+100-(100\times 0.01)}=2$

【답】 ①

4·10

그림과 같은 2중 입력으로 된 블록 선도의 출력 C는?

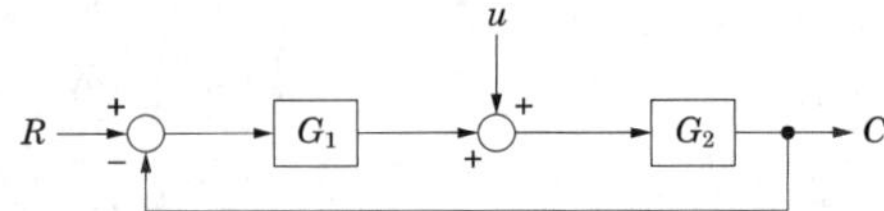

① $\left(\dfrac{G_2}{1-G_1G_2}\right)(G_1R+u)$ ② $\left(\dfrac{G_2}{1+G_1G_2}\right)(G_1R+u)$

③ $\left(\dfrac{G_1}{1-G_1G_2}\right)(G_1R-u)$ ④ $\left(\dfrac{G_1}{1+G_1G_2}\right)(G_1R-u)$

해설 $\{(R-C)G_1+u\}G_2=C$

$RG_1G_2-CG_1G_2+uG_2=C$

$RG_1G_2+uG_2=C(1+G_1G_2)$

$\therefore C=\dfrac{G_1G_2}{1+G_1G_2}R+\dfrac{G_2}{1+G_1G_2}u=\dfrac{G_2}{1+G_1G_2}(G_1R+u)$

【답】 ②

4·11

그림과 같은 블록 선도에서 외란이 있는 경우의 출력은?

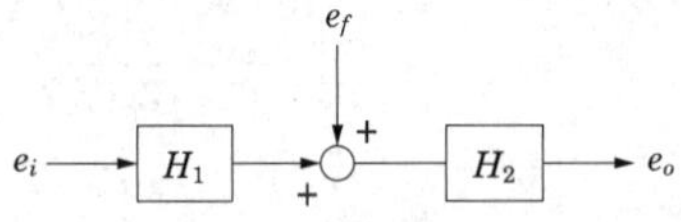

① $H_1H_2e_i+H_2e_f$ ② $H_1H_2(e_i+e_f)$

③ $H_1e_i+H_2e_f$ ④ $H_1H_2e_ie_f$

해설 $e_o=(e_iH_1+e_f)H_2=H_1H_2e_i+H_2e_f$

【답】 ①

4·12

그림과 같은 신호 흐름 선도에서 C/R를 구하면?

① $a+2$ ② $a+3$

③ $a+5$ ④ $a+6$

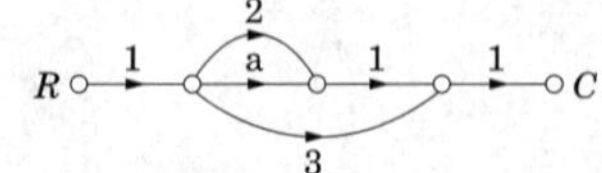

해설 $G(s)=\dfrac{C(s)}{R(s)}=\dfrac{\sum \text{전향 경로 이득}}{1-\sum \text{루프이득}}=\dfrac{a+2+3}{1-0}=a+5$

【답】 ③

4·13

그림의 신호 흐름 선도에서 $\dfrac{C}{R}$는?

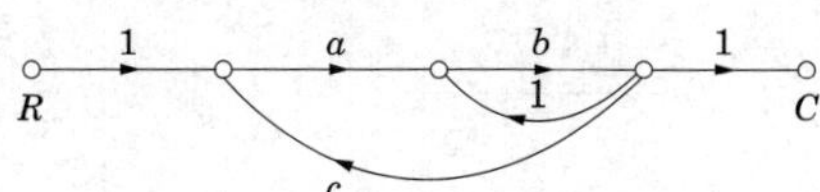

① $\dfrac{ab}{1+b-abc}$　② $\dfrac{ab}{1-b-abc}$

③ $\dfrac{ab}{1-b+abc}$　④ $\dfrac{ab}{1-ab+abc}$

해설 $G(s)=\dfrac{C(s)}{R(s)}=\dfrac{\sum 전향\ 경로\ 이득}{1-\sum 루프이득}=\dfrac{ab}{1-b-abc}$　【답】②

4·14

아래 신호 흐름 선도의 전달 함수 $\left(\dfrac{C}{R}\right)$를 구하면?

① $\dfrac{C}{R}=\dfrac{G_1+G_2}{1-G_1H_1}$

② $\dfrac{C}{R}=\dfrac{G_1+G_2}{1-G_1H_1-G_2H_2}$

③ $\dfrac{C}{R}=\dfrac{G_1+G_2(1-G_1H_1)}{1-G_1H_1}$

④ $\dfrac{C}{R}=\dfrac{G_1G_2}{1-G_1H_1}$

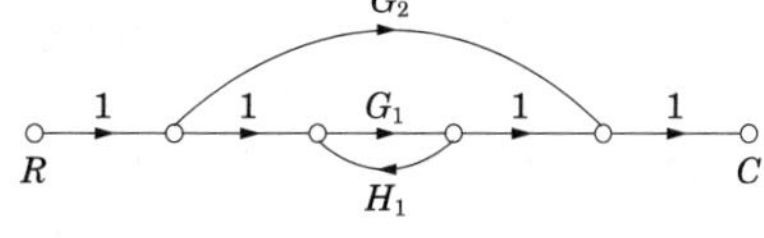

해설 2개의 비접촉 루프 이득곱의 합이 존재하므로 메이슨 정리에 의해

$G_1'=G_1$

$\Delta_1=1$

$G_2'=G_2$

$\Delta_2=1-G_1H_1$

$L_{11}=G_1H_1$

$\Delta=1-L_{11}=1-G_1H_1$

$\therefore\ G=\dfrac{C}{R}=\dfrac{G_1\Delta_1+G_2\Delta_2}{\Delta}=\dfrac{G_1+G_2(1-G_1H_1)}{1-G_1H_1}$　【답】③

4·15

그림과 같은 신호 흐름 선도에서 $\dfrac{C}{R}$의 값은?

① $\dfrac{1+G_1-G_1G_2}{1-G_1G_2}$　　② $\dfrac{1+G_1}{1-G_1G_2}$

③ $\dfrac{1+G_1G_2}{1+G_1+G_1G_2}$　　④ $\dfrac{1-G_1G_2}{1+G_1-G_1G_2}$

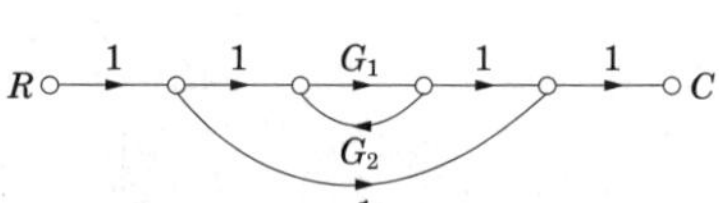

해설 2개의 비접촉 루프 이득곱의 합이 존재하므로 메이슨 정리에 의해

$$G_1'=G_1$$
$$\Delta_1=1$$
$$G_2'=1$$
$$\Delta_2=1-G_1G_2$$
$$\Delta=1-G_1G_2$$
$$\therefore \frac{C}{R}=\frac{G_1'\Delta_1+G_2'\Delta_2}{\Delta}=\frac{G_1+1(1-G_1G_2)}{1-G_1G_2}=\frac{1+G_1-G_1G_2}{1-G_1G_2}$$

【답】 ①

4·16

그림의 신호 흐름선도에서 y_2/y_1의 값은?

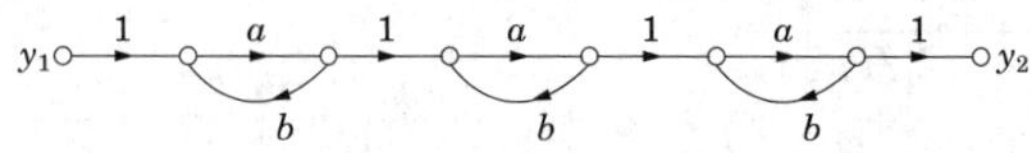

① $\dfrac{a^3}{(1-ab)^3}$　　② $\dfrac{a^3}{1-3ab+a^2b^2}$

③ $\dfrac{a^3}{1-3ab}$　　④ $\dfrac{a^3}{1-3ab+2a^2b^2}$

해설 신호 흐름 선도는 3개 부분으로 나누어 계산한다.

1　a　b　G_1

각 부분의 전달 함수는 $\dfrac{a}{1-ab}$이고, 각 부분의 종속접속 관계이므로 전체 전달 함수

$$\therefore G(s)=G_1\times G_2\times G_3=G_1^3=\left(\frac{a}{1-ab}\right)^3$$

【답】 ①

4·17

그림의 신호 흐름 선도에서 $\dfrac{C}{R}$를 구하면?

① $(s+a)(s^2-s-0.1K)$　　② $(s-a)(s^2-s-0.1K)$

③ $\dfrac{K}{(s+a)(s^2-s-0.1K)}$　　④ $\dfrac{K}{(s+a)(s^2+s-0.1K)}$

해설 전향경로이득 : $G_1=\left(\dfrac{1}{s+a}\right)\cdot\left(\dfrac{1}{s}\right)\cdot K=\dfrac{K}{s(s+a)}$

두 개의 피드백 루프 이득 : $L_{11}=\left(\dfrac{1}{s}\right)\cdot(-s^2)=-s$, $L_{21}=\dfrac{1}{s}\cdot K\cdot 0.1=\dfrac{0.1K}{s}$

$$G(s)=\frac{C(s)}{R(s)}=\frac{\sum \text{전향 경로 이득}}{1-\sum \text{루프이득}}=\frac{\dfrac{K}{s(s+a)}}{1+s-\dfrac{0.1K}{s}}=\frac{\dfrac{K}{s(s+a)}}{\dfrac{s^2+s-0.1K}{s}}=\frac{K}{(s+a)(s^2+s-0.1K)}$$

【답】 ④

4·18

신호-흐름 선도의 전달 함수는?

① $\dfrac{G_1G_2+G_3}{1-(G_1H_1+G_2H_2)-G_3H_1H_2}$

② $\dfrac{G_1G_2+G_3}{1-(G_1H_1-G_2H_2)}$

③ $\dfrac{G_1G_2-G_3}{1-(G_1H_1-G_2H_2)}$

④ $\dfrac{G_1G_2-G_3}{1-(G_1H_1+G_2H_2)}$

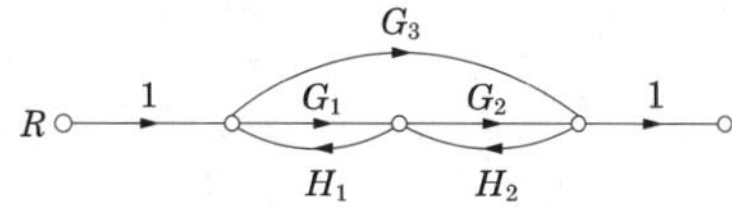

해설 $G(s)=\dfrac{C(s)}{R(s)}=\dfrac{\sum \text{전향 경로 이득}}{1-\sum \text{루프이득}}=\dfrac{G_1G_2+G_3}{1-(G_1H_1+G_2H_2)-G_3H_1H_2}$ 【답】 ①

4·19

그림의 연산 증폭기를 사용한 회로의 기능은?

① 가산기　　② 미분기

③ 적분기　　④ 제한기

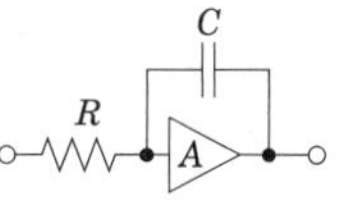

해설 적분기 : $e_o=-\dfrac{1}{RC}\int e_i\,dt$ 【답】 ③

4·20

다음 연산 증폭기의 출력 X_3는?

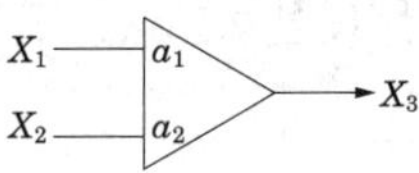

① $-a_1X_1-a_2X_2$　　② $a_1X_1+a_2X_2$

③ $(a_1+a_2)(X_1+X_2)$　　④ $-(a_1-a_2)(X_1+X_2)$

해설 연산증폭기는 $V_1=V_2$이므로 $V_1=0$

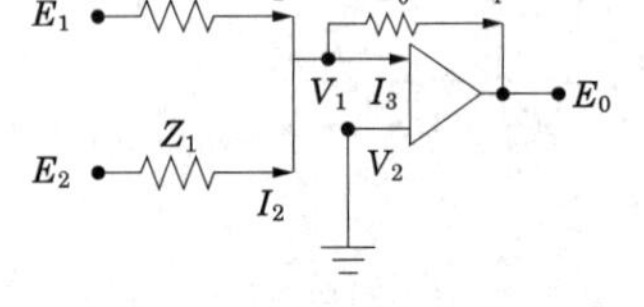

$\therefore I_1=\dfrac{E_1}{Z_1}$, $I_2=\dfrac{E_2}{Z_2}$

연산증폭기 내부회로의 저항이 ∞이므로 전류는 연산증폭기로 흐르지 않는다.

$\therefore I_3=0$, $I_1+I_2=I_4$

$\therefore E_0=Z_0(-I_4)=-(I_a+I_2)Z_0=-\left(\dfrac{E_1}{Z_1}+\dfrac{E_2}{Z_2}\right)Z_0=-\dfrac{Z_0}{Z_1}E_1-\dfrac{Z_0}{Z_2}E_2=-a_1E_1-a_2E_2$ 【답】①

4·21

그림과 같은 연산 증폭기에서 출력 전압 V_o을 나타낸 것은? 단, V_1, V_2, V_3는 입력 신호이고, A는 연산 증폭기의 이득이다.

① $V_o=\dfrac{R_0}{3R}(V_1+V_2+V_3)$

② $V_o=\dfrac{R}{R_0}(V_1+V_2+V_3)$

③ $V_o=\dfrac{R_0}{R}(V_1+V_2+V_3)$

④ $V_o=-\dfrac{R_0}{R}(V_1+V_2+V_3)$

$R_1=R_2=R_3=R$

해설 $i_1=\dfrac{V_1}{R_1}$, $i_2=\dfrac{V_2}{R_2}$, $i_3=\dfrac{V_3}{R_3}$

$i_F=i_1+i_2+i_3=\dfrac{V_1}{R_1}+\dfrac{V_2}{R_2}+\dfrac{V_3}{R_3}$, $R_1=R_2=R_3=R$

$\therefore v_o=R_o(-i_F)=-\left(\dfrac{R_o}{R_1}V_1+\dfrac{R_o}{R_2}V_2+\dfrac{R_o}{R_3}V_3\right)=-\dfrac{R_o}{R}(V_1+V_2+V_3)$ 【답】④

심화학습문제

01 다음 블록 선도를 옳게 등가변환한 것은?

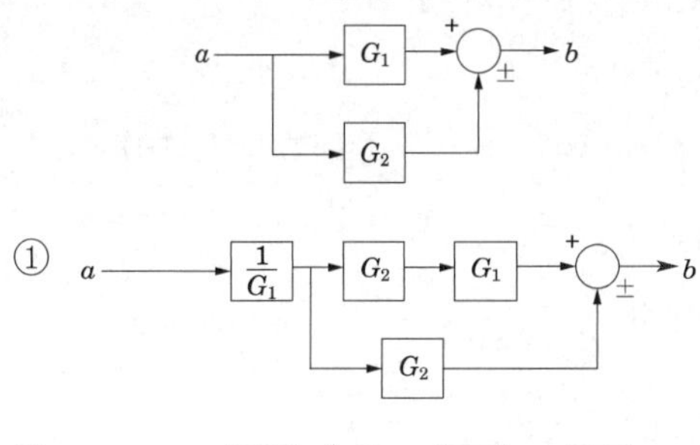

② 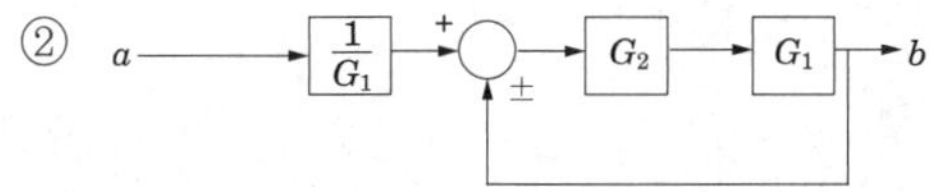

③ 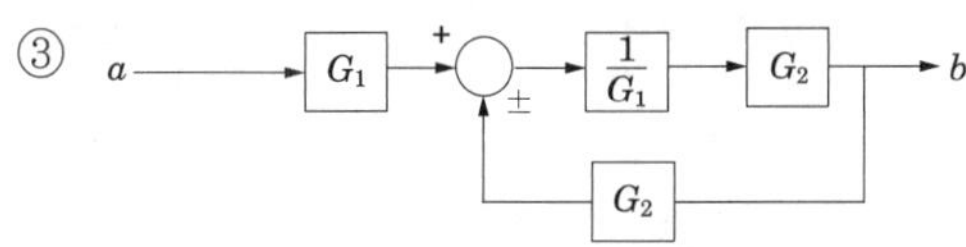

④ 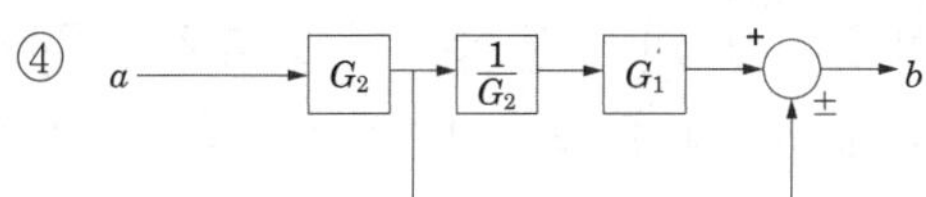

해설

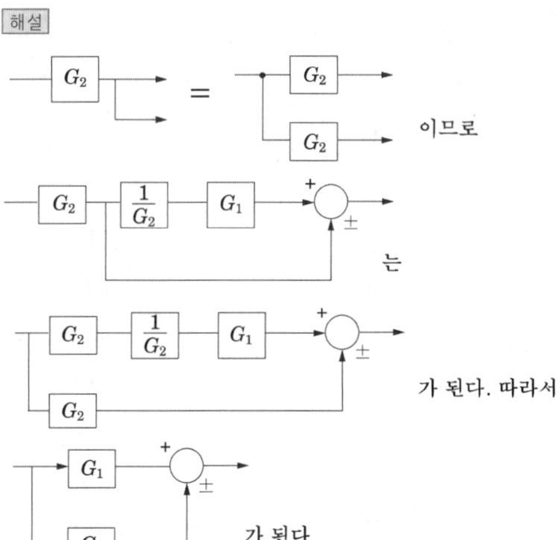

【답】 ④

02 그림에서 x 를 입력, y 를 출력으로 했을 때의 전달 함수는? 단, $A \gg 1$ 이다.

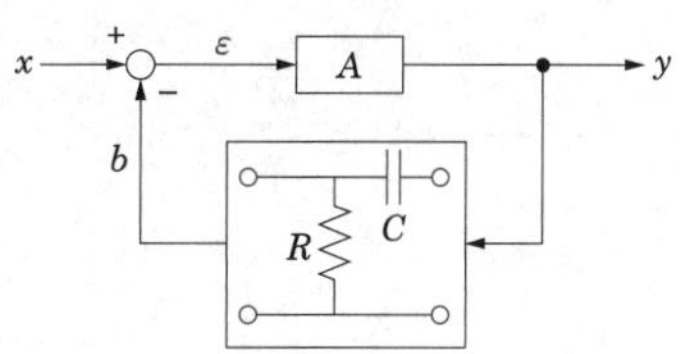

① $G(s)=1+\dfrac{1}{RCs}$

② $G(s)=\dfrac{RCs}{1+RCs}$

③ $G(s)=1+RCs$

④ $G(s)=\dfrac{1}{1+RCs}$

해설

먼저 피드백 요소의 전달 함수

: $G_f(j\omega)=\dfrac{R}{\dfrac{1}{j\omega C}+R}=\dfrac{j\omega CR}{1+j\omega CR}$

$G(s)=\dfrac{C(s)}{R(s)}=\dfrac{\sum \text{전향 경로 이득}}{1-\sum \text{루프이득}}$

$=\dfrac{A}{1+A\cdot\dfrac{j\omega CR}{1+j\omega CR}}=\dfrac{1}{\dfrac{1}{A}+\dfrac{j\omega CR}{1+j\omega CR}}$

$A\to\infty$ 이면

$\therefore\ G(j\omega)=\dfrac{Y(j\omega)}{X(j\omega)}=\dfrac{1+j\omega CR}{j\omega CR}=1+\dfrac{1}{j\omega CR}=1+\dfrac{1}{RCs}$

(단, $j\omega=s$)

【답】 ①

03 그림의 신호 흐름 선도를 단순화하면?

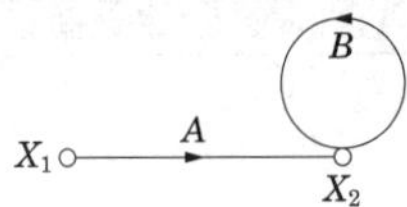

① X_1 —AB→ X_2

② X_1 —$1/A-B$→ X_2

③ X_1 —$A/1-B$→ X_2

④ X_1 —$1-B$→ X_2

해설

$$G(s)=\frac{C(s)}{R(s)}=\frac{\sum \text{전향 경로 이득}}{1-\sum \text{루프이득}}=\frac{A}{1-B}$$

【답】 ③

04 다음 상태 변수 신호 흐름 선도가 나타내는 방정식은?

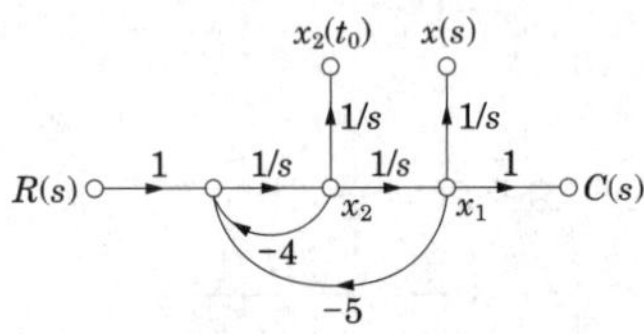

① $\frac{d^2}{dt^2}c(t)+5\frac{d}{dt}c(t)+4c(t)=r(t)$

② $\frac{d^2}{dt^2}c(t)-5\frac{d}{dt}c(t)-4c(t)=r(t)$

③ $\frac{d^2}{dt^2}c(t)+4\frac{d}{dt}c(t)+5c(t)=r(t)$

④ $\frac{d^2}{dt^2}c(t)-4\frac{d}{dt}c(t)-5c(t)=r(t)$

해설

$$G(s)=\frac{C(s)}{R(s)}=\frac{\sum \text{전향 경로 이득}}{1-\sum \text{루프이득}}$$

$$=\frac{\frac{1}{s^2}}{1+\frac{4}{s}+\frac{5}{s^2}}=\frac{1}{s^2+4s+5}$$

$R(s)=(s^2+4s+5)\,C(s)=s^2\,C(s)+4s\,C(s)+5C(s)$

역라플라스 변환하면 $\frac{d^2}{dt^2}c(t)+4\frac{d}{dt}c(t)+5c(t)=r(t)$가 된다.

【답】 ③

05 단위 피드백계에서 입력과 출력이 같다면 전향 전달함수 G의 값은?

① $|G|=1$　② $|G|=0$

③ $|G|=\infty$　④ $|G|=0.707$

해설

전달함수 $\frac{C}{R}=\frac{G}{1+G}=\frac{1}{\frac{1}{G}+1}$　$C=R$ 이면

$1=\frac{1}{\frac{1}{G}+1}$이 되어야 한다.

$\therefore\ |G|=\infty$

【답】 ③

06 이득이 10^7인 연산 증폭기 회로에서 출력 전압 V_o를 나타내는 식은? 단, V_i는 입력 신호이다.

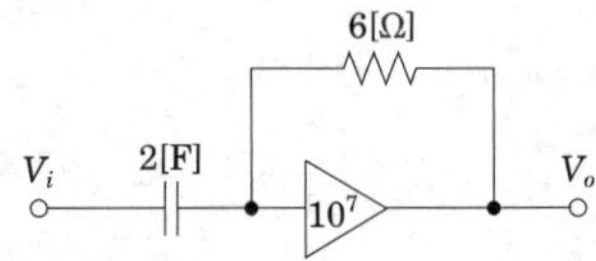

① $V_o=-12\frac{dV_i}{dt}$　② $V_o=-8\frac{dV_i}{dt}$

③ $V_o=-0.5\frac{dV_i}{dt}$　④ $V_o=-\frac{1}{8}\frac{dV_i}{dt}$

해설

$$V_o=-CR\frac{dV_i}{dt}=-12\frac{dV_i}{dt}$$

【답】 ①

07 다음의 미분 방정식을 신호 흐름 선도에 옳게 나타낸 것은? 단, $c(t)=x_1(t)$, $x_2(t)=\frac{d}{dt}x_1(t)$로 표시한다.

$$2\frac{dc(t)}{dt}+5c(t)=r(t)$$

①
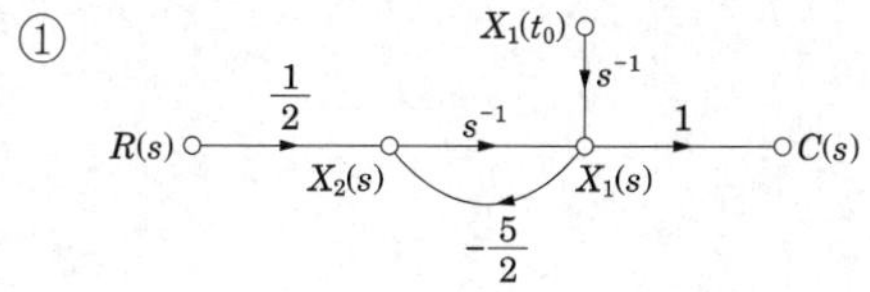

②
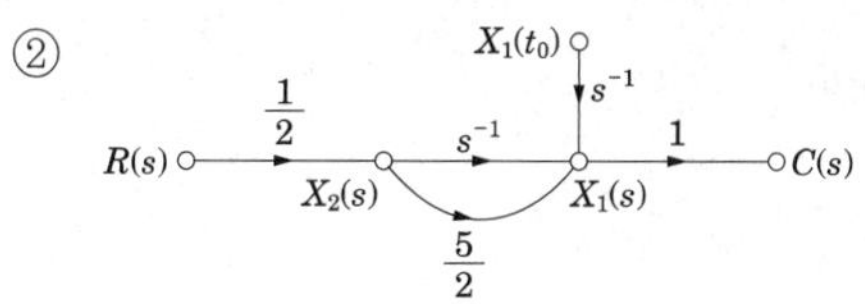

③
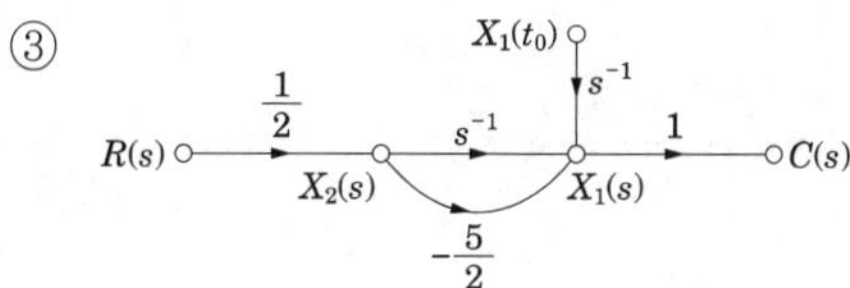

④
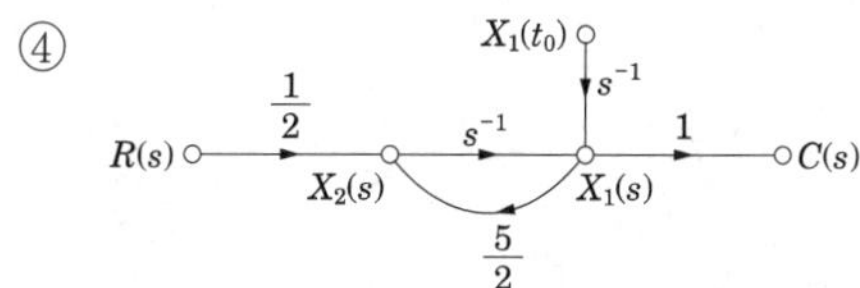

해설

$\frac{d}{dt}c(t)=\frac{d}{dt}x_1(t)=x_2(t)$의 미분 방정식을 다음과 같이 변경하면

$\therefore \frac{d}{dt}c(t)=-\frac{5}{2}c(t)+\frac{1}{2}r(t)$

$\therefore x_2(t)=-\frac{5}{2}x_1(t)+\frac{1}{2}r(t)$

$\frac{d}{dt}c(t)=\frac{d}{dt}x_1(t)=x_2(t)$의 미분방정식을 적분하면

$\therefore x_1(t)=\int_{t_0}^{t}x_2(\tau)d\tau+x_1(t_0)$

$$\begin{cases} x_1(t)=\int_{t_0}^{t}x_2(\tau)d\tau+x_1(t_0) \\ x_2(t)=-\frac{5}{2}x_1(t)+\frac{1}{2}r(t) \end{cases}$$

위 미분방정식을 라플라스 변환하면

$$\begin{cases} X_1(s)=\frac{X_2(s)}{s}+\frac{x_1(t_0)}{s} \\ X_2(s)=-\frac{5}{2}X_1(s)+\frac{1}{2}R(s) \end{cases}$$

신호 흐름 선도로 변환하면 그림 (a), (b)와 같다. 또한 두 선도를 합성하면 (c)가 된다.

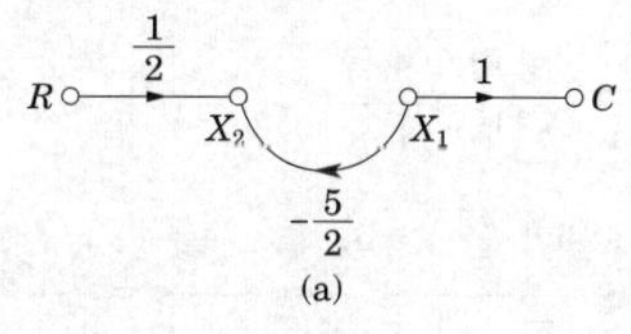

(a)

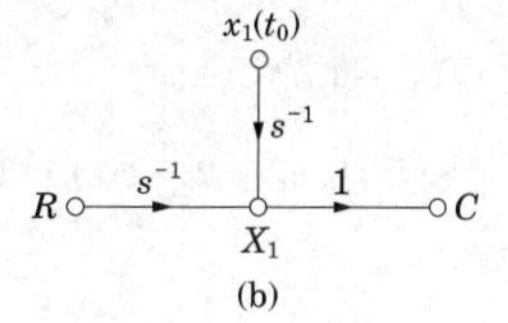

(b)

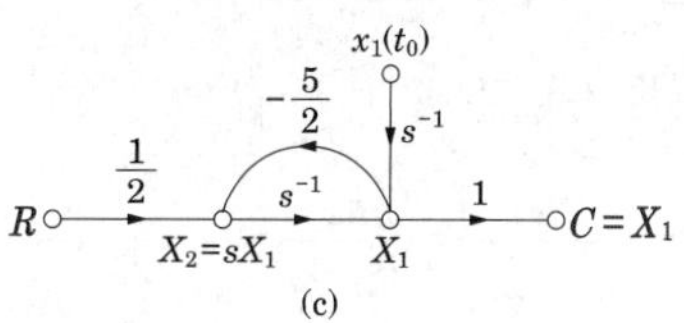

(c)

【답】 ①

08 다음의 상태 변수도가 뜻하는 계의 방정식은 어느 것인가?

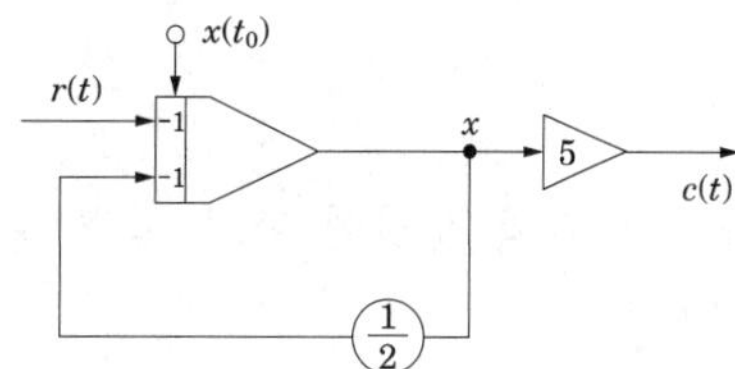

① $-2\frac{d}{dt}c(t)+c(t)=10r(t)$

② $-0.5\frac{dc}{dt}+c=10r$

③ $2\frac{dc}{dt}+c=5r$

④ $\frac{dc}{dt}+2c=5r$

해설

적분기를 신호흐름 선도로 나타내면

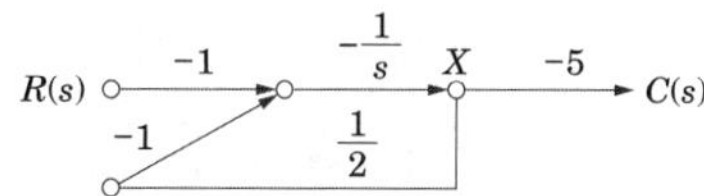

$$\frac{C(s)}{R(s)} = \frac{\sum 전향\ 경로\ 이득}{1-\sum 루프이득}$$

$$= \frac{(-1)(\frac{-1}{s})(-5)}{1-(\frac{-1}{s})(\frac{1}{2})(-1)} = \frac{-5}{s-\frac{1}{2}} = \frac{-10}{2s-1}$$

$\therefore 2sC(s) - C(s) = -10R(s)$

역라플라스 변환하면 $\therefore -2\frac{d}{dt}c(t) + c(t) = 10r(t)$

[별해]

$$X(s) = \frac{R(s)}{s} + \frac{1}{2}\frac{X(s)}{s}$$

$$X(s)\left(1-\frac{1}{2s}\right) = \frac{R(s)}{s}$$

$$X(s) = \frac{R(s)}{s\left(1-\frac{1}{2s}\right)} = \frac{2R(s)}{2s-1}$$

$$C(s) = -5X(s)$$

$$\therefore C(s) = -5\left(\frac{2R(s)}{2s-1}\right) = -\frac{10R(s)}{2s-1}$$

$$2sC(s) - C(s) = -10R(s)$$

역라플라스 변환하면 $\therefore -2\frac{d}{dt}c(t) + c(t) = 10r(t)$

【답】 ①

09 연산 증폭기의 성질에 관한 설명 중 옳지 않은 것은?

① 전압 이득이 매우 크다.
② 입력 임피던스가 매우 작다.
③ 전력 이득이 매우 크다.
④ 입력 임피던스가 매우 크다.

해설

연산 증폭기의 특징
① 입력 임피던스가 크다.
② 출력 임피던스는 적다.
③ 증폭도가 매우 크다.
④ 정부(+, -) 2개의 전원을 필요로 한다.

【답】 ②

과도응답

1. 자동제어계의 과도응답

과도응답이란 어떤 제어계에서 정상입력신호를 가한 후 출력신호가 정상상태에 도달하기까지의 과정의 응답을 말한다. 과도응답을 구하기 위해서는 정상입력신호는 계단입력신호(step displacement input), 등속입력신호(uniform velocity input or ramp input), 등가속입력신호를 사용한다.

1.1 계단입력

계단입력은 기준입력이 정상상태에서 순간적으로 변화한 후 일정한 상태를 유지하면서 입력을 가하는 것을 말한다. 이것은 계단함수에 해당한다.

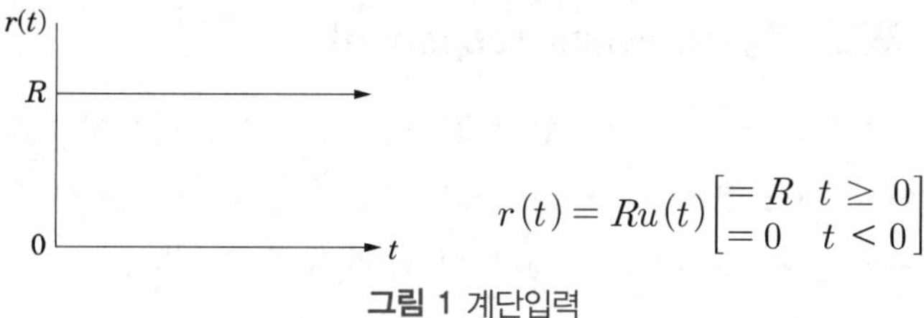

$$r(t) = Ru(t)\begin{bmatrix} = R & t \geq 0 \\ = 0 & t < 0 \end{bmatrix}$$

그림 1 계단입력

1.2 등속입력

기준입력 신호의 값이 시간에 따라 일정한 비율로 변하는 입력으로서, 램프함수에 해당한다.

r(t)

r(t)=Rt

0 t

$$r(t) = Rtu(t)\begin{bmatrix} = Rt & t \geqq 0 \\ = 0 & t < 0 \end{bmatrix}$$

그림 2 등속입력

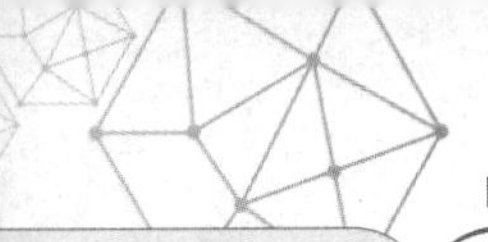

1.3 등가속입력

기준 입력 신호의 값 또는 위치가 시간에 따라 시간의 제곱에 비례하여 변화하는 입력으로 포물선 함수에 해당한다.

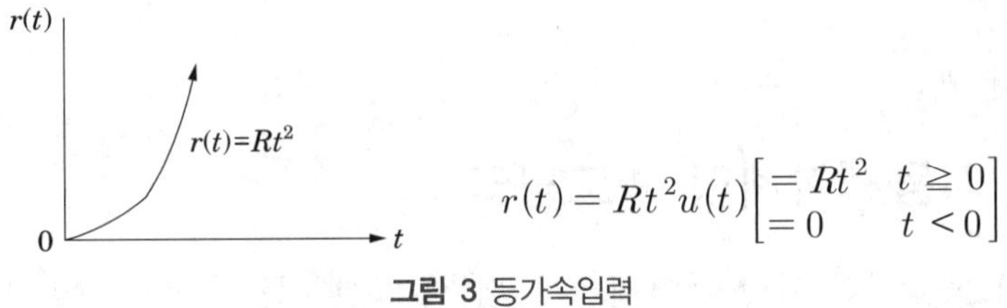

그림 3 등가속입력

2. 시간응답

2.1 정상응답(steady state response)

정상응답에서 오차는 자동 제어계의 정확도를 표시하는 지표로 사용된다. 정상응답 특성은 시험 입력에 대한 정상오차의 값을 측정하여 판단한다.

2.2 과도 응답(transient response)

제어 시스템의 과도 응답특성의 평가는 속응성과 안정성에 의한다. 속응성은 제어시스템이 어느 정도 빨리 목표치에 도달하는가를 나타내는 것이며, 안정성은 제어량이 정상치에 도달할 때까지의 감쇠특성을 나타낸 것이다.

일반적으로 인디셜응답(입력신호가 단위계단입력인 경우의 응답)에 의해 제어시스템의 과도특성을 해석한다. 다음 그림 4는 2차 제어계의 인디셜응답을 그린 것이다.

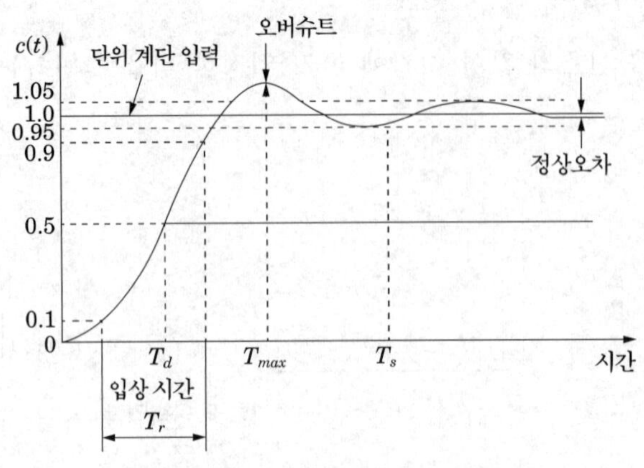

그림 4 단위 계단 입력에 대한 시간 응답

(1) 오버슈트(overshoot)

오버슈트는 입력에 내하여 과도상태가 발생하면 입력의 값을 초과하면서 편차량이 생기는데 이것을 오버슈트라 한다. 오버슈트는 자동제어계의 안정도를 판별하는 척도가 된다.

입력과 출력사이에 발생하는 최대 편차량을 최대오버슈트라 한다. 오버슈트는 다음과 같이 표현한기도 한다.

$$\text{상대 오버슈트} = \frac{\text{최대 오버슈트}}{\text{최종의 희망값}} \times 100\ [\%]$$

$$\text{백분율 오버슈트} = \frac{\text{최대 오버슈트}}{\text{최종 목표값}} \times 100\ [\%]$$

(2) 최대오버슈트 발생시간

2차 제어계의 전달함수는

$$G(s) = \frac{\omega_n^2}{s^2 + 2\zeta\omega_n s + \omega_n^2}$$

여기서, ω_n : 고유진동수(natural frequency), ζ : 제동비(damping ratio)

이므로 위의 전달함수에 단위계단입력을 가하면 출력은

$$Y(s) = \frac{\omega_n^2}{s(s^2 + 2\zeta\omega_n s + \omega_n^2)}$$

가 된다. 역 Laplace하면

$$y(t) = 1 - \frac{e^{-\zeta\omega_n t}}{\sqrt{1-\zeta^2}} \sin\left\{\omega_n\sqrt{1-\zeta^2}\,t + \tan^{-1}\frac{\sqrt{1-\zeta^2}}{\zeta}\right\}$$

이 된다. 이때 특성방정식은 $s^2 + 2\zeta\omega_n s + \omega_n^2 = 0$ 이 된다. 따라서 특성 방정식의 근은

$$\begin{aligned} s_1, s_2 &= -\zeta\omega_n \pm \sqrt{\zeta^2\omega_n^2 - \omega_n^2} \\ &= -\zeta\omega_n \pm j\omega_n\sqrt{1-\zeta^2} \\ &= -\alpha \pm j\omega \end{aligned}$$

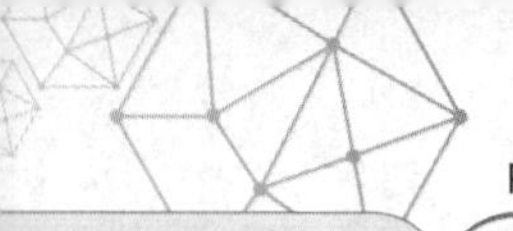

가 된다. 이때 제동계수(damping factor)는 $\alpha = \zeta\omega_n = \omega_n \cos\theta$ 이며 이 제동계수가 시스템의 제동(damping)을 제어한다.
2차 제어계에서 발생하는 최대오버슈트는

$$\omega_n \sqrt{1-\zeta^2 t} = n\pi$$

여기서 ω_n : 자연 주파수 또는 고유 주파수

에서 최대 오버슈트는 $n=1$에서 발생하므로

$$t_p = \frac{\pi}{\omega_n \sqrt{1-\zeta^2}}$$

가 된다.

(3) 지연시간

지연 시간 T_d 는 응답이 최초로 목표값의 50[%]가 되는데 요하는 시간을 말한다.

(4) 감쇠비(decay ratio)

감쇠비는 과도 응답의 소멸되는 속도를 나타내는 양으로써 최대 오버슈트와 다음 주기에 오는 오버슈트와의 비를 말한다.

$$\text{감쇠비} = \frac{\text{제2 오버슈트}}{\text{최대 오버슈트}}$$

(5) 상승 시간(rise time)

응답이 처음으로 목표값에 도달하는데 요하는 시간 T이며, 일반적으로 응답이 목표값의 10 [%]로부터 90 [%]까지 도달하는데 요하는 시간을 말한다.

(6) 응답 시간(response time or settling time)

응답 시간 T_s는 응답이 요구하는 오차 이내로 정착되는데 요하는 시간을 말한다. 과도 응답 특성을 표시하는 양은 이들 외에도 제동비, 제동 계수, 고유 진동수, 주기 등이 있다.

표 1 계단응답의 특성값

구분		특성값	기호	정의
과도특성	속응도	정정시간 (응답시간)	T_s	응답이 최종값의 허용범위(보통 ±5 [%]) 내에 안정되기까지 요하는 시간
		지연시간 (시간 늦음)	T_d	응답이 최종값의 50 [%]까지 도달하는 데 요하는 시간
		상승시간 (입상시간)	T_r	응답이 최종값의 10 [%]에서 90 [%]까지 되는 데 요하는 시간(또는 응답이 50 [%]되는 점에서의 접선의 경사의 역사)
		시정수	T	1차계의 응답이 최종값의 63 [%]에 도달하는 데 요하는 시간(또는 원점에서의 접선의 경사 역수)
과도특성	속응도	부동작 시간	T_L	입력을 가한 후 출력이 처음으로 나타날 때까지의 시간
		최대 편차 시간	T_p	최대 편차가 나타날 때까지의 시간
	안정도	최대 편차량 (over shoot)		제어량이 목표값을 초과하여 최초로 나타나는 최대값 $\%\text{오버슈트} = \dfrac{\text{최대 초과량}}{\text{최종 목표값}} \times 100$
		초과의 횟수		정정시간까지 발생하는 파동수
정상특성	안정도	정상편차 (잔류편차)	e_s	계가 정상상태에 낙차된 후에 잔류하는 편차
기타		감쇠비	ζ	과도응답의 소멸되는 정도를 나타내는 양 $\text{감쇠비} = \dfrac{\text{제2 오버슈트}}{\text{최대 오버슈트}}$

예제문제 01

오버슈트에 대한 설명 중 옳지 않은 것은?

① 자동 제어계의 정상오차이다.

② 자동 제어계에 안정도의 척도가 된다.

③ 상대 오버슈트= $\dfrac{\text{최대오버슈트}}{\text{최종의 희망값}} \times 100$ [%]

④ 계단응답 중에 생기는 입력과 출력 사이의 최대 편차량이 최대 오버슈트이다.

해설

오버슈트의 특징

① 입력과 출력 사이의 최대 편차량을 말한다.

② 자동제어계의 안정도의 척도가 된다.

③ 상대 오버슈트를 사용하는 것이 응답을 비교하는데 편리하다.

④ 상대 오버슈트= $\dfrac{\text{최대오버슈트}}{\text{최종의 희망값}} \times 100$ [%]

답 : ①

예제문제 02

다음 과도 응답에 관한 설명 중 틀린 것은?

① 오버슈트는 응답 중에 생기는 입력과 출력 사이의 최대 편차를 말한다.

② 시간 늦음(time delay)이란 응답이 최초로 희망값의 10 [%] 진행되는데 요하는 시간을 말한다.

③ 감쇠비 = $\dfrac{\text{제2의 오버슈트}}{\text{최대 오버슈트}}$

④ 입상 시간(rise time)이란 응답이 희망값의 10 [%]에서 90 [%]까지 도달하는데 요하는 시간을 말한다.

해설

시간 늦음(지연 시간) : 응답이 최초로 희망값(정상값)의 50 [%]가 되는데 요하는 시간

답 : ②

예제문제 03

응답이 최종값의 10 [%]에서 90 [%]까지 되는데 요하는 시간은?

① 상승 시간(rise time)
② 지연 시간(delay time)
③ 응답 시간(response time)
④ 정정 시간(settling time)

해설

입상 시간(상승 시간) : 응답이 희망값의 10~90 [%]까지 도달하는데 요하는 시간

답 : ①

예제문제 04

과도 응답에서 상승 시간 t_r는 응답이 최종값의 몇 [%]까지의 시간으로 정의되는가?

① 1 ~ 100 ② 10 ~ 90 ③ 20 ~ 80 ④ 30 ~ 70

해설

입상 시간(상승 시간) : 응답이 희망값의 10~90 [%]까지 도달하는데 요하는 시간

답 : ②

예제문제 05

응답이 최초로 희망값의 50 [%]까지 도달하는데 요하는 시간을 무엇이라고 하는가?

① 상승 시간(rise time) ② 지연 시간(delay time)
③ 응답 시간(response time) ④ 정정 시간(settling time)

해설

시간 늦음(지연 시간) : 응답이 최초로 희망값(정상값)의 50 [%]가 되는데 요하는 시간

답 : ②

3. 과도응답의 계산

3.1 1차제어계의 과도응답

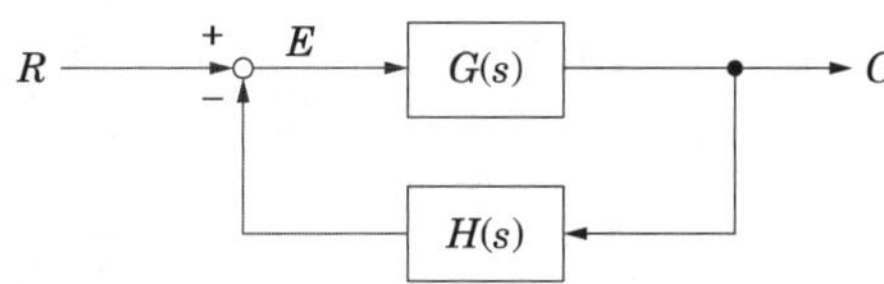

그림 5 폐회로 전달함수(closed loop transfer-function)

그림 5와 같은 폐회로 전달함수(closed loop transfer-function)는

$$\frac{C(s)}{R(s)} = \frac{G(s)}{1+G(s)H(s)}$$

이며, 전달 함수식의 분모 $1+G(s)H(s)$는 자동 제어계 해석에 매우 중요한 요소가 된다. 분모를 0으로 놓은 식을 선형 자동 제어계의 특성 방정식이라고 한다.

$$1+G(s)H(s)=0$$

이 특성방정식에서 s의 근의 위치에 따라 과도응답이 달라진다. 다음 블록선도의 전달함수는 다음과 같다.

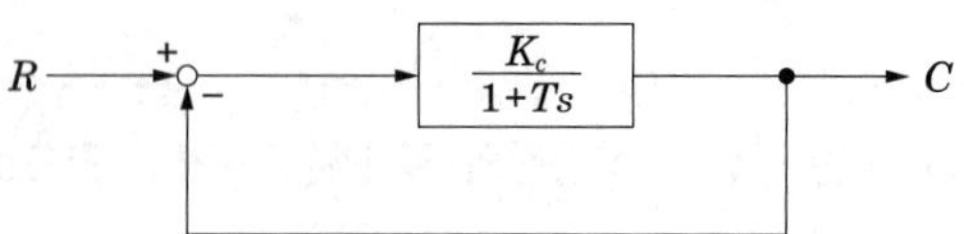

그림 6 폐루프 제어계의 전달함수

$$\frac{C(s)}{R(s)} = \frac{K_c}{Ts+K_c+1} = \frac{\frac{K_c}{K_c+1}}{\frac{Ts}{K_c+1}+\frac{K_c+1}{K_c+1}} = \frac{K}{\tau s+1}$$

그러므로

$$\frac{C(s)}{R(s)} = \frac{K}{\tau s+1}$$

여기서, $K = K_c/(K_c+1)$, $\tau = T/(K_c+1)$

위 전달함수로 표시되는 제어계를 1차 제어계라 한다. 이러한 1차 제어계의 단위 단계 입력에 대한 응답(인디셜 응답)은 출력을 구하고 입력으로 $1/s$를 대입한 경우이므로

$$C(s) = \frac{K}{\tau s+1} \cdot \frac{1}{s}$$

가 된다. 시간응답은 역 라플라스변환으로 구하면 다음과 같다.

$$c(t) = K\left(1-e^{-\frac{1}{\tau}t}\right)$$

여기서, K는 이득이다.

이 때 시간 t에 대하여 $0\sim\infty$를 대입하면 다음 그림 7과 같다.

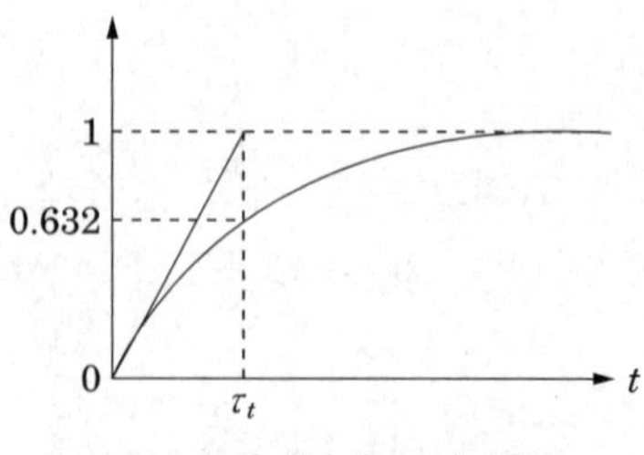

그림 7 1차제어계의 시간응답

1차제어계에서 응답 특성의 지표가 되는 것은 시정수 τ이며, 시정수 τ는 $t=0$에서의 단위 단계 응답의 미분값의 역수를 말한다.

$$\frac{1}{\tau}=\left[\frac{dc(t)}{dt}\right]_{t=0}$$

예제문제 06

그림과 같은 RC 병렬 회로의 임펄스 응답은?

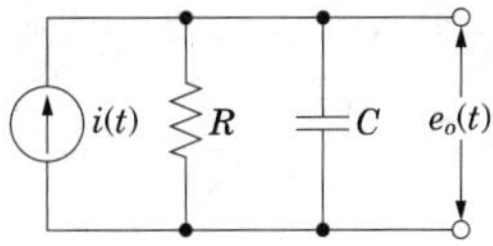

① $e^{-\frac{1}{RC}t}$ ② $\frac{1}{R}e^{-\frac{1}{RC}t}$

③ $\frac{1}{C}e^{-\frac{1}{RC}t}$ ④ $\frac{1}{RC}e^{-\frac{1}{RC}t}$

해설

전달함수 : $G(s)=\frac{E_o(s)}{I(s)}=\frac{R\times\frac{1}{Cs}}{R+\frac{1}{Cs}}=\frac{R}{RCs+1}$

임펄스 입력 : $I(s)=1$

$\therefore \frac{E_o(s)}{I_o(s)}=\frac{E_o(s)}{1}=\frac{R}{RCs+1}=\frac{\frac{1}{C}}{s+\frac{1}{RC}}$ 이므로 역라플라스 변환하면

$\therefore e_o(t)=\mathcal{L}^{-1}[E_o(s)]=\frac{1}{C}e^{-\frac{1}{RC}t}$

답 : ③

예제문제 07

그림과 같은 RC 회로에 계단 전압을 인가하면 출력 전압은? 단, 콘덴서는 미리 충전되어 있지 않았다.

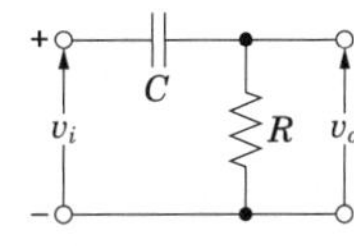

① 아무 것도 나타나지 않는다.
② 같은 모양의 계단 전압이 나타난다.
③ 처음에는 입력과 같이 변했다가 지수적으로 감쇠한다.
④ 0부터 지수적으로 증가한다.

해설

$G(s)=\frac{V_o(s)}{V_i(s)}=\frac{RCs}{RCs+1}$, $V_i(s)=\mathcal{L}[v_i(t)]=\mathcal{L}[u(t)]=\frac{1}{s}$

$V_o(s)=\frac{RCs}{RCs+1}V_i(s)=\frac{RCs}{RCs+1}\cdot\frac{1}{s}=\frac{1}{s+\frac{1}{RC}}$

$\therefore v_o(t)=\mathcal{L}^{-1}[V_o(s)]=e^{-\frac{1}{RC}t}$

답 : ③

예제문제 08

그림과 같은 RC 직렬 회로에 단위 계단 전압을 가했을 때의 전류 파형은? 단, C에는 초기 충전 전하가 없다.

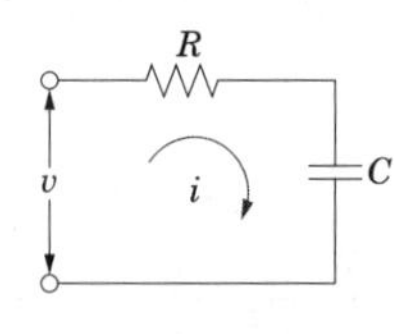

① 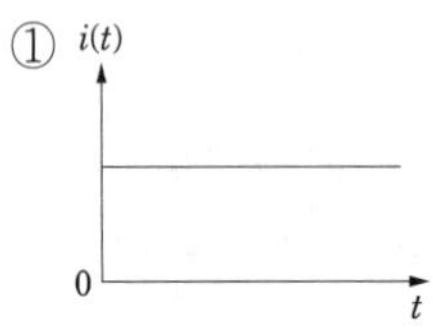

② 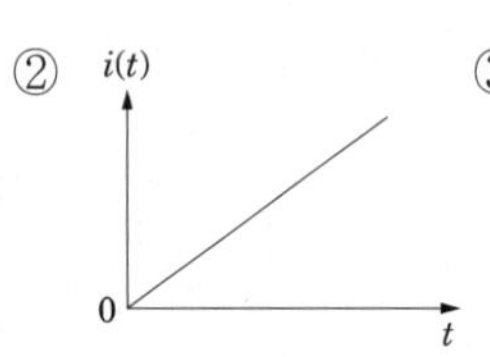

③ 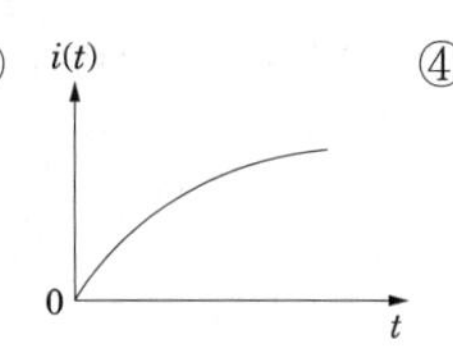

④ 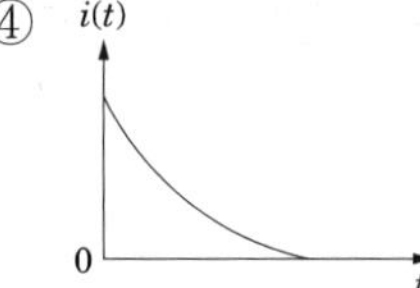

해설

미분방정식을 세우면 $Ri(t)+\frac{1}{C}\int i(t)dt = u(t)$

라플라스 변환하면 $\left(R+\frac{1}{Cs}\right)I(s) = \frac{1}{s}$

$\therefore\ I(s) = \dfrac{1}{s\left(R+\dfrac{1}{Cs}\right)} = \dfrac{\dfrac{1}{R}}{s+\dfrac{1}{RC}}$ 이므로 역라플라스 변환하면

$\therefore i(t) = \frac{1}{R}e^{-\frac{1}{RC}t}$

답 : ④

3.2 2차계의 과도응답

2차계의 전달 함수는 다음과 같다.

$$G(s) = \frac{\omega_n^2}{s^2+2\zeta\omega_n s+\omega_n^2}$$

2차 제어계의 전달함수에 단위계단입력을 가하면 출력은

$$\begin{aligned} Y(s) &= \frac{\omega_n^2}{s(s^2+2\zeta\omega_n s+\omega_n^2)} \\ &= \frac{1}{s}\cdot\frac{\omega_n^2}{s^2+2\zeta\omega_n s+\zeta^2\omega_n^2+\omega_n^2-\zeta^2\omega_n^2} \\ &= \frac{1}{s}\cdot\frac{\omega_n^2}{(s^2+2\zeta\omega_n s+\zeta^2\omega_n^2)+\omega_n^2-\zeta^2\omega_n^2} \end{aligned}$$

$$= \frac{1}{s} \cdot \frac{\omega_n^2}{(s+\zeta\omega_n)^2 + \omega_n^2(1-\zeta^2)}$$

$$= \frac{(s+\zeta\omega_n)^2 + \omega_n^2(1-\zeta^2) - (s+\zeta\omega_n)^2 + \omega_n^2\zeta^2}{s[(s+\zeta\omega_n)^2 + \omega_n^2(1-\zeta^2)]}$$

$$= \frac{(s+\zeta\omega_n)^2 + \omega_n^2(1-\zeta^2) - s^2 - 2s\zeta\omega_n - \omega_n^2\zeta^2 + \omega_n^2\zeta^2}{s[(s+\zeta\omega_n)^2 + \omega_n^2(1-\zeta^2)]}$$

$$= \frac{(s+\zeta\omega_n)^2 + \omega_n^2(1-\zeta^2) - s(s+2\zeta\omega_n)}{s[(s+\zeta\omega_n)^2 + \omega_n^2(1-\zeta^2)]}$$

$$= \frac{1}{s} - \frac{s+2s\zeta\omega_n}{[(s+\zeta\omega_n)^2 + \omega_n^2(1-\zeta^2)]}$$

여기서, $\omega = \omega_n\sqrt{1-\zeta^2}$

$$= \frac{1}{s} - \frac{s+\zeta\omega_n}{(s+\zeta\omega_n)^2 + \omega^2} - \frac{\zeta\omega_n}{(s+\zeta\omega_n)^2 + \omega^2}$$

$$= \frac{1}{s} - \frac{s+\zeta\omega_n}{(s+\zeta\omega_n)^2 + \omega^2} - \frac{\zeta\omega_n}{\omega} \cdot \frac{\omega}{(s+\zeta\omega_n)^2 + \omega^2}$$

가 된다. 역 Laplace하면

$$y(t) = \mathcal{L}^{-1}\left[\frac{1}{s} - \frac{s+\zeta\omega_n}{(s+\zeta\omega_n)^2 + \omega^2} - \frac{\zeta\omega_n}{\omega} \cdot \frac{\omega}{(s+\zeta\omega_n)^2 + \omega^2}\right]$$

$$= \mathcal{L}^{-1}\left[\frac{1}{s} - \frac{s+\zeta\omega_n}{(s+\zeta\omega_n)^2 + \omega^2}\right] - \mathcal{L}^{-1}\left[\frac{\zeta\omega_n}{\omega} \cdot \frac{\omega}{(s+\zeta\omega_n)^2 + \omega^2}\right]$$

$$y(t) = 1 - e^{\zeta\omega_n t}\cos\omega t - \frac{\zeta\omega_n}{\omega}e^{-\zeta\omega_n t}\sin\omega t$$

$$= 1 - e^{\zeta\omega_n t}\left(\cos\omega t - \frac{\zeta\omega_n}{\omega}\sin\omega t\right)$$

$$= 1 - e^{\zeta\omega_n t}\left(\cos\omega t - \frac{\zeta}{\sqrt{1-\zeta^2}}\sin\omega t\right)$$

$$= 1 - \frac{e^{-\zeta\omega_n t}}{\sqrt{1-\zeta^2}}\left(\sqrt{1-\zeta^2}\cos\omega t + \zeta \cdot \sin\omega t\right)$$

여기서, $\zeta = \cos\phi$, $\sqrt{1-\zeta^2} = \sin\phi$ 이므로

$$= 1 - \frac{e^{-\zeta\omega_n t}}{\sqrt{1-\zeta^2}}(\sin\phi\cos\omega t + \cos\phi \cdot \sin\omega t)$$

$$= 1 - \frac{e^{-\zeta\omega_n t}}{\sqrt{1-\zeta^2}}(\sin\omega t + \phi)$$

여기서 $\tan^{-1}\frac{\sqrt{1-\zeta^2}}{\zeta}=\phi$ 이므로

$$y(t)=1-\frac{e^{-\zeta\omega_n t}}{\sqrt{1-\zeta^2}}\sin\left\{\omega_n\sqrt{1-\zeta^2}\,t+\tan^{-1}\frac{\sqrt{1-\zeta^2}}{\zeta}\right\}$$

가 된다. 따라서 2차 제어계의 제동계수 ζ에 따른 과도응답의 형은 다음과 같이 그릴 수 있다. 이 파형의 모양의 sin의 모양이며, 오버슈트가 있음을 볼 수 있다.

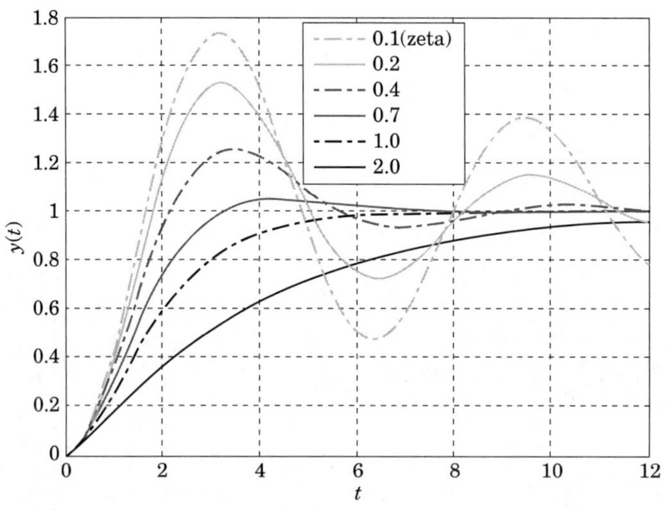

그림 8 2차 제어계의 과도응답

전달함수의 특성방정식은

$$s^2+2\zeta\omega_n s+\omega_n^2=0$$

$$s^2+2\zeta\omega_n s+\zeta^2\omega_n^2-\zeta^2\omega_n^2+\omega_n^2=0$$

$$(s+\zeta\omega_n)^2-\zeta^2\omega_n^2+\omega_n^2=0$$

$$(s+\zeta\omega_n)^2+(\omega_n\sqrt{1-\zeta^2})=0$$

$$s=-\zeta\omega_n+j\omega_n\sqrt{1-\zeta^2} \text{ 또는 } s=-\zeta\omega_n-j\omega_n\sqrt{1-\zeta^2}$$

이 된다. 따라서 특성 방정식의 근은

$$s_1,s_2=-\zeta\omega_n\pm\sqrt{\zeta^2\omega_n^2-\omega_n^2}$$

$$=-\zeta\omega_n\pm j\omega_n\sqrt{1-\zeta^2}=-\alpha\pm j\omega$$

여기서, ω_n=고유진동수(natural frequency), ζ=제동비 (damping ratio)

가 된다. 이때 제동계수(damping factor)는 $\alpha = \zeta\omega_n = \omega_n \cos\theta$ 이며 이 제동계수가 시스템의 제동(damping)을 제어한다.
실제 주파수 또는 감쇠 진동 주파수는

$$\omega = \omega_n \sqrt{1-\zeta^2}$$

가 된다.

(1) $\zeta < 1$인 경우 : 부족 제동

$$s_1,\ s_2 = -\zeta\omega_n \pm j\omega_n \sqrt{1-\zeta^2}$$

공액 복소수 근을 가지므로 감쇠 진동을 한다.

(2) $\eta = 1$ 인 경우 : 임계 제동

$$s_1,\ s_2 = -\omega_n$$

중근(실근)을 가지므로 진동에서 비진동으로 옮겨가는 임계 상태이다.

(3) $\zeta > 1$인 경우 : 과제동

$$s_1,\ s_2 = -\zeta\omega_n \pm \omega_n \sqrt{\zeta^2 - 1}$$

서로 다른 2개의 실근을 가지므로 비진동이다.

(4) $\zeta = 0$인 경우 : 무제동

$$s_1,\ s_2 = \pm j\omega_n$$

또, 2차 시스템의 전달함수의 $s = j\omega$ 를 대입하면 전달함수는

$$G(j\omega) = \frac{\omega_n^2}{(j\omega)^2 + 2\zeta\omega_n(j\omega) + \omega_n^2} = \frac{1}{1 + j2(\omega/\omega_n)\zeta - (\omega/\omega_n)^2}$$

가 된다. $u = \omega/\omega_n$라 두고 공진 주파수는 $|G(ju)|$를 미분해서 0이 되는 점을 말한다. 따라서 공진 주파수는 다음과 같다.

$$\omega_r = \omega_n \sqrt{1-2\zeta^2}$$

표 2 특성근, 제동비 및 시간응답

특성근의 종류	s-평면상의 위치	제동비	시간응답특성	안정도
서로 다른 실근 $s=-\alpha,\ -\beta$	부의 실수축	과 제 동 $\zeta>1$	지수적 감쇠	안정
중복근 $s=-\alpha$	부의 실수축	임계제동 $\zeta=1$	지수적 감쇠	안정
공액복소근 $s=-\alpha\pm j\beta$	2, 3상한	부족제동 $\zeta<1$	감쇠 진동	안정

예제문제 **09**

다음과 같이 나타낼 수 있는 2차 제어계의 극의 설명 중 옳지 않은 것은?

$$\frac{Y(s)}{X(s)}=\frac{{\omega_n}^2}{s^2+2\delta\omega_n s+{\omega_n}^2}$$

① $\delta<0$이면 s평면 우반부(RHP)에 있다.

② $\delta=0$ 이면 두 극은 허수이고 $s=\pm j\omega_n$이다.

③ $\delta=1$ 일 때 두 극은 같고 부의 실수 $(s=-\omega_n)$이다.

④ $\delta>1$이면 두 극은 부의 실수와 양의 실수가 된다.

해설

① $\delta<1 \rightarrow s_1,\ s_2=-\delta\omega_n\pm j\omega_n\sqrt{1-\delta^2}$: 공액 복소근을 가지므로 감쇠 진동을 한다.

② $\delta=1 \rightarrow s_1,\ s_2=-\omega_n$: 같은 실근을 가지므로 임계 상태이다.

③ $\delta>1 \rightarrow s_1,\ s_2=-\delta\omega_n\pm\omega_n\sqrt{\delta^2-1}$: 서로 다른 두 개의 부의 실근을 가지므로 비진동이다.

④ $\delta=0 \rightarrow s_1, s_2=\pm j\omega_n$: 순공액 허근을 가지므로 무한 진동을 한다.

답 : ④

예제문제 **10**

2차 제어계에서 공진 주파수 ω_m와 고유 주파수 ω_n, 감쇠비 α 사이의 관계가 바른 것은?

① $\omega_m=\omega_n\sqrt{1-\alpha^2}$

② $\omega_m=\omega_n\sqrt{1+\alpha^2}$

③ $\omega_m=\omega_n\sqrt{1-2\alpha^2}$

④ $\omega_m=\omega_n\sqrt{1+2\alpha^2}$

해설

$$\frac{C(s)}{R(s)}=\frac{\omega_n^2}{s^2+2\zeta\omega_n s+\omega_n^2}$$

$\therefore\ 4u^3-4u+8u\delta^2=0$ 이므로 $u_p=\sqrt{1-2\zeta^2}=\frac{\omega_p}{\omega_n}$

$\therefore$ 공진 주파수는 $\omega_p=\omega_n\sqrt{1-2\zeta^2}$

답 : ③

예제문제 11

전달 함수 $G(s)=\dfrac{\omega_n^2}{s^2+2\delta\omega_n s+\omega_n^2}$ 으로 표시되는 2차 제어계일 때 인디셜 응답은? 단, $\omega_n=1$, $\delta=1$이다.

① $1-2te^{-t}-e^{-t}$ ② $1-te^{-t}-e^{-t}$

③ $1-te^{-2t}-e^{-2t}$ ④ $1-te^{-t}$

해설

전달함수 : $G(s)=\dfrac{C(s)}{R(s)}=\dfrac{1}{s^2+2s+1}$, 인디셜응답의 입력 : $R(s)=\dfrac{1}{s}$

$\therefore\ C(s)=\dfrac{1}{s^2+2s+1}R(s)=\dfrac{1}{s^2+2s+1}\cdot\dfrac{1}{s}=\dfrac{1}{s(s+1)^2}=\dfrac{1}{s}-\dfrac{1}{(s+1)^2}-\dfrac{1}{s+1}$

역라플라스 변환하면

$c(t)=\mathcal{L}^{-1}[C(s)]=1-te^{-t}-e^{-t}$

답 : ②

예제문제 12

감쇠비 $h=0.4$, 고유 각주파수 $\omega_n=1$ [rad/s]인 2차계의 전달 함수는?

① $\dfrac{1}{s^2+0.4s+1}$ ② $\dfrac{1}{s^2+0.8s+1}$

③ $\dfrac{1}{s^2+0.4s+0.16}$ ④ $\dfrac{0.16}{s^2+0.8s+0.4}$

해설

전달함수 : $G(s)=\dfrac{C(s)}{R(s)}=\dfrac{\omega_n^2}{s^2+2h\omega_n s+\omega_n^2}=\dfrac{1^2}{s^2+2\times0.4\times1s+1^2}=\dfrac{1}{s^2+0.8s+1}$

답 : ②

예제문제 13

전달 함수 $G(s)=\dfrac{1}{1+6j\omega+9(j\omega)^2}$ 의 고유 각주파수는?

① 9 ② 3 ③ 1 ④ 0.33

해설

전달함수 : $G(s)=\dfrac{\omega_n^2}{s^2+2\delta\omega_n s+\omega_n^2}=\dfrac{\frac{1}{9}}{s^2+\frac{6}{9}s+\frac{1}{9}}$

$\omega_n^2=\dfrac{1}{9}$

$\therefore\ \omega_n=\dfrac{1}{3}=0.33$

답 : ④

예제문제 14

특성 방정식 $s^2 + 2\delta\omega_n s + \omega_n{}^2 = 0$에서 δ를 제동비라고 할 때 $\delta < 1$인 경우는?

① 임계 진동 ② 강제 진동 ③ 감쇠 진동 ④ 완전 진동

해설

$\delta<1$인 경우 : 부족 제동(감쇠 진동)

$\delta>1$인 경우 : 과제동(비진동)

$\delta=1$인 경우 : 임계 제동(임계 상태)

$\delta=0$인 경우 : 무제동(무한 진동 또는 완전 진동)

답 : ③

예제문제 15

그림과 같은 궤환 제어계의 감쇠 계수(제동비)는?

① 1 ② $\frac{1}{2}$

③ $\frac{1}{3}$ ④ $\frac{1}{4}$

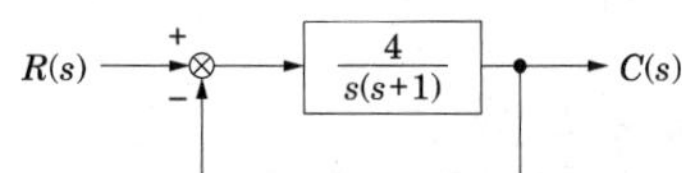

해설

전달함수 $G(s) = \dfrac{G(s)}{1+G(s)H(s)} = \dfrac{\frac{4}{s(s+1)}}{1+\frac{4}{s(s+1)}} = \dfrac{4}{s(s+1)+4}$

특성 방정식 $1+G(s)H(s) = s(s+1)+4 = s^2+s+4 = 0$

$\therefore\ s^2+s+2^2 = s^2+2\delta\omega_n s+\omega_n{}^2$이므로

$\therefore\ \delta = \frac{1}{4}$

답 : ④

예제문제 16

전달 함수 $G(j\omega) = \dfrac{1}{1+j\omega+(j\omega)^2}$인 요소의 인디셜 응답은?

① 뒤짐 ② 임계 진동 ③ 진동 ④ 비진동

해설

전달함수 : $G(s) = \dfrac{1}{s^2+s+1} = \dfrac{\omega_n^2}{s^2+2\delta\omega_n s+\omega_n^2}$

$\therefore\ 2\delta\omega_n = 1,\ \omega_n = 1$

$\therefore\ \delta = \dfrac{1}{2\omega_n} = \dfrac{1}{2},\ \delta<1$

∴ 부족제동, 진동이 된다.

답 : ③

예제문제 **17**

다음 미분 방징식으로 표시되는 2차 계통에서 감쇠율(damping ratio) δ와 제동의 종류는?

$$\frac{d^2y(t)}{dt^2}+6\frac{dy(t)}{dt}+9y(t)=9x(t)$$

① $\delta=0$: 무제동
② $\delta=1$: 임계 제동
③ $\delta=2$: 과제동
④ $\delta=0.5$: 감쇠 진동 또는 부족 제동

해설
미분 방정식을 라플라스 변환하면
$s^2Y(s)+6sY(s)+9Y(s)=9X(s)$

전달함수 $\frac{Y(s)}{X(s)}=\frac{9}{s^2+6s+9}=\frac{\omega_n^2}{s^2+2\delta\omega_n s+\omega_n^2}$

$\therefore\ 2\delta\omega_n=6,\ \omega_n=3$

$\therefore\ \delta=\frac{6}{2\omega_n}=\frac{6}{6}=1$ 이므로 임계제동이 된다.

답 : ②

3.3 특성 방정식의 근의 위치와 응답

자동 제어계가 안정하려면 특성 방정식의 근이 s 평면의 우반 평면에 존재하여서는 안 된다. 그 이유로는 근이 우반면에 존재하면 진동은 점점 커지고 또 근이 좌반면에 존재하면 진동은 점점 작아지기 때문이다. 따라서, 근이 s 평면의 좌반부에서 j 축에서 많이 떨어져 있을수록 정상값에 빨리 도달하게 된다. 다음 표는 근의 위치와 응답을 나타낸 것이다. 근은 특성방정식의 값이 0이 되는 s의 근(영점)과 ∞가 되는 s의 근(극점)을 표시한 것이다.

(1) 극점이 실수축에 존재할 때

전달함수가 다음 식으로 정의될 때

$$G(s)=\frac{(s+\delta_3)}{(s+\delta_1)(s+\delta_2)}$$

분모에 대한 해를 극점$(-\delta_1,\ -\delta_2)$, 분자에 대한 해를 영점$(-\delta_3)$이 된다.

(2) 극점의 위치가 허수축에 존재

$$G(s)=\frac{1}{(s-j\omega)(s+j\omega)}=\frac{1}{s^2+\omega^2}=\frac{1}{\omega}\frac{\omega}{s^2+\omega^2}$$

역 라플라스변환하면

$$g(t) = \mathcal{L}^{-1}[G(s)] = \frac{1}{\omega}\sin\omega t$$

가 된다. 이것은 지속적인 임계진동을 한다.

(3) 극점이 좌반면에 존재할 때

$$G(s) = \frac{1}{(s+1-j\omega)(s+1+j\omega)}$$

$$= \frac{1}{(s+1)^2+\omega^2} = \frac{1}{\omega}\frac{\omega}{(s+1)^2+\omega^2}$$

역 라플라스변환하면

$$g(t) = \mathcal{L}^{-1}[G(s)] = \frac{1}{\omega}\sin\omega t \cdot e^{t}$$

가 된다. 이것은 진동이 지수적으로 증가함을 의미한다.

표 3 s 평면에서의 근의 위치와 응답

계단 응답	s 평면상의 근의 위치
$\varepsilon^{\delta_3 t}$, $\varepsilon^{-\delta_1 t}$, $\varepsilon^{-\delta_2 t}$, 0, t	$j\omega$, $-\delta_2$, $-\delta_1$, δ_3, δ
$\varepsilon^{-at}\sin\omega t$, 1, 0, t	$j\omega$, $j\omega(a=0)$, $-j\omega$, δ
$\varepsilon^{+xt}\sin\omega t$, 1, 0, t	$j\omega$, $a+j\omega$, $a-j\omega$, δ
$\varepsilon^{-xt}\sin\omega t$, 0, t	$j\omega$, $-a+j\omega$, $-a-j\omega$, δ

여기서, ○ 영점, × 극점을 나타낸다.

예제문제 18

$G(s)=\dfrac{s+1}{s^2+2s-3}$의 특성 방정식의 근은 얼마인가?

① −2, 3　　② 1, −3　　③ 1, 2　　④ 1

해설

특성방정식 : $s^2+2s-3=0$에서 $(s-1)(s+3)=0$이므로 근은 s = +1 or −3

답 : ②

예제문제 19

전달 함수 $G(s)=\dfrac{s^2(s+3)}{(s+1)(s+2+j1)(s+2-j1)}$에 있어서 영점(zero)에 관하여 옳게 표현한 것은?

① s=0에 2(개) 및 −3에 1(개)　　② s=0에 1(개) 및 −3에 1(개)

③ −3에 1(개)　　④ s=0에 1(개) 및 −3에 1(개)

해설

영점은 $s^2(s+3)=0$ 이므로

∴ s= 0, 0, −3

답 : ①

예제문제 20

어떤 자동 제어 계통의 극이 그림과 같이 주어지는 경우 이 시스템의 시간 영역에서의 동작 특성을 나타낸 것은?

①
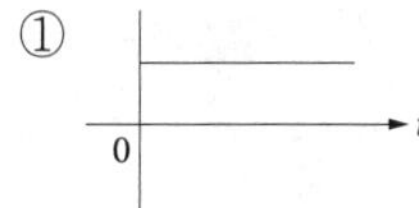

②
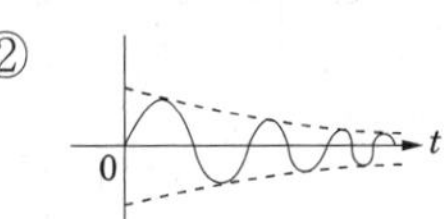

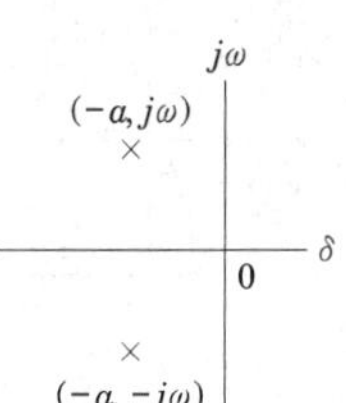

③
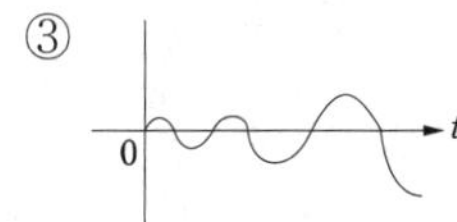

④
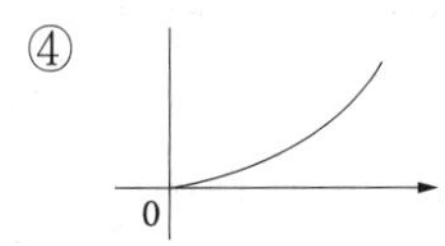

해설

극점 : $-a+j\omega$, $-a-j\omega$

영점 : $-a$

∴ 전달함수 $F(s)=\dfrac{s-(-a)}{\{s-(-a+j\omega)\}\{s-(-a-j\omega)\}}=\dfrac{s+a}{(s+a)^2+\omega^2}=\dfrac{s+a}{(s+a-j\omega)(s+a+j\omega)}$

역라플라스 변환하면

$f(t)=\mathcal{L}^{-1}[F(s)]=e^{-at}\cos\omega t$

즉, s평면상의 좌반부에 근이 있으면 지수 함수적으로 감쇠 진동한다.

답 : ②

예제문제 21

s 평면(복소 평면)에서의 극점 배치가 다음과 같을 경우 이 시스템의 시간 영역에서의 동작은?

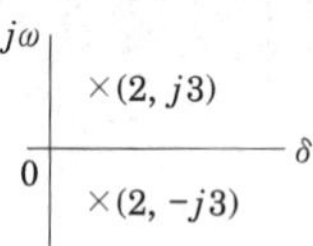

① 감쇠 진동을 한다.
② 점점 진동이 커진다.
③ 같은 진폭으로 계속 진동한다.
④ 진동하지 않는다.

해설
근이 우반면에 존재하면 진동은 점점 커지며, 좌반면에 존재하면 진동은 점점 작아진다.

답 : ②

예제문제 22

그림의 그래프에 있는 특성 방정식의 근의 위치는?

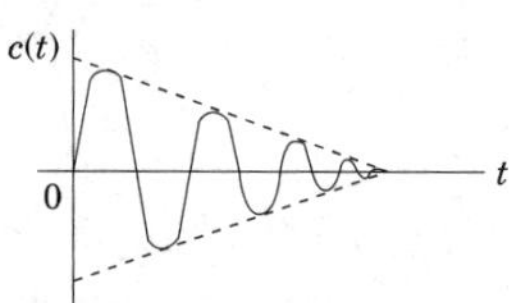

① (I_m, R_e, 0)

② 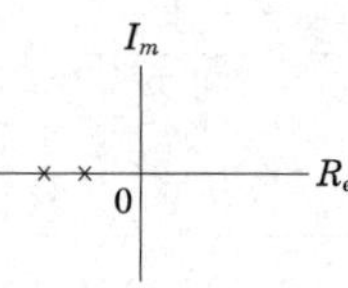

③ 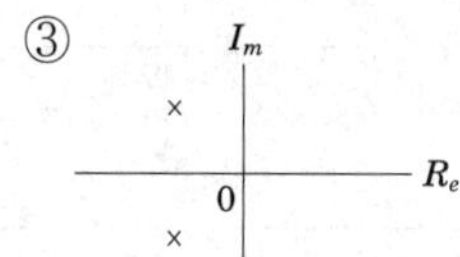

④ 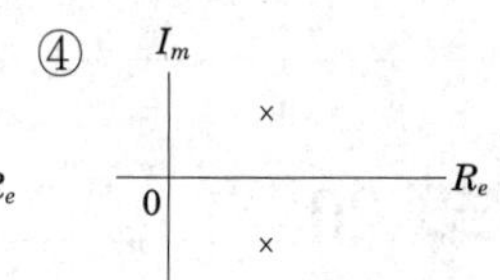

해설

계단 응답	s 평면상의 근의 위치
ε^{δ_3}, $\varepsilon^{-\delta_1}$, $\varepsilon^{-\delta_2}$, 0, t	$j\omega$, $-\delta_2$, $-\delta_1$, δ_3, δ
$\varepsilon^{-at}\sin\omega t$, 1, $(a=0)$, 0, t	$j\omega$, $j\omega(a=0)$, δ, $-j\omega$
$\varepsilon^{+xt}\sin\omega t$, 1, 0, t	$j\omega$, $\alpha+j\omega$, δ, $\alpha-j\omega$
$\varepsilon^{-xt}\sin\omega t$, 0, t	$j\omega$, $-\alpha+j\omega$, δ, $-\alpha-j\omega$

답 : ③

예제문제 23

그림과 같이 s 평면상에 A, B, C, D 4개의 근이 있을 때 이 중에서 가장 빨리 정상 상태에 도달하는 것은?

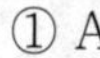

① A　　② B
③ C　　④ D

해설

근은 특성근을 의미하며 정상 상태에 빨리 도달하려면 시정수 값이 작아야 한다.

① 시정수$=-\dfrac{1}{\text{특성근}}$ 이므로 특성근의 값이 (-)값으로서 큰 값을 가져야 한다.

② 특성근 값이 (+)값이면 정상 상태가 될 수 없다. (점점 증폭된다.)

③ 특성근 값이 0이면 무감쇠 진동된다.

답 : ①

핵심과년도문제

5·1

어떤 제어계에 입력 신호를 가하고 난 후 출력 신호가 정상 상태에 도달할 때까지의 응답을 무엇이라고 하는가?

① 시간 응답　② 선형 응답
③ 정상 응답　④ 과도 응답

해설 과도응답 : 입력 신호를 가하고 난 후 출력 신호가 정상 상태에 도달할 때까지의 응답을 말한다.
【답】 ④

5·2

과도 응답의 소멸되는 정도를 나타내는 감쇠비(decay ratio)는?

① 최대 오버슈트/제 2 오버슈트　② 제 3 오버슈트/제 2 오버스튜
③ 제 2 오버슈트/최대 오버슈트　④ 제 2 오버슈트/제 3 오버슈트

해설 감쇠비 : 과도 응답의 소멸되는 속도를 나타낸 양을 말한다.

$$감쇠비 = \frac{제2오버슈트}{최대\ 오버슈트}$$
【답】 ③

5·3

전달 함수 $G(s) = \frac{1}{s+1}$ 인 제어계의 인디셜 응답은?

① $1-e^{-t}$　② e^{-t}　③ $1+e^{-t}$　④ $e^{-t}-1$

해설 전달함수 : $G(s) = \frac{C(s)}{R(s)} = \frac{1}{s+1}$, 인디셜 응답의 입력 : $R(s) = \frac{1}{s}$

$\therefore C(s) = \frac{1}{s+1} \cdot R(s) = \frac{1}{s+1} \cdot \frac{1}{s} = \frac{1}{s(s+1)} = \frac{1}{s} - \frac{1}{s+1}$ 이므로 역라플라스 변환하면

$\therefore c(t) = 1-e^{-t}$
【답】 ①

5·4

$G(s) = \dfrac{1}{s^2(s+1)}$ 인 계의 단위 임펄스 응답은?

① $t+1-e^{-t}$ ② $t-1+e^{-t}$ ③ $1+e^{-t}-t$ ④ $1-e^{-t}-t$

해설 임펄스 응답의 입력 : $R(s) = \mathcal{L}[r(t)] = \mathcal{L}[\delta(t)] = 1$

전달함수 : $G(s) = \dfrac{C(s)}{R(s)} = \dfrac{1}{s^2(s+1)}$

$$\therefore C(s) = \frac{1}{s^2(s+1)}R(s) = \frac{1}{s^2(s+1)} \cdot 1 = \frac{1}{s^2(s+1)} = \frac{1}{s^2} + \frac{-1}{s} + \frac{1}{s+1}$$

역라플라스 변환하면

$$\therefore c(t) = \mathcal{L}^{-1}[C(s)] = \mathcal{L}^{-1}\left[\frac{1}{s^2} - \frac{1}{s} + \frac{1}{s+1}\right] = t-1+e^{-t}$$

【답】 ②

5·5

개루프 전달 함수가 $G(s) = \dfrac{s+2}{s(s+1)}$ 일 때 폐루프 전달 함수는?

① $\dfrac{s+2}{s^2+s}$ ② $\dfrac{s+2}{s^2+2s+2}$ ③ $\dfrac{s+2}{s^2+s+2}$ ④ $\dfrac{s+2}{s^2+2s+4}$

해설 개루프 전달 함수를 $G(s)$라 하면 폐루프 전달함수는

$$G'(s) = \frac{G(s)}{1+G(s)} = \frac{\frac{s+2}{s(s+1)}}{1+\frac{s+2}{s(s+1)}} = \frac{s+2}{s^2+2s+2}$$

【답】 ②

5·6

그림과 같은 유한 영역에서 극, 영점 분포를 가진 2단자 회로망의 구동점 임피던스는? 단, 환산 계수는 H라 한다.

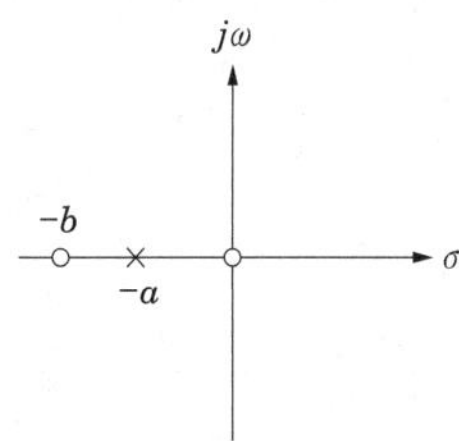

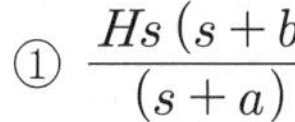

① $\dfrac{Hs(s+b)}{(s+a)}$ ② $\dfrac{H(s+a)}{s(s+b)}$

③ $\dfrac{s(s+b)}{H(s+a)}$ ④ $\dfrac{s+a}{Hs(s+b)}$

해설 영점이 −b, 0 이므로 분자는 s(s+b)가 되고, 극점이 −a 이므로 분모는 s+a 가 된다.

【답】 ①

5·7

전달 함수가 $G(s) = \dfrac{\omega_n^{\ 2}}{s^2 + 2\zeta\omega_n s + \omega_n^2}$ 으로 표시되는 2차계에서 $\omega_n = 1$, $\zeta = 1$인 경우의 단위 임펄스 응답은?

① e^{-t} ② te^{-t} ③ $1 - te^{-t}$ ④ $1 - e^{-t}$

해설 임펄스 응답의 입력 : $R(s) = \mathcal{L}[r(t)] = L[\delta(t)] = 1$

전달함수 : $G(s) = \dfrac{\omega_n^{\ 2}}{s^2 + 2\zeta\omega_n s + \omega_n^{\ 2}} = \dfrac{1}{s^2 + 2s + 1} = \dfrac{1}{(s+1)^2}$

$\therefore C(s) = \dfrac{1}{(s+1)^2} R(s) = \dfrac{1}{(s+1)^2} \cdot 1 = \dfrac{1}{(s+1)^2}$

역라플라스 변환하면

$\therefore c(t) = \mathcal{L}^{-1}[C(s)] = te^{-t}$

【답】 ②

5·8

2차 시스템의 감쇠율(damping ratio) δ가 $\delta < 1$이면 어떤 경우인가?

① 비감쇠 ② 과감쇠 ③ 부족 감쇠 ④ 발산

해설 $\delta<1$인 경우 : 부족 제동(감쇠 진동)

$\delta>1$인 경우 : 과제동(비진동)

$\delta=1$인 경우 : 임계 제동(임계 상태)

$\delta=0$인 경우 : 무제동(무한 진동 또는 완전 진동)

【답】 ③

5·9

폐경로 전달 함수가 $\dfrac{\omega_n^{\ 2}}{s^2 + 2\delta\omega_n s + \omega_n^{\ 2}}$ 으로 주어진 단위 궤한계가 있다. $0 < \delta < 1$인 경우에 단위 계단 입력에 대한 응답은?

①
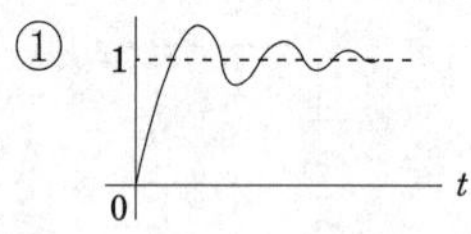

②
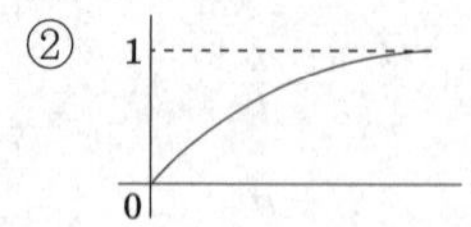

③
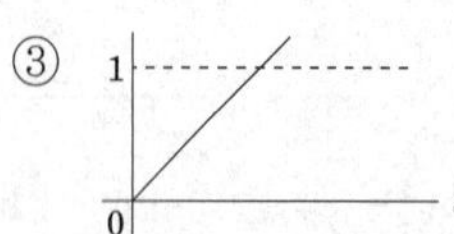

④
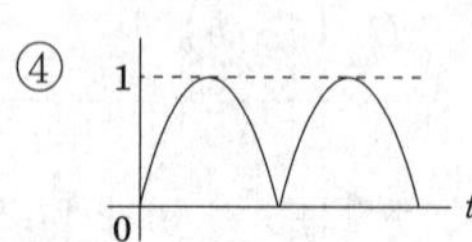

해설 ① $0<\delta<1$, ② $\delta>1$, ④ $\delta=0$

【답】 ①

5·10

어떤 자동 제어 계통의 극이 s 평면에 그림과 같이 주어지는 경우 이 시스템의 시간 영역에서 동작 상태는?

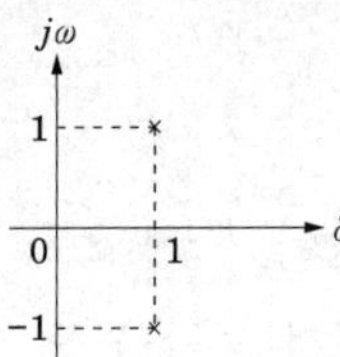

① 진동하지 않는다.
② 감폭 진동한다.
③ 점점 더 크게 진동한다.
④ 지속 진동한다.

해설 영점 : 1

극점 : $1+j1$, $1-j1$

$\therefore$ 전달함수 $F(s)=\dfrac{1}{(s-1+j)(s-1-j)}=\dfrac{1}{(s-1)^2+1}$

역라플라스 변환하면

$\therefore f(t)=\mathcal{L}^{-1}[F(s)]=e^t \sin t$

【답】 ③

5·11

전달 함수 $\dfrac{C(s)}{R(s)}=\dfrac{1}{4s^2+3s+1}$ 인 제어계는 어느 경우인가?

① 과제동(over damped)
② 부족 제동(under damped)
③ 임계 제동(critical damped)
④ 무제동(undamped)

해설 전달함수 : $G=\dfrac{{\omega_n}^2}{s^2+2\delta\omega_n s+{\omega_n}^2}=\dfrac{1}{4s^2+3s+1}=\dfrac{\frac{1}{4}}{s^2+\frac{3}{4}s+\frac{1}{4}}$

$\therefore {\omega_n}^2=\dfrac{1}{4}$, $\omega_n=\dfrac{1}{2}$

$\therefore 2\delta\omega_n=\dfrac{3}{4}$, $\delta=\dfrac{3}{4}=0.75<1$

$\therefore$ 부족 제동

【답】 ②

심화학습문제

01 회로망 함수의 라플라스 변환이 $I/s+a$로 주어지는 경우 이의 시간영역에서 동작을 도시한 것 중 옳은 것은? 단, a는 정(正)의 상수이다.

① 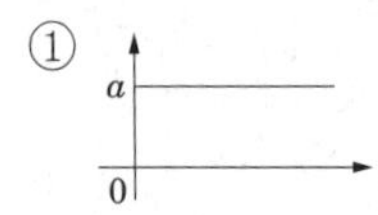

② 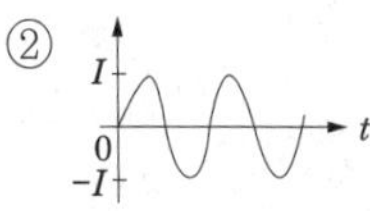

③ 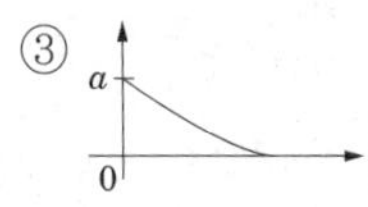

④ 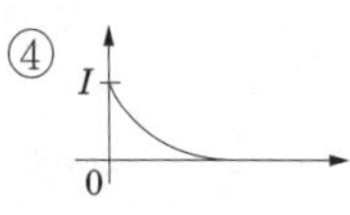

해설

$f(t)=\mathcal{L}^{-1}\left[\frac{1}{s+a}\right]=e^{-at}$이므로

$\mathcal{L}^{-1}\left[\frac{I}{s+a}\right]=Ie^{-at}$가 된다.

즉 지수적으로 감쇠하는 함수가 된다.

【답】 ④

02 그림은 전역 통과형 전달 함수의 극과 영점을 표시하고 있다. 이 전달 함수에 대하여 옳지 않은 것은?

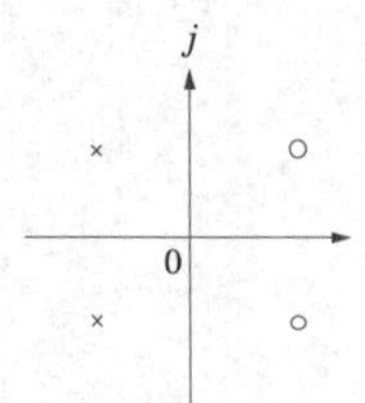

① 입력, 출력의 진폭은 주파수에 따라 다르다.
② 입력, 출력의 진폭은 같다.
③ 입력, 출력의 위상차가 주파수에 따라 다르다.
④ 입력보다 출력은 위상이 뒤진다.

해설

그림에서 극점과 영점은 좌표를 실수부와 허수부가 1의 위치라면

전달함수 $G(s)=\frac{(s-1+j)(s-1-j)}{(s+1+j)(s+1-j)}=\frac{s^2-2s+2}{s^2+2s+2}$

$\therefore\ G(j\omega)=\frac{2-\omega^2-j2\omega}{2-\omega^2+j2\omega}$

$=\sqrt{\frac{(2-\omega^2)^2+4\omega^2}{(2-\omega^2)^2+4\omega^2}}\angle\tan^{-1}\frac{-2\omega}{2-\omega^2}\angle\tan^{-1}\frac{2\omega}{2-\omega^2}$

$=1\angle-2\tan^{-1}\frac{2\omega}{2-\omega^2}$

여기서, $|G(j\omega)|=1$

∴ 입력과 출력의 진폭은 주파수에 관계없이 일정하고, 출력은 입력에 비해 위상이 뒤지며 주파수에 따라 위상차가 변화한다.

【답】 ①

03 2차 회로의 회로 방정식은 다음과 같다. 이 때의 설명 중 틀린 것은?

$$2\frac{d^2v}{dt^2}+8\frac{dv}{dt}+8v=0$$

① 특성근은 두 개이다.
② 이 회로는 임계적으로 제동되었다.
③ 이 회로는 −2인 점에 중복된 극점 두 개를 갖는다.
④ $v(t)$는 $v(t)=K_1e^{-2t}+K_2e^{2t}$의 꼴을 갖는다.

해설

미분방정식을 라플라스 변환하면

$2s^2V(s)+8sV(s)+8V(s)=0$에서

$(2s^2+8s+8)V_s=0$

$(s^2+4s+4)2V_s=0$

$\therefore\ (s+2)^2=0$

이므로 $V(t)=K_1e^{-2t}+K_2e^{-2t}$의 꼴을 갖는다.

【답】 ④

04 다음과 같은 계통의 시정수[s]는?

$$2\frac{d^2y}{dt^2}+4\frac{dy}{dt}+8y=8x$$

① 5 ② 3
③ 2 ④ 1

해설

초기값을 0으로 하고 미분방정식을 라플라스 변환하면

$(2s^2+4s+8)Y(s)=8X(s)$

전달함수 $G(s)=\frac{Y(s)}{X(s)}=\frac{8}{2s^2+4s+8}=\frac{4}{s^2+2s+4}$

$\therefore G(s)=\frac{\omega_n{}^2}{s^2+2\delta\omega_n s+\omega_n{}^2}=\frac{4}{s^2+2s+4}$

$\therefore 2\delta\omega_n=2$

$\omega_n{}^2=4$ 이므로 $\omega_n=2$ [rad/s]

$\therefore \delta=\frac{2}{2\omega_n}=\frac{1}{2}$

감쇠 계수 σ는 $\sigma=\delta\omega_n=\frac{1}{2}\times2=1$

시정수 $\tau=\frac{1}{\sigma}=\frac{1}{1}=1$

【답】 ④

05 어떤 제어계의 전달 함수의 극점이 그림과 같다. 이 계의 고유 주파수 ω_n과 감쇠율 δ는?

① $\omega_n=\sqrt{2}$, $\delta=\sqrt{2}$
② $\omega_n=2$, $\delta=\sqrt{2}$
③ $\omega_n=\sqrt{2}$, $\delta=\frac{1}{\sqrt{2}}$
④ $\omega_n=\frac{1}{\sqrt{2}}$, $\delta=\sqrt{2}$

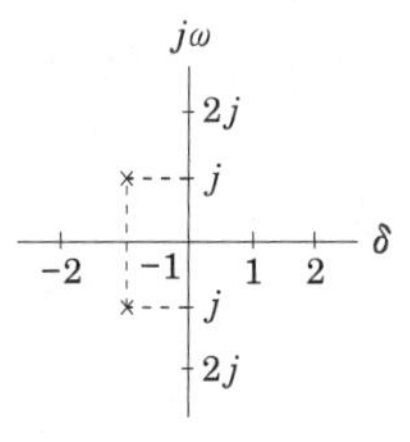

해설

특성근 : $s_1=-1+j$, $s_2=-1-j$

특성 방정식 : $(s+1-j)(s+1+j)=0$

전달함수 : $G(s)=\frac{\omega_n{}^2}{s^2+2\delta\omega_n s+\omega_n{}^2}$

$=\frac{1}{(s+1-j)(s+1+j)}=\frac{1}{(s+1)^2+1}=\frac{2}{s^2+2s+2}$

$\therefore 2\delta\omega_n=2$, $\omega_n{}^2=2$에서 $\omega_n=\sqrt{2}$

$\therefore \delta=\frac{1}{\sqrt{2}}$

【답】 ③

06 2차 제어계에 대한 설명 중 잘못된 것은?

① 제동 계수의 값이 작을수록 제동이 적게 걸려 있다.
② 제동 계수의 값이 1일 때 가장 알맞게 제동되어 있다.
③ 제동 계수의 값이 클수록 제동은 많이 걸려 있다.
④ 제동 계수의 값이 1일 때 임계 제동되었다고 한다.

해설

$\delta<1$인 경우 : 부족 제동(감쇠 진동)
$\delta>1$인 경우 : 과제동(비진동)
$\delta=1$인 경우 : 임계 제동(임계 상태)
$\delta=0$인 경우 : 무제동(무한 진동 또는 완전 진동)

【답】 ②

07 2차계에서 오버슈트가 가장 크게 일어나는 계통의 감쇠율은?

① $\delta=0.01$ ② $\delta=0.5$
③ $\delta=1$ ④ $\delta=10$

해설

감쇠율 δ의 값이 작아질수록 출력 응답은 진동이 심해진다. $\delta=0$(무제동)의 경우 일정한 진폭으로 무한히 진동한다. 따라서 δ가 가장 작은 것이 오버슈크가 가장 크게 일어난다.

【답】 ①

08 단위 부궤한 계통에서 $G(s)$가 다음과 같을 때 $K=2$ 이면 무슨 제동인가?

$$G(s) = \frac{K}{s(s+2)}$$

① 무제동　　② 임계 제동
③ 과제동　　④ 부족 제동

해설

전달함수

$$G'(s) = \frac{G(s)}{1+G(s)H(s)} = \frac{\frac{K}{s(s+2)}}{1+\frac{K}{s(s+2)}} = \frac{K}{s(s+2)+K}$$

$K=2$일 때 특성 방정식은

$s(s+2)+K=s^2+2s+2=0$

근의 공식 $s=\frac{-b\pm\sqrt{b^2-4ac}}{2a}$ 에 $a=1$, $b=2$, $c=2$를 대입하면

$\therefore s=\frac{-2\pm j2}{2}$

$\therefore s=-1\pm j$ (공액 복소수근) 이므로 근이 좌반면에 위치하며 부족 제동($\delta<1$) 된다.

【답】 ④

09 2차 제어계에서 최대 오버슈트가 발생하는 시간 t_p와 고유 주파수 ω_n, 감쇠 계수 δ 사이의 관계식은?

① $t_p = \dfrac{2\pi}{\omega_n\sqrt{1-\delta^2}}$

② $t_p = \dfrac{2\pi}{\omega_n\sqrt{1+\delta^2}}$

③ $t_p = \dfrac{\pi}{\omega_n\sqrt{1-\delta^2}}$

④ $t_p = \dfrac{\pi}{\omega_n\sqrt{1+\delta^2}}$

해설

최대 오버슈트 발생 시간 : $\omega_n\sqrt{1-\delta^2}t=n\pi$ 에서 $n=1$에서 발생한다.

$\therefore t_p=\frac{\pi}{\omega_n\sqrt{1-\delta^2}}$

【답】 ③

10 제동비가 1보다 점점 작아질 때 나타나는 현상은?

① 오버슈트가 점점 작아진다.
② 오버슈트가 점점 커진다.
③ 일정한 진폭을 가지고 무한히 진동한다.
④ 진동하지 않는다.

해설

$\delta<1$: 부족제동으로 과행량이 생겨 오버슈트가 커진다.

【답】 ②

11 그림 (a)와 같은 회로의 구동점 임피던스의 극, 영점이 그림 (b)와 같다. $Z(0)=1$일 때 RLC의 값은?

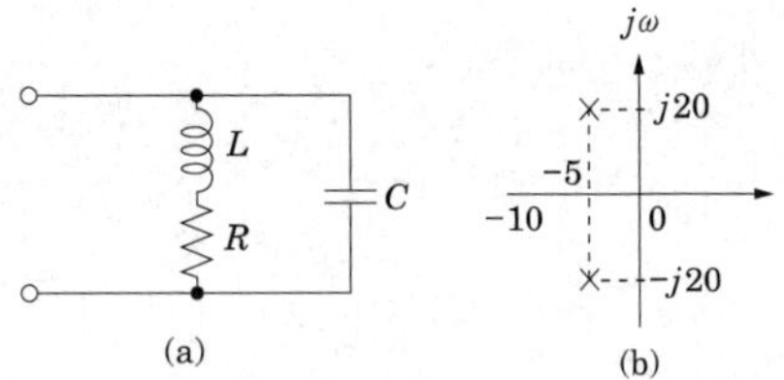

① $R=1$ [Ω], $L=0.1$ [H], $C=0.0235$ [F]
② $R=1$ [Ω], $L=0.2$ [H], $C=1$ [F]
③ $R=2$ [Ω], $L=0.1$ [H], $C=0.0235$ [F]
④ $R=2$ [Ω], $L=0.2$ [H], $C=1$ [F]

해설

구동점 임피던스

$$: Z(s)=\frac{\frac{1}{sC}(R+sL)}{\frac{1}{sC}+R+sL}=\frac{R+sL}{s^2LC+sRC+1}$$

$$=\frac{\frac{1}{C}\left(s+\frac{R}{L}\right)}{s^2+s\frac{R}{L}+\frac{1}{LC}}$$

영점 : $s=-\frac{R}{L}=-10$

극점 : $s=\frac{1}{2}\left\{-\frac{R}{L}\pm j\sqrt{\frac{4}{LC}-\left(\frac{R}{L}\right)^2}\right\}=-5\pm j20$

문제의 조건에서 $Z(0)=R=1$ [Ω]이므로

$\therefore L=0.1$ [H], $C=0.0235$ [F]

【답】 ①

12 어떤 회로의 영입력 응답(또는 자연응답)이 다음과 같다. $V(t)=84(e^{\ \ t}-e^{-6t})$ 다음의 서술에서 잘못된 것은?

① 회로의 시정수 1(秒), 1/6(秒) 두 개다.
② 이 회로의 2차 회로이다.
③ 이 회로는 과제동(過制動)되었다.
④ 이 회로는 임계제동되었다.

해설

$$\mathcal{L}[84(e^{-t}-e^{-6t})]=84\left(\frac{1}{s+1}-\frac{1}{s+6}\right)$$
$$=84\left[\frac{(s+6)-(s+1)}{(s+1)(s+6)}\right]=84\left[\frac{5}{s^2+7s+6}\right]$$
$$=70\left[\frac{6}{s^2+7s+6}\right]$$

여기서, $2\delta\omega_n s=7s$, $\omega_n^2=6$이므로

$\therefore 2\sqrt{6}\,\delta=7$

$\therefore \delta=\dfrac{7}{2\sqrt{6}}=1.42$

$\therefore$ $\delta>1$이면 과제동, 비진동이 된다.

또, 특성방정식 $(s+1)(s+6)=0$에서 특성근은 -1, -6

$\therefore$ 시정수는 특성근의 절대값의 역이므로 1초, 1/6초 두개가 된다.

【답】 ④

Chapter 6 오차와 감도

1. 정상오차

정상상태에서 시스템의 입력으로서 기준입력 $r(t)$와 시스템 출력 $c(t)$와의 차이 값을 정상상태오차 또는 정상상태의 편차라고 한다.
기준입력 $r(t)$와 출력$c(t)$의 차원이 같고 또 같은 양 인 경우의 오차신호 $e(t)$는 다음과 같다.

$$e(t) = r(t) - c(t)$$

입력과 출력의 레벨이 다른 경우[10]에는 그림 1과 같이 궤환 회로에 전송기를 설치하여야 하며 이 경우의 오차는 다음과 같다.

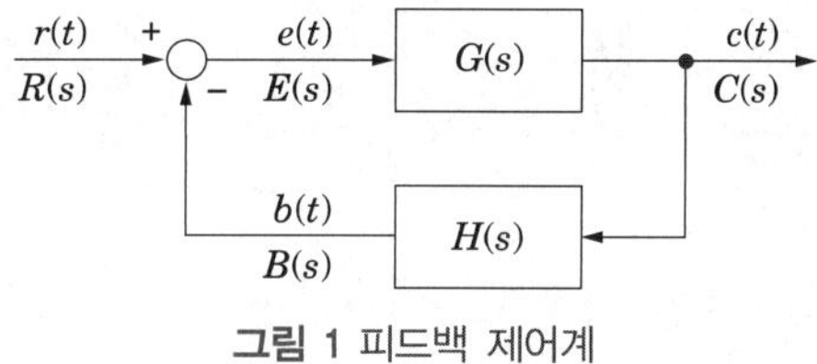

그림 1 피드백 제어계

$$e(t) = r(t) - b(t)$$

이 식을 라플라스변환 하면

$$E(s) = R(s) - B(s)$$

가 된다. 이때 오차는 입력과 이득에 따라 달라진다. 따라서 정상응답을 간단히 취급하기 위해 $H=1$ 또는 $H \neq 1$를 가정하면 된다.
$H \neq 1$인 경우 오차는 다음과 같이 구한다.

$$E(s) = R(s) - B(s)$$
$$B(s) = H(s)C(s)$$

10) 낮은 입력전압으로 높은 전압을 제어할 경우

이므로 이를 대입하면

$$E(s)=R(s)-H(s)C(s)$$

여기서,

$$G(s)=\frac{G(s)}{1+G(s)H(s)}=\frac{C(s)}{R(s)}$$

이므로

$$C(s)=\frac{G(s)R(s)}{1+G(s)H(s)}$$

가 되므로 이를 대입하여 구한다.

$$\begin{aligned}E(s)&=R(s)-\frac{G(s)H(s)}{1+G(s)H(s)}\cdot R(s)\\&=\frac{R(s)[1+G(s)H(s)]}{1+G(s)H(s)}-\frac{G(s)H(s)R(s)}{1+G(s)H(s)}\\&=\frac{R(s)+G(s)H(s)R(s)}{1+G(s)H(s)}-\frac{G(s)H(s)R(s)}{1+G(s)H(s)}\\&=\frac{R(s)}{1+G(s)H(s)}\end{aligned}$$

가 된다. 또 $H=1$인 경우 블록선도는

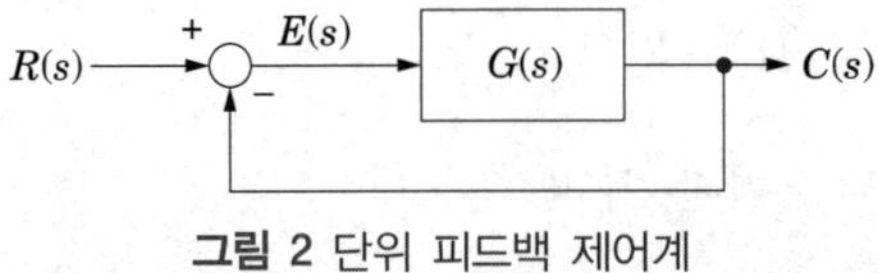

그림 2 단위 피드백 제어계

되며, 이 경우 오차는

$$E(s)=R(s)-\frac{G(s)}{1+G(s)}R(s)=\frac{R(s)}{1+G(s)}$$

가 된다. 이것을 오차라 한다.

2. 자동제어 시스템의 오차

일반적으로 오차는 단위 궤환 요소($H=1$)를 가진 자동 제어 시스템의 오차를 뜻하는 것이므로

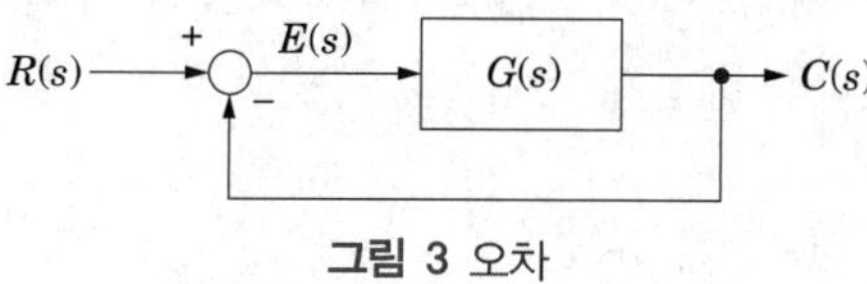

그림 3 오차

오차를 구하면

$$E(s)=R(s)-C(s)=R(s)-\frac{G(s)}{1+G(s)}\cdot R(s)=\frac{R(s)}{1+G(s)}$$

가 된다. 오차함수(error function)는 최종값 정리를 적용하여 구하면 다음과 같다.

$$e_{ss}=\lim_{t\to\infty}e(t)=\lim_{s\to 0}sE(s)$$

여기서, $sE(s)$는 허수축상이나 s 평면의 우반 평면에 극을 갖지 않는다면 오차함수는

$$e_{ss}=\lim_{s\to 0}\frac{sR(s)}{1+G(s)}$$

가 된다.

3. 형에 의한 궤환 시스템의 분류

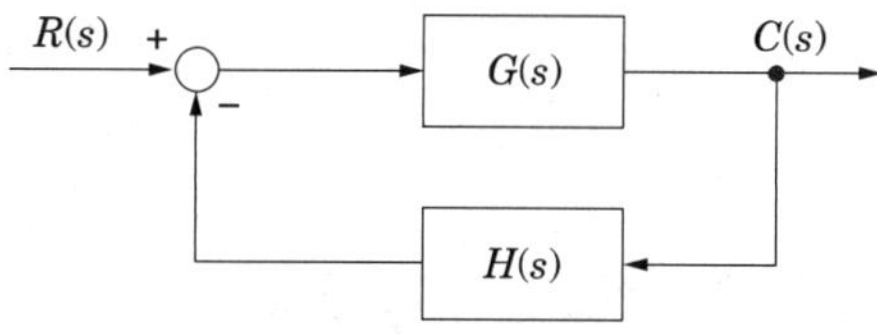

그림 4 표준 궤환 시스템(폐루프 제어계)

그림 4와 같은 표준 궤환 시스템의 전달 함수를 구하고 특성방정식을 세운 다음, 특성방정식의 $G(s)H(s)$를 구하여 분자와 분모를 인수분해 하면 다음과 같이 표현할 수 있다.

$$G(s)H(s)=\frac{K(s+z_1)(s+z_2)\cdots(s+z_m)}{(s+p_1)(s+p_2)\cdots(s+p_n)}=\frac{K\prod_{i=1}^{m}(s+z_i)}{\prod_{i=1}^{n}(s+p_i)}$$

여기서, K는 전향 경로의 이득, $-z_i$, $-p_i$ 는 각각 GH의 유한 영점과 유한 극이다. 만일 a개의 영점과 b개의 극이 원점에 있다면,

$$G(s)H(s)=\frac{Ks^a(s+z_1)(s+z_2)\cdots(s+z_{m-a})}{s^b(s+p_1)(s+p_2)\cdots(s+p_{n-b})}$$

가 된다. 또한, $b\geq a$ 인 시스템만 다루며 $l=b-a$라 놓으면 전달함수는 다음과 같이 표시되며 l 형의 시스템이라고 부른다.

$$G(s)H(s)=\frac{K(s+z_1)(s+z_2)\cdots(s+z_{m-a})}{s^l(s+p_1)(s+p_2)\cdots(s+p_{n-b-l})}$$

시스템의 정상오차는 $s=0$에서 $G(s)H(s)$의 값이 지배 하므로 시스템의 형을 결정하는 데는 원점에서의 극 $s^l(l=0,\ 1,\ 2,\ \cdots)$의 수, 즉 l의 값에 의존된다고 볼 수 있다. 따라서, 제어 시스템의 형은 다음과 같이 나타낼 수 있다.

$$\lim_{s\to 0}G(s)H(s)=\frac{K}{s^l}$$

예제문제 01

그림과 같은 블록 선도로 표시되는 제어계는 무슨 형인가?

① 0형 ② 1형

③ 2형 ④ 3형

R, +, −, $\frac{1}{s(s+1)}$, $\frac{2}{s(s+3)}$, C

해설

$$G(s)=\frac{G(s)}{1+G(s)H(s)}=\frac{\frac{1}{s(s+1)}\frac{2}{s(s+3)}}{1+\frac{1}{s(s+1)}\frac{2}{s(s+3)}}=\frac{2}{1+s^2(s+1)(s+3)}$$

$$\therefore\ G(s)H(s)=\frac{2}{s^2(s+1)(s+3)}=\frac{2s^a}{s^b(s+1)(s+3)}$$

$\therefore\ a=0,\ b=2$이므로 $l=b-a=2$, 즉 2형 제어계이다.

답 : ③

예제문제 02

표준 궤환이 그림과 같이 주어질 때 계의 형은?

$$G=\frac{24}{(2s+1)(4s+1)},\ H=\frac{4}{4s(3s+1)}$$

① 0 ② 1
③ 2 ④ 3

해설

$$G=\frac{24}{(2s+1)(4s+1)},\ H=\frac{4}{4s(3s+1)}$$

$$\therefore\ G(s)H(s)=\frac{96}{4s(2s+1)(4s+1)(3s+1)}=\frac{24}{s(2s+1)(4s+1)(3s+1)}=\frac{24s^a}{s^b(2s+1)(4s+1)(3s+1)}$$

$\therefore\ a=0,\ b=1$이므로 $l=b-a=1$, 즉 1형 제어계이다.

답 : ②

4. 기준 시험 입력에 대한 정상오차

기준 시험 입력은 계단, 램프, 포물선의 3가지가 사용된다. 오차는 이 기준입력에 대하여 구하게 된다.

(1) 단위 계단 입력(정상 위치 편차)

$$r(t)=u(t)\rightarrow R(s)=\frac{1}{s}$$

(2) 단위 램프 입력(정상 속도 편차)

$$r(t)=tu(t)\ \rightarrow\ R(s)=\frac{1}{s^2}$$

(3) 단위 포물선 입력(정상 가속도 편차)

$$r(t)=\frac{1}{2}t^2u(t)\ \rightarrow\ R(s)=\frac{1}{s^3}$$

4.1 정상 위치 편차

크기가 R인 계단 입력 $r(t)=Ru(t)$를 입력으로 가했을 때의 정상(상태)편차를 정상 위치 편차라 한다. 입력 $r(t)$의 라플라스 변환 $R(s)$는 R/s이므로 정상 위치 편차 e_{ssp}는 다음과 같이 구한다.

(1) $H=1$인 경우

$$e_{ssp}=\lim_{s\to 0}\frac{sR(s)}{1+G(s)}=\lim_{s\to 0}\frac{R}{1+G(s)}$$
$$=\frac{R}{1+\lim\limits_{s\to 0}G(s)}=\frac{R}{1+K_p}$$

여기서, $K_p=\lim\limits_{s\to 0}G(s)$를 위치 편차 상수라 정의한다.

(2) $H\neq 1$인 경우

$$e_{ssp}=\lim_{s\to 0}\frac{sR(s)}{1+G(s)H(s)}=\lim_{s\to 0}\frac{R}{1+G(s)H(s)}$$
$$=\frac{R}{1+\lim\limits_{s\to 0}G(s)H(s)}=\frac{R}{1+K_p}$$

여기서, $K_p=\lim\limits_{s\to 0}G(s)H(s)$를 위치 편차 상수라 정의한다.

입력이 계단함수일 때 $e_{ssp}=0$이 되려면 $K_p=\infty$가 되어야 한다. 또한 K_p가 ∞가 되기 위해서는 l의 형은 0형이 되어야 한다. 계단 입력으로 인한 정상상태 오차는 제어계의 형별에 따라 다음과 같다.

$l=0$일 때 $\qquad e_{ssp}=\dfrac{R}{1+K_p}=$ 일정

$l=1$일 때 $\qquad K_p=\infty$ 이므로 $e_{ssp}=0$

4.2 정상 속도 편차

제어계에 램프 입력 $r(t)=Rt\,u(t)$를 가했을 경우의 정상 편차를 정상 속도 편차라 한다. 입력 $Rtu(t)$의 라플라스 변환은 R/s^2이므로 정상 속도 편차 e_{ssv}는 다음과 같이 구한다.

(1) $H=1$인 경우

$$e_{ssv}=\lim_{s\to 0}\frac{s}{1+G(s)}\cdot\frac{R}{s^2}=\lim_{s\to 0}\frac{R}{s+sG(s)}$$
$$=\frac{R}{\lim_{s\to 0}sG(s)}=\frac{R}{K_v}$$

여기서, $K_v=\lim_{s\to 0}sG(s)$이며 속도 편차 상수라 한다.

(2) $H\neq 1$인 경우

$$e_{ssv}=\lim_{s\to 0}\frac{s}{1+G(s)H(s)}\cdot\frac{R}{s^2}=\lim_{s\to 0}\frac{R}{s+sG(s)H(s)}$$
$$=\frac{R}{\lim_{s\to 0}sG(s)H(s)}=\frac{R}{K_v}$$

여기서, $K_v=\lim_{s\to 0}sG(s)H(s)$이며 속도 편차 상수라 한다.

입력이 램프 함수일 때 $e_{ssv}=0$이 되려면, $K_v=\infty$가 되어야 한다. 따라서,

$$K_v=\lim_{s\to 0}sG(s)H(s)=\lim_{s\to 0}\frac{K}{s^{l-1}}\quad l=0,\,1,\,2,\cdots$$

위 식에서 $K_v=\infty$가 되려면 l의 형은 1형이다. 램프 함수 입력에 대한 제어계의 형별에 따른 시스템의 정상 상태 오차는 다음과 같다.

$l=0$일 때 $K_v=0$이므로 $e_{ssv}=\infty$

$l=1$일 때 $e_{ssv}=\dfrac{R}{K_v}=$ 일정

$l=2$일 때 $K_v=\infty$이므로 $e_{ssv}=0$

4.3 정상 가속도 편차

제어계에 포물선 입력 $r(t)=\frac{1}{2}Rt^2u(t)$를 가했을 경우의 정상 편차를 정상 가속도 편차라 한다. 입력 $\frac{1}{2}Rt^2u(t)$를 라플라스 변환하면 R/s^3이므로 정상 가속도 편차 e_{ssa}는 다음과 같이 구한다.

(1) $H=1$인 경우

$$e_{ssa}=\lim_{s\to 0}\frac{s}{1+G(s)}\cdot\frac{R}{s^3}=\lim_{s\to 0}\frac{R}{s^2+s^2G(s)}=\frac{R}{\lim_{s\to 0}s^2G(s)}=\frac{R}{K_a}$$

여기서, $K_a=\lim_{s\to 0}s^2G(s)$이며 가속도 편차 상수라 한다.

(2) $H\neq 1$경우

$$e_{ssa}=\lim_{s\to 0}\frac{s}{1+G(s)H(s)}\cdot\frac{R}{s^3}=\lim_{s\to 0}\frac{R}{s^2+s^2G(s)H(s)}$$

$$=\frac{R}{\lim_{s\to 0}s^2G(s)H(s)}=\frac{R}{K_a}$$

여기서, $K_a=\lim_{s\to 0}s^2G(s)H(s)$이며 가속도 편차 상수라 한다.

포물선 입력을 가한 경우 제어시스템의 형별에 따른 정상 상태 오차는 다음과 같다.

$l=0$, 1일 때 $K_a=0$ 이므로 $e_{ssa}=\infty$

$l=2$일 때 $e_{ssa}=\frac{R}{K_a}=$일정

$l=3$일 때 $K_a=\infty$ 이므로 $e_{ssa}=0$

표 1 제어 시스템의 정상 상태 오차

시스템의 형태 l	단위 계단 함수 입력 (위치 편차)		램프 함수 입력 (속도 편차)		포물선 함수 입력 (가속도 편차)	
	K_p	e_{ssp}	K_v	e_{ssv}	K_a	e_{ssa}
0	K_p	$\frac{R}{1+K_p}$	0	∞	0	∞
1	∞	0	K_v	$\frac{R}{K_v}$	0	∞
2	∞	0	∞	0	K_a	$\frac{R}{K_a}$
3	∞	0	∞	0	∞	0

예제문제 03

어떤 제어계에서 정속도 입력 $r(t) = Rtu(t)$에 대한 정상 속도 편차 $e_{ss} = \frac{R}{K_v} = \infty$이면 이 계는 무슨 형인가?

① 0형 ② 1형 ③ 2형 ④ 3형

해설

계	정상 위치 편차	정상 속도 편차	정상 가속도 편차
2형	0	0	R/K_1
1형	0	R/K_1	∞
0형	R/K_1	∞	∞

답 : ①

예제문제 04

계단 오차 상수를 K_p라 할 때 1형 시스템의 계단 입력 $u(t)$에 대한 정상 상태 오차 e_{ss}는?

① 1 ② $\frac{1}{K_p}$ ③ 0 ④ ∞

해설

$e_{ss} = \lim_{s\to 0}\frac{sR(s)}{1+G(s)} = \lim_{s\to 0}\frac{1}{1+\frac{K_p}{s^l}}$ 에서 $l=1$인 경우가 1형 제어계 이므로 $e_{ss}=0$ 이 된다.

답 : ③

예제문제 05

제어시스템의 정상상태 오차에서 포물선 함수 입력에 의한 정상 상태 오차를 $K_s = \lim_{s\to 0} s^2 G(s)H(s)$로 표현된다. 이때 K_s를 무엇이라고 부르는가?

① 위치오차상수 ② 속도오차상수
③ 가속도오차상수 ④ 평면오차상수

해설

위치 편차 상수 : $K_p = \lim_{s\to 0} G(s)$

속도 편차 상수 : $K_v = \lim_{s\to 0} sG(s)$

가속 편차 상수 : $K_a = \lim_{s\to 0} s^2 G(s)$

답 : ③

예제문제 06

개루프 전달 함수 $G(s)$가 다음과 같이 주어지는 단위 피드백계에서 단위 속도 입력에 대한 정상 편차는?

$$G(s) = \frac{10}{s(s+1)(s+2)}$$

① $\frac{1}{2}$　　② $\frac{1}{3}$　　③ $\frac{1}{4}$　　④ $\frac{1}{5}$

해설

속도오차 : $e_{ssv} = \frac{1}{\lim\limits_{s \to 0} sG(s)} = \frac{1}{\lim\limits_{s \to 0} s \cdot \frac{10}{s(s+1)(s+2)}} = \frac{1}{\frac{10}{2}} = \frac{1}{5}$

답 : ④

예제문제 07

다음 그림과 같은 블록 선도의 제어 계통에서 속도 편차 상수 K_v는 얼마인가?

$R(s) \rightarrow$ (+, −) $\rightarrow \boxed{\frac{s+2}{s+4}} \rightarrow \boxed{\frac{4}{s(s+1)}} \rightarrow G(s)$ (단위 피드백)

① 2　　② 0　　③ 0.5　　④ ∞

해설

속도오차 상수 : $K_v = \lim\limits_{s \to 0} s \cdot \frac{4(s+2)}{s(s+1)(s+4)} = 2$

답 : ①

예제문제 08

개루프 전달 함수 $G(s)$가 다음과 같이 주어지는 단위 피드백계에서 단위 속도 입력에 대한 정상 편차는?

$$G(s) = \frac{2(1+0.5s)}{s(1+s)(1+2s)}$$

① 0　　② $\frac{1}{2}$　　③ 1　　④ 2

해설

속도오차 : $e_{ss} = \frac{1}{\lim\limits_{s \to 0} sG(s)} = \frac{1}{\lim\limits_{s \to 0} s \cdot \frac{2(1+0.5s)}{s(1+s)(1+2s)}} = \frac{1}{2}$

답 : ②

5. 외란

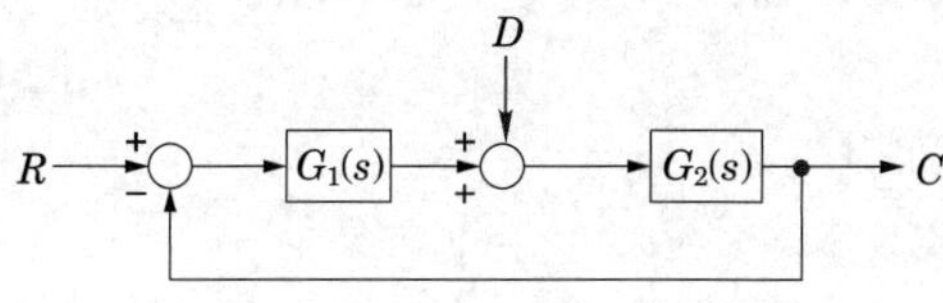

그림 5 외란이 있는 제어계의 블록선도

그림 5에서 표시되는 자동제어계의 $R(s)$, $C(s)$, $D(s)$ 사이의 관계식은 다음과 같다. 단, 여기서 $D(s)$는 외란 $d(t)$의 라플라스 변환이다.

$$C(s) = \frac{G_1(s)\,G_2(s)}{1+G_1(s)\,G_2(s)}R(s) + \frac{G_2(s)}{1+G_1(s)\,G_2(s)}D(s)$$

편차는 $R(s) - C(s)$로 정의하였으므로

$$E(s) = \frac{R(s)[1+G_1(s)\,G_2(s)]}{1+G_1(s)\,G_2(s)} - \frac{G_1(s)\,G_2(s)}{1+G_1(s)\,G_2(s)}R(s) + \frac{G_2(s)}{1+G_1(s)\,G_2(s)}D(s)$$

$$E(s) = \frac{1}{1+G_1(s)\,G_2(s)}R(s) - \frac{G_2(s)}{1+G_1(s)\,G_2(s)}D(s)$$

와 같이 표시되며,

$$e_{ss} = \lim_{s\to 0} s\,E(s)$$

외란에 대한 정상편차는

$$e_{ds} = \lim_{s\to 0}\frac{s\,G_2(s)}{1+G_1(s)\,G_2(s)}D(s)$$

로 주어진다.

예제문제 09

그림과 같은 제어계에서 단위 계단 외란 D가 인가되었을 때의 정상 편차는?

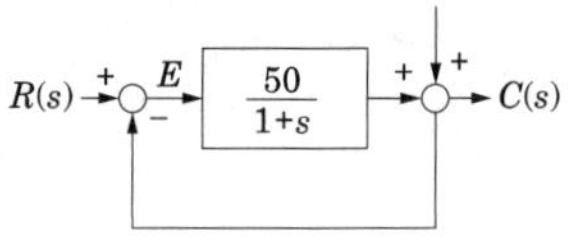

① 50　　② 51
③ 1/50　　④ 1/51

해설

단위 계단 입력의 외란이므로 $D(s)=\frac{1}{s}$

$$\therefore E(s)=\frac{1}{1+G(s)}\cdot D(s)=\frac{1}{1+\frac{50}{1+s}}\cdot D(s)=\frac{1+s}{s+51}\cdot\frac{1}{s}$$

$$\therefore e_{ss}=\lim_{s\to 0}sE(s)=\lim_{s\to 0}s\cdot\frac{1+s}{s+51}\cdot\frac{1}{s}=\lim_{s\to 0}\frac{1+s}{s+51}=\frac{1}{51}$$

답 : ④

6. 감도(Sensitivity)

감도는 그 계의 전달 함수의 한 파라미터가 지정값에서 벗어났을 경우 전달 함수가 지정값에서 벗어난 양의 크기로 정의 된다. 다시 말하면 계를 구성하는 한 요소의 특성 변화가 계 전체에 특성 변화에 미치는 영향 정도를 말한다. 식으로 표현하면 공정 전달 함수의 백분율 변화에 대한 시스템 전달함수의 백분율 변화의 비로 정의된다.

6.1 매개변수변화에 대한 시스템의 감도

어떤 시스템의 출력함수 F에 대하여 한 파라미터 α의 변화로 인한 시스템의 감도(sensitivity)는

$$\begin{aligned}S_\alpha^F &= \lim_{\Delta\alpha\to 0}\left(\frac{\text{F의 분수변화}}{\alpha\text{의 분수변화}}\right)\\ &= \lim_{\Delta\alpha\to 0}\left(\frac{\Delta \mathrm{F}/\mathrm{F}}{\Delta\alpha/\alpha}\right)\\ &= \lim_{\Delta\alpha\to 0}\frac{\Delta F}{\Delta\alpha}\left(\frac{\alpha}{F}\right)=\frac{\partial F}{\partial\alpha}\left(\frac{\alpha}{\mathrm{F}}\right)\end{aligned}$$

F의 α 극히 적은 변화량에 대한 감도 : $S_\alpha^F \fallingdotseq \frac{\Delta F}{\Delta\alpha}\left(\frac{\alpha}{\mathrm{F}}\right)$

만약 F를 폐루프 전달함수 M으로 선택하고 시스템 파라미터 시스템 파라미터 α의 변화량에 대한 M의 영향 즉

즉 감도 S_{α}^{M}를 구하려면

$$S_{\alpha}^{M}=\lim_{\Delta\alpha\to 0}\left(\frac{\text{M의 분수변화}}{\alpha\text{의 분수변화}}\right)=\frac{\partial \mathrm{M}}{\partial\alpha}\left(\frac{\alpha}{\mathrm{M}}\right)$$

α가 전달함수 G에만 포함되어 있다면 합성합수의 미분(chain-rule)에 의해[11]

$$\frac{\partial M}{\partial\alpha}=\frac{\partial M}{\partial G}\left(\frac{\partial G}{\partial\alpha}\right),\quad M=M(G)$$

$$S_{\alpha}^{M}=\frac{\partial M}{\partial\alpha}\left(\frac{\alpha}{\mathrm{M}}\right)=\frac{\partial \mathrm{M}}{\partial \mathrm{G}}\left(\frac{\partial \mathrm{G}}{\partial\alpha}\right)\times\left(\frac{\alpha}{\mathrm{G}}\,\frac{\mathrm{G}}{\mathrm{M}}\right)$$ [12]

이를 정리하면

$$S_{\alpha}^{M}=\frac{\partial M}{\partial G}\left(\frac{G}{M}\right)\times\left(\frac{\partial G}{\partial\alpha}\,\frac{\alpha}{G}\right)=S_{G}^{M}\,S_{\alpha}^{G}$$

가 된다. 예를 들어 개루프 시스템에 변화요소가 존재할 때

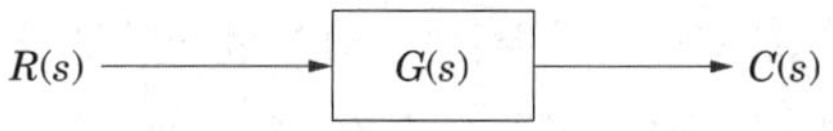

$R(s) \rightarrow$ [$G(s)$] $\rightarrow C(s)$

그림 6 개루프 시스템

그림 6에서 감도는 $S_{G}^{M}=\frac{\partial M}{\partial G}\cdot\frac{G}{M}=\frac{\partial(G)}{\partial G}\cdot\frac{G}{G}=1$

여기서, 전달함수 $M=G$

가 된다. 즉 감도가 1이므로 개선은 없다는 것을 의미한다. 만약 G내의 어떤 파라미터 α가 변화할 때 감도는 다음과 같다.

$$S_{\alpha}^{M}=S_{G}^{M}\,S_{\alpha}^{G}=[1]\cdot\left[\frac{\partial G}{\partial\alpha}\cdot\frac{\alpha}{G}\right]=\frac{\partial G}{\partial\alpha}\cdot\frac{\alpha}{G}$$

또, 폐루프 시스템의 전향경로 변화요소가 존재할 때

11) 합성함수의 미분

$$\frac{dy}{dx}=\frac{dy}{dt}*\frac{dt}{dx}$$

$$\frac{dy}{dt}=f'(t)=f'(g(x))$$

$$\frac{dt}{dx}=g'(x)$$

$$\frac{dy}{dx}=f'(g(x))*g'(x)$$

12) G를 분자와 분모에 곱한다.

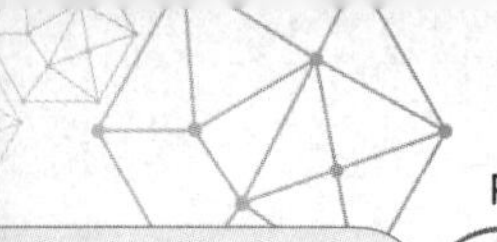

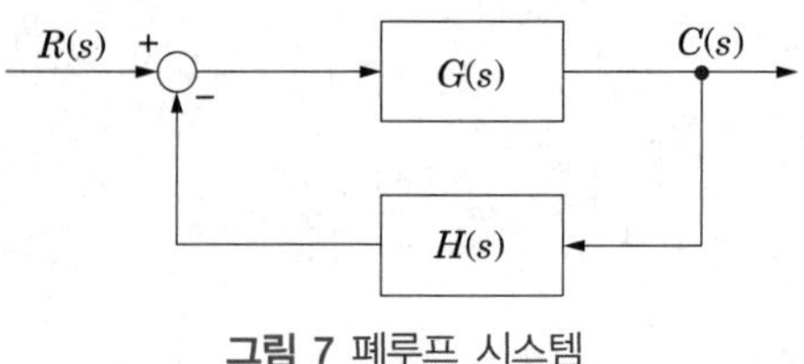

그림 7 폐루프 시스템

전달함수 $M=\dfrac{G}{1+GH}$ 이므로 감도는

$$S_G^M=\frac{\partial M}{\partial G}\left(\frac{G}{M}\right)=\frac{\partial}{\partial G}\left(\frac{G}{1+GH}\right)\cdot\frac{G}{\dfrac{G}{1+GH}}$$

$$=\frac{1+GH-GH}{(1+GH)^2}\cdot(1+GH)=\frac{1}{1+GH}\quad ^{13)}$$

여기서

$$GH\to\infty \qquad S_G^M\to 0$$

이면 $|1+GH|$의 값은 잘 설계된 피드백 시스템에서는 1보다 훨씬 크기 때문에 감도는 크게 감소한다. 또 피드백 경로에 변화요소가 존재할 때

$$S_H^M=\frac{\partial M}{\partial H}\left[\frac{H}{M}\right]=\frac{\partial}{\partial H}\left(\frac{G}{1+GH}\right)\frac{H}{M}=\frac{-G^2}{(1+GH)^2}\cdot\frac{H}{\dfrac{G}{1+GH}}=\frac{-GH}{1+GH}$$

$$|GH|\to 0 \text{ 이면 } S_H^M\to 0$$

$|1+GH|$가 $|GH|$보다 크면 감도의 감소는 이루어진다.

예제문제 10

그림과 같은 블록 선도의 제어계에서 K에 대한 폐루프 전달 함수 $T=\dfrac{C}{R}$의 감도는?

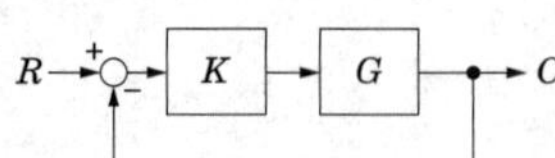

① $S_K^T=1$

② $S_K^T=\dfrac{1}{1+KG}$

③ $S_K^T=\dfrac{G}{1+KG}$

④ $S_K^T=\dfrac{KG}{1+KG}$

---

13) 미분공식 $\dfrac{d}{dx}\dfrac{g(x)}{f(x)}=\dfrac{\dfrac{dg(x)}{dx}\times f(x)-g(x)\times\dfrac{df(x)}{dx}}{f^2(x)}$

해설

전달 함수 T는 $T=\dfrac{C}{R}=\dfrac{KG}{1+KG}$

감도 공식 $S_K^T=\dfrac{K}{T}\cdot\dfrac{dT}{dK}$에 대입하면

$$S_K^T=\frac{K}{\dfrac{KG}{1+KG}}\cdot\frac{d}{dK}\left(\frac{KG}{1+KG}\right)=\frac{1+KG}{G}\cdot\frac{G(1+KG)-KG\cdot G}{(1+KG)^2}$$

$$=\frac{1+KG}{G}\cdot\frac{G(1+KG-KG)}{(1+KG)^2}=\frac{1}{1+KG}$$

답 : ②

핵심과년도문제

6·1

그림의 블록 선도에서 $H=0.1$이면 오차 E [V]는?

① -6 ② 6
③ -40 ④ 40

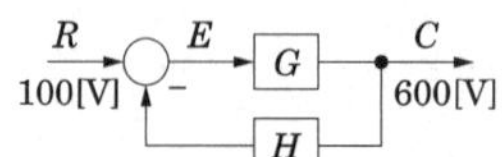

해설 $E=R-CH=100-600\times0.1=40$ [V] 【답】 ④

6·2

단위 램프 입력에 대하여 속도 편차 상수가 유한한 값을 갖는 제어계는?

① 3형 ② 2형
③ 1형 ④ 0형

해설 속도오차 : $e_{ss}=\lim_{s\to0}\frac{R}{s+sG(s)}=\frac{R}{\lim_{s\to0}sG(s)}$

속도오차 상수 : $K_v=\lim_{s\to0}sG(s)$

∴ 1형 제어계의 $e_{ss}=\frac{R}{K_v}$의 유한한 값을 갖는다. 【답】 ③

6·3

어떤 제어계에서 단위 계단 입력에 대한 정상 편차가 유한값이면 이 계는 무슨 형인가?

① 0형 ② 1형
③ 2형 ④ 3형

해설

계	정상 위치 편차	정상 속도 편차	정상 가속도 편차
2형	0	0	R/K_1
1형	0	R/K_1	∞
0형	R/K_1	∞	∞

【답】 ①

6·4

개루프 전달 함수 $G(s)=\dfrac{1}{s(s^2+5s+6)}$인 단위 궤환계에서 단위 계단 입력을 가하였을 때의 잔류 편차(offset)는?

① 0 ② 1/6
③ 6 ④ ∞

해설 위치오차 : $e_{ss}=\lim\limits_{s\to0}\dfrac{s}{1+G(s)}R(s)$

$R(s)=\dfrac{1}{s}$ 이므로

$$\therefore e_{ssp}=\lim_{s\to0}\frac{s}{1+G(s)}\cdot\frac{1}{s}=\lim_{s\to0}\frac{1}{1+G(s)}$$

$$=\lim_{s\to0}\frac{1}{1+\dfrac{1}{s(s^2+2s+6)}}=\lim_{s\to0}\frac{s(s^2+2s+6)}{s(s^2+2s+6)+1}=0$$

【답】 ①

6·5

단위 피드백 제어계에서 개루프 전달 함수 $G(s)$가 다음과 같이 주어지는 계의 단위 계단 입력에 대한 정상 편차는?

$$G(s)=\frac{10}{(s+1)(s+2)}$$

① $\dfrac{1}{3}$ ② $\dfrac{1}{4}$ ③ $\dfrac{1}{5}$ ④ $\dfrac{1}{6}$

해설 속도오차 : $e_{ss}=\lim\limits_{s\to0}\dfrac{s}{1+G(s)}R(s)$

$R(s)=\dfrac{1}{s}$ 이므로

$$\therefore e_{ss}=\lim_{s\to0}\frac{s}{1+G(s)}\cdot\frac{1}{s}=\frac{1}{1+\lim\limits_{s\to0}G(s)}=\frac{1}{1+\lim\limits_{s\to0}\dfrac{10}{(s+1)(s+2)}}=\frac{1}{1+5}=\frac{1}{6}$$

【답】 ④

심화학습문제

01 그림과 같은 단위 궤환 제어계에 $R(s)=\frac{3}{s}-\frac{1}{s^2}+\frac{1}{s^3}$의 입력이 주어질 때의 정상 편차는?

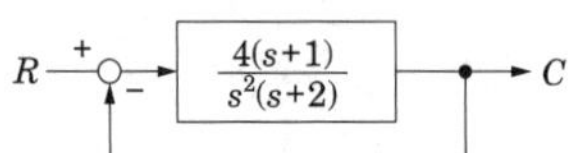

① 0 ② $\frac{1}{2}$

③ $\frac{1}{3}$ ④ $\frac{1}{4}$

해설

$G(s)=\frac{4(s+1)}{s^2(s+2)}$, $H=1$

$\therefore G(s)H(s)=\frac{4(s+1)}{s^2(s+2)}=\frac{s^a 4(s+1)}{s^b(s+2)}$

$a=0$, $b=2$이므로 $l=b-a=2$, 즉 2형 제어계이다.

∴ 2형 제어계로 정상 가속도 편차만 있으므로

$$e_{ss}=\frac{1}{\lim\limits_{s\to0}s^2G(s)}=\frac{1}{\lim\limits_{s\to0}s^2\cdot\frac{4(s+1)}{s^2(s+2)}}=\frac{1}{\lim\limits_{s\to0}\frac{4(s+1)}{s+2}}=\frac{1}{\frac{4}{2}}=\frac{1}{2}$$

【답】②

02 $G_{c1}(s)=K$, $G_{c2}(s)=\frac{1+0.1s}{1+0.2s}$, $G_p(s)=\frac{200}{s(s+1)(s+2)}$인 그림과 같은 제어계에 단위 램프 입력을 가할 때 정상 편차가 0.01이라면 K의 값은?

$R(s)$ → (+, −) → $G_{C1}(s)$ → $G_{C2}(s)$ → $G_p(s)$ → $C(s)$ (단위 궤환)

① 0.1 ② 1

③ 10 ④ 100

해설

- 속도오차 상수

$$K_v=\lim_{s\to0}s\cdot\frac{200K(1+0.1s)}{s(s+1)(s+2)(1+0.2s)}=100K$$

- 속도오차

$$e_{ssv}=\frac{1}{K_v}=\frac{1}{100K}=0.01\text{이므로}$$

$\therefore K=1$

【답】②

03 폐루프 전달 함수 $T=\frac{C}{R}=\frac{A_1+KA_2}{A_3+KA_4}$인 계에서 K에 대한 T의 감도 S_K^T는?

① $\frac{K(A_2A_3-A_1A_4)}{(A_1+KA_2)(A_3+KA_4)}$

② $\frac{A_1A_2K(A_3+KA_4)}{A_2A_3+A_1A_4}$

③ $\frac{A_2A_3+A_1A_4}{(A_1+A_3)(A_2+A_4)}$

④ $\frac{A_1A_2+A_3A_4}{K(A_1A_4+A_2A_3)}$

해설

$S_K^T=\frac{K}{T}\cdot\frac{dT}{dK}$에서 $\frac{dT}{dK}=\frac{d}{dK}\left(\frac{A_1+KA_2}{A_3+KA_4}\right)$

$$=\frac{A_2(A_3+KA_4)-A_4(A_1+KA_2)}{(A_3+KA_4)^2}=\frac{A_2A_3-A_1A_4}{(A_3+KA_4)^2}$$

$$\therefore S_K^T=\frac{K}{T}\cdot\frac{dT}{dK}=\frac{K(A_3+KA_4)}{A_1+KA_2}\cdot\frac{A_2A_3-A_1A_4}{(A_3+KA_4)^2}=\frac{K(A_2A_3-A_1A_4)}{(A_3+KA_4)(A_1+KA_2)}$$

【답】①

04 그림의 블록 선도에서 폐루프 전달 함수 $T=C/R$에서 H에 대한 감도 S_H^T는?

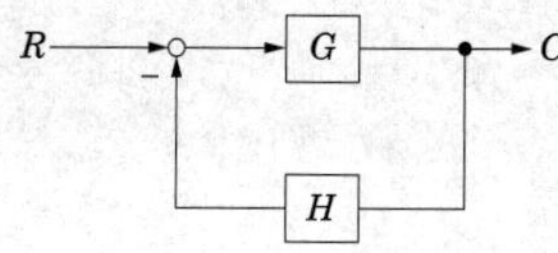

① $\dfrac{-GH}{1+GH}$　　② $\dfrac{-H}{(1+GH)^2}$

③ $\dfrac{H}{1+GH}$　　④ $\dfrac{-H}{1+GH}$

해설

$$T=\frac{C}{R}=\frac{G}{1+GH}$$

$$\therefore S_H^T=\frac{H}{T}\cdot\frac{dT}{dH}=\frac{H}{\dfrac{G}{1+GH}}\cdot\frac{d}{dH}\left(\frac{G}{1+GH}\right)=\frac{-GH}{1+GH}$$

【답】 ①

05 다음 그림의 보안 계통에서 입력 변환기 K_1에 대한 계통의 전달 함수 T의 감도는 얼마인가?

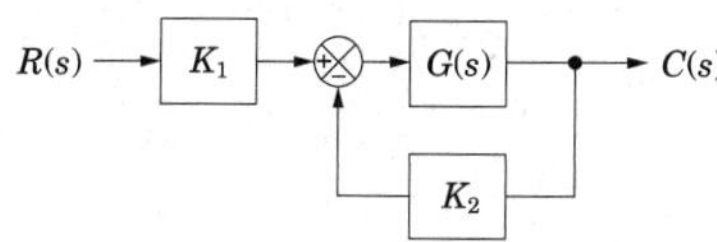

① -1　　② 0

③ 0.5　　④ 1

해설

$$T=\frac{GK_1}{1+GK_2}$$

$$\therefore C_{K1}^T=\frac{K_1}{T}\cdot\frac{dT}{dK_1}=\frac{K_1}{\dfrac{GK_1}{1+GK_2}}\cdot\frac{d}{dK_1}\left(\frac{GK_1}{1+GK_2}\right)$$

$$=\frac{1+GK_2}{G}\cdot\frac{G(1+GK_2)}{(1+GK_2)^2}=1$$

【답】 ④

Chapter 7 주파수 응답해석

2차제어계의 시간응답은 폐루프 주파수 응답의 M_r과 ω_r을 구함으로써 해석할 수 있다. 그러나 고차 시스템에서는 이들의 상호관계가 더욱 복잡하여 주파수 응답, 과도응답을 해석하기는 어렵다. 이것은 추가된 극(pole)이 2차 시스템에 존재하는 계단응답과 주파수응답 사이의 상호관계를 변화시키기 때문인데, 정확한 상호관계를 구하기 위해서 수학적 기법을 사용하여야 한다. 그러나 이것은 번거로운 작업이며 이렇게 구하는 것은 실제 적용에 그리 유요한 것은 아니다. 따라서 2차 시스템의 과도응답-주파수응답 사이에 존재하는 상호관계를 고차 시스템에 적용할 수 있는지의 여부는 고차 시스템내의 공액복소수 폐루프 극의 주요쌍이 존재하는가에 좌우된다.

고차 시스템의 주파수 응답이 한 쌍의 켤레 복소수 폐루프 극에 의해서 지배된다면, 2차 시스템에 존재하는 과도응답-주파수응답의 상호관계를 고차시스템으로 해석할 수 있게 된다.

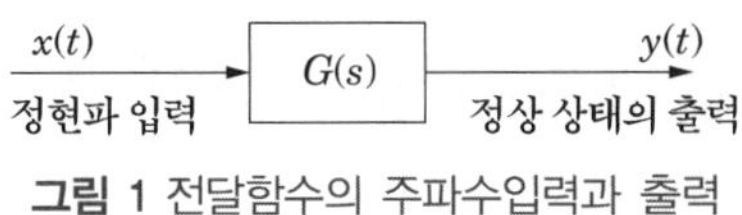

그림 1 전달함수의 주파수입력과 출력

1. 주파수 응답

주파수 응답이란 전달함수 $G(s)$인 요소에 주파수 $j\omega$의 정현파 입력 $x(t)$을 가했을 때, 출력신호 $y(t)$의 정상값은 입력과 동일한 주파수의 정현파가 되며, 그 진폭은 입력의 $|G(j\omega)|$배가 된다.

출력과 입력의 진폭비는 $|G(j\omega)|$가 되며, $\angle G(j\omega)$ 만큼의 위상차가 생긴다.

여기서 $|G(j\omega)|$를 이득(gain)이라 하고, $\angle G(j\omega)$를 위상차(phase shift)라 한다.

복소 진폭비 $G(j\omega)$의 주파수 ω에 대한 관계는 요소 또는 계 고유의 신호전달 특성을 표시하고 있기 때문에 이를 주파수 응답(frequency response)이라 한다.

$$\text{진폭비} = |G(j\omega)| = \sqrt{(\text{실수부})^2 + (\text{허수부})^2}$$

$$\text{위상차} = \angle G(j\omega) = \tan^{-1}\frac{\text{허수부}}{\text{실수부}}$$

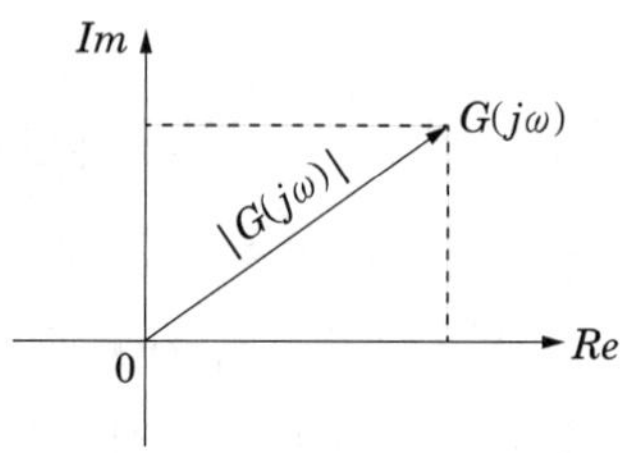

그림 2 복소평면

전달함수 $G(s)$는 입력-출력 관계를 나타낸다. 입력을 $v_0(t)$, 출력을 $v_i(t)$라 하고 라플라스 변환하면

$$V_o(s) = G(s)\,V_i(s)$$

입력전압은

$$v_i(t) = V_i e^{j\omega t}$$

이며, 여기서 V_i를 페이저라 하며

$$\mathcal{L}\,[v_i(t)] = V_i(s) = \mathcal{L}\,[\,V_i e^{j\omega t}\,] = \frac{V_i}{s - j\omega}$$

$$\therefore\ V_o(s) = G(s)\,V_i(s) = \frac{G(s)\,V_i}{s - j\omega}$$

가 된다. 여기서 전달함수는

$$G(s) = \frac{Y(s)}{X(s)} = \frac{Y(s)}{(s-p_1)^{r_1}(s-p_2)^{r_2}\cdots(s-p_n)^{r_n}}$$

라 하면

$$\therefore\ V_o(s) = \frac{Y(s)\,V_i}{(s-p_1)^{r_1}\cdots(s-p_n)^{r_n}(s-j\omega)}$$

$$= \left[\frac{A}{(s-p_1)^{r_1}} + \frac{B}{(s-p_1)^{r_1-1}} + \ \cdots + \frac{Q}{s-p_n}\right] + \frac{R}{s-j\omega}$$

가 된다. 여기서 부분분수의 전개에서 분자 R은

$$R = (s - j\omega) \cdot V_o(s)\big|_{s = j\omega}$$

$$= (s - j\omega) \cdot \frac{Y(s)\,V_i}{(s-p_1)^{r_1} \cdots (s-p_n)^{r_n}(s - j\omega)}\bigg|_{s = j\omega}$$

$$= \frac{Y(s)\,V_i}{(s-p_1)^{r_1} \cdots (s-p_n)^{r_n}}\bigg|_{s = j\omega} = \underline{G(j\omega)\,V_i}$$

여기서, $G(j\omega)$ 주파수 응답(frequency response)이라 한다.
예를 들어

$$G(s) = \frac{2s}{s^2 + 4s + 1}$$

위 식과 같은 전달함수를 갖는 회로에서, $v_i(t) = 12\cos(2t - 30°)$에 대한 정상상태출력 $v_o(t)$를 구하면

$V_i = 12\angle -30°$ 이고 $\omega = 2$ 이므로 출력은

$$V_o = G(j\,2)\,V_i = \frac{2(j\,2)}{(j\,2)^2 + 4(j\,2) + 1}(12\angle -30°)$$

$$= 5.62\angle -50.6°$$

가 된다. 따라서 주파수 응답은 다음과 같다.

$$\therefore\ v_o(t) = 5.62\cos(2t - 50.6°)$$

또, 전달함수

$$|G(j\omega)| = \frac{|V_o|}{|V_i|}$$

는 회로의 이득(gain)에 해당하며, 각도

$$\angle H(j\omega) = \angle V_o - \angle V_i$$

는 입력과 출력의 위상차로 위상변이(phase shift)해당한다.

예제문제 01

주파수 응답에 필요한 입력은?

① 계단 입력　② 임펄스 입력　③ 램프 입력　④ 정현파 입력

해설
주파수 응답은 임의의 제어계 $G(S)$에 정현파 입력을 가했을 때 정상 상태에서 출력에서 입력 정현파 진폭을 일정하게 유지하면서 각 순간의 주파수에 대한

① 진폭비$=\dfrac{\text{출력의 진폭}}{\text{입력의 진폭}}$

② 위상차=입력의 위상과 출력의 위상차를 나타내는 방법을 말한다.

답 : ④

2. 데시벨 눈금(Decibel scale)

벨 눈금(bel scale)이란 두 전력 P_1과 P_2의 비를 로그값으로 나타낸 것을 말한다. (Alexander Graham Bell : 1847~1922)

$$\text{전력 비 [bel]} = \log_{10}\frac{P_2}{P_1}$$

Bell은 이 눈금이 너무 크다고 생각하여 윗 식에 10배 또는 20배를 곱한 데시벨 눈금을 만들었다. 데시벨 눈금을 적용하는 증폭률(이득)은 상용대수를 20배한 것을 데시벨 [dB] 단위위로 적용하고 있다.

$$\text{전력 비 [dB]} = 10\log_{10}\frac{P_2}{P_1}$$

$$\text{전압 비 [dB]} = 10\log_{10}\frac{V_2}{V_1}$$

예를 들면

$$\text{전력 비 [bel]} = \log\frac{P_2}{P_1} = \log\frac{5\,\text{W}}{5\,\text{mW}} = 3$$

즉, 1000배의 차이를 3 bel으로 표기하여 간단히 하였다.

예제문제 02

전압비 10^6배일 때 감쇠량으로 표시하면 몇 [dB]인가?

① 20 ② 60 ③ 100 ④ 120

해설

이득 : $g = 20\log 10^6 = 120$ [dB]

답 : ④

3. 주파수 응답의 벡터궤적

3.1 비례요소

$$G(s) = K$$
$$G(j\omega) = K$$

비례 요소는 주파수 전달 함수가 $G(j\omega) = K$로 일정한 실수 값만을 갖는다. 이것은 ω 변화에 대항 점 K로 일정하므로 그림 3과 같이 실수축상 K의 위치에 단 하나의 점으로 나타난다.

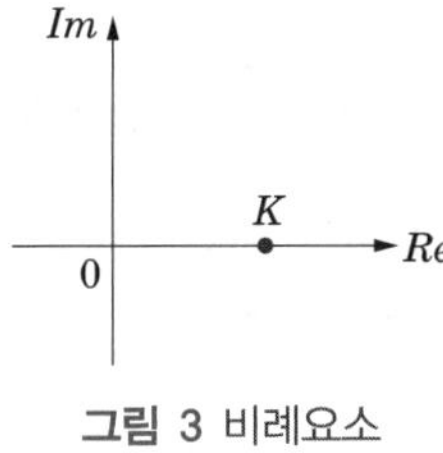

그림 3 비례요소

3.2 미분요소

$$G(s) = s$$
$$G(j\omega) = j\omega$$

주파수 전달 함수 $G(j\omega) = j\omega$ 는 단지 허수부만으로 ω가 점점 증가함에 따라 $j\omega$ 비례하며 허수이므로 허수축상에서 그림 4와 같이 위로 올라가는 직선으로 된다.

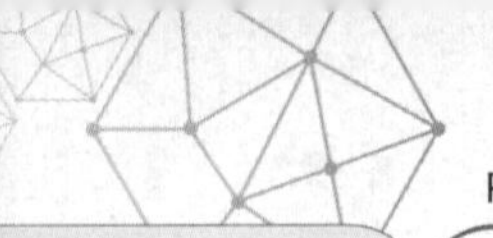

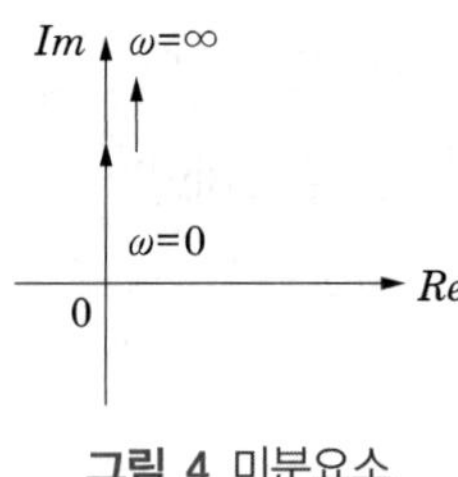

그림 4 미분요소

3.3 적분요소

$$G(s)=\frac{1}{s}$$

$$G(j\omega)=\frac{1}{j\omega}=-j\frac{1}{\omega}$$

주파수 전달함수 $G(j\omega)=\frac{1}{j\omega}=-j\frac{1}{\omega}$ 로서 허수이므로 $\omega \rightarrow 0$ 에서는 허수축상 $-\infty$ 로, $\omega \rightarrow \infty$ 일 때 허수축상에서 원점에 수렴 하므로 그림 5와 같이 ω가 점점 증가함에 따라 허수축상 $-\infty$ 에서 0으로 올라가는 직선이 된다.

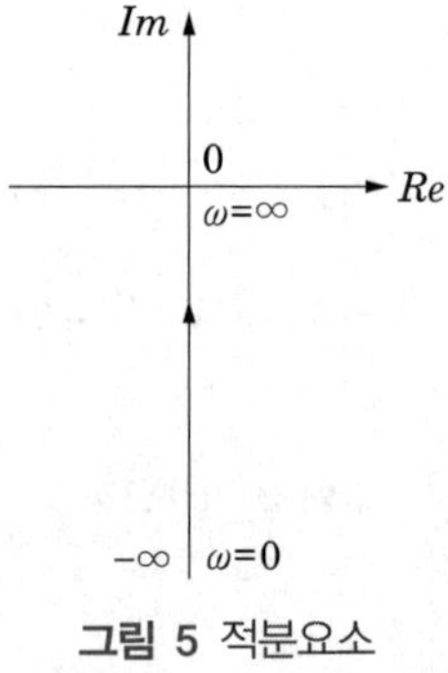

그림 5 적분요소

3.4 비례 미분 요소

$$G(s)=1+Ts$$
$$G(j\omega)=1+j\omega T$$

주파수 전달함수 $G(j\omega)=1+j\omega T$ 로서 실수부는 1로서 항상 일정하며, 허수부는 ωT 이므로 $\omega=0 \rightarrow \infty$ 로 되면 허수부만 $0 \rightarrow \infty$ 로 증가 하므로 그림 6과 같이 $(1,\ j0)$인

점에서 수직으로 위로 올라가는 직선이 된다.

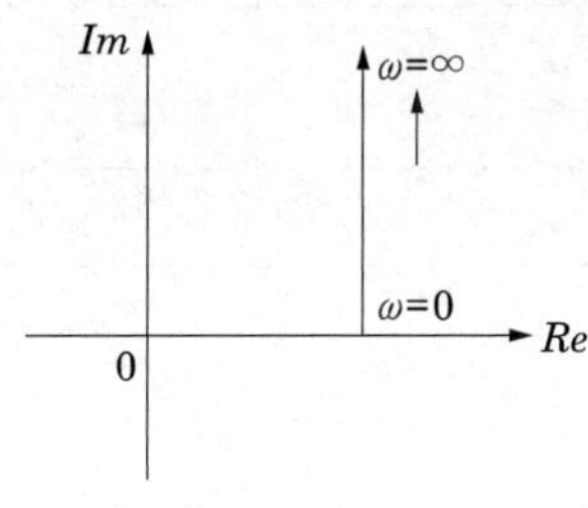

그림 6 비례 미분 요소

3.5 1차 지연요소

1차 지연요소의 전달함수

$$G(s)=\frac{C(s)}{R(s)}=\frac{1}{1+RCs}=\frac{1}{1+Ts}$$

$s \rightarrow j\omega$ 를 대입하면

$$G(j\omega)=\frac{C(j\omega)}{R(j\omega)}=\frac{1}{1+j\omega T}$$

크기와 위상각은

크기 : $G(j\omega)=\frac{1}{\sqrt{1+(\omega T)^2}}$

위상 : $\theta=-\tan^{-1}\omega T$

여기서 $\omega T=u$ 로 하고 이득과 위상을 구하면

$$|G(j\omega)|=\frac{1}{\sqrt{1+u^2}}, \quad \theta=-\tan^{-1}u$$

따라서, $u=0$ 에서 ∞ 로 변화시키면 그때 그때의 $G(j\omega)$ 를 구하여 벡터의 선단을 이어보면 된다.

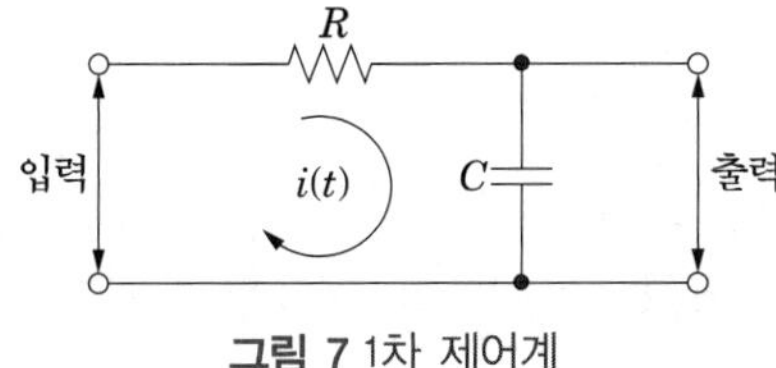

그림 7 1차 제어계

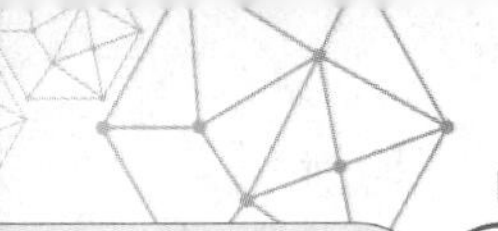

표 1

구분	$u=0$	$u=1$	$u=\infty$
$\lvert G(j\omega)\rvert$	1	$\frac{1}{\sqrt{2}}$	0
θ	0°	-45°	-90°

즉, 1차 지연요소의 전달함수는

$$G(s)=\frac{1}{1+Ts}\text{이므로}$$

$$G(j\omega)=\frac{1}{1+j\omega T}$$

$$=\frac{1}{1+\omega^2T^2}(1-j\omega T)$$

$$x=\frac{1}{1+\omega^2T^2},\quad y=\frac{-\omega T}{1+\omega^2T^2}$$

$$\therefore x^2+y^2=\frac{1}{(1+\omega^2T^2)^2}+\frac{\omega^2T^2}{(1+\omega^2T^2)^2}$$

$$=\frac{1+\omega^2T^2}{(1+\omega^2T^2)^2}=\frac{1}{(1+\omega^2T^2)}=x$$

$$\therefore x^2+y^2-x=0$$

이므로

$$x^2-x+\frac{1}{4}=\left(x-\frac{1}{2}\right)^2$$

의 조건을 이용하여 원의 방정식을 세우면

$$\left(x-\frac{1}{2}\right)^2+y^2=\left(\frac{1}{2}\right)^2$$

이 되며, 이것은 중심$(1/2, j0)$, 반지름 $\frac{1}{2}$인 원이 된다. 위상각으로 표시하면

$$G(j\omega)=\frac{1}{\sqrt{1+\omega^2T^2}}\angle\tan^{-1}\omega T$$

가 된다. $\omega=0$일 때 $G(j\omega)$의 크기는 1, 위상각은 $0°$이므로 $\omega=0$에서의 $G(j\omega)$는 실축상의 단위점에 표시된다. ω의 값을 점차 증대시키면 $G(j\omega)$의 크기는 감소되고 위상각은 점점 커져 $\omega\to\infty$에서 $G(j\omega)$의 크기는 0으로, 위상각은 $-90°$로 된다. 이

함수의 벡터 궤적은 그림 8과 같은 반원을 그린다.

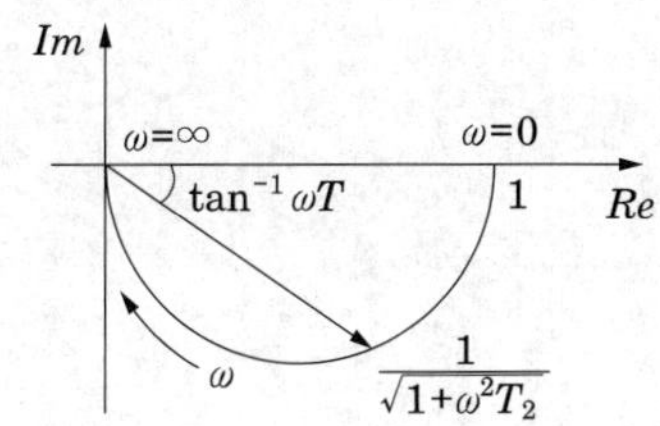

그림 8 $G(j\omega)=\dfrac{1}{1+j\omega T}$의 벡터 궤적

예제문제 03

$G(j\omega)=\dfrac{1}{1+j\,2T}$ 이고 $T=2$ [sec]일 때 크기 $|G(j\omega)|$의 위상 $\angle G(j\omega)$는 각각 얼마인가?

① 0.44, −36°　　② 0.44, 36°
③ 0.24, −76°　　④ 0.24, 76°

해설

$G(j\omega)=\dfrac{1}{1+j2\times 2}=\dfrac{1}{1+j4}=\dfrac{1-j4}{1^2+4^2}$ 이므로 $|G(j\omega)|=\left|\dfrac{1}{1+j4}\right|=\left|\dfrac{1}{\sqrt{17}}\right|=0.24$

$\therefore\ \theta=\angle G(j\omega)=-\tan^{-1}\dfrac{4}{1}=-76°$

답 : ③

예제문제 04

1차 지연 요소의 벡터 궤적은?

① 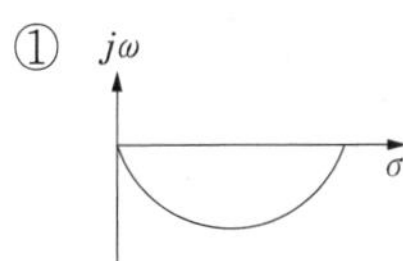

② 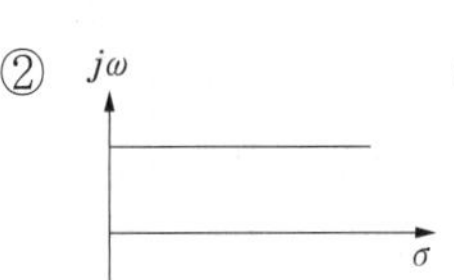

③ 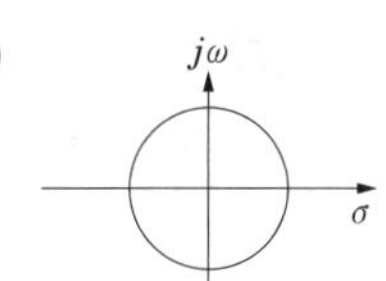

④ 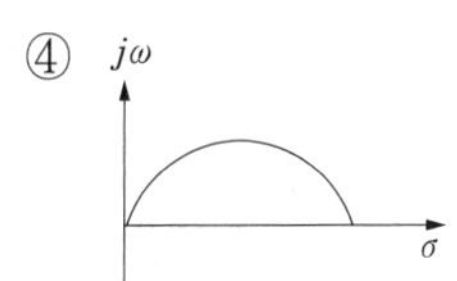

해설

1차 지연 요소의 전달 함수 : $G(s)=\dfrac{1}{1+Ts}$

$s=j\omega$로 대치하면 $G(j\omega)=\dfrac{1}{1+j\omega T}$

ω를 $0\sim\infty$까지 변화시키면 중심 $\left(\dfrac{1}{2},\ 0\right)$이고 반지름 $\dfrac{1}{2}$인 반원이 된다.

답 : ①

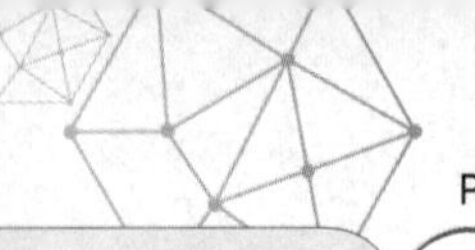

3.6 2차 지연요소

2차 지연요소의 전달함수는

$$G(s) = \frac{1}{T^2 s^2 + 2\zeta Ts + 1}$$

이며, $s \rightarrow j\omega$ 를 대입하면

$$G(j\omega) = \frac{1}{(j\omega T)^2 + j2\zeta\omega T + 1} = \frac{1}{1 - (\omega T)^2 + j2\zeta\omega T}$$

가 된다. 여기서 $\omega T = u$ 라 놓으면,

$$|G(j\omega)| = \frac{1}{\sqrt{(1-u)^2 + (2\zeta u)^2}} \quad \angle G(j\omega) = -\tan^{-1}\frac{2\zeta u}{1-u}$$

가 된다.

그림 9와 같이 2차 제어계의 전달함수가 분모에 상수항이 존재하지 않는 경우는 3상한에만 벡터궤적이 존재하며 상수항이 존재하면 4상한에서 시작하여 3상한에서 끝난다.

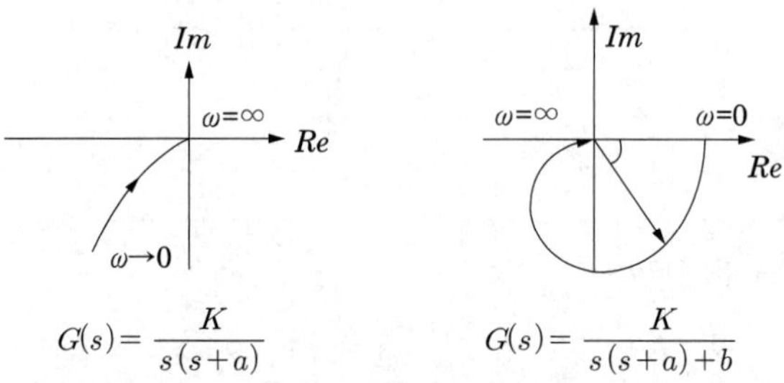

그림 9 2차 제어계의 벡터궤적

3.7 부동작 시간요소

부동작 시간요소의 전달함수는

$$G(s) = e^{-Ls}$$

이며, $s \rightarrow j\omega$ 를 대입하면

$$G(j\omega) = e^{-j\omega L} = \cos\omega L - j\sin\omega L$$

$$\therefore\ |\ G(j\omega)\ |\ = \sqrt{(\cos\omega L)^2 + (\sin\omega L)^2} = 1$$

$$\angle G(j\omega) = -\tan^{-1}\frac{\sin\omega L}{\cos\omega L} = -\omega L$$

가 된다.

따라서 $|G(j\omega)| = 1$, $\angle G(j\omega)$ 는 ω의 증가에 따라 (−)방향으로 회전하므로 벡터 궤적은 그림 10과 같다.

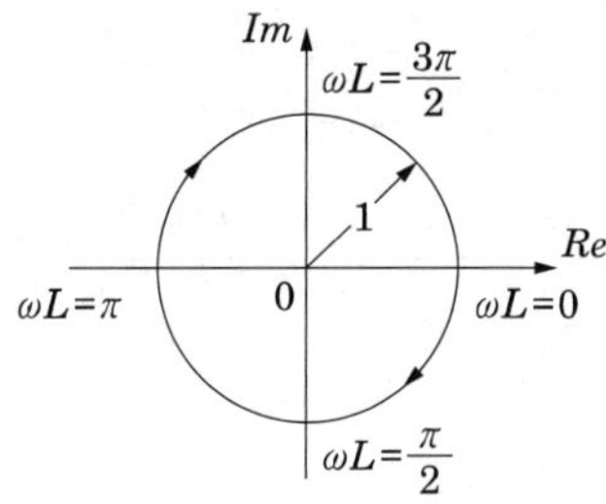

그림 10 부동작 시간요소의 벡터궤적

예제문제 05

벡터 궤적이 그림과 같이 표시되는 요소는?

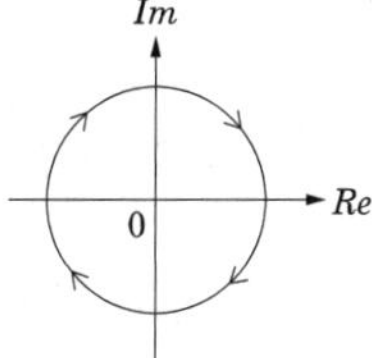

① 비례 요소
② 1차 지연 요소
③ 부동작 시간 요소
④ 2차 지연 요소

해설

부동작 시간 요소 : $G(s) = e^{-Ls}$

$G(j\omega) = e^{-j\omega L} = \cos\omega L - j\sin\omega L$ 이므로 $|G(j\omega)| = \sqrt{(\cos\omega L)^2 + (\sin\omega L)^2} = 1$

$\angle G(j\omega) = \tan^{-1}\left(\frac{\sin\omega L}{\cos\omega L}\right) = -\omega L$

크기는 1이고, ω의 증가에 따라 벡터 궤적 $G(j\omega)$는 원주상을 시계 방향으로 회전한다.

답 : ③

4. 보드(bode) 선도를 이용한 전달함수 표기

보드선도(Bode diagram)는 1942년 보드(H.W. Bode)에 의해 개발된 기법으로서 주파수응답을 크기응답과 위상응답으로 분리하여 두 개의 그림으로 나타냄으로써 제어계의 특성을 파악한다. 두 개의 응답선도 모두에서 가로축은 주파수에 대한 대수눈금을 사용하며, 세로축은 크기응답에서는 크기를 데시벨 [dB]로 나타내는 대수눈금을, 위상응답에서는 위상각을 각도단위 [°]로 나타내는 선형눈금을 사용한다.

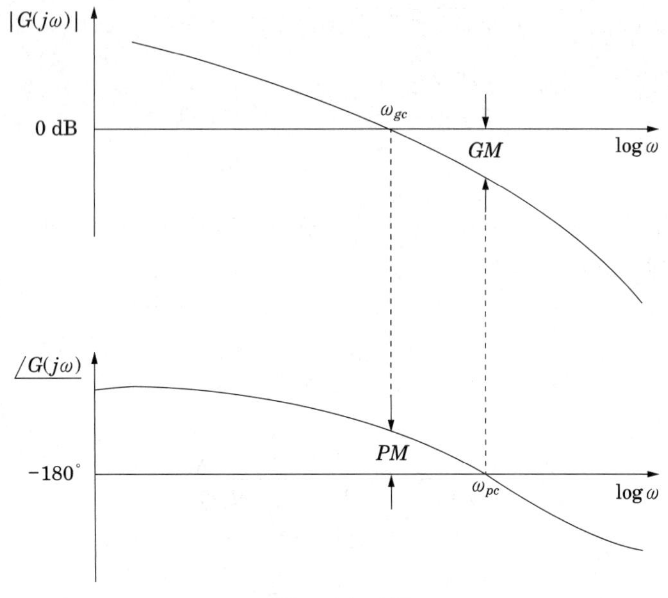

그림 11 보드선도

보드선도에서는 크기응답에 데시벨 표현법을 쓰기 때문에 전달함수가 각각

$$G_1(j\omega),\ G_2(j\omega)$$

인 두 시스템이 직렬로 연결 된경우 전체적인 전달함수는

$$G(j\omega) = G_1(j\omega)G_2(j\omega)$$

가 된다. 이때 이득은

$$g = 20\log|G(j\omega)| = 20\log|G_1(j\omega)G_2(j\omega)|$$
$$= 20\log|G_1(j\omega)| + 20\log|G_2(j\omega)|$$

가 된다. 또 위상은 선형시스템의 일반적인 성질로부터

$$\angle G(j\omega) = \angle G_1(j\omega)G_2(j\omega) = \angle G_1(j\omega) + \angle G_2(j\omega)$$

가 된다.

(1) 크기

$(j\omega)^{\pm n}$의 크기를 [dB]로 나타내면,

$20\log|(j\omega)^{\pm n}| = \pm 20n\log\omega$ [dB]의 직선으로 표시된다.

(2) 기울기

직선의 기울기는 $20\log|(j\omega)^{\pm n}| = \pm 20n\log\omega$ [dB]를 $\log\omega$에 관하여 미분하면 얻어진다. 즉,

$$\frac{d\,20\log|(j\omega)^{\pm n}|}{d\log\omega} = \pm 20n\,[\text{dB}]$$

이것은 직교좌표 시스템에서 $\log\omega$의 단위량 변화에 대하여 [dB] 이득은 $\pm 20n$ [dB]의 변화가 일어난다는 뜻이다. 즉, 기울기는 다음과 같이 말할 수 있다.
1디케이드(decade) 주파수 변화에 대해 $\pm 20n$ [decibel]의 이득 변화가 일어난다.

- 두 주파수 ω_1과 ω_2 사이의 디케이드(decade) 수

$$\text{디케이드 수} = \frac{\log\frac{\omega_2}{\omega_1}}{\log 10}$$

- 옥타브(octave) : 두 각주파수를 분리하는데 사용되며 다음과 같이 정의된다.

$$\text{옥타브 수} = \frac{\log\frac{\omega_2}{\omega_1}}{\log 2}$$

- 옥타브(octave)와 디케이드(decade) 사이의 관계

$$\text{옥타브(octave) 수} = \frac{1}{\log 2}\,[\text{decade}] = \frac{1}{0.301}\,[\text{decade}] = 3.33\,[\text{decade}]$$

∴ 기울기는 $\pm 20n$ [dB/decade] 혹은 $\pm 6n$ [dB/octave]이다.

(3) $(j\omega)^{\pm n}$의 위상각

$$\text{Arg}(j\omega)^{\pm n} = \pm 90n\ [^\circ]$$

4.1 보드선도의 장점

보드선도의 장점은 다음과 같이 요약할 수 있다.

① 직렬연결된 시스템들의 보드선도는 각 부시스템의 보드선도를 더하는 꼴로 구해지기 때문에 주파수응답을 나타내기 쉽다.

② 보드선도에서는 대수눈금을 써서 주파수를 나타내기 때문에 아주 넓은 주파수 범위에 걸쳐서 주파수응답을 나타낼 수 있다.

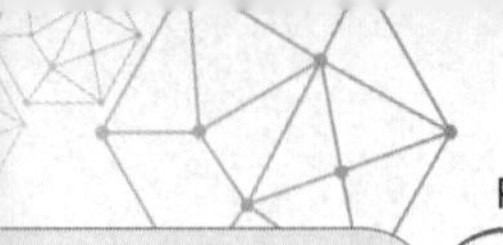

③ 주파수영역에서 제어시스템을 설계하면 설계변수에 오차가 있더라도 제어시스템의 성능이 어느 정도 보장되기 때문에 시간영역에서 설계하는 것에 비해 상당히 견실한 시스템을 구성할 수 있다.

④ 보드선도는 개회로 전달함수의 주파수응답을 나타낸 것이지만 이로부터 폐회로 시스템의 주파수응답 특성을 알아낼 수 있다.

4.2 보드선도의 작성법

(1) 상수항

$G(j\omega) = K$의 경우

진폭비 $|G(j\omega)| = K$

위상각 $Arg\,G(j\omega) = \tan^{-1}\dfrac{0}{K} = 0^\circ$

이득은 $g = 20\log K$

로 일정하다. 위상은 $K > 0$일 때 $0°$이며 $K < 0$일 때는 $180°$가 된다.

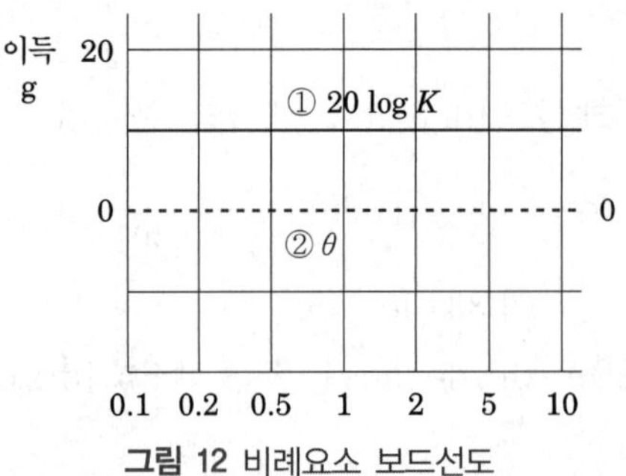

그림 12 비례요소 보드선도

(2) 미분요소

미분요소의 전달함수는 $G(s) = s$인 경우 $G(j\omega) = j\omega$이므로

진폭비 $|G(j\omega)| = \omega$

위상각 $Arg\,G(j\omega) = \tan^{-1}\dfrac{\omega}{0} = 90°$

이득 $g = 20\log|G(j\omega)| = 20\log\omega$

이므로 1 decade마다 20dB씩 증가하므로 '+20dB/decade'로 표현한다.

$\omega = 1$인 경우는 $g = 20\log 1 = 0[\mathrm{dB}]$이며, 위상각은 $90°$로 일정하므로 보드선도는 그림 13과 같이 그릴 수 있다.

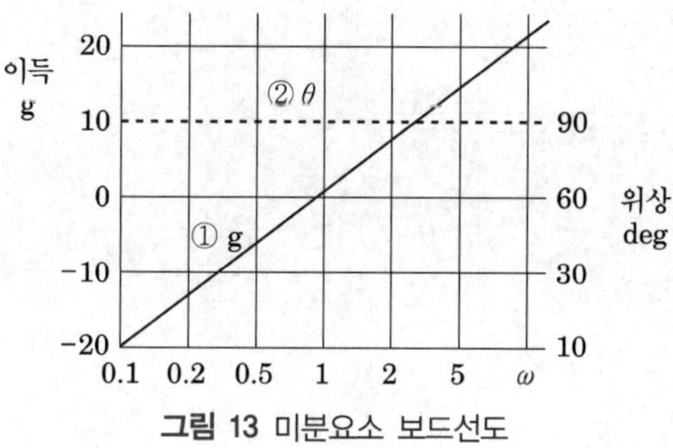

그림 13 미분요소 보드선도

(3) 적분요소

적분요소의 전달함수는 $G(s) = \frac{1}{s}$인 경우 $G(j\omega) = \frac{1}{j\omega} = -j\frac{1}{\omega}$이므로

진폭비 $|G(j\omega)| = \left|-j\frac{1}{\omega}\right| = \frac{1}{\omega}$

위상각 $Arg\,G(j\omega) = -\tan^{-1}\frac{1/\omega}{0} = -90°$

이득 $g = 20\log\frac{1}{\omega} = -20\log\omega$

이므로 1 decade 마다 20dB 씩 감소하므로 기울기가 -20dB/decade인 직선이 된다.

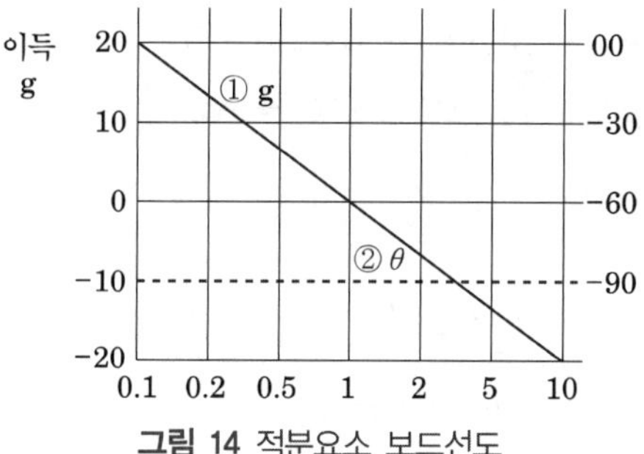

그림 14 적분요소 보드선도

(4) 1차 지연요소

1차 지연 요소의 전달함수가 $G(s) = \frac{1}{1+Ts}$인 경우

$$G(j\omega) = \frac{1}{1+j\omega T} = \frac{1-j\omega T}{1+\omega^2 T^2} = \frac{1}{1+\omega^2 T^2} - j\frac{\omega T}{1+\omega^2 T^2}$$

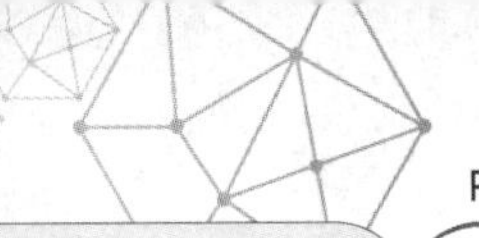

이므로 진폭비

$$|G(j\omega)| = \sqrt{실수부^2 + 허수부^2}$$
$$= \frac{1}{1+\omega^2 T^2}\sqrt{1^2 + (\omega T)^2} = \frac{1}{\sqrt{1+\omega^2 T^2}}$$

위상각

$$Arg\,G(j\omega) = \tan^{-1}\frac{-\omega T}{1} = \tan^{-1}(-\omega T) = -\tan^{-1}\omega T$$

이득

$$g = 20\log|G(j\omega)| = 20\log\frac{1}{\sqrt{1+\omega^2 T^2}}$$
$$= 20\log 1 - 20\log\sqrt{1+\omega^2 T^2}$$
$$= -20\log\sqrt{1+\omega^2 T^2} = -20\log(1+\omega^2 T^2)^{\frac{1}{2}}$$
$$= -10\log(1+\omega^2 T^2)$$

이 된다. 여기서,

$\omega T \ll 1$ 이면 $g \fallingdotseq -10\log 1 \fallingdotseq 0$

$\omega T = 1$ 이면 $g \fallingdotseq -10\log(1+1) \fallingdotseq -3$

$\omega T = 10$ 이면 $g \fallingdotseq -10\log(1+100) \fallingdotseq -20$

$\omega T = 20$ 이면 $g \fallingdotseq -10\log(1+400) \fallingdotseq -26$

가 된다. 또, $\omega T \gg 1$ 이면

$$g = -10\log(\omega T)^2 = -20\log\omega T$$

이므로 1 decade 마다 20dB 씩 감소한다.

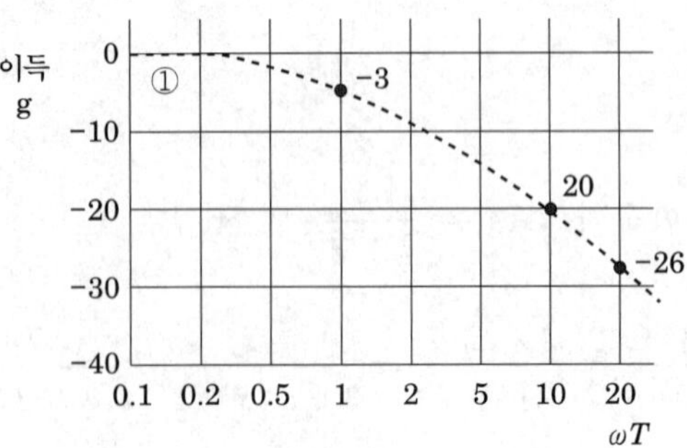

그림 15 1차 지연요소 보드선도

(5) 2차의 극 또는 영점(2차 지연 요소)

$$G(s) = \frac{\omega_n^2}{s^2 + 2\delta\omega_n s + \omega_n^2} = \frac{1}{\dfrac{s^2}{\omega_n^2} + \dfrac{2\delta}{\omega_n}s + 1}$$

$$G(j\omega) = \frac{1}{\left[1 - \left(\dfrac{\omega}{\omega_n}\right)^2\right] + j\omega\dfrac{2\delta}{\omega_n}}$$

$G(j\omega)$의 크기는

$$20\log|G(j\omega)| = -20\log\sqrt{\left[1 - \left(\frac{\omega}{\omega_n}\right)^2\right]^2 + \left(\frac{2\delta\omega}{\omega_n}\right)^2} \text{ [dB]}$$

$G(j\omega)$의 위상각은,

$$\text{Arg}G(j\omega) = -\tan^{-1}\frac{\dfrac{2\delta\omega}{\omega_n}}{1 - \left(\dfrac{\omega}{\omega_n}\right)^2}$$

$\dfrac{\omega}{\omega_n} \ll 1$인 주파수 영역에서 $G(j\omega)$의 크기는,

$$20\log|G(j\omega)| = -20\log 1 = 0 \text{ [dB]}$$

그러므로 2차 인수의 저주파수 점근선도 기울기 0을 갖는 직선이다. $\dfrac{\omega}{\omega_1} \gg 1$인 주파수 영역에서는 $G(j\omega)$의 크기는,

$$\begin{aligned} 20\log|G(j\omega)| &= -20\log\sqrt{\left[1 - \left(\frac{\omega}{\omega_n}\right)^2\right]^2 + \left(2\delta\frac{\omega}{\omega_n}\right)^2} \\ &\cong -20\log\sqrt{\left(\frac{\omega}{\omega_n}\right)^4} \\ &= -40\log\left(\frac{\omega}{\omega_n}\right) \text{ [dB]} \end{aligned}$$

위 식은 기울기 −40 [dB/decade]를 갖는 직선 방정식을 표시한다.

(6) 지연요소 $G(s) = e^{-TS}$의 보드 선도

$$G(j\omega) = e^{-j\omega T}$$

$G(j\omega)$의 크기는

$$20\log|G(j\omega)| = 20\log|e^{-j\omega T}| = 0 \text{ [dB]}$$

위상각은 다음과 같다.

$$\begin{aligned}\text{Arg}\,G(j\omega) &= \text{Arg}\,e^{-j\omega T} = \text{Arg}(\cos\omega T - j\sin\omega T) \\ &= \tan^{-1}(-\tan\omega T) = -\omega T \text{ [rad]}\end{aligned}$$

4.3 절점(折点, Break point)과 절점주파수

보드선도의 이득고선의 기울기가 꺾이는 점을 절점이라 한다. 전달함수의 분자와 분모의 각 곱셈요소에서 실수부의 크기와 허수부의 크기가 같아지는 주파수의 값을 말한다.

$$G(s) = \frac{s+b}{s(s+a_1)(s+a_2)} = \frac{j\omega + b}{j\omega(j\omega+a_1)(j\omega+a_2)}$$

인 경우

분자의 절점주파수는 $\omega = b$
문모의 절점주파수는 $\omega = 0,\ a_1,\ a_2$

가 된다.

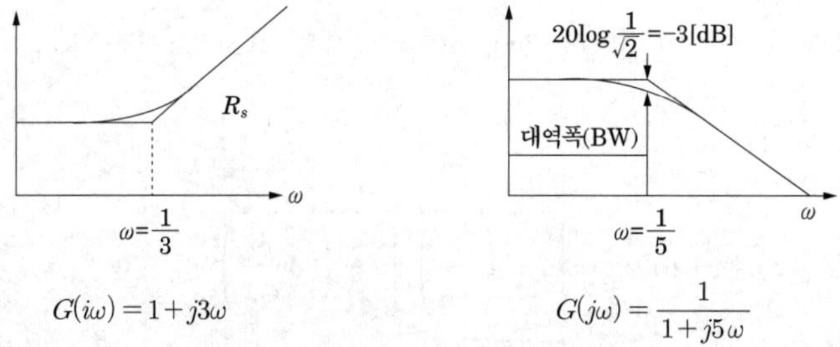

그림 16 절점주파수의 보드선도

그림 16의 보드선도를 보면 분자의 절점주파수에서는 이득이 증가(미분요소)하며, 분모의 절절주파수에서는 이득이 감소(적분요소, 1차지연요소)하는 것을 볼 수 있다.

예제문제 06

$G(s) = K/S$인 적분 요소의 보드 선도에서 이득 곡선의 1 [decade] 당 기울기는?

① 10 [dB] ② 20 [dB]
③ −10 [dB] ④ −20 [dB]

해설

이득 : $g = 20\log|G(j\omega)| = 20\log\left|\frac{K}{j\omega}\right| = 20\log\frac{K}{\omega} = 20\log K - 20\log\omega$

$\omega = 0.1$ 일 때 $g = 20\log K + 20$ [dB]

$\omega = 1$ 일 때 $g = 20\log K$ [dB]

$\omega = 10$ 일 때 $g = 20\log K - 20$ [dB]

∴ −20 [dB]의 경사를 가지며, 위상각은 $\theta = G(j\omega) = \angle\frac{K}{j\omega} = -90°$

답 : ④

예제문제 07

$G(j\omega) = K(j\omega)^2$인 보드 선도의 기울기는 몇 [dB/dec]인가?

① −40 ② 20 ③ 40 ④ −20

해설

이득 : $g = 20\log|G(j\omega)| = 20\log|K(j\omega)^2| = 20\log K\omega^2 = 20\log K + 40\log\omega$

$\omega = 0.1$ 일 때 $g = 20\log K - 40$ [dB]

$\omega = 1$ 일 때 $g = 20\log K$

$\omega = 10$ 일 때 $g = 20\log K + 40$ [dB]

∴ 40 [dB/dec]의 경사를 가지며 $\theta = \angle G(j\omega) = \angle K(j\omega)^2 = 180°$

답 : ③

예제문제 08

$G(s) = s$ 의 보드 선도는?

① +20 [dB/dec]의 경사를 가지며 위상각 90°
② −20 [dB/dec]의 경사를 가지며 위상각 −90°
③ 40 [dB/dec]의 경사를 가지며 위상각 180°
④ −40 [dB/dec]의 경사를 가지며 위상각 −180°

해설

이득 : $g = 20\log|G(j\omega)| = 20\log|j\omega| = 20\log\omega$

$\omega = 0.1$일 때 $g = -20$ [dB]

$\omega = 1$일 때 $g = 0$ [dB]

$\omega = 10$일 때 $g = 20$ [dB]

∴ 20 [dB/dec]의 경사를 가지며 $\theta = \angle G(j\omega) = \angle(j\omega) = 90°$

답 : ①

예제문제 09

$G(j\omega)=K(j\omega)^3$의 보드 선도는?

① 20 [dB/dec]의 경사를 가지며 위상각 90°
② 40 [dB/dec]의 경사를 가지며 위상각 −90°
③ 60 [dB/dec]의 경사를 가지며 위상각 −90°
④ 60 [dB/dec]의 경사를 가지며 위상각 270°

해설
이득 : $g=20\log|G(j\omega)|=20\log|K(j\omega)^3|=20\log K\omega^3=20\log K+60\log\omega$
$\omega=0.1$일 때 $g=20\log K-60$ [dB]
$\omega=1$일 때 $g=20\log K$ [dB]
$\omega=10$일 때 $g=20\log K+60$ [dB]
∴ 60 [dB]의 경사를 가지며 $\theta=\angle G(j\omega)=\angle K(j\omega)^3=270°$

답 : ④

예제문제 10

어떤 계통의 보드 선도 중 이득 선도가 그림과 같을 때 이에 해당하는 계통의 전달 함수는?

① $\dfrac{20}{5s+1}$ ② $\dfrac{10}{2s+1}$
③ $\dfrac{10}{5s+1}$ ④ $\dfrac{20}{2s+1}$

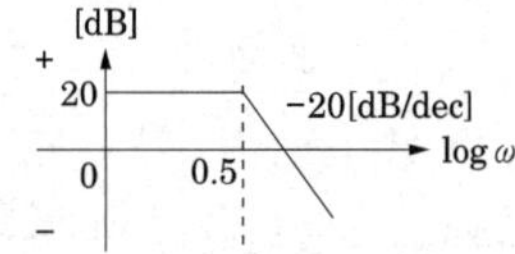

해설
이득 : $g\,[\text{dB}]=20\log\left|\dfrac{10}{2j\omega+1}\right|=20\log10-20\log\sqrt{(2\omega)^2+1}$
$\omega=\dfrac{1}{T}$인 주파수를 절점 주파수라 한다.
문제의 그림에서 절점 주파수가 0.5 이므로 $\omega T=1$에서 $2\omega=1$이 되어야 한다.
문제의 그림에서
$\omega\ll0.5,\ g=20\log10-20\log1=20$ [dB] 이며
$\omega\gg0.5,\ g=20\log10-20\log\omega=20$ [dB]−20 [dB/dec]
가 되므로 전달함수는 $\dfrac{10}{2s+1}$ 이어야 한다.

답 : ②

예제문제 11

$G(s)=\dfrac{1}{1+10s}$인 1차 지연 요소의 G [dB]는? 단, $\omega=0.1$ [rad/sec]이다.

① 약 3 ② 약 −3 ③ 약 10 ④ 약 20

해설
절점주파수 $\omega=0.1$ 이므로
∴ $G(s)=20\log|G(j\omega)|=20\log\left|\dfrac{1}{1+j10\times0.1}\right|=20\log\dfrac{1}{\sqrt{2}}\fallingdotseq-3$

답 : ②

예제문제 12

$G(s) = 1/s$에서 $\omega = 10$ [rad/sec]일 때 이득[dB]은?

① −50　　② −40　　③ −30　　④ −20

해설

이득 : $g = 20\log\left|\frac{1}{10}\right| = -20$ [dB]

답 : ④

예제문제 13

$G(j\omega) = j0.1\omega$ 에서 $\omega = 0.01$ [rad/s]일 때, 계의 이득[dB]은?

① −100　　② −80　　③ −60　　④ −40

해설

이득 : $g = 20\log|G(j\omega)| = 20\log|0.001j| = 20\log\left|\frac{1}{1000}j\right| = -60$ [dB]

답 : ③

예제문제 14

$G(s) = \frac{1}{1+sT}$에서 $\omega T = 10$일 때 $|G(j\omega)|$ 의 값[dB]은?

① 10　　② 20　　③ −10　　④ −20

해설

이득 : $g\,[\mathrm{dB}] = 20\log|G(j\omega)| = 20\log\left|\frac{1}{1+j\omega T}\right| = 20\log\frac{1}{\sqrt{1+(\omega T)^2}} = 20\log\frac{1}{\sqrt{1+10^2}}$

$\fallingdotseq 20\log\frac{1}{10} = -20$ [dB]

답 : ④

예제문제 15

주파수 전달함수 $G(j\omega) = \frac{1}{j100\omega}$ 인 계에서 $\omega = 0.1$ [rad/sec]일 때 이 계의 이득[dB] 및 위상각 θ [deg]는 얼마인가?

① −20 [dB], −90°　　② −40 [dB], −90°

③ 20 [dB], −90°　　④ 40 [dB], −90°

해설

이득 : $g = 20\log|G(j\omega)| = 20\log\left|\frac{1}{j100\omega}\right| = 20\log\left|\frac{1}{j10}\right| = 20\log\frac{1}{10} = -20$ [dB]

위상각 : $\theta = \angle G(j\omega) = \angle\frac{1}{j100\omega} = \angle\frac{1}{j10} = -90°$

답 : ①

5. 공진정점과 대역폭

5.1 공진정점과 대역폭

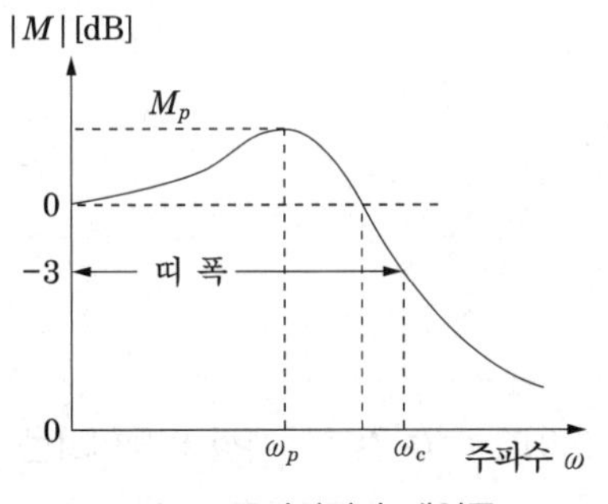

그림 17 공진정점과 대역폭

보드선도가 그림 17과 같을 경우 대역폭 및 정상값, 공진주파수, 공진정점은 다음과 같다.

(1) 대역폭(bandwidth)

대역폭은 크기가 $0.707M_0$ 또는 $(20\log M_0 - 3)$ [dB]에서의 주파수로 정의한다. 물리적 의미는 입력신호가 30 [%]까지 감소되는 주파수 범위이다. 대역폭이 넓을수록 응답속도가 빠르다.

$$|G(j\omega)| = \frac{1}{\sqrt{2}}|G(j0)|, \quad \frac{1}{\sqrt{2}} = 0.707$$

대역폭이 크면 상대적으로 높은 주파수가 통과하므로 빠른 상승에 해당한다. 과도 응답 특성 결정한다.

(2) 정상값 M_0

영주파수에서의 이득이다. 최종값 정리에 의하면, 단위계단입력에 대한 정상응답은 폐회로 전달함수에서 $s=0$ 로 놓아 얻을 수 있으므로 M_0 는 정상값이다. 그리고 $1-M_0$ 는 정상 오차이다.

$$\begin{aligned} y(\infty) &= \lim_{s\to 0} s\,Y(s) = \lim_{s\to 0} s\,R(s) \cdot G(s) = \lim_{s\to 0} s\,\frac{1}{s} \cdot G(s) = \lim_{s\to 0} G(s) \\ &= \lim_{j\omega\to 0} G(j\omega) \end{aligned}$$

(3) 공진 주파수 ω_p

공진 정점이 일어나는 주파수를 말한다.

$$\omega_p = \omega_n \sqrt{1-2\zeta^2}$$

여기서, $\omega_n = \dfrac{1}{\sqrt{LC}}$ 로 고유주파수를 의미한다.

(4) 공진정점 M_p

M_p 는 $M(\omega)$ 의 이득의 최대값이며 계의 상대 안정도와 밀접한 관계를 가진다. M_p 의 값은 대략 1.1~1.5 사이이다. M_p 가 크면 과도 응답시 오버슈트가 커진다.

$$\text{이득의 최대값 } M_p = \frac{1}{2\zeta\sqrt{1-\zeta^2}}$$

여기서, ζ : 감쇠비

저항 또는 감쇠비 ζ가 작을수록 공진특성(첨예도)가 향상되어 큰 공진정점이 된다.

(5) 차단율(분리도)

잡음과 신호를 구분하는 계의 특성을 말하며, 차단 주파수 ω_c 이상에서 감소되는 주파수 비율로 표시된다. 일반적으로 예리한 분리 특성은 큰 M_p 를 동반하므로 불안정하기가 쉽다.

(6) 차단주파수(Cutoff frequency) ω_c

크기가 대역이득 크기의 $1/\sqrt{2}$ 이 되거나, 또는 대역이득보다 3[dB] 감소하는 주파수를 말한다.

5.2 2차 제어계의 공진정점, 공진주파수와 대역폭 (Mr, ω r and bandwidth of prototype second-order system)

2차 시스템의 전달함수의 $s=j\omega$ 를 대입하면 전달함수는

$$G(j\omega) = \frac{\omega_n^2}{(j\omega)^2 + 2\zeta\omega_n(j\omega) + \omega_n^2} = \frac{1}{1 + j2(\omega/\omega_n)\zeta - (\omega/\omega_n)^2}$$

이다. $u=\omega/\omega_n$라 두고 공진 주파수는 $|G(ju)|$를 미분해서 0이 되는 점이다.

따라서 공진 주파수는

$$\frac{dG}{du} = -\frac{1}{2}(u^4 - 2u^2 + 1 + 4\zeta^2 u^2)^{-3/2}(4u^3 - 4u + 8u\zeta^2) = 0$$

$$4u^3 - 4u + 8u\zeta^2 = 0$$

$$\therefore u_p = \sqrt{1 - 2\zeta^2} = \frac{\omega_p}{\omega_n}$$

따라서 공진 주파수는 위 식으로부터

$$\omega_p = \omega_n \sqrt{1 - 2\zeta^2}$$

을 얻는다. 윗식을 $1 - 2\zeta^2 \geq 0$에 대해서이다.
이 조건으로부터 $\zeta \leq 0.707$을 얻는다. 제동비 ζ가 0.707보다 크면 모든 $\omega > 0$에 대하여 M의 값은 M_0보다 적은 값을 갖는다. 따라서 공진정점은 다음과 같이 나타낼 수 있다.

$$M_p = \frac{1}{\{1 - (1 - 2\zeta^2)]^2 + 4\zeta^2(1 - 2\zeta^2)\}^{1/2}} = \frac{1}{2\zeta\sqrt{1 - \zeta^2}}$$

여기서 2차계의 주파수 영역특성 M_p와 ω_p는 시간 영역특성 ζ와 ω_n에 의하여 정해진다.

$$M_p = \frac{1}{2\zeta\sqrt{1 - \zeta^2}} \quad \zeta \leq 0.707$$

예제문제 16

폐 loop(루프) 전달 함수 $G(s) = \frac{{\omega_n}^2}{s^2 + 2\delta\omega_n s + {\omega_n}^2}$인 2차계에 대해서 공진값 M_p는?

① $M_p = \omega_n\sqrt{1 - 2\delta^2}$

② $M_p = \frac{1}{2\delta\sqrt{1 - \delta^2}}$

③ $M_p = \omega_n\sqrt{1 - \delta^2}$

④ $M_p = \frac{1}{\sqrt{1 - 2\delta^2}}$

해설

공진정점 : $M_p = \frac{1}{\{[1 - (1 - 2\delta^2)]^2 + 4\delta^2(1 - 2\delta^2)\}^{\frac{1}{2}}} = \frac{1}{2\delta\sqrt{1 - \delta^2}}$

답 : ②

예제문제 17

2차 제어계에 있어서 공진 정점 M_p가 너무 크면 제어계의 안정도는 어떻게 되는가?

① 불안정하게 된다. ② 안정하게 된다.
③ 불변이다. ④ 조건부 안정이 된다.

해설
M_p가 크면 과도 응답 시 오버슈트가 커진다. 제어계에서 최적의 M_p 값은 1.1~1.5이다.

답 : ①

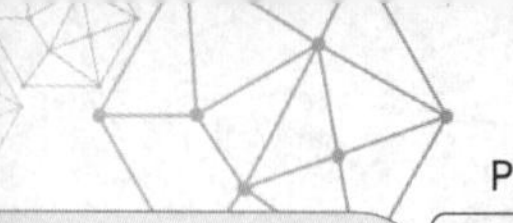

핵심과년도문제

7·1

$G(s) = \dfrac{1}{1+5s}$ 일 때 절점에서 절점 주파수 ω_0를 구하면?

① 0.1 [rad/s] ② 0.5 [rad/s] ③ 0.2 [rad/s] ④ 5 [rad/s]

해설 절점 주파수 : $1 = 5\omega_0$ 에서 $\omega_0 = 0.2$

【답】 ③

7·2

$G(j\omega) = \dfrac{1}{1+j10\omega}$ 로 주어지는 계의 절점 주파수는 몇 [rad/sec]인가?

① 0.1 ② 1 ③ 10 ④ 11

해설 절점주파수 : $\omega T = 1$에서 $10\,\omega = 1$

$\therefore \omega = \dfrac{1}{10} = 0.1$

【답】 ①

7·3

$G(j\omega) = 4j\omega^2$의 계의 이득이 0 [dB]이 되는 각주파수는?

① 1 ② 0.5 ③ 4 ④ 2

해설 이득 : $g = 20\log|G(j\omega)| = 0$ [dB]이므로 ($\log 1 = 0$)

$\therefore |G(j\omega)| = 4\omega^2 = 1$에서 $\omega = 0.5$

【답】 ②

7·4

$G(j\omega) = 5j\omega$이고, $\omega = 0.02$일 때 이득[dB]은?

① 20 ② 10 ③ −20 ④ −10

해설 이득 : $g = 20\log|G(j\omega)| = 20\log|5j\omega| = 20\log|j5\times 0.02| = 20\log|j0.1| = 20\log 10^{-1} = -20$

【답】 ③

7·5

$G(s) = e^{-LS}$에서 $\omega = 100$ [rad/s]일 때 이득[dB]은?

① 0 ② 20 ③ 30 ④ 40

해설 전달함수 : $G(s) = e^{-LS} = e^{-j\omega L} = \cos(\omega L) - j\sin(\omega L)$

$|G(s)| = \sqrt{\cos^2\omega + \sin^2\omega} = 1$

∴ 이득 $= 20\log 1 = 0$ [dB]

【답】 ①

7·6

$G(s) = \dfrac{1}{1+Ts}$ 인 제어계에서 절점 주파수의 이득은?

① −5 [dB] ② 4 [dB] ③ −3 [dB] ④ 2 [dB]

해설 $\omega T = 1$에서 $\omega = \dfrac{1}{T}$(절점 주파수)이므로

$$g = 20\log|G(j\omega)| = 20\log\left|\frac{1}{1+j\omega T}\right| = 20\log\left|\frac{1}{\sqrt{1^2+(\omega T)^2}}\right| = 20\log\left(\frac{1}{\sqrt{2}}\right) \fallingdotseq -3 \text{ [dB]}$$

∴ 절점 주파수일 경우 이득은 -3[dB]이 된다.

【답】 ③

7·7

$G(j\omega) = K(j\omega)^2$의 보드 선도는?

① −40 [dB]의 경사를 가지며 위상각 −180°
② 40 [dB]의 경사를 가지며 위상각 180°
③ −20 [dB]의 경사를 가지며 위상각 −90°
④ 20 [dB]의 경사를 가지며 위상각 90°

해설 이득 : $g = 20\log|G(j\omega)| = 20\log|K(j\omega)^2| = 20\log K\omega^2 = 20\log K + 40\log\omega$

$\omega = 0.1$일 때 $g = 20\log K - 40$ [dB]
$\omega = 1$일 때 $g = 20\log K$
$\omega = 10$일 때 $g = 20\log K + 40$ [dB]
∴ 40 [dB/dec]의 경사를 가지며 $\theta = \angle G(j\omega) = \angle K(j\omega)^2 = 180°$

【답】 ②

7·8

$G(j\omega) = \dfrac{1}{1+j\omega T}$에서 $\omega = 3$ [rad/sec], $|G(j\omega)| = 0.1$일 때 시정수 T의 값은 약 얼마인가?

① 25 ② 3.3 ③ 50 ④ 75

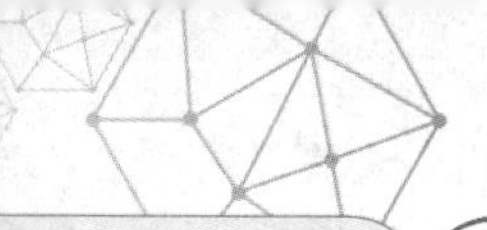

해설 $|G(j\omega)|=0.1$ 이므로 $|G(j\omega)|=\left|\dfrac{1}{1+j3T}\right|=\dfrac{1}{\sqrt{1^2+(3T)^2}}=0.1$이 되려면 $\sqrt{1+9T}=10$ 이므로

$\therefore\ T=\sqrt{11}\fallingdotseq 3.3$

【답】 ②

7·9

그림과 같은 보드 선도를 갖는 계의 전달 함수는?

① $G(s)=\dfrac{10}{(s+1)(10s+1)}$

② $G(s)=\dfrac{5}{(s+1)(10s+1)}$

③ $G(s)=\dfrac{10}{(s+1)(s+10)}$

④ $G(s)=\dfrac{20}{(s+1)(5s+1)}$

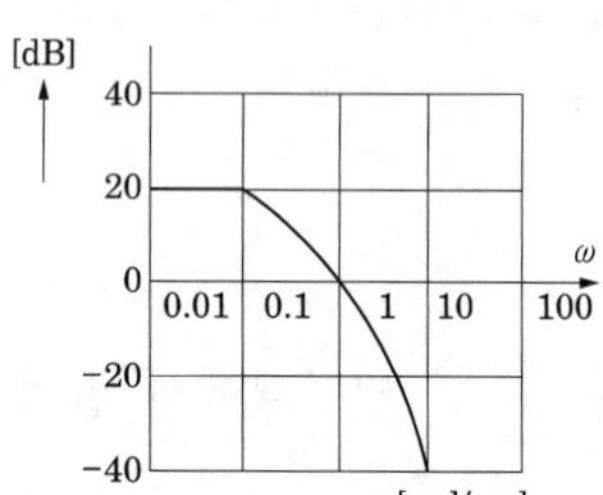

해설 $G(s)=\dfrac{10}{(s+1)(10s+1)}$의 보드선도 이득은

$$g\,[\mathrm{dB}]=20\log\left|\frac{10}{(j\omega+1)(j10\omega+1)}\right|=20\log\frac{10}{\sqrt{\omega^2+1}\,\sqrt{(10\omega)^2+1}}$$

$$=20\log 10-20\log\sqrt{\omega^2+1}-20\log\sqrt{(10\omega)^2+1}$$

이므로

① $\omega<0.1$일 때 $g=20-20\log 1-20\log 1=20$ [dB]

② $0.1<\omega<1$일 때 $g=20-20\log 1-20\log 10\omega=20-20\log 10-20\log\omega=-20\log\omega$이므로 -20 [dB/dec]

③ $\omega>1$일 때 $g=20-20\log\omega-20\log 10\omega=20-20\log\omega-20\log 10-20\log\omega=-40\log\omega$이므로 -40 [dB/dec]

【답】 ①

심화학습문제

01 벡터 궤적의 임계점(-1, j 0)에 대응하는 보드 선도상의 점은 이득이 A [dB], 위상이 B 되는 점이다. A, B 에 알맞은 것은?

① $A = 0$ [dB], $B = -180°$
② $A = 0$ [dB], $B = 0°$
③ $A = 1$ [dB], $B = 0°$
④ $A = 1$ [dB], $B = 180°$

해설

이득 : $g = 20\log|G| = 20\log 1 = 0$ [dB]
위상각 $\theta = -180°$ 또는 $180°$

【답】 ①

02 $T(s) = \dfrac{1}{s(s+10)}$ 인 선형 제어계에서 $\omega = 0.1$ 일 때 주파수 전달 함수의 이득[dB]은?

① -20 ② 0
③ 20 ④ 40

해설

이득

$$g = 20\log|G(j\omega)| = 20\log\left|\frac{1}{j\omega(j\omega+10)}\right| = 20\log\frac{1}{\omega\sqrt{\omega^2+10^2}}$$

$$= 20\log\frac{1}{0.1\sqrt{0.1^2+10^2}} \fallingdotseq 20\log 1 = 0 \text{ [dB]}$$

【답】 ②

03 그림과 같은 벡터 궤적을 갖는 계의 주파수 전달 함수는?

① $\dfrac{1}{j\omega+1}$

② 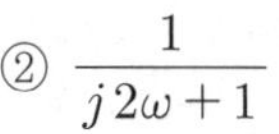 $\dfrac{1}{j2\omega+1}$

③ 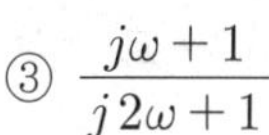 $\dfrac{j\omega+1}{j2\omega+1}$

④ 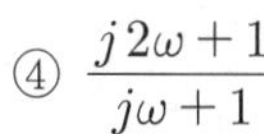 $\dfrac{j2\omega+1}{j\omega+1}$

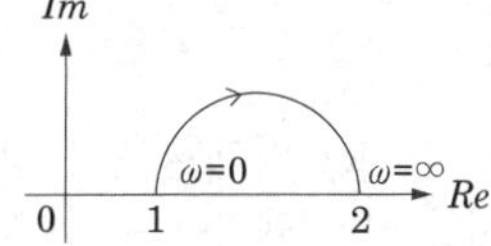

해설

위상각 $\angle G(j\omega)$의 값이 항상 (+)값 이므로 진상요소가 된다.

$\therefore G(j\omega) = \dfrac{1+j\omega T_2}{1+j\omega T_1}$ 에서 $T_2 > T_1$ 가 되어야 한다.

$$\therefore G(j\omega) = \frac{1+j\omega T_2}{1+j\omega T_1} = \frac{\sqrt{1^2+(\omega T_2)^2}\angle\tan^{-1}\omega T_2}{\sqrt{1^2+(\omega T_1)^2}\angle\tan^{-1}\omega T_1}$$

$$= \frac{\sqrt{1^2+(\omega T_2)^2}}{\sqrt{1^2+(\omega T_1)^2}}\angle(\tan^{-1}\omega T_2 - \tan^{-1}\omega T_1)$$

① $\lim\limits_{s\to 0} G(j\omega) = 1\angle 0°$

$\omega = 0$ 일 때 $|G(j\omega)| = 1$

② $\lim\limits_{s\to\infty} G(j\omega) = \dfrac{T_2}{T_1}\angle(90° - 90°)$

$\omega = \infty$ 일 때 $|G(j\omega)| = \dfrac{T_2}{T_1} = 2$ 이므로 $T_2 > T_1$ 이고

위상각은 +값이므로

$\therefore G(j\omega) = \dfrac{1+j2\omega}{1+j\omega}$

【답】 ④

04 $G(s)=\dfrac{K}{s(1+Ts)}$의 벡터 궤적은?

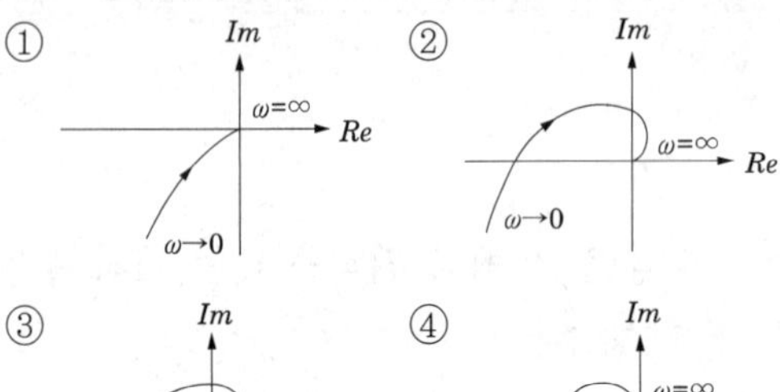

해설

2차 지연요소이고 분모에 상수항이 없으므로 3상한에서만 벡터 궤적이 존재한다.

$G(j\omega)=\dfrac{K}{j\omega(1+j\omega T)}$

$\lim\limits_{\omega\to0}|G(j\omega)|=\lim\limits_{\omega\to0}\left|\dfrac{K}{j\omega(1+j\omega T)}\right|=\lim\limits_{\omega\to0}\left|\dfrac{K}{j\omega}\right|=\infty$

$\lim\limits_{\omega\to0}\angle G(j\omega)=\lim\limits_{\omega\to0}\angle\dfrac{K}{j\omega(1+j\omega T)}=\lim\limits_{\omega\to0}\angle\dfrac{K}{j\omega}=-90°$

$\lim\limits_{\omega\to\infty}|G(j\omega)|=\lim\limits_{\omega\to\infty}\left|\dfrac{K}{j\omega(1+j\omega T)}\right|=\lim\limits_{\omega\to\infty}\left|\dfrac{K}{(j\omega)^2T}\right|=0$

$\lim\limits_{\omega\to\infty}\angle G(j\omega)=\lim\limits_{\omega\to\infty}\angle\dfrac{K}{j\omega(1+j\omega T)}=\lim\limits_{\omega\to\infty}\angle\dfrac{K}{(j\omega)^2T}$

$=-180°$

2차 지연요소이고 분모에 상수항이 존재하면 다음과 같다.

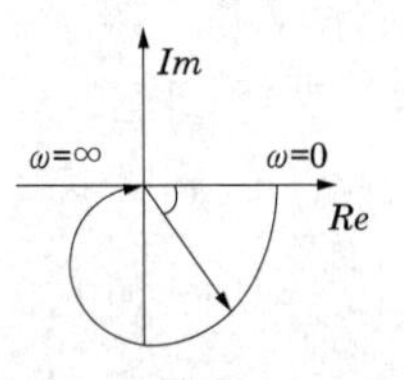

【답】 ①

05 보드 선도에서 전달 함수 $G(j\omega)=\dfrac{K}{1+j\omega T}$인 요소의 절점 이득과 절점 주파수의 참이득과의 차[dB]는?

① 20log1 ② $20\log\dfrac{1}{\sqrt{2}}$
③ $20\log\sqrt{2}$ ④ 20log10

해설

$\omega T=1$에서 $\omega=\dfrac{1}{T}$(절점 주파수)이므로

$g=20\log|G(j\omega)|=20\log\left|\dfrac{1}{1+j\omega T}\right|=20\log\left|\dfrac{1}{\sqrt{1^2+(\omega T)^2}}\right|$

$=20\log\left(\dfrac{1}{\sqrt{2}}\right)\fallingdotseq-3\ [\mathrm{dB}]$

∴ 절점 주파수일 경우 이득은 -3[dB]이 된다.
분모의 절점주파수에서는 -3[dB] 만큼의 참 이득과의 차이가 존재한다.

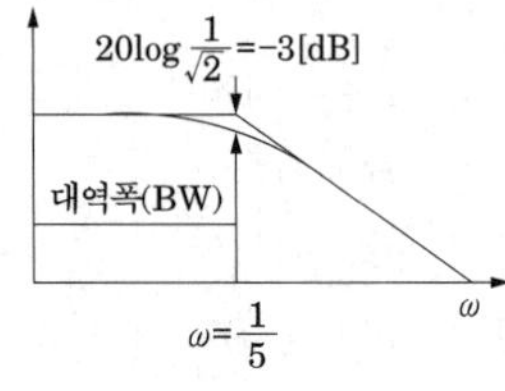

【답】 ②

06 분리도가 예리(sharp)해질수록 나타나는 현상은?

① 정상오차가 감소한다.
② 응답속도가 빨라진다.
③ M_p 의 값이 감소한다.
④ 제어계가 불안정하여진다.

해설

분리도가 예리하면 M_p 의 값이 커지게 되므로 제어계는 불안정하기 쉽다.

【답】 ④

07 전달 함수 $\dfrac{C(s)}{R(s)}=\dfrac{25}{s^2+6s+25}$인 2차계의 과도 진동 주파수 ω_0는?

① 3 [rad/s] ② 4 [rad/s]
③ 5 [rad/s] ④ 6 [rad/s]

해설

$$G(s) = \frac{\omega_n^{\ 2}}{s^2 + 2\zeta\omega_n s + \omega_n^{\ 2}} = \frac{25}{s^2 + 6s + 25} \text{에서 } \omega_n^{\ 2} = 25$$

$\therefore \omega_n = 5$ (고유 진동 주파수)

$2\zeta\omega_n = 6$에서 $\zeta = \frac{6}{10}$

$$\therefore \omega_0 = \omega_n \sqrt{1-\zeta^2}$$

$$= 5\sqrt{1-\left(\frac{6}{10}\right)^2} = 5\sqrt{1-\frac{9}{25}} = 4 \text{ [rad/s]}$$

【답】 ②

08 그림과 같은 보드 위상 선도를 가지는 회로망은 어떤 보상기로 사용될 수 있는가?

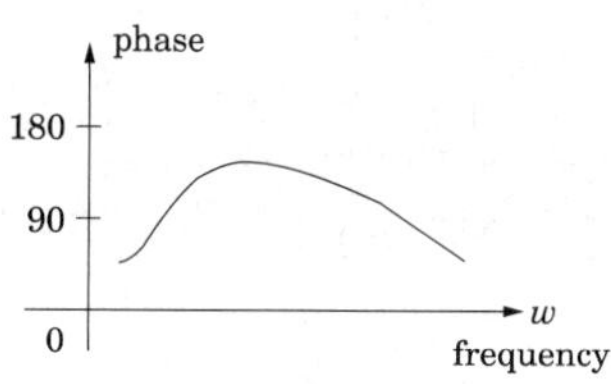

① 진상 보상기 ② 지상 보상기
③ 지·진상 보상기 ④ 진·지상 보상기

해설

보드 위상 선도는 X축을 주파수 대수눈금으로 하고 Y축을 주파수 전달함수 $G(j\omega)$의 위상각 변화를 그린 도면을 말하다. 주파수 변화가 0에서 ∞로 변화할 경우 $G(j\omega)$의 위상이 (+)값을 가지고 있으므로 진상 보상 회로가 되어야 한다.

【답】 ①

09 다음 그림은 입상 진상 회로의 보드 선도이다. 이에 적합한 전달 함수는?

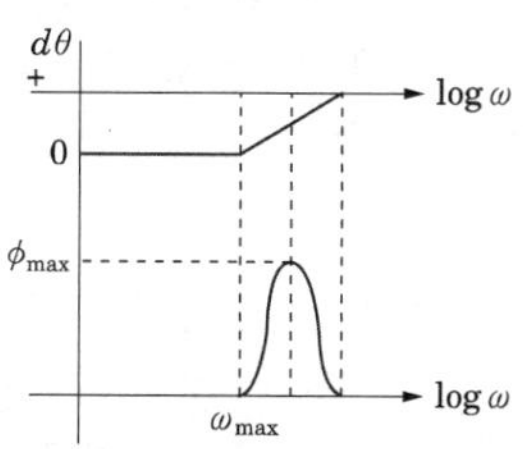

① $\frac{T_2}{T_1} \cdot \frac{1+T_1 s}{1+T_2 s}$, $T_1 > T_2$

② $\frac{T_1}{T_2} \cdot \frac{1+T_1 s}{1+T_2 s}$, $T_1 > T_2$

③ $\frac{T_2}{T_1} \cdot \frac{1+T_1 s}{1+T_2 s}$, $T_1 < T_2$

④ $\frac{T_1}{T_2} \cdot \frac{1+T_1 s}{1+T_2 s}$, $T_1 < T_2$

해설

진상회로 : $\frac{s+a}{s+b}$ $(a<b)$

지상회로 : $\frac{s+a}{s+b}$ $(a>b)$의 조건에서

$\frac{T_2}{T_1} \cdot \frac{1+T_1 s}{1+T_2 s} = \frac{s+\frac{1}{T_1}}{s+\frac{1}{T_2}}$에서 $T_1 > T_2$일 때 $\frac{1}{T_1} < \frac{1}{T_2}$

이므로 $a<b$의 조건을 만족한다.

【답】 ①

10 2차 지연 요소의 보드 선도에서 이득 곡선의 두 점근선이 만나는 점의 주파수는?

① 영 주파수 ② 공진 주파수
③ 고유 주파수 ④ 차단 주파수

해설

2개의 점근선의 교점을 절점이라 하고 $u=1$, 즉 $\omega = \frac{1}{T}$인 주파수를 절점 주파수라 한다.

2차 지연 요소의 보드 선도의 두 점근선의 교점은 $-40\log\frac{\omega}{\omega_n} = 0$ [dB]로부터 $\omega = \omega_n$으로 된다.

$\therefore$ 2차 인수의 절점 주파수는 $\omega = \omega_n$(고유 주파수)가 된다.

2차 지연 요소의 보드 선도의 특징은

① 이득 곡선은 $u = \omega T \ll 1$일 때 횡축에 평행한 직선과 $u \gg 1$일 때의 디케이드(decade)당 −40 [dB]의 경사를 갖는 직선을 점근선으로 가진다. 절점은 $u=1$, 즉 $\omega = \frac{1}{T}$이다.

② 위상 곡선은 0°~180° 사이를 변화하고 절점에서 −90° 이다.

③ 실제의 크기 곡선은 점근선과 현저하게 편기된다.[1] 그 이유는 크기 곡선과 위상각 곡선은 절점 주파수 ω_n(고유 주파수)에만 의하지 않고 제동비 또는 감쇠율(damping ratio) ζ에도 의하기 때문이다.

* (1) 편기(偏倚) : 치우쳐 의지하다.

【답】 ③

11 그림과 같은 극좌표 선도를 갖는 계통의 전달함수는?

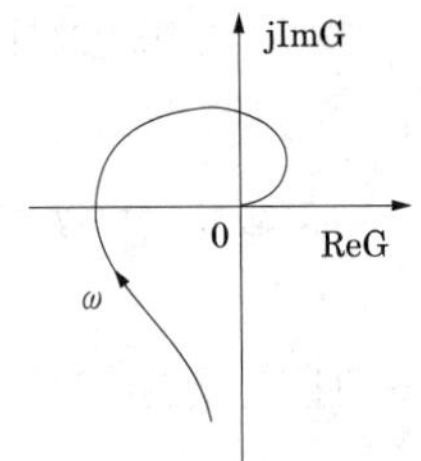

① $G(s)=\dfrac{K_O}{1+ST}$

② $G(s)=\dfrac{K_O}{s(1+ST)}$

③ $G(s)=\dfrac{K_O}{(1+ST_1)(1+ST_2)}$

④ $G(s)=\dfrac{K_O}{(1+ST_1)(1+ST_2)(1+ST_3)}$

해설

3차 지연요소이고 분모에 상수항이 없는 경우의 벡터궤적이다.
3차 지연요소이고 분모에 상수항이 존재하는 경우는 다음과 같다.

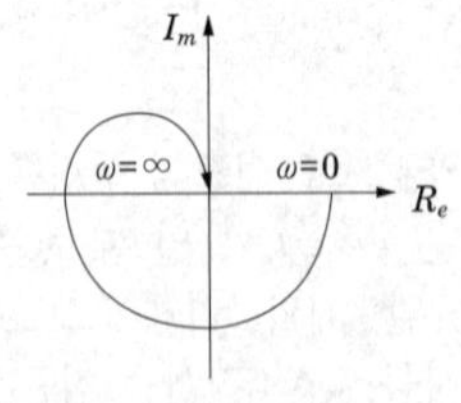

4차 지연요소의 경우는 다음과 같다.

(1) $G(S)=\dfrac{K_5}{S^4+K_1S^3+K_2S^2+K_3S+K_4}$

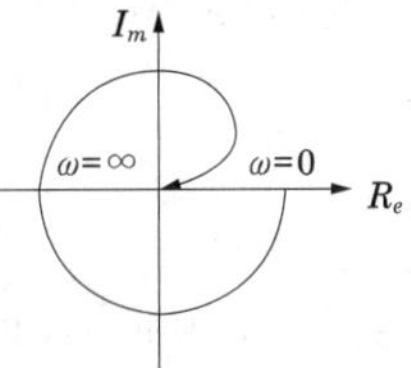

(2) 만약 $K_4=0$이면

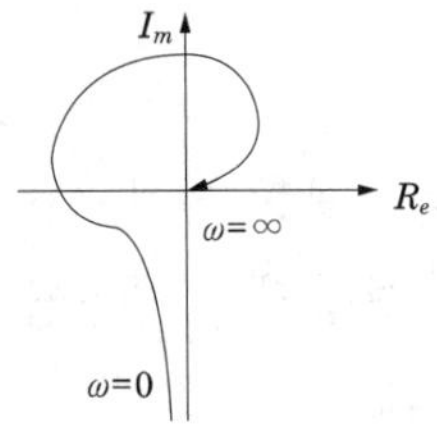

(3) 만약 $K_3=K_4=0$이면

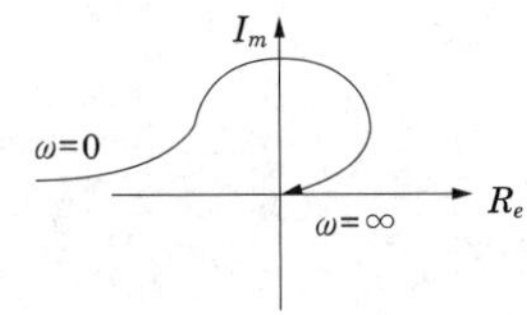

【답】 ④

12 폐루프 전달 함수 $\dfrac{C(s)}{R(s)}=\dfrac{1}{2s+1}$ 인 계에서 대역폭(帶域幅, BW)은 몇 [rad]인가?

① 0.5 [rad] ② 1 [rad]
③ 1.5 [rad] ④ 2 [rad]

해설

$G(j\omega)=\dfrac{1}{2j\omega+1}$에서 $|G(j\omega)|=\dfrac{1}{\sqrt{(2\omega)^2+1}}$ 이므로 대역폭을 구하기 위하여 차단 주파수를 ω_c라 하면 대역폭은 크기가 $0.707M_0$ 또는 $(20\log M_0-3)$ [dB]에서의 주파수로 정의하므로

$\therefore \dfrac{1}{\sqrt{(2\omega_c)^2+1}}=\dfrac{1}{\sqrt{2}}$

$\therefore \omega_c=0.5$ [rad]

【답】 ①

안정도

1. 루드 안정도 판별법

제어계의 안정도는 입력 또는 외란계의 응답에 의하여 결정된다. 제어 계통의 어떤 일정한 크기의 입력 또는 외란이 가하여졌을 때 이로 인하여 생긴 과도현상이 시간의 경과와 더불어 감소되어 정상상태에서는 한정된 크기의 정상출력만 남게 되면 이 제어계는 안정(stable)하게 되며, 역으로 시간과 더불어 과도현상이 증대 또는 지속진동을 하는 경우 이 제어계는 불안정(unstable)하다고 한다. 또한 과도현상이 감소도 증대도 되지 않고 일정한 진폭으로 지속되는 경우 임계 안정하다고 한다.

계가 안정하다는 것은 그림1에 표시되는 특성 방정식의 모든 근이 s 평면의 좌반평면에만 존재하여야 한다.

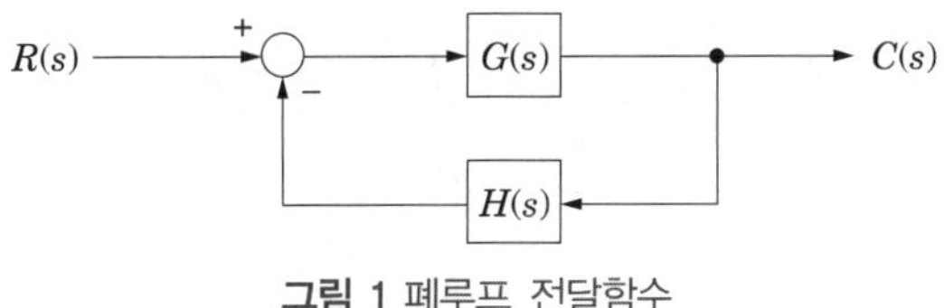

그림 1 폐루프 전달함수

그림 1의 전달함수

$$G(s) = \frac{G(s)}{1 + G(s)H(s)}$$

에서 특성방정식 $1 + G(s)H(s) = 0$, 즉 폐회로 제어계에서 분모를 0으로 놓은 상태를 선형 제어계의 특정방정식이라 한다. 특정방정식의 근이 우반 평면에 있으면 이 근은 제어계를 정상값으로 부터 발산하게끔 만들어 불안정하게 된다.

특성방정식이

$$\begin{aligned} F(s) &= 1 + G(s)H(s) \\ &= a_0 s^n + a_1 s^{n-1} + a_2 s^{n-2} + a_3 s^{n-3} \cdots + a_{n-1} s + a_n = 0 \end{aligned}$$

앞 식의 근이 모두 s 평면의 좌반부에 있어야 할 조건은, 즉 특성근이 부(−)의 실수부

를 갖는 조건은 다음과 같다.

① 특성방정식의 모든 계수의 부호가 같아야 한다.
② 계수 중 어느 하나라도 0이 되어서는 안 된다.
③ 루스 수열의 제1열의 원소부호가 같아야 한다.

특성방정식의 일반적인 형태를 다음과 같다

$$F(s) = a_0 s^n + a_1 s^{n-1} + a_2 s^{n-2} + a_3 s^{n-3} \cdots \; a_{n-1} s + a_n = 0$$

이 방정식의 계수들이 다음과 같이 두 개의 줄로 배열된다.

s^n	a_0	a_2	a_4
s^{n-1}	a_1	a_3	a_5

모든 계수들이 실수이고 또한 a_0 가 정(+)이라고 가정한다. 나머지 행들의 근을 결정하기 위한 조건은 다음과 같다.

s^n	a_0	a_2	a_4	a_6	$\cdots$
s^{n-1}	a_1	a_3	a_5	a_7	$\cdots$
s^{n-2}	b_1	b_3	b_5	$\cdots$	
$\cdot$	c_1	c_3	c_5	$\cdots$	
s^0					

여기서,

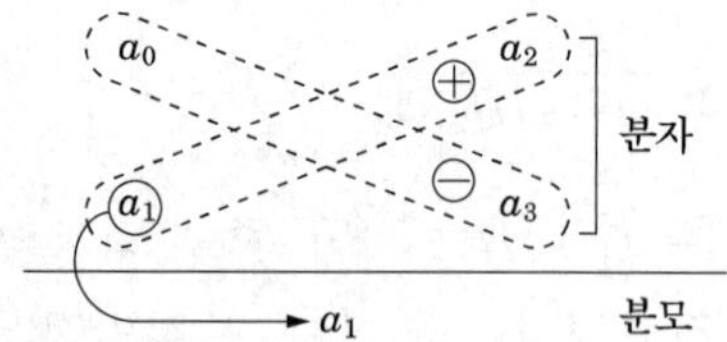

$$b_1 = \frac{a_1 a_2 - a_0 a_3}{a_1}, b_3 = \frac{a_1 a_4 - a_0 a_5}{a_1}, b_5 = \frac{a_1 a_6 - a_0 a_7}{a_1}$$

$$c_1 = \frac{b_1 a_3 - a_1 b_3}{b_1}, c_3 = \frac{b_1 a_5 - a_1 b_5}{b_1}, c_5 = \frac{b_1 a_7 - a_1 b_7}{b_1}$$

이 과정은 열내의 모든 항이 0이 될 때까지 행한다.
제 1열의 모든 요소가 같은 부호를 가지면 안정하게 되며, 제 1열의 요소가 부호 변화

가 있으면 변화가 있는 만큼의 우측에 근들이 존재하여 불안정하게 된다. 이와 같은 방법으로 안정도를 판별한다.

예제문제 01

루드-훌비쯔 표를 작성할 때 제1열 요소의 부호 변환은 무엇을 의미하는가?

① s 평면의 좌반면에 존재하는 근의 수
② s 평면의 우반면에 존재하는 근의 수
③ s 평면의 허수축에 존재하는 근의 수
④ s 평면의 원점에 존재하는 근의 수

해설
제1열의 부호 변화는 s 평면 우반면에 존재하는 근의 수를 말한다. 이것은 제어계가 불안정함을 의미한다. 제1열의 부호 변화 횟수만큼 근의 수가 존재한다.

답 : ②

예제문제 02

$2s^3+5s^2+3s+1=0$으로 주어진 계의 안정도를 판정하고 우반 평면상의 근을 구하면?

① 임계 상태이며 허축상에 근이 2개 존재한다.
② 안정하고 우반 평면에 근이 없다.
③ 불안정하며 우반 평면상에 근이 2개이다.
④ 불안정하며 우반 평면상에 근이 1개이다.

해설
모든 차수의 항이 존재하고, 각 계수의 부호가 모두 같으므로 계는 안전할 수 있다. 이 경우 s평면의 우반부에는 근이 없게 된다.

s^3	2	3	0
s^2	5	1	0
s^1	$\frac{15-2}{5}$	0	
s^0	1		

답 : ②

예제문제 03

특성 방정식이 $s^5+4s^4-3s^3+2s^2+6s+k=0$으로 주어진 제어계의 안정성은?

① $k=-2$ ② 절대 불안정 ③ $k=-3$ ④ $k>0$

해설
특성 방정식에서 부호의 변화가 있으므로 불안정하다.(계의 안정에 필요한 조건은 모든 차수의 항이 존재하고, 각 계수의 부호가 같아야 한다.)

답 : ②

예제문제 04

개루프 전달 함수 $G(s)=\dfrac{(s+2)}{(s+1)(s+3)}$ 인 부궤환 제어계의 특성 방정식은?

① $s^2+5s+5=0$ ② $s^2+5s+6=0$

③ $s^2+6s+5=0$ ④ $s^2+4s+3=0$

해설

부궤환 제어계의 전달 함수는 $\dfrac{G(s)}{1+G(s)H(s)}$ 이고 특성 방정식은 $1+G(s)H(s)=0$이 되는 것을 의미한다.

개루프 전달함수를 부궤환 제어계의 전달함수로 구할 경우 $H(s)=1$ 이므로

$\therefore\ 1+G(s)H(s)=\ 1+\dfrac{s+2}{(s+1)(s+2)}=0$에서 $s^2+5s+5=0$

답 : ①

예제문제 05

불안정한 제어계의 특성 방정식은?

① $s^3+7s^2+14s+8=0$ ② $s^3+2s^2+3s+6=0$

③ $s^3+5s^2+11s+15=0$ ④ $s^3+2s^2+2s+2=0$

해설

② 의 특성 방정식을 루드 판별법으로 적용하면

s^3	1	3
s^2	2	6
s^1	0	0

s^1행의 요소가 전부 0이므로 루드 판별은 불안정하게 끝난다.

답 : ②

예제문제 06

$s^3+11s^2+2s+40=0$에는 양의 실수부를 갖는 근은 몇 개 있는가?

① 0 ② 1 ③ 2 ④ 3

해설

$s^3+11s^2+2s+40=0$ 의 특성 방정식을 루드 판별법을 적용하면

s^3	1	2
s^2	11	40
s^1	$\dfrac{22-40}{11}=-1.64$	0
s^0	40	

제1열에서 부호 변화가 두 번 있으므로 양의 실수를 갖는 근은 2개이다.

답 : ③

예제문제 07

특성 방정식이 $s^4+2s^3+s^2+4s+2=0$일 때 이 계의 안정도를 판별하면?

① 불안정 ② 안정 ③ 임계 안정 ④ 조건부 안정

해설
특성 방정식을 루드 판별법을 적용하면

s^4	1	1	2
s^3	2	4	0
s^2	-1	2	
s^1	8	0	
s^0	2		

제1열의 부호 변화가 2번 있으므로 불안정하며 우반면에 2개의 근이 존재한다.

답 : ①

예제문제 08

특성방정식 $2s^4+s^3+3s^2+5s+10=0$일 때 s 평면의 오른쪽 평면에 몇 개의 근을 갖게 되는가?

① 1 ② 2 ③ 3 ④ 0

해설
특성 방정식을 루드 판별법을 적용하면

s^4	2	3	10
s^3	1	5	
s^2	-7	10	
s^1	$+\frac{45}{7}$	0	
s^0	10		

제1열의 부호 변화가 2번 있으므로 불안정하며 우반면에 2개의 근이 존재한다.

답 : ②

2. 홀비쯔(Hurwitz) 안정도 판별법

이 방법은 특성 방정식(전달 함수)의 계수로서 만들어지는 행렬식에 의하여 판별한다. 앞의 식에서 특성 방정식의 모든 근이 좌반 평면에 존재할 필요하고도 충분한 조건은 방정식의 홀비쯔 행렬식 $D_k\ (k=1, 2, 3, ..., n)$가 모든 k에 대하여 정의 값을 가져야 한다.

이 방법은 특성방정식의 계수로서 만들어지는 행렬식에 의해 판별된다.

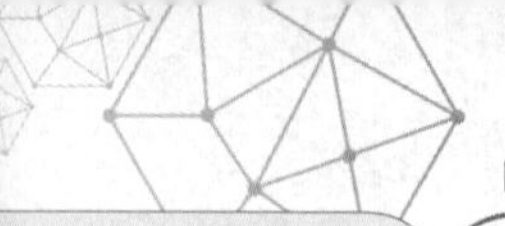

훌비쯔 행렬식 작성 방법은

하부에서 상부로 계수가 $0 \rightarrow a_1 \rightarrow a_2 \rightarrow a_3 \cdots$ 의 순서가 되도록 나열한다. 이 때 행렬식에서 n보다 크거나 0보다 작은 인덱스는 0으로 대치한다. 예를 들어

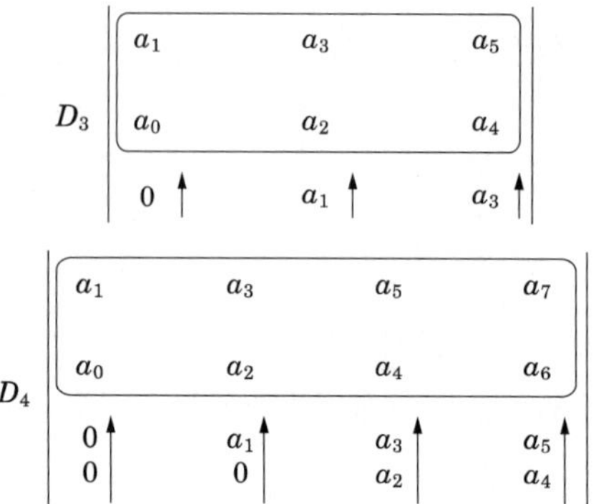

이므로 다음과 같이 행렬을 작성한다.

$$D_1 = a_1,$$

$$D_2 = \begin{vmatrix} a_1 & a_3 \\ a_0 & a_2 \end{vmatrix},$$

$$D_3 = \begin{vmatrix} a_1 & a_3 & a_5 \\ a_0 & a_2 & a_4 \\ 0 & a_1 & a_3 \end{vmatrix}$$

$$D_n = \begin{vmatrix} a_1 & a_3 & a_5 \cdots & a_{2n-1} \\ a_0 & a_2 & a_4 \cdots & a_{2n-2} \\ 0 & a_1 & a_3 \cdots & a_{2n-3} \\ 0 & a_0 & a_2 \cdots & a_{2n-4} \\ 0 & 0 & a_1 \cdots & a_{2n-5} \\ \vdots & & & \\ 0 & 0 & 0 \cdots & a_n \end{vmatrix}$$

안정계가 될 이 판별법의 필요조건은 루드의 방법과 동일하며 충분조건은,

$$a_0 > 0,\ D_1 > 0,\ D_2 > 0, \cdots\cdots,\ D_n > 0$$

이다.

예제문제 09

특성 방정식이 $s^4+2s^3+5s^2+4s+2=0$로 주어졌을 때 이것을 훌비쯔(Hurwitz)의 안정 조건으로 판별하면 이 계는?

① 안정　② 불안정　③ 조건부 안정　④ 임계 상태

해설

$F(s)=a_0s^4+a_1s^3+a_2s^2+a_3s^1+a_4=0$ 에서 $a_0=1,\ a_1=2,\ a_2=5,\ a_3=4,\ a_4=2$이므로

$D_1=a_1=2$

$$D_2=\begin{vmatrix} a_1 & a_3 \\ a_0 & a_2 \end{vmatrix}=\begin{vmatrix} 2 & 4 \\ 1 & 5 \end{vmatrix}=6$$

$$D_3=\begin{vmatrix} a_1 & a_3 & a_5 \\ a_0 & a_2 & a_4 \\ 0 & a_1 & a_3 \end{vmatrix}=\begin{vmatrix} 2 & 4 & 0 \\ 1 & 5 & 2 \\ 0 & 2 & 4 \end{vmatrix}=16$$

$\therefore\ D_1,\ D_2,\ D_3>0$ 이므로 안정하다.

답 : ①

예제문제 10

제어계의 종합 전달 함수 $G(s)=\dfrac{s}{(s-2)(s^2+4)}$에서 안정성을 판정하면 어느 것인가?

① 안정하다.　② 불안정하다.　③ 알 수 없다.　④ 임계 상태이다.

해설

종합 전달 함수이므로 특성 방정식은 $(s-2)(s^2+4)=s^3-2s^2-4s+8=0$ 가 된다.

훌비쯔의 판별법에서

$a_0=1,\ a_1=-2,\ a_2=-4,\ a_3=8$이므로

$D_1=a_1=-2$

$$D_2=\begin{vmatrix} a_1 & a_3 \\ a_0 & a_2 \end{vmatrix}=\begin{vmatrix} -2 & 8 \\ 1 & -4 \end{vmatrix}=0$$

$\therefore\ D_1<0,\ D_2=0$ 이므로 제어계는 불안정하다.

답 : ②

3. 나이키스트(Nyquist)의 안정도 판별법

나이키스트 선도(Nyquist diagram)는 1932년 H. Nyquist에 의해 개발된 기법이다. 나이키스트 선도는 주파수응답의 크기와 위상을 극좌표로 표현하여 복소평면 위에 함께 나타내기 때문에 극좌표 선도(polar plot)이라고도 부른다. 나이키스트선도는 시스템의 안정성 판별에 쓰이는데 이러한 안정성 판별법을 나이키스트 안정성 판별법이라 한다.

- 폐루프 제어시스템의 공칭안정도를 판별할 수 있는 방법, 불안정한 폐루프 극점의 개수 판정 가능(루드－훌비쯔 판별법과 같은 정보를 제공한다.)

- Routh-Hurwitz 판별법으로는 절대적 안정성을 판단할 수 있지만 나이키스트(Nyquist) 판별법은 상대적 안정성, 즉 시스템이 어느 정도 안정적인가 하는 것까지 판별할 수 있다.
- 시스템의 상대안정도를 시각적으로 알 수 있으며, 필요할 때에는 시스템의 안정도를 개선할 수 있는 방법 제안 가능하다.
- 시스템의 주파수응답에 대한 정보 제공한다.
- 수송지연 요소를 포함한 시스템의 안정도 해석에 적합하다.
- 안정도 : 강인제어[14] 이론의 기본 개념이 된다.

예제문제 11

Nyquist 판정법의 설명으로 틀린 것은?

① Nyquist 선도는 제어계의 오차 응답에 관한 정보를 준다.
② 계의 안정을 개선하는 방법에 대한 정보를 제시해 준다.
③ 안정성을 판정하는 동시에 안정도를 제시해 준다.
④ Routh-Hurwitz 판정법과 같이 계의 안정 여부를 직접 판정해 준다.

해설
계의 주파수 응답에 관한 정보를 제공한다.

답 : ①

3.1 나이키스트선도

나이키스트선도는 전달함수 $G(s)$의 주파수응답 $G(j\omega)$의 크기와 위상을 극좌표 형식으로 복소평면에 도시한 것을 말한다. 즉, 주파수응답의 크기와 위상을 복소평면의 점으로 대응시켜 입력주파수ω의 변화가 0부터 ∞까지 변화할 때의 궤적을 그린 것이다. 나이키스트 판별은 복소 변수의 사상(寫相; mapping)에 바탕을 두고 있다. 복소 평면상에서 변수 s가 임의의 경로를 따라 움직일때 전달 함수에 의해 s의 경로가 다른 평면으로 투영되는 것을 사상이라 한다. 이것은 s의 경로의 전달 함수에 의해 결정된다. 경로는 시계방향을 양으로 반시계방향을 음으로 정하며 s가 경로를 따라 회전하여 다시 제자리로 돌아오면 단힌 경로가 된다. 이것은 나이키스트판별법에서 중요한 일주의 개념이며, 복소평면상의 한점이나 영역이 닫힌 경로의 내부에 있으면 그 점이나 영역은 경로에 일주되어야 한다.

14) 제어대상의 모델에 포함된 불확실성을 다루는 제어이론으로는 강인 제어(robust control)

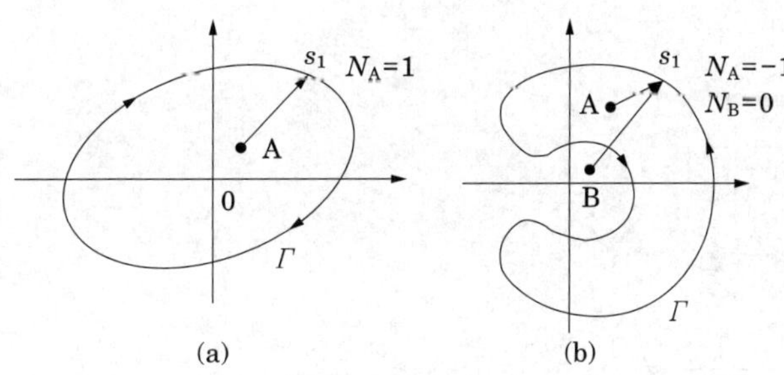

그림 2 복소변수의 사상

그림 2(a)에서 점A는 경로상 한점s_1 Γ를 따라 이동할 경우 시계방향으로 1주한다. 이 경우 일주 횟수는 1이 된다.

$$N=1$$

그림 2(b)에서 점A는 경로상 한점 s_1이 Γ를 따라 동할 경우 반시계방향으로 일주하므로 일주 횟수는

$$N_A=-1$$

이 된다. 그림 2(b)에서 점B는 닫힌 경로의 외부에 있으므로 일수횟수는 0이 된다.

$$N_B=0$$

다음 그림 3은 일주횟수를 나타낸 예이다.

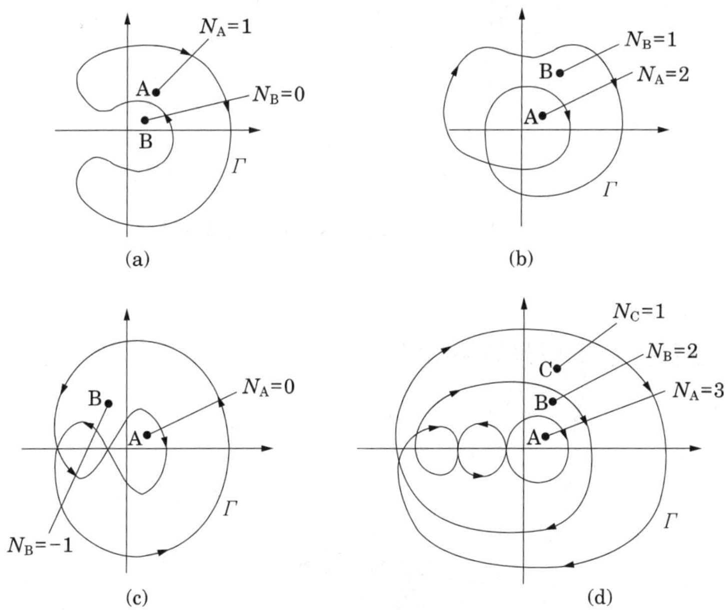

그림 3 나이키스트 선도의 일주 횟수 판정

개루프 전달함수가

$$G(s) = \frac{1}{s+1}$$

인 경우 주파수 응답은

$$G(j\omega) = \frac{1}{1+j\omega} = \frac{1-j\omega}{\omega^2+1}$$

이므로 실수부와 허수부를 각각 x, y라 하면 $0 \leqq \omega < \infty$의 범위에서

$$x = \frac{1}{\omega^2+1},\ y = -\frac{\omega}{\omega^2+1}$$

원의 방정식을 세우면

$$\left(x - \frac{1}{2}\right)^2 + y^2 = \left(\frac{1}{2}\right)^2,\ y \leqq 0$$

가 된다. 따라서 주파수응답의 궤적은 복소평면에서 점(1/2, 0)을 중심으로 반지름이 1/2인 원의 하반부가 된다.

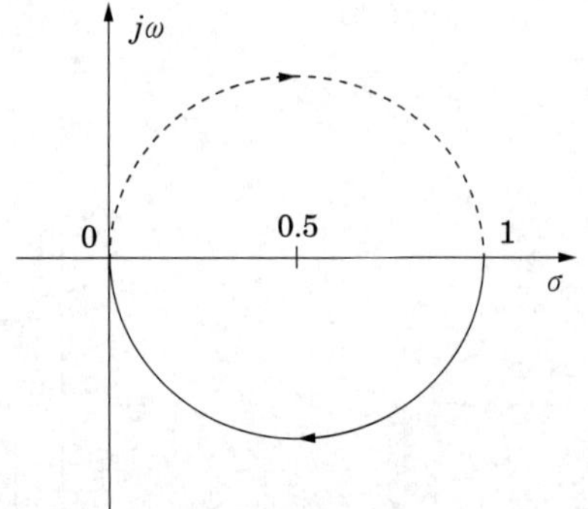

그림 4 개루프 전달함수의 주파수 응답의 궤적

3.2 나이키스트선도의 안정성 판별법

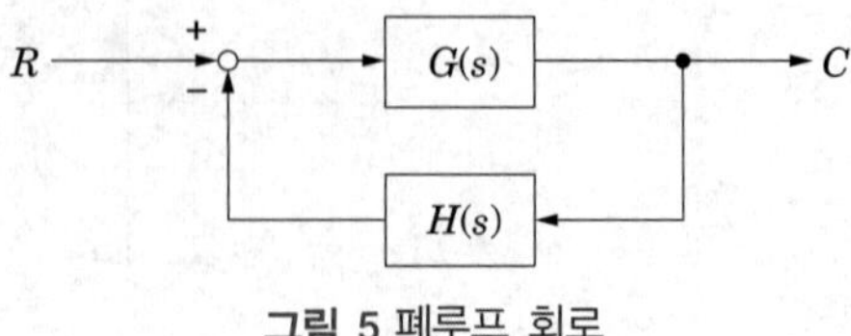

그림 5 폐루프 회로

그림 5와 같은 폐루프(폐회로 시스템) 전달함수는

$$\frac{C(s)}{R(s)} = \frac{G(s)}{1+G(s)H(s)}$$

이며, 전달 함수식의 분모 $1+G(s)H(s)$는 자동 제어계 해석에 매우 중요한 요소가 된다. 분모를 0으로 놓은 식을 선형 자동 제어계의 특성 방정식이라고 한다.

$$1+G(s)H(s)=0$$

여기서, $G(s)=\frac{A_1(s)}{B_1(s)}$, $H(s)=\frac{A_2(s)}{B_2(s)}$

그러므로

$$1+G(s)H(s)=1+\frac{A_1(s)}{B_1(s)}\cdot\frac{A_2(s)}{B_2(s)}$$

$$=\frac{B_1(s)B_2(s)+A_1(s)A_2(s)}{B_1(s)B_2(s)}=0$$

이므로 분자와 분모를 인수분해 하면

$$1+G(s)H(s)=C_0\frac{(s-z_1)(s-z_2)\cdots(s-z_n)}{(s-p_1)(s-p_2)\cdots(s-p_n)}=0$$

여기서, $C_0=\frac{a_0}{b_0}$인 상수가 된다.

특성 방정식의 근(영점과 극점)을 구하고, 제어계가 안정하기 위해서는 특성방정식의 근이 (+)의 실수부를 갖지 않아야 한다(근이 좌반면에 존재한다.).
여기서, $G(s)H(s)$의 나이키스트선도는 다음의 성질을 만족해야 한다.

$$Z=N+P$$

여기서, Z : 우반평면에 있는 특성방정식 근의 수(불안정한 폐로극점의 수)
N : $G(s)H(s)$의 궤적이 점(−1, $j0$)을 시계방향으로 감싸는 횟수
P : 우반평면에 있는 $G(s)H(s)$의 극점의수 (불안정한 개로극점의 수)

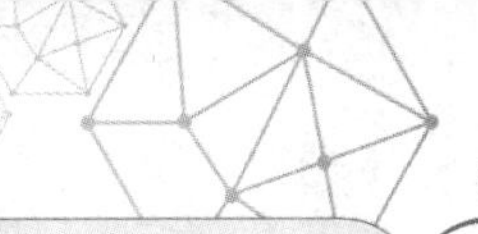

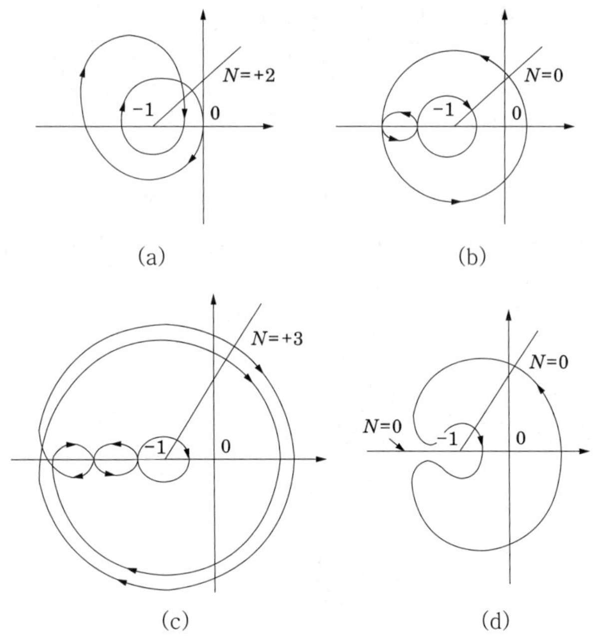

그림 6 N의 값의 결정

시스템이 안정하기 위한 필요충분 조건은 특성방정식의 근이 모두 s평면의 좌반평면에 위치해야 한다. 위 $Z=N+P$ 식에 근거하여 안정성을 판별하는 방법을 나이키스트 안정도 판별법이라 한다.

나이키스트 안정도 판별법은 폐로시스템의 안정성에 대한 필요충분조건은

$$Z=N+P=0$$

이며, $N=-P$가 만족되어야 한다. 예를 들며 개로시스템의 $G(s)H(s)$가 갖는 불안정한 극점의 수게 3일 경우 폐로시스템이 안정하려면

$$N=-P=-3$$

이 되어야 한다. 여기서 N은 s가 $-j\infty$부터 $j\infty$까지 변화할 때 $G(s)H(s)$의 나이키스트선도가 복소평면에서 점$(-1,\ j0)$을 시계방향으로 둘러싸는 횟수가 $N=-3$이므로 반시계 방향으로 3번 감싸야 한다는 것을 의미한다.

만약 개로시스템이 안정한 경우라면 $P=0$이므로 $N=-P=0$이 되어야 폐로시스템의 안정성을 보장할 수 있다. 따라서 $G(s)H(s)$의 나이키스트 선도가 점$(-1,\ j0)$를 감싸지 않아야 한다.

이것은 나이키스트 안정도 판별법을 적용하려면 반드시 $G(s)H(s)$ 궤적을 구하지 않으면 안된다. 그러나 $P=0$인 경우를 보면 $G(s)H(s)$의 $\omega>0$인 경우에 대하여 벡터 궤적을 ω의 값이 증가하는 방향으로 궤적을 따라 갈 경우 점$(-1,\ j0)$을 왼쪽에서 보게 되면 안정, 오른쪽에서 보게 되면 불안정이라 할 수 있다.

또, $1+G(s)H(s)=0$의 특성방정식에서 $j\omega$가 특성방정식의 근이 되므로 $(-1,\ j0)$을 통과한때가 안정한계가 된다.

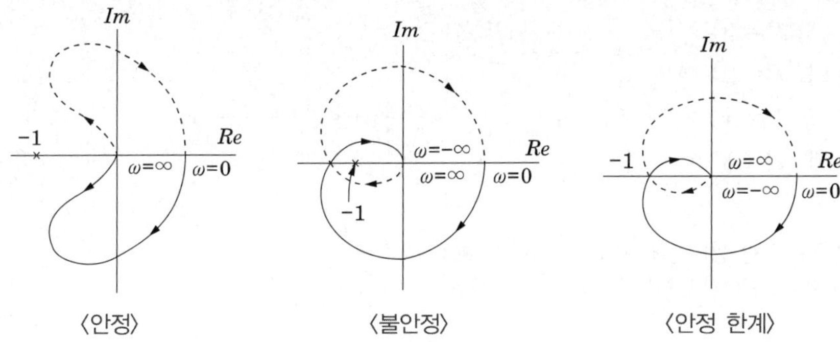

그림 7 나이키스트선도의 안정성 판별

다음 그림 8은 영점과 극점에 의한 s의 경로를 s평면상에 나타낸 나이키스트 선도의 예를 나타낸 것이다.

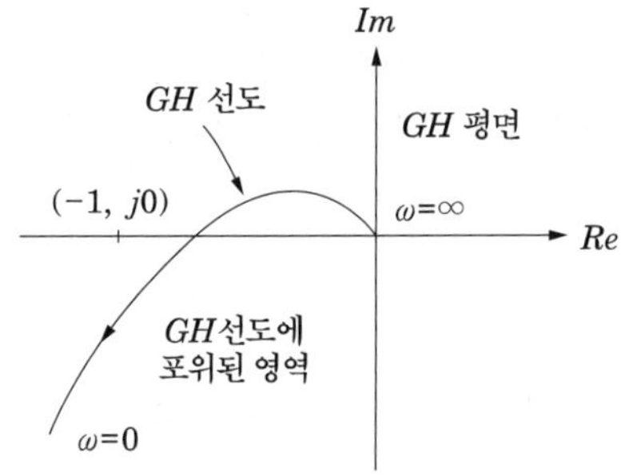

그림 8 나이키스트 선도

예제문제 12

s평면의 우반면에 3개의 극점이 있고, 2개의 영점이 있다. 이때 다음과 같은 설명 중 어느 나이퀴스트 선도일 때 시스템이 안정한가?

① $(-1,\ j\,0)$ 점을 반시계방향으로 1번 감쌌다.
② $(-1,\ j\,0)$ 점을 시계방향으로 1번 감쌌다.
③ $(-1,\ j\,0)$ 점을 반시계방향으로 5번 감쌌다.
④ $(-1,\ j\,0)$ 점을 시계방향으로 5번 감쌌다.

해설

z : s평면의 우반 평면상에 존재하는 영점의 개수
p : s평면의 우반 평면상에 존재하는 극의 개수
N : GH 평면상의 (-1, j 0)점을 $G(s)H(s)$ 선도가 원점 둘레를 오른쪽으로 일주하는 회전수라고 하면, $N=z-p$ 의 관계가 성립한다.
∴ $N=2-3=-1$ 이므로 -1회, 즉 반시계 방향으로 1회 일주하여야 안정하게 된다.

답 : ①

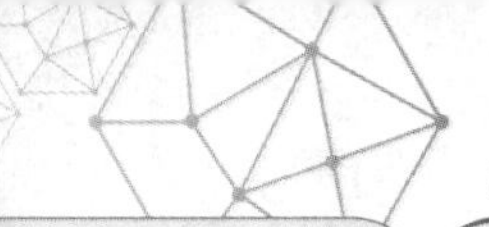

예제문제 13

다음은 s - 평면에 극점(×)과 영점(○)을 도시한 것이다. 나이퀴스트 안정도 판별법으로 안정도를 알아내기 위하여 Z, P 의 값을 알아야 한다. 이를 바르게 나타낸 것은?

① $Z=3$, $P=3$
② $Z=1$, $P=2$
③ $Z=2$, $P=1$
④ $Z=1$, $P=3$

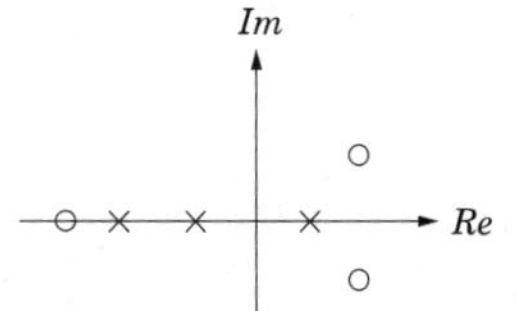

해설
z : s평면의 우반 평면상에 존재하는 영점의 개수
p : s평면의 우반 평면상에 존재하는 극의 개수

답 : ③

3.3 상대 안정도

모델링 오차에 대한 안정도-강인성[15] (stability-robustness) 상대안정도 문제가 실제제어시스템 설계시 매우 중요하기 때문에 이득여유와 위상여유를 고려하여 상대 안정도를 판별한다. 나이키스트선도의 궤적에서 $g(j\omega)$의 임계점 $(-1, j0)$에 대한 근접도가 상대안정도의 척도가 된다.

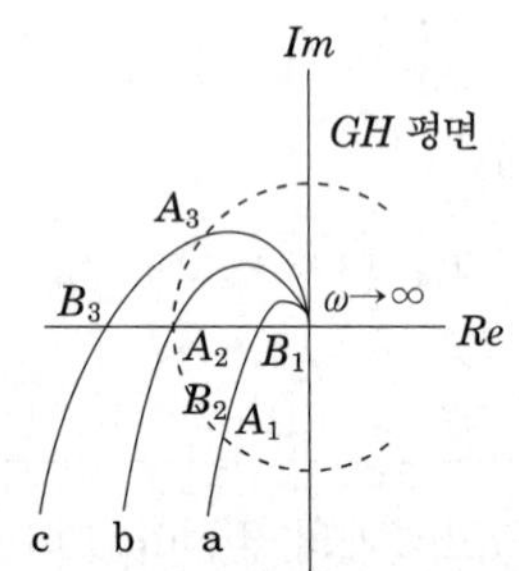

그림 9 이득 교점(A_i)과 위상 교점(B_i)

$G(s)H(s)$ 평면에 있어서 그림9과 같이 단위원을 그려, 이것과 벡터 궤적과의 교점 A_i를 이득 교점, 또한 벡터 궤적과 부의 실수축과의 교점 B_i를 위상 교점이라 한다. 여기서 이득 교점에서의 벡터 $\overline{OA_i}$를 부의 실수축을 기준으로 해서 반시계 방향을 정으로 하여 측정한 위상각을 위상 여유, 또한 위상 교차점에서 이득을 [dB] 단위로 나타내서 그 부호를 바꾼 것, 즉 $\dfrac{1}{OB_i}$의 [dB]값을 이득 여유라 하면 안정 궤적 a는 위상 여유, 이득 여유가 정의 값을 갖고, 반대로 불안정 궤적 c는 위상 여유, 이득 여유가

15) 견고한 정도

부의 값을 가지며, 안정 한계에서는 위상 여유, 이득 여유가 모두 0이다.

(1) 이득 여유

그림 10에 표시된 나이키스트 선도가 부의 실축을 자르는 $G(j\omega)H(j\omega)$의 크기를 $|GH_C|$, 이 점에 대응하는 주파수를 ω_C 라고 할 때 이득 여유는 다음과 같이 정의한다.

$$\text{이득 여유 (GM)} = 20\log\frac{1}{|GH_C|} = -20\log|GH_C|\ [\text{dB}]$$

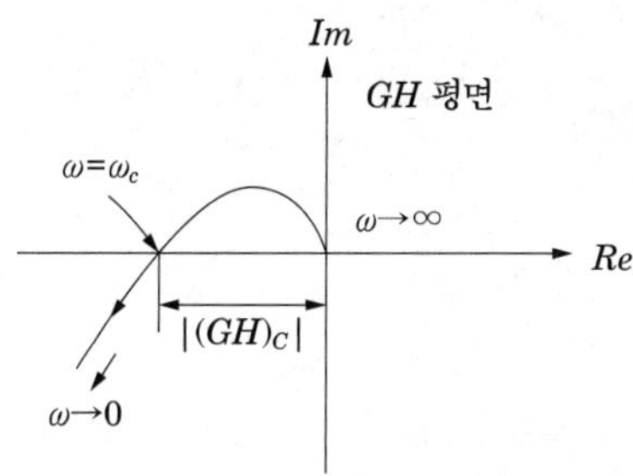

그림 10 이득 여유의 정의

만일 그림 10의 나이키스트 선도에서 이득의 값을 증대 시켜 가면 GH 선도는 임계점과 교차하게 되며 $|GH_C| = 1$이 된다. 따라서 위 식으로부터 이득 여유는 0 [dB]이다. 또한, 2차계의 $G(s)H(s)$의 나이키스트 선도는 부의 실축과 교차하지 않으므로 $|GH_C| = 0$, 따라서 이득 여유는 위의 식으로부터 ∞ [dB]임을 알 수 있다.

예제문제 14

$G(s)H(s) = \dfrac{2}{(s+1)(s+2)}$ 의 이득 여유는?

① 3 [dB] ② 7 [dB] ③ 0 [dB] ④ 1 [dB]

해설

$$G(s)H(s) = \frac{2}{(s+1)(s+2)} = \frac{2}{s^2+3s+2}$$

위식에서 허수부를 0으로 놓으면 $s=0$, $\omega=0$ [rad/sec]

$$\therefore \text{ 이득 여유 } GM = 20\log\left|\frac{1}{G(s)H(s)}\right|_{\omega\to0} = 20\log\left|\frac{1}{\frac{2}{s^2+3s+2}}\right|_{s\to0} = 20\log1 = 0\ [\text{dB}]$$

답 : ③

예제문제 15

$G(s)H(s) = \dfrac{20}{s(s-1)(s+2)}$인 계의 이득 여유[dB]는?

① 10 ② 1 ③ −20 ④ −10

해설

$G(j\omega)H(j\omega) = \dfrac{20}{j\omega(j\omega-1)(j\omega+2)} = \dfrac{20}{-\omega^2 + j\omega(-\omega^2-2)}$

위 식의 허수부를 0으로 놓으면

$\omega(-\omega^2-2)=0$ 이때 $\omega \neq 0$이므로 $\omega^2=-2$의 값을 위 식에 대입하면

$\therefore \ |G(j\omega)H(j\omega)|_{\omega^2=-2} = \left|\dfrac{20}{-\omega^2}\right|_{\omega^2=-2} = \left|\dfrac{20}{2}\right| = 10$

$\therefore \ 20\log\dfrac{1}{|GH|} = 20\log\dfrac{1}{10} = -20$ [dB]

답 : ③

(2) 위상 여유

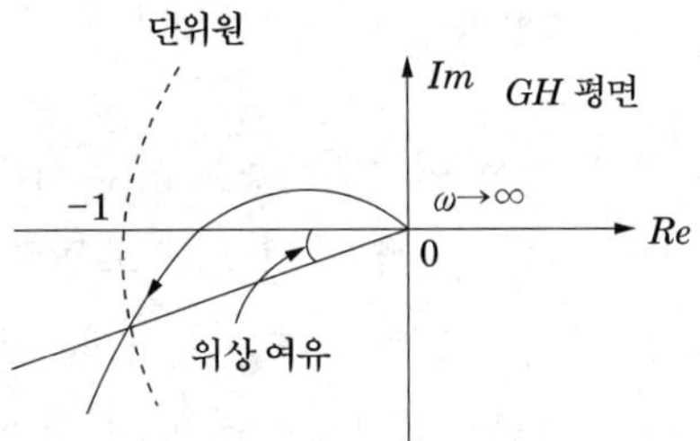

그림 11 위상 여유의 정의

위상 여유는 $G(s)H(s)$에 영향을 주는 계의 파라미터의 변화가 폐회로계의 안정성에 주는 영향을 지시해 주는 항으로서 $G(s)H(s)$의 나이키스트 선도상의 단위 크기를 갖는 점을 임계점 $(-1,\ j0)$과 겹치게 할 때 회전해야 할 각도로 정의한다.
다시 말하면, 단위원과 나이키스트 선도와의 교점을 표시하는 벡터가 부의 실축과 만드는 각이다.
안정계에 요구되는 여유는 다음과 같다.

- 이득 여유 (GM) = 4 ~ 12 [dB]
- 위상 여유 (PM) = 30 ~ 60°

(3) 보드선도에서의 이득여유와 유상여유

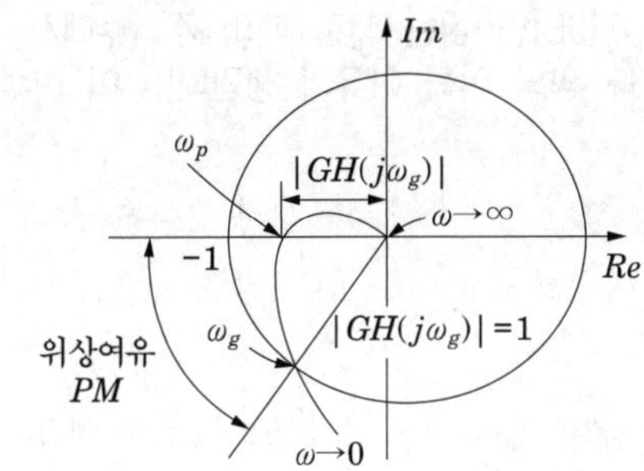

(a) 나이퀴스트 선도의 이득여유와 위상여유

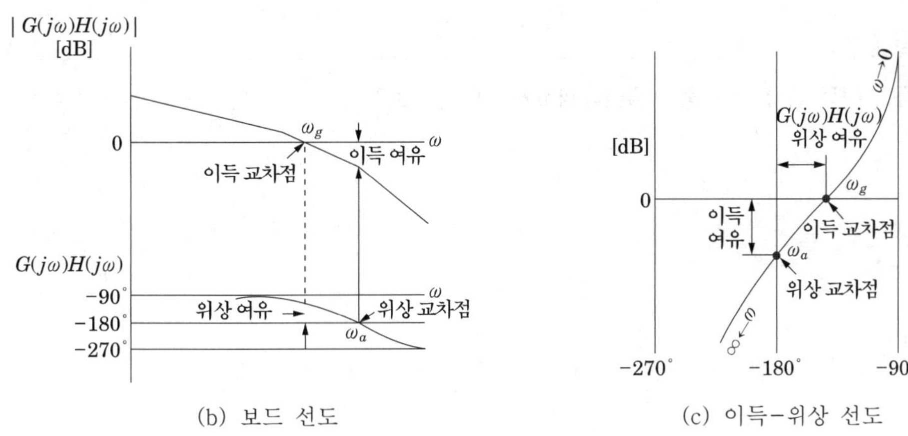

(b) 보드 선도 (c) 이득-위상 선도

그림 12 보드선도에서의 이득여유와 위상여유

그림 13은 보드선도 상에서 안정도판별의 예를 표시한 것이다.

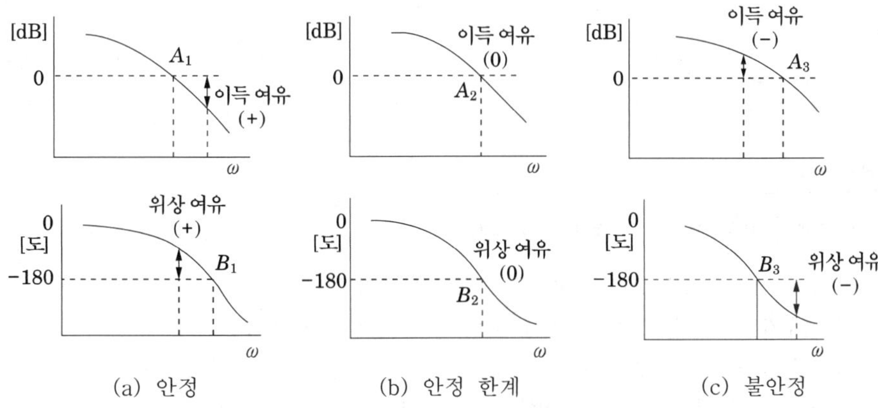

(a) 안정 (b) 안정 한계 (c) 불안정

그림 13 보드선도에서의 안정도판별

예제문제 16

보드 선도에서 이득 곡선이 0 [dB]인 점을 지날 때의 주파수에서 양의 위상 여유가 생기고 위상 곡선이 -180°를 지날 때 양의 이득 여유가 생긴다면 이 폐루프 시스템의 안정도는 어떻게 되겠는가?

① 항상 안정 ② 항상 불안정
③ 안정성 여부를 판가름 할 수 없다 ④ 조건부 안정

해설
안정하기 위해서는 위상여유와 이득여유가 모두 양의 값이 되어야 한다.

답 : ①

예제문제 17

다음의 이득 위상 선도 중 여유(margin)가 제일 큰 것은?

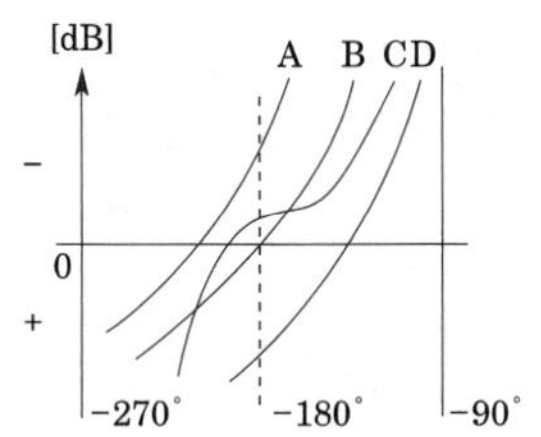

① A
② B
③ C
④ D

해설
이득 여유란 위상 선도가 -180° 축과 교차하는 점에 대응되는 이득의 크기를 말한다.

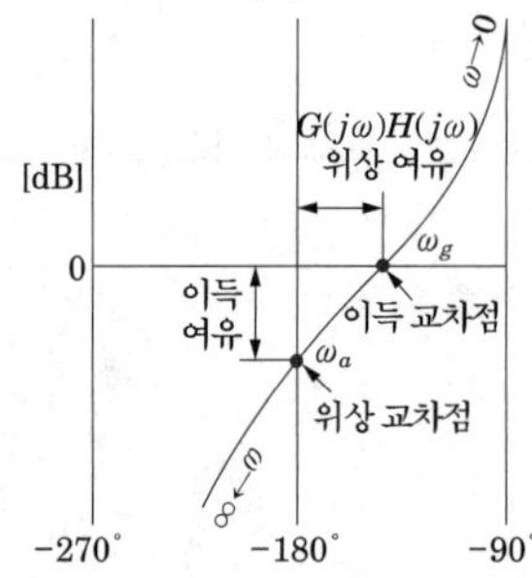

답 : ④

예제문제 18

보드 선도에서 이득 여유는 어떻게 구하는가?

① 크기 선도에서 0~20 [dB] 사이에 있는 크기 선도의 길이이다.
② 위상 선도가 0° 축과 교차되는 점에 대응되는 [dB]값의 크기이다.
③ 위상 선도가 −180° 축과 교차하는 점에 대응되는 이득의 크기[dB]값이다.
④ 크기 선도에서 -20~20 [dB] 사이에 있는 크기[dB]값이다.

해설
이득 여유란 위상 선도가 -180° 축과 교차하는 점에 대응되는 이득의 크기를 말한다.

답 : ③

예제문제 19

어떤 제어계의 보드 선도에 있어서 위상 여유(phase margin)가 45° 일 때 이 계통은?

① 안정하다. ② 불안정하다.
③ 조건부 안정이다. ④ 무조건 불안정이다.

해설
안정계에 요구되는 여유
- 이득 여유 4~12 [dB]
- 위상 여유 30~60°

답 : ①

예제문제 20

$G(s)H(s)=\dfrac{K}{s^2+3s+2}$ 인 계의 이득 여유가 40 [dB]이면 이때 K의 값은?

① −50 ② $\dfrac{1}{50}$ ③ −20 ④ $\dfrac{1}{40}$

해설
허수부가 0일 때의 $G(s)H(s)$의 값 이득 여유

$\therefore\ 20\log\left|\dfrac{1}{GH}\right|=40$에서 $20\log\left|\dfrac{1}{\frac{K}{2}}\right|=40$

$\therefore\ \dfrac{1}{\frac{K}{2}}=100$ 이므로 $\dfrac{2}{K}=100$ 에서 $K=\dfrac{1}{50}$

답 : ②

핵심과년도문제

8·1

특성 방정식의 근이 모두 복소 s 평면의 좌반부에 있으면 이 계의 안정 여부는?

① 조건부 안정 ② 불안정 ③ 임계 안정 ④ 안정

해설 s 평면의 좌반부 : 안정
s 평면의 축상 : 임계안정
s 평면의 우반부 : 불안정

【답】 ④

8·2

−1, −5에 극을, 1과 −2에 영점을 가지는 계가 있다. 이 계의 안정 판별은?

① 불안정하다. ② 임계 상태이다. ③ 안정하다. ④ 알 수 없다.

해설 영점과 극점에 의한 전달함수는 $G(s)=\dfrac{(s-1)(s+2)}{(s+1)(s+5)}$ 이므로 특성방정식의 근은 −1, −5로 모두 좌반 평면에 존재하므로 안정하다.

【답】 ③

8·3

특성 방정식이 $s^3+2s^2+3s+4=0$일 때 이 계통은?

① 안정하다. ② 불안정하다. ③ 조건부 안정 ④ 알 수 없다.

해설 루드 판별법을 적용하면 제1열의 부호 변화가 없으므로 안정하다.

s^3	1	3
s^2	2	4
s^1	$\dfrac{6-4}{2}=1$	0
s^0	4	

【답】 ①

8·4

특성 방정식 $s^3+s^2+s=0$일 때 이 계통은?

① 안정하다. ② 불안정하다.
③ 조건부 안정이다. ④ 임계 상태이다.

해설 루드 판별법을 적용하면 제1열의 부호가 변하지 않았으나 0이 있으므로 임계 상태이다.

s^3	1	1
s^2	1	0
s^1	1	
s^0	0	

【답】 ④

8·5

다음 특성 방정식 중 안정될 필요 조건을 갖춘 것은?

① $s^4+3s^2+10s+10=0$
② $s^3+s^2-5s+10=0$
③ $s^3+2s^2+4s-1=0$
④ $s^3+9s^2+20s+12=0$

해설 계의 필요 안정 조건은 모든 차수의 항이 존재하고 각 계수의 부호가 같아야 한다. 【답】 ④

8·6

다음 특성방정식 중 안정한 것은?

① $4s^2+3s^3-s^2+s+10=0$
② $2s^3+3s^2+4s+5=0$
③ $s^4-2s^3-3s^2+4s+5=0$
④ $s^5+s^3+2s^2+4s+3=0$

해설 계의 필요 안정 조건은 모든 차수의 항이 존재하고 각 계수의 부호가 같아야 한다. 【답】 ②

8·7

특성 방정식 $s^3-4s^2-5s+6=0$로 주어지는 계는 안정한가? 또는 불안정한가? 또 우반 평면에 근을 몇 개 가지는가?

① 안정하다, 0개
② 불안정하다, 1개
③ 불안정하다, 2개
④ 임계 상태이다, 0개

해설 루드 판별법을 적용하면 제1열의 부호의 변화가 2번 있으므로 계는 우반 평면에 2개의 근을 갖는 불안정한 계이다.

s^3	1	-5
s^2	-4	6
s^1	$\frac{20-6}{-4}=-3.5$	0
s^0	6	0

【답】 ③

8·8

특성 방정식이 $Ks^3 + 2s^2 - s + 5 = 0$인 제어계가 안정하기 위한 K의 값을 구하면?

① $K < 0$　② $K < -\frac{2}{5}$　③ $K > \frac{2}{5}$　④ 안정한 값이 없다.

해설 계의 필요 안정 조건은 모든 차수의 항이 존재하고 각 계수의 부호가 같아야 한다. 그러나 특성 방정식은 필요조건을 만족하지 못하므로 불안정한 상태가 된다. 【답】 ④

8·9

특성방정식 $s^4 + 7s^3 + 17s^2 + 17s + 6 = 0$의 특성근 중에는 양의 실수부를 갖는 근이 몇 개 있는가?

① 1　② 2　③ 3　④ 무근

해설 루드 판별법을 적용하면 제1열의 모든 요소가 같은 부호이므로 모두 (−)의 실수부를 갖는다.

s^4	1	17	6
s^3	7	17	0
s^2	$\frac{119-17}{7} = 14.57$	6	0
s^1	$\frac{247.69-42}{14.57} = 14.12$	0	
s^0	6		

【답】 ④

8·10

다음과 같은 궤환 제어계가 안정하기 위한 K의 범위를 구하면?

① $K > 0$　② $K > 1$

③ $0 < K < 1$　④ $0 < K < 2$

R → (+, −) → $\frac{K}{s(s+1)^2}$ → C

해설 특성 방정식은 $H(s) = 1$이므로

$$1 + G(s)H(s) = 1 + \frac{K}{s(s+1)^2} = 0$$

$$\therefore s(s+1)^2 + K = s^3 + 2s^2 + s + K = 0$$

루드 판별법을 적용하면

s^3	1	1	0
s^2	2	K	0
s^1	$\frac{2-K}{2}$	0	
s^0	K		

제1열의 부호 변화가 없어야 안정하므로 $2 - K > 0$, $K > 0$

$\therefore 0 < K < 2$

【답】 ④

8·11

특성방정식 $s^2+Ks+2K-1-0$인 계가 인정될 K의 범위는?

① $K>0$　② $K>\dfrac{1}{2}$　③ $K<\dfrac{1}{2}$　④ $0<K<\dfrac{1}{2}$

해설 루드 판별법을 적용하면

s^2	1	$2K-1$
s^1	K	0
s^0	$2K-1$	

제 1열의 부호 변화가 없어야 계가 안정하므로 $2K-1>0$, $K>0$ 되어야 한다.

$\therefore K>\dfrac{1}{2}$ 【답】 ②

8·12

다음 그림과 같은 제어계가 안정하기 위한 K의 범위는?

① $0<K<6$　② $1<K<5$
③ $-1<K<6$　④ $-1<K<5$

$R(s)$ + − $\dfrac{K}{s(s+1)(s+2)}$ $C(s)$

해설 특성 방정식은 $H(s)=1$이므로

$$1+G(s)H(s)=1+\frac{K}{s(s+1)(s+2)}=0$$

$\therefore\ s(s+1)(s+2)+K=s^3+3s^2+2s+K=0$

루드 판별법을 적용하면

s^3	1	2
s^2	3	K
s^1	$\dfrac{6-K}{3}$	0
s^0	K	

제1열의 부호 변화가 없어야 안정하므로 $6-K>0$, $K>0$

$\therefore 0<K<6$ 【답】 ①

8·13

그림과 같은 폐루프 제어계의 안정도는?

① 안정
② 불안정
③ 임계 안정
④ 조건부 안정

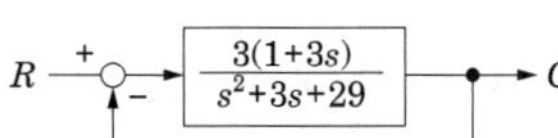

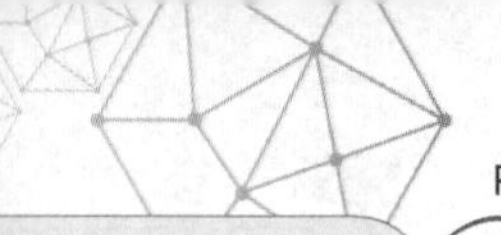

해설 특성 방정식은 $H(s)=1$이므로

$$1+G(s)H(s)=1+\frac{3(1+3s)}{s^2+3s+29}=0$$

$$\therefore s^2+3s+29+3(1+3s)=s^2+12s+32=0$$

루드 판별법을 적용하면

s^2	1	32
s^1	12	0
s^0	32	

제1열의 부호 변화가 없으므로 안정하다. 【답】 ①

8·14

특성 방정식이 $s^3+2s^2+Ks+5=0$으로 주어지는 제어계가 안정하기 위한 K의 값은?

① $K>0$ ② $K>\frac{5}{2}$ ③ $K<0$ ④ $K<\frac{5}{2}$

해설 루드 판별법을 적용하면

s^3	1	K
s^2	2	5
s^1	$\frac{2K-5}{2}$	0
s^0	5	

제1열의 부호 변화가 없으려면 $2K-5>0$

$$\therefore K>\frac{5}{2}$$

【답】 ②

8·15

$GH(j\omega)=\frac{10}{(j\omega+1)(j\omega+T)}$에서 이득 여유를 20 [dB]보다 크게 하기 위한 T의 범위는?

① $T>1$ ② $T>10$ ③ $T<0$ ④ $T>100$

해설 $GH(j\omega_C)=\frac{10}{(j\omega_C+1)(j\omega_C+T)}=\frac{10}{T-\omega_C^2+j\omega_C(1+T)}$

위 식의 허수부를 0으로 놓으면 $\omega_C=0$가 되므로 $GH(j\omega_C)|_{\omega_C=0}=\frac{10}{T}$

이득 여유 GM을 20[dB]보다 크게 하기 위한 조건이므로

$$\therefore GM=20\log\left|\frac{1}{GH(j\omega_C)}\right|_{\omega_C=0}=20\log\frac{T}{10}>20$$

$$\therefore T>100$$

【답】 ④

심화학습문제

01 특성 방정식

$$s^3 + 34.5s^2 + 7500s + 7500K = 0$$

로 표시되는 계통이 안정되려면 K 의 범위는?

① $0 < K < 34.5$　② $K < 0$
③ $K > 34.5$　④ $0 < K < 69$

해설

루드 판별법을 적용하면

s^3	1	7500
s^2	34.5	7500 K
s^1	$\frac{34.5\times7500-7500K}{34.5}$	0
s^0	7500 K	

제1열의 부호 변화가 없어야 안정하므로
$34.5\times7500-7500K>0$　$7500K>0$
$\therefore 0<K<34.5$

【답】 ①

02 주어진 계통의 특성 방정식이

$$s^4 + 6s^3 + 11s^2 + 6s + K = 0$$

이다. 안정하기 위한 K 의 범위는?

① $K<0,\ K>20$　② $0<K<20$
③ $0<K<10$　④ $K<20$

해설

루드 판별법을 적용하면

s^4	1	11	K
s^3	6	6	0
s^2	10	K	
s^1	$\frac{60-6K}{10}$	0	
s^0	K		

제1열의 요소가 모두 양이 되기 위해서는
$\frac{60-6K}{10}>0$, $K>0$
$\therefore 0<K<10$

【답】 ③

03 특성 방정식이

$$s^3 + 3Ks^2 + (K+2)s + 4 = 0$$

으로 주어질 때 안정하기 위한 K의 범위를 루드(Routh)의 판정 조건은?

① $K< -2.528$
② $K>0.528$
③ $-2.528<K<0.528$
④ $K=1$

해설

루드 판별법을 적용하면

s^3	1	$K+2$
s^2	$3K$	4
s^1	$\frac{3K(K+2)-4}{3K}$	0
s^0	4	

s^2행으로부터 $3K>0$ 에서 $K>0$
s^1행으로부터 $\frac{3K(K+2)-4}{3K}>0$ 에서
$3K^2+6K-4>0$
$\therefore K<-2.58$, $K>0.528$
안정하기 위한 K의 범위는
$\therefore K>0.528$

【답】 ②

04 $G(S)H(S)=\dfrac{K(1+ST_2)}{S^2(1+ST_1)}$를 갖는 제어계의 안정 조건은? (단, K, T_1, $T_2>0$)

① $T_2=0$　　② $T_1>T_2$
③ $T_1=T_2$　　④ $T_1<T_2$

해설

특성방정식 $1+G(s)H(s)=1+\dfrac{K+ST_2K}{S^2+T_1S^3}$

$=\dfrac{T_1S^3+S^2+KT_2S+K}{T_1S^3+S^2}$

$\therefore T_1S^3+S_2+KT_2S+K=0$

루드 판별법을 적용하면

s^3	T_1	KT_2	0
s^2	1	K	0
s^1	$\dfrac{KT_2-KT_1}{1}$		
s^0	K		

T_1은 0보다 크므로 1열이 0보다 커야 한다.

$K(T_2-T_1)>0$

$\therefore T_2>T_1$

【답】 ④

05 특성 방정식 $P(s)$가 다음과 같이 주어지는 계가 있다. 이 계가 안정되기 위해서는 K와 T 사이에는 어떤 관계가 있는가? 단, K와 T는 정의 실수이다.

$$P(s)=2s^3+3s^2+(1+5KT)s+5K=0$$

① $K>T$　　② $15KT>10K$
③ $3+15KT>10K$　　④ $3-15KT>10K$

해설

특성 방정식 $P(s)=2s^3+3s^2+(1+5KT)s+5K=0$에서 안정하기 위한 필요 조건은

$(1+5KT)>0$에서　$5K>0$

충분 조건은

훌비쯔 판별법을 적용하면

$D_1=\begin{vmatrix}3 & 5K\\ 2 & (1+5KT)\end{vmatrix}=3(1+5KT)-10K>0$

$\therefore 3+15KT>10K$

【답】 ③

06 개루프 전달 함수 $G(s)$가 다음과 같이 주어지는 단위 궤환계가 있다. 이 계에 보상 요소 $G_c(s)$를 종속으로 보상하여 이 계를 안정계로 하려고 한다. $G_c(s)$에서 T_1, T_2 사이에는 어떤 관계가 있어야 하는가?

$$G_c(s)=\frac{T_2s+1}{T_1s+1},\ G(s)=\frac{K}{(s-1)^2}$$

① $T_1>T_2$　　② $T_1=T_2$
③ $T_1<T_2$　　④ T_1, $T_2>0$

해설

종속으로 보상한 다음 계의 특성 방정식은

$1+G(s)H(s)=1+\dfrac{K(T_2s+1)}{(s-1)^2(T_1s+1)}=0$

$\therefore (s-1)^2(T_1s+1)+K(T_2s+1)=0$에서

$T_1s^3+(1-2T_1)s^2+(T_1+KT_2-2)s+K+1=0$

훌비쯔의 판별법을 적용하면

$D_1=a_1=(1-2T_1)$

$D_2=\begin{vmatrix}a_1 & a_3\\ a_0 & a_2\end{vmatrix}=\begin{vmatrix}(1-2T_1) & (T+1)\\ T_1 & (T_1+KT_2-2)\end{vmatrix}$

안정되기 위해서는 D_1, $D_2>0$

$\therefore T_2>T_1$

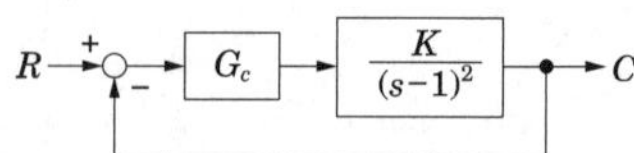

【답】 ③

07 제어계의 종합 전달 함수의 값이 $G(s)=\dfrac{s+1}{(s-3)(s^2+4)}$로 표시될 경우 안정성을 판정하면?

① 안정　　② 불안정
③ 임계 상태　　④ 알 수 없다.

해설

종합 전달 함수이므로 특성 방정식은 $(s-3)(s^2+4)=s^3-3s^2+4s-12=0$이며 안정하기 위한 필요조건을 만족하지 않아 불안정하다.

훌비쯔의 판별법을 적용하면 확인해 보면 다음과 같다.

$a_0=1$, $a_1=-3$, $a_2=4$, $a_3=-12$이므로

$D_1=a_1=-3$

$D_1=\begin{vmatrix} a_1 & a_3 \\ a_0 & a_2 \end{vmatrix}=\begin{vmatrix} -3 & -12 \\ 1 & 4 \end{vmatrix}=-12-(-12)=0$

$D_1<0$, $D_2=0$이므로 제어계는 불안정하다.

【답】 ②

08 $G(s)H(s)$가 다음과 같이 주어지는 계가 있다. 이득 여유가 20 [dB]이면 이때 K의 값은?

$$G(s)H(s)=\frac{K}{(1+s)(1+2s)(1+3s)}$$

① 1 ② 10
③ 2 ④ 20

해설

이득여유 $GM=20\log\frac{1}{|GH_c|}=20$ [dB]에서

$\log\frac{1}{|GH_c|}=1$

$\therefore |GH_c|=\frac{1}{10}$

주어진 방정식에 $s=j\omega$를 대입하면

$G(j\omega)H(j\omega)=\frac{K}{(1+j\omega)(1+2j\omega)(1+3j\omega)}$

$=\frac{K}{(1-11\omega^2)+j6\omega(1-\omega^2)}$

이득여유는 허수부가 0 이므로 $1-{\omega_c}^2=0$

$\therefore \omega_c=\pm 1$ [rad/s]

그러므로 이득여유는

$|G(j\omega)H(j\omega)|_{\omega c=1}=\left|-\frac{K}{1-11\omega^2}\right|_{\omega c=1}=\frac{K}{10}$

$\therefore |GH_c|=\frac{K}{10}=\frac{1}{10}$에서 $K=1$이 된다.

【답】 ①

09 $GH(j\omega)=\frac{10}{(j\omega+1)(j\omega+T)}$에서 이득 여유를 20 [dB]보다 크게 하기 위한 T의 범위는?

① $T>0$ ② $T>10$
③ $T<0$ ④ $T>100$

해설

이득여유 : $GH(j\omega_c)=\frac{10}{(j\omega_c+1)(j\omega_c+T)}$

$=\frac{10}{T-\omega_c^2+j\omega_c(1+T)}$

이득여유는 허수부가 0이므로 $\omega_c=0$ [rad/s]

$\therefore GH(j\omega_c)|_{\omega_c\to 0}=\frac{10}{T}$

이득 여유는 20보다 커야 하므로

$GM=20\log_{10}\left|\frac{1}{GH(j\omega_c)}\right|_{\omega_c\to 0}=20\log_{10}\frac{T}{10}>20$에서

$\frac{T}{10}>10$

$\therefore T>100$

【답】 ④

10 다음 안정도 판별법 중 $G(s)H(s)$의 극점과 영점이 우반 평면에 있을 경우 판정 불가능한 방법은?

① Routh-Hurwitz 판별법
② Bode 선도
③ Nyquist 판별법
④ 근궤적법

해설

보드 선도는 극점과 영점이 우반 평면에 존재하는 경우 판정이 불가능하다.

【답】 ②

11 진상 보상기의 설명 중 맞는 것은?

① 일종의 저주파 통과 필터의 역할을 한다.
② 2개의 극점과 2개의 영점을 가지고 있다.
③ 과도 응답 속도를 개선시킨다.
④ 정상 상태에서의 정확도를 현저히 개선시킨다.

해설

진상 요소(미분 회로)의 사용 목적은 속응성(응답속도)을 개선하는데 있다. 정상특성의 개선은 적분회로가 가능하다.

【답】 ③

12 다음 임펄스 응답 중 안정한 계는?

① $c(t) = 1$　② $c(t) = \cos\omega t$
③ $c(t) = e^{-t}\sin\omega t$　④ $c(t) = 2t$

해설

- t 가 ∞가 될 때 임펄스 응답이 0이면 계는 안정하다.
- t 가 ∞가 될 때 임펄스 응답이 ∞이면 계는 불안정하다.
- t 가 ∞가 될 때 임펄스 응답이 변동이 없거나 일정한 값으로 진동하면 임계상태가 된다.

① $\lim_{t\to\infty} 1 = 1$
② $\lim_{t\to\infty} \cos\omega t = \cos\omega t$
③ $\lim_{t\to\infty} e^{-t}\sin\omega t = 0$
④ $\lim_{t\to\infty} 2t = \infty$

∴ $\lim_{t\to\infty} = 0$ 이 되면 계는 안정하다.

【답】 ③

근궤적법

1948년 W.R. Evans에 의해 개발된 기법이다. 개루프(개회로 시스템)전달함수의 극점과 영점을 도시하고 이 극점 및 영점의 배치를 기초로 제어기 이득(또는 시스템 파라미터 값)의 변화에 따른 폐루프 극점의 위치를 알아내는 도해적인 방법을 근궤적법이라 한다. 이 방법은 시스템 파라미터 값의 변화에 따른 폐루프 시스템의 안정도와 성능 조사를 위해 사용된다.

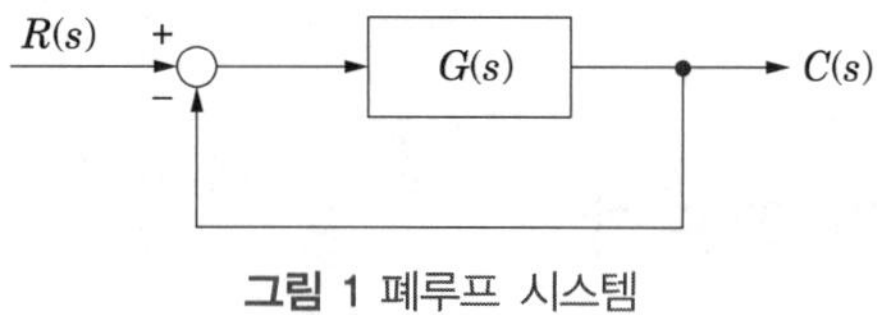

그림 1 폐루프 시스템

시스템 전달함수를 $T(s)$라 하면

$$T(s) = \frac{G(s)}{1+G(s)}$$

여기서 $G(s)$는 개회로 전달함수가 된다. 이때 특성방정식은 $H(s)=1$ 이므로

$$1+G(s)=0$$

이되며 $G(s)$의 근은

$$G(s) = \frac{K(s-z_1)(s-z_2)\cdots(s-z_m)}{(s-p_1)(s-p_2)\cdots(s-p_n)} \ (K>0)$$

가 일반적이다. 여기서 K는 근궤적 파라미터가 된다. 폐루프 방정식은

$$1+G(s)=0$$
$$G(s) = -1 = 1 \angle (2k+1)\,180^\circ,\ k = 0,\ \pm 1,\ \pm 2, \cdots\cdots$$

이 된다. 크기는

$$|G(s)|=1$$

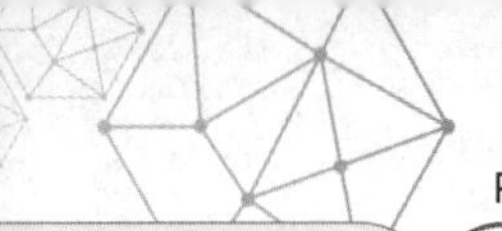

위상은

$$\angle G(s) = (2k+1)180° \,, \qquad k = 0, \pm 1, \pm 2, \cdots$$

가 된다. 근궤적이란 s 평면에서 개루프 전달 함수의 절대값이 1인 점들의 집합을 말한다.

예제문제 01

근궤적이란 s 평면에서 개루프 전달 함수의 절대값이 어떤 점들의 집합인가?

① 0　　② -1　　③ ∞　　④ 1

해설

$GH + 1 = 0 \,,\ GH = -1$

$\therefore\ |GH| = 1$

답 : ④

1. 근궤적의 작도법

루프 전달 함수의 극점과 영점은 반드시 근궤적에 포함되며 $K = 0 \sim \infty$로 변할 때 근궤적은 루프 전달 함수의 극점$(K=0)$에서 시작하여 영점$(k=\infty)$에서 끝나게 된다. 이와 반대로 $K = -\infty \sim 0$으로 변할 때 근궤적은 루프 전달 함수의 영점$(K=-\infty)$에서 출발하여 극점$(K=0)$에서 끝나게 된다. 그리고 무한대에 영점이 있을 경우는 근궤적은 점근선을 따라 무한대 영점에 접근한다.
특성 방정식이

$$s(s+2)(s+3) + K(s+1) = 0$$

인 경우

$$1 + K\frac{(s+1)}{s(s+1)(s+2)} = 0$$

이므로

$$G(s)H(s) = \frac{(s+1)}{s(s+1)(s+2)}$$

따라서 극점 p와 영점 z는 다음과 같다.

$p = 0, -2, -3$ (3개) : $K = 0$일 경우 특성근

$z = -1$ (1개) : $K = \pm\infty$일 경우의 특성근

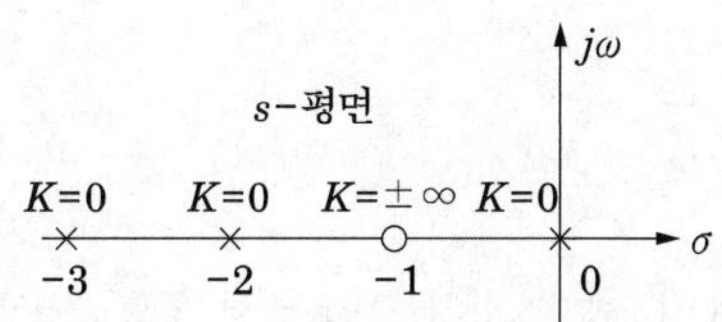

그림 2 특성방정식의 영점과 극도

근궤적에서 K 가 $-\infty$에서 $+\infty$로 변할 때 하나의 근이 만드는 궤적을 가지라하며 가지의 수는 특성 방정식의 차수와 같다.

1.1 근궤적의 출발점($K=0$)

$K=0$ 일 때 전달함수 $G(s)H(s)$의 극으로부터 출발한다.

1.2 근궤적의 종착점($K=\infty$)

$K=\infty$일 때 전달함수 $G(s)H(s)$의 0점에서 종착한다.

예제문제 02

근궤적은 개루프 전달 함수의 어떤 점에서 출발하고 어떤 점에서 끝나는가?

① 영점에서 출발, 극점에서 끝난다.
② 영점에서 출발, 영점으로 되돌아와 끝난다.
③ 극점(pole)에서 출발, 영점(zero)에서 끝난다.
④ 극점에서 출발, 극점에서 되돌아와 끝난다.

해설
근궤적은 극에서 출발하여 0점에서 끝난다.
근궤적의 개수는 z와 p 중 큰 것과 일치하며 또한 근궤적의 개수는 특성 방정식의 차수와 같다.

답 : ③

1.3 근궤적의 개수

N : 근궤적의 개수
z : $G(s)H(s)$의 유한 0점(finite zero)의 개수
p : $G(s)H(s)$의 유한 극점(finite pole)의 개수

라고 하면, 근궤적의 수 N은 z와 p 중에서 큰 수와 같다.

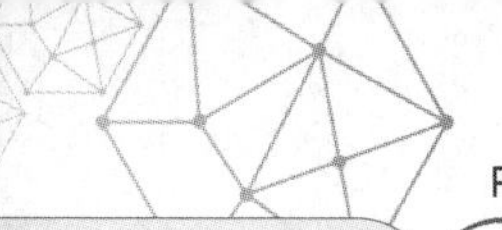

즉, $z > p$ 이면 $N = z$,　$z < p$ 이면 $N = p$

근궤적은 $G(s)H(s)$의 극에서 출발하여 0점에서 끝나므로 근궤적의 개수는 z와 p 중 큰 것과 일치한다. 또한 근궤적의 개수는 특성 방정식의 차수와 같다.

예제문제 03

$G(s)H(s) = \dfrac{K(s+1)}{s(s+2)(s+3)}$ **에서 근궤적의 수는?**

① 1　② 2　③ 3　④ 4

해설

$z=1$, $p=3$이므로 근궤적의 수 $N=p$, 즉 $N=3$

답 : ③

예제문제 04

$G(s)H(s) = \dfrac{K(s+1)}{s^2(s+2)(s+3)}$ **에서 근궤적의 수는?**

① 4　② 3　③ 2　④ 1

해설

$z=1$, $p=4$이므로 근궤적의 수 $N=p$ 즉, $N=4$

답 : ①

1.4 실수축상의 근궤적

$G(s)H(s)$의 실수축과 실 영점으로부터 실수축이 분할될 때 어느 구간에서 오른쪽으로 실수축상의 극과 영점을 헤아려 갈 때 만일 총수가 홀수이면 그 구간에 근궤적이 존재하고, 짝수이면 존재하지 않는다. 즉 전달함수 $G(s)H(s)$의 극점과 영점이 실수축상에 있을 때 근궤적은 임의의 구간에서 우측에 있는 실수축상의 $G(s)H(s)$의 극점과 영점을 합한 개수가 홀수이면 그 구간에 근궤적이 존재하고 짝수이면 근궤적이 존재하지 않는다.

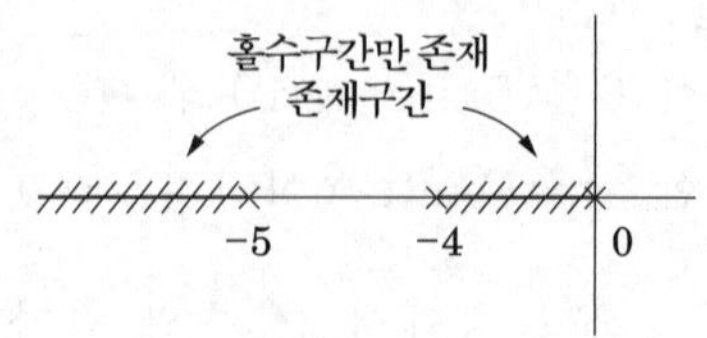

그림 3 근궤적의 존재구간

예제문제 05

개루프 전달 함수 $G(s)H(s)$기 다음과 같을 때 실수축상의 근궤적 범위는 어떻게 되는가?

$$G(s)H(s) = \frac{K(s+1)}{s(s+2)}$$

① 원점과 (−2) 사이
② 원점에서 점 (−1) 사이와 (−2)에서 (−∞) 사이
③ (−2)와 (+∞) 사이
④ 원점에서 (+2) 사이

해설

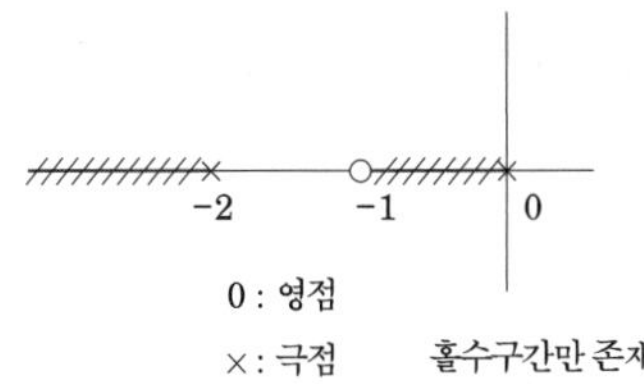

0 : 영점
×: 극점　　홀수구간만 존재

답 : ②

예제문제 06

개루프 전달 함수 $G(s)H(s)$가 다음과 같은 계의 실수축상의 근궤적은 어느 범위인가?

$$G(s)H(s) = \frac{K}{s(s+4)(s+5)}$$

① 0과 −4 사이의 실수축상
② −4와 −5 사이의 실수축상
③ −5와 −8 사이의 실수축상
④ 0과 −4, −5와 −∞ 사이의 실수축상

해설

$G(s) = \dfrac{K}{s(s+4)(s+5)}$ 에서
극점은 $P_1 = 0$, $P_2 = -4$, $P_3 = -5$이며
영점은 없다.

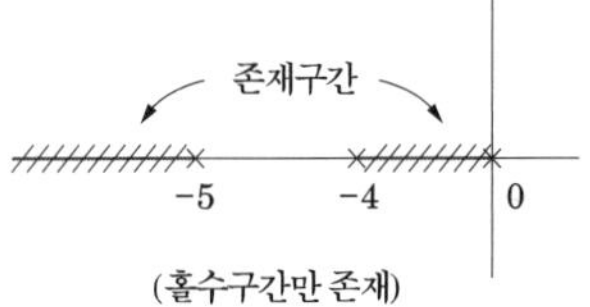

(홀수구간만 존재)

답 : ④

1.5 근궤적의 대칭성

실제 시스템은 파라미터들은 모두 실수이므로 전달 함수의 계수는 실수가 된다. 따라서 극점이나 영점이 복소수일 경우는 반드시 공액으로 존재하므로 극점과 영점은 실수축에 대해 대칭적으로 분포한다.

즉, 특성 방정식의 근이 실근 또는 공액 복소근을 가지므로 근궤적은 실축에 대하여 대칭이다.

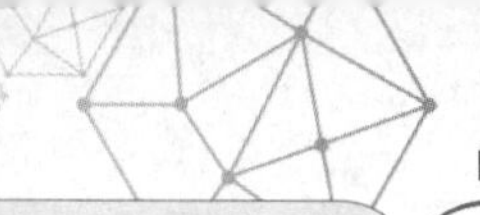

일반적으로 극점과 영점이 어떤 축을 중심으로 대칭을 이루면 이 축을 대칭축이라 하고 근궤적도 대칭축을 중심으로 대칭을 이룬다.
특성 방정식이

$$s(s+2)(s^2+2s+2)+K(s+1)=0$$

$$1+K\frac{(s+1)}{s(s+2)(s^2+2s+2)}=0$$

$$G(s)H(s)=\frac{(s+1)}{s(s+2)(s^2+2s+2)}$$

이므로

극점 $P(s)=s(s+2)(s^2+2s+2)$
영점 $Z(s)=s+1$

근궤적을 그리면 그림 5와 같다.

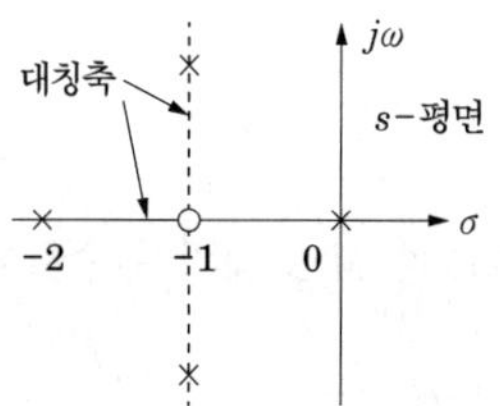

그림 4 영점과 극점

대칭축은 실수축 및 -1을 통과하는 수직선 두 개가 된다. 특성 방정식에 대한 근궤적은 그림5와 같이 두 대칭축에 대해 대칭꼴이 되며 4차이므로 가지는 4개가 된다.

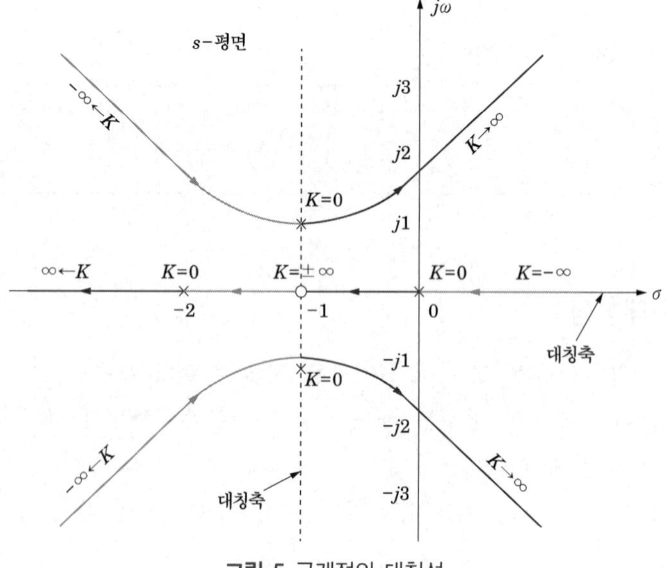

그림 5 근궤적의 대칭성

s평면의 실수축상에 있는 점은 실수 극점과 실수 영점으로부터 이르는 각이 0° 아니면 180°이다. 또 공액 복소수 극점으로부터 이르는 각은 서로 상쇄되므로 0°이며 이것은 공액 영점의 경우도 동일하게 된다. 따라서 실수축상에 있는 점은 각 조건을 만족하므로 반드시 근궤적에 속하게 된다.

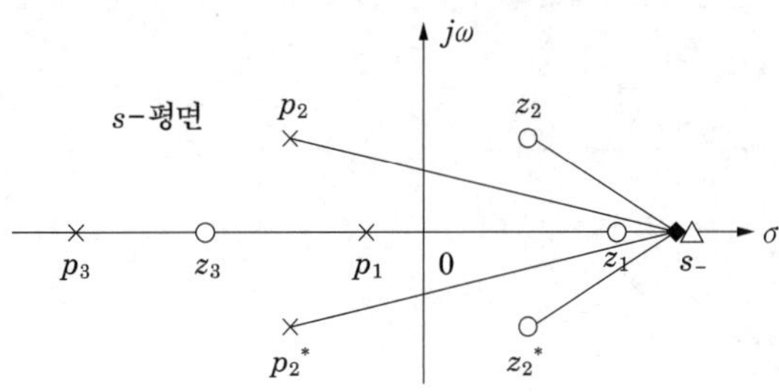

그림 6 공액 복소수 영점 Z_2, Z_2*로부터 Z_1에 이르는 각의 합은 0° 이다.

그림 6은 공액 복소수 영점 Z_2, Z_2*로부터 Z_1에 이르는 각의 합은 0°이다. 그림 6에서 극점 영점도에서 가장 오른쪽에 있는 영점 Z_1의 S_-의 왼쪽에 모든 실수의 영점과 극점이 존재하므로 이들로부터 S_-에 이르는 각은 모두 0°이다.

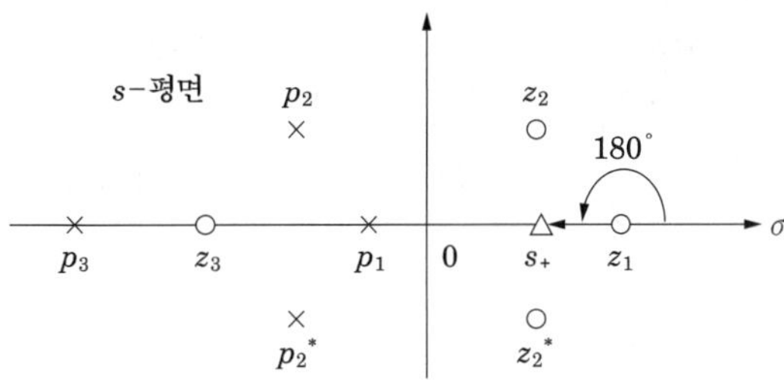

그림 7 Z_1으로부터 S_+에 이르는 180° 이다.

그림 7과 같이 실근 영점 Z_1의 왼쪽에 S_+가 있으며 나머지 모든 실근의 극점과 영점들의 왼쪽에 있는 경우는 오른쪽에 위치한 Z_1으로부터의 각만 180°이고 왼쪽에 위치한 나머지 극점과 영점들로부터 이르는 각은 0°이 된다.

S_+는 $K \geq 0$에 대한 근이다. 이것는 실수축상에 있는 모든 점들은 근궤적에 속한다. 그리고 한점의 오른쪽에 위치한 극점과 영점의 수를 합한 것이 홀수이면 이 점은 $K \geq 0$에 대한 근이고 극점과 영점을 합한 수가 짝수이면 $K \leq 0$에 대한 근이 된다.

예제문제 07

근궤적은 무엇에 대하여 대칭인가?

① 원점 ② 허수축 ③ 실수축 ④ 대칭성이 없다.

해설

개루프 제어게에서 특성 방정식의 근이 실근 또는 공액 복소근을 가지므로 근궤적은 실축에 대하여 상하 대칭을 이룬다.

답 : ③

1.6 근궤적의 점근선

전달함수 $G(s)H(s)$의 영점의 개수 z와 극점의 개수 p가 같지 않을 경우 어떤 궤적은 s평면의 ∞로 접근한다. s평면의 ∞근처에서 근궤적의 성질은 궤적의 점근선(asymptote)으로 표시되며, $z=p$일 때 점근선의 개수는 개루프 영점의 개수와 같게 된다. 점근선 각도는 다음식과 같다.

$$\alpha_K = \frac{(2k+1)\pi}{p-z} \quad (K \geqq 0)$$

$$\alpha_K = \frac{2k\pi}{p-z} \quad (K \leqq 0)$$

여기서, $k = 0,\ 1,\ 2,\ \cdots\ |p-z|-1$

1.7 점근선의 교차점

특성 방정식이

$$s(s+2)(s^2+2s+2)+K(s+1)=0$$

$$1+K\frac{(s+1)}{s(s+2)(s^2+2s+2)}=0$$

$$G(s)H(s)=\frac{(s+1)}{s(s+2)(s^2+2s+2)}$$

이므로

극점 $P(s)=s(s+2)(s^2+2s+2)$

영점 $Z(s)=s+1$

극점 $p=4$, 영점 $z=1$이다. 또 $P(s)$의 근은 0, -2, $-1+j$, $-1-j$이며 $Z(s)$의 근은 -1이므로 교차점은 다음과 같다.

$$\sigma = \frac{\sum G(s)H(s)\text{의 극} - \sum G(s)H(s)\text{의 영점}}{p-z}$$

$$= \frac{(0-2-1+j-1-j)-(-1)}{3} = -1$$

점근선 각도는

$$\alpha_K = \frac{(2k+1)\pi}{p-z} = 60°,\ 180°,\ 300°\,(K \geqq 0)$$

$$\alpha_K = \frac{2k\pi}{p-z} = 0°,\ 120°,\ 240°\,(K \leqq 0)$$

가 된다.

① 점근선은 실수축 상에서만 교차하고 그 수 $n=p-z$이다.

② 실수축 상에서의 점근선의 교차점은 다음과 같이 주어진다.

$$\sigma = \frac{\sum G(s)H(s)\text{의 극} - \sum G(s)H(s)\text{의 영점}}{p-z}$$

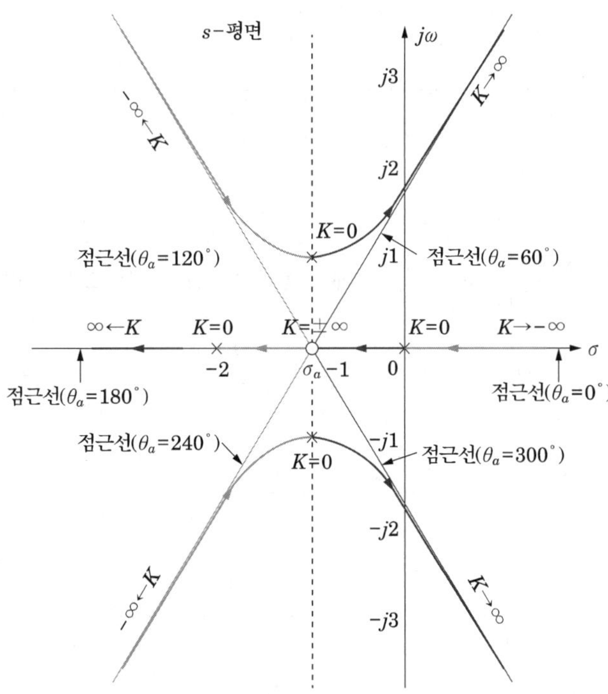

그림 8 근궤적의 점근선과 교차점

예제문제 08

$G(s)H(s)=\dfrac{K(s-1)}{s(s+1)(s-4)}$ 에서 점근선의 교차점을 구하면?

① 4 ② 3 ③ 2 ④ 1

해설

점근선 교차점 : $\sigma=\dfrac{\Sigma G(s)H(s)\text{의 극}-\Sigma G(s)H(s)\text{의 영점}}{p-z}$

$\therefore\ \sigma=\dfrac{\sum\text{극점}-\sum\text{영점}}{p-z}=\dfrac{(-1+4)-1}{3-1}=1$

답 : ④

예제문제 09

개루프 전달함수 $G(s)H(s)=\dfrac{k(s-5)}{s(s-1)^2(s+2)^2}$ 일 때 주어지는 계에서 점근선의 교차점은?

① $-\dfrac{3}{2}$ ② $-\dfrac{7}{4}$ ③ $\dfrac{5}{3}$ ④ $-\dfrac{1}{5}$

해설

점근선 교차점 : $\sigma=\dfrac{\Sigma G(s)H(s)\text{의 극}-\Sigma G(s)H(s)\text{의 영점}}{p-z}$

$\therefore\ \sigma=\dfrac{\Sigma\text{극점}-\Sigma\text{영점}}{p-z}=\dfrac{(0+1+1-2-2)-5}{5-1}=\dfrac{-7}{4}$

답 : ②

예제문제 10

$G(s)H(s)=\dfrac{k(s-2)(s-3)}{s^2(s+1)(s+2)(s+4)}$ 에서 점근선의 교차점은 얼마인가?

① 2 ② 5 ③ $-\dfrac{2}{3}$ ④ −4

해설

점근선 교차점 : $\sigma=\dfrac{\Sigma G(s)H(s)\text{의 극}-\Sigma G(s)H(s)\text{의 영점}}{p-z}$

$\therefore\ \sigma=\dfrac{(-1-2-4)-(2+3)}{5-2}=\dfrac{-12}{3}=-4$

답 : ④

1.8 출발점의 각도와 종착점의 각도

근궤적은 극점에서 출발하여 영점에서 도착하며 극점을 출발하는 각을 출발각, 영점에 도착하는 각을 종착각이라 한다. 출발각은 근궤적상에서 극점에 매우 가까운 한 점에 대한 접선의 각으로 θ_p로 나타낸다. 그리고 도착각은 영점에 매우 가까운 한 점에 대한 접선의 각으로 θ_z로 나타낸다. 출발각과 도착각은 근궤적의 각 조건으로 구해야 한다.

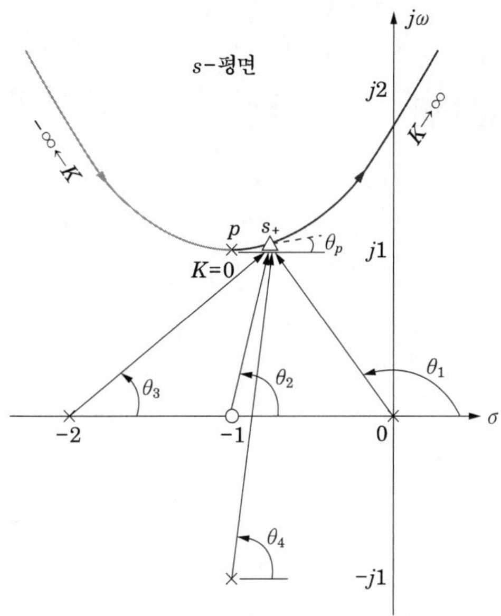

그림 9 근궤적의 출발각

그림 9의 극점 $p = -1 + j$에서의 출발각은 원하는 극점 p에 매우 가까이 위치한 근을 S_+라 하면 p로부터 s_+에 이르는 각 θ_p가 p에서의 출발각이 된다. 여기서 s_+는 $K \ge 0$에 대한 근이다.

극점 $P(s) = s(s+2)(s^2+2s+2)$

영점 $Z(s) = s+1$

$$\angle Z(s_+) - \angle P(s_+) = \theta_2 - (\theta_p + \theta_1 + \theta_3 + \theta_4) = (2k+1)180°$$

$$\text{각도} \begin{cases} \theta_1 = \angle(p-0) = \angle(-1+j) - 0 = \angle(-1+j) = 135° \\ \theta_2 = \angle(p-(-1)) = \angle(-1+j) + 1 = \angle(j) = 90° \\ \theta_3 = \angle(p-(-2)) = \angle(-1+j) + 2 = \angle(1+j) = 45° \\ \theta_4 = \angle(p-(-1-j)) = \angle(-1+j) + 1 + j = \angle(2j) = 90° \end{cases}$$

$$90° - (\theta_p + 135° + 45° + 90°) = (2k+1)180°$$

$$\therefore \ \theta_p = -360° = 0°$$

동일한 극점이 $K \geq 0$에 대한 근궤적상에서 출발하는 출발각은 우변을 $(2k)180°$로 대입하면 된다. 즉 극점의 $K \geq 0$에 대한 출발각과 $K \leq 0$에 대한 출발각은 180° 차이가 난다. 그러나 극점은 $K \leq 0$의 근궤적상에서는 종착지가 되며 종착각은 출발각과 부호가 반대이다.

1.9 실수축상에서는 분지점

두 근궤적이 실수축을 떠나는 이탈점(breakaway point)과 도착하는 복귀점(breakin point)을 분지점이라고 한다. 어떤 근궤적상의 분지점은 그 특성방정식의 다중근에 대응한다. 특성 방정식의 중근이 존재하는 s 평면상의 점을 근궤적의 분지점이라고 하며 분지점을 알기 쉽게 구하기 위해서는 주어진 계의 특성 방정식을 다음 식과 같이 정리하여 사용한다.

$$P(s) + KZ(s) = 0$$

에서 다음 필요조건을 만족해야 한다.

$$\frac{d}{ds}\left(\frac{P(s)}{Z(s)}\right) = 0$$

그러므로

$$K = -\frac{P(s)}{Z(s)}$$

양변을 s로 미분하면 된다.

$$\frac{dK}{ds} = \frac{P(s)'Z(s) - P(s)Z(s)'}{Z(s)^2}$$

예를 들면 전달함수 $G(s)H(s)$가 다음과 같을 때

$$G(s)H(s) = \frac{s+4}{s(s+2)}$$

이 시스템의 특성방정식은

$$1 + \frac{K(s+4)}{s(s+2)} = 0$$

이므로 K의 형태로 나타내면

$$K=-\frac{s(s+2)}{(s+4)}$$

이 식을 s에 대하여 미분하여 0으로 놓고 풀면

$$\frac{dK}{ds}=-\frac{(2s+2)(s+4)-s(s+2)}{(s+4)^2}=0$$

$s^2+8s+8=0$이 되므로 $s_1=-1.172$, $s=-6.282$가 된다.

예제문제 11

$G(s)H(s)=\dfrac{K}{s(s+4)(s+5)}$의 $K\geq 0$에서의 분지점은?

① −1.47 ② −4.53 ③ 1.47 ④ 4.53

해설

특성방정식 $1+G(s)H(s)=1+\dfrac{K}{s(s+4)(s+5)}=0$

$\therefore\ K=-s(s+4)(s+5)$

$K(\sigma)=-\sigma(\sigma+4)(\sigma+5)=-\sigma^3-9\sigma^2-20\sigma$

$\dfrac{dK(\sigma)}{d\sigma}=-3\sigma^2-9\sigma^2-20=0$

$\therefore \sigma_1=-1.47,\ \sigma_2=-4.53$

$K>0$에 대한 실수축상의 구간은 $0\sim-4$, $-5\sim-\infty$ 이므로 $\sigma_2=-4.53$은 근궤적점이 될 수 없다.

$\therefore$ 분지점은 $\sigma_1=-1.47$

답 : ①

예제문제 12

전달함수가 $G(s)H(s)=\dfrac{K}{s(s+2)(s+8)}$인 $K\geq 0$의 근궤적에서 분지점은?

① −0.93 ② −5.74 ③ −1.25 ④ −9.5

해설

특성방정식 $1+G(s)H(s)=1+\dfrac{K}{s(s+2)(s+8)}=0$

$\therefore\ K=-s(s+2)(s+8)$

$K(\sigma)=-\sigma(\sigma+2)(\sigma+8)=-\sigma^3-10\sigma^2-16\sigma$

$\dfrac{dK(\sigma)}{d\sigma}=-3\sigma^2-20\sigma-16=0$

$\therefore\ \sigma_1=-0.93,\ \sigma_2=-5.74$

$K\geq 0$ 에 대한 실수축 상의 구간은 $0\sim-2$, $-8\sim-\infty$ 이므로 $\sigma_2=-5.74$은 근궤적점이 될 수 없다

$\therefore$ 분지점은 $\sigma_1=-0.93$

답 : ①

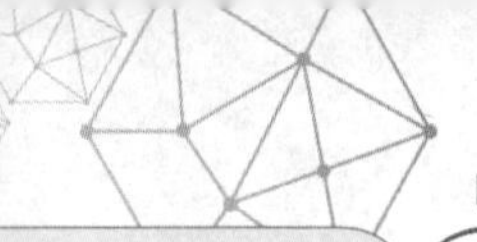

1.10 근궤적과 허수축간의 교차점

근궤적이 K의 변화에 따라 허축을 지나 s 평면의 우반 평면으로 들어가는 순간은 계의 안정성이 파괴되는 임계점에 해당한다. 이 점에 대응하는 K의 값과 ω는 Routh-Huewitz의 판별법으로부터 구할 수 있다. 즉 허수축상에서의 근이 있기 위해서는 특성 방정식의 근이 공액 허수가 되어야 하며 이는 Routh표에서 한 행이 모두 0이 되는 경우에 해당하기 때문이다.

전달함수 $G(s)H(s)$가 다음과 같을 경우

$$G(s)H(s) = \frac{1}{s(s+3)(s+5)}$$

이 시스템의 특성방정식은

$$s^3 + 8s^2 + 15s + K = 0$$

이에 대한 Routh표를 작성하여 한 행 전체가 0이 되는 K를 구하면 된다.

s^3	1	15
s^2	8	K (보조 방정식의 계수)
s^1	$\frac{120-K}{8}$	0
s^0	K	0

K의 임계값은 s^1의 제1열 요소를 0으로 놓아 얻을 수 있다.

$$\frac{120-K}{8} = 0 \qquad \therefore K = 120$$

허수축($j\omega$)을 끊은 점에서의 주파수 ω는 보조 방정식은 S^2의 열을 기준으로

$$8s^2 + K = 0$$

이며, $8s^2 + K = 0$에 $K = 120$을 대입하면 $8s^2 + 120 = 0$

$$s = \pm j\sqrt{15}$$

$$\therefore \ \omega = \pm \sqrt{15} = \pm 3.87$$

이 된다.

예제문제 13

$G(s)H(s) = \dfrac{K}{s(s+4)(s+5)}$ 에서 근궤적이 $j\omega$축과 교차하는 점은?

① $\omega = 4.48$　　② $\omega = -4.48$

③ $\omega = 4.48,\ -4.48$　　④ $\omega = 2.28$

해설

특성 방정식은 $s(s+4)(s+5)+K=s^3+9s^2+20s+K=0$

루드 배열은

s^3	1	20
s^2	9	K(보조 방정식의 계수)
s^1	$\dfrac{180-K}{9}$	0
s^0	K	0

K의 임계값은 s^1의 제1열 요소를 0으로 놓아 얻을 수 있다.

$\dfrac{180-K}{9}=0 \qquad \therefore K=180$

허수축($j\omega$)을 끊은 점에서의 주파수 ω는 보조 방정식 $9s^2+K=0$에 $K=180$을 대입하면

$9s^2+180=0$

$\therefore\ s=\pm j\sqrt{20}=\pm j4.48$

$\therefore\ \omega=\pm 4.48$ [rad/s]

답 : ③

1.11 근궤적상의 임의점에서의 K의 계산

지금까지는 주어진 계의 특성 방정식의 근의 궤적을 K가 $0\sim\infty$까지의 변화에 대하여 그리는 방법을 설명하였으나 경우에 따라서는 궤적상의 한 점 s_1에 대응하는 K의 값을 계산할 필요가 있다. s_1에서의 K의 값은 다음 식으로부터 구할 수 있다.

$$K = \frac{1}{|G(s_1)H(s_1)|}$$

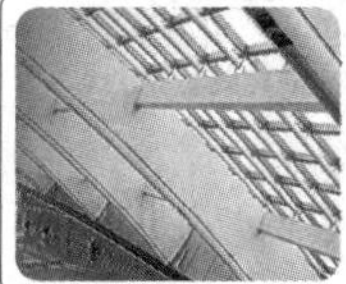

심화학습문제

01 근궤적이 s 평면의 $j\omega$축과 교차할 때 폐루프의 제어계는?

① 안정하다. ② 불안정하다.
③ 임계 상태이다. ④ 알 수 없다.

해설

근궤적이 허수축($j\omega$)과 교차할 때는 특성근의 실수부 크기가 0일 때와 같다. 특성근의 실수부가 0이면 임계 안정(임계 상태)이다.

【답】 ③

02 $G(s)H(s)=\dfrac{k}{s^2(s+1)^2}$에서 근궤적의 수는?

① 4 ② 2
③ 1 ④ 0

해설

$z=0,\ p=4$이므로 $z<p$ 이고 $N=p$ 이다

$\therefore\ N=4$

【답】 ①

03 어떤 제어 시스템의 $G(s)H(s)$가 $\dfrac{K(s+3)}{s^2(s+2)(s+4)(s+5)}$에서 근궤적의 수는?

① 1 ② 3
③ 5 ④ 7

해설

$Z=1,\ P=5$이므로 $N=P$

$\therefore\ N=5$

【답】 ③

04 루프 전달함수

$$G(s)H(s)=\frac{K}{(s+2)(s^2+2s+2)}$$

의 근궤적에서 $s=-1+j$에서의 출발각 $(K>0)$은?

① 30° ② 45°
③ 60° ④ 90°

해설

$G(s)H(s)=\dfrac{K}{(s+2)(s^2+2s+2)}$

이므로

극점 : $-2,\ (-1+j),\ (-1-j)$

영점 : 없다.

$K>0$인 경우

$\angle Z(s_+)-\angle P(s_+)=0°-(\theta_p+\theta_1+\theta_2)=(2k+1)180°$

각도 $\begin{cases}\theta_1=\angle(p-2)=\angle(1+j)=45° \\ \theta_2=\angle(p-(-1-j))=\angle(2j)=90°\end{cases}$

$0°-(\theta_p+45°+90°)=(2k+1)180°$

$\therefore\ \theta_p=45°$

【답】 ②

05 $G(s)H(s)=\dfrac{K(s+1)}{s(s+4)(s^2+2s+2)}$로 주어질 때 특성 방정식 $1+G(s)H(s)=0$의 점근선의 각도와 교차점을 구하면?

① $\sigma_0=-\dfrac{5}{3},\ \beta_0=60°,\ 180°,\ 300°$

② $\sigma_0=-\dfrac{7}{3},\ \beta_0=60°,\ 180°,\ 300°$

③ $\sigma_0=-\dfrac{5}{3},\ \beta_0=45°,\ 180°,\ 315°$

④ $\sigma_0=-\dfrac{7}{5},\ \beta_0=45°,\ 180°,\ 315°$

해설

실수축상에 점근선의 수는 $N=p-z=4-1=3$

$\therefore$ 점근신의 각 $\beta_0=\dfrac{(2K+1)\pi}{p-z}(K=0,\ 1,\ 2)$

$K=0$에서 $\dfrac{(2K+1)\pi}{p-z}=\dfrac{180°}{4-1}=60°$

$K=1$에서 $\dfrac{(2K+1)\pi}{p-z}=\dfrac{540°}{4-1}=180°$

$K=2$에서 $\dfrac{(2K+1)\pi}{p-z}=\dfrac{900°}{4-1}=300°$

3개의 점근선의 교차점은

$$\sigma_0=\frac{\sum G(s)H(s)\text{의 극}-\sum G(s)H(s)\text{의 영점}}{p-z}$$

$$=\frac{0-4+(-1+j)+(-1+j)-(-1)}{3}=-\frac{5}{3}$$

$\therefore \sigma_0=-\dfrac{5}{3}$, $\beta_0=$ 60°, 180°, 300°

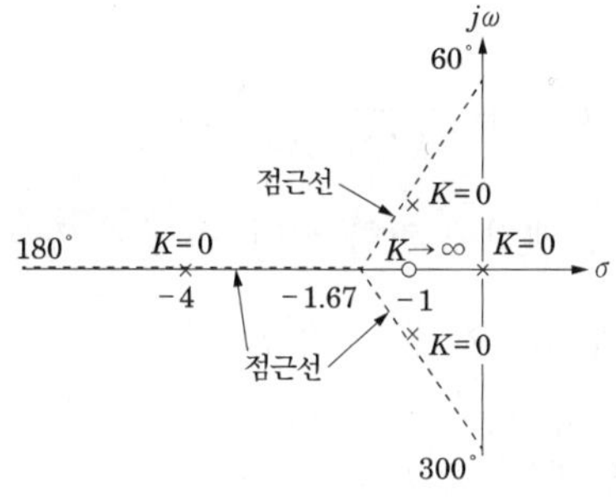

【답】 ①

06 개루프 전달함수

$$G(s)H(s)=\frac{K}{s(s+2)(s+4)}$$

의 근궤적이 $j\omega$축과 교차하는 점은?

① $\omega=\pm\ 2.828$ [rad/sec]
② $\omega=\pm\ 1.414$ [rad/sec]
③ $\omega=\pm\ 5.657$ [rad/sec]
④ $\omega=\pm\ 14.14$ [rad/sec]

해설

특성 방정식은

$s(s+2)(s+4)+K=s^3+6s^2+8s+K=0$

루드 배열은

s^3	1	8
s^2	6	K (보조 방정식의 계수)
s^1	$\dfrac{48-K}{6}$	0
s^0	K	0

K의 임계값은 s^1의 제1열 요소를 0으로 놓으면

$\dfrac{48-K}{6}=0$ $\quad\therefore K=48$

허수축($j\omega$)을 끊은 점에서의 주파수 ω는 보조 방정식 $6s^2+K=0$에 $K=48$을 대입하면

$6s^2+48=0$

$\therefore s=\pm j2\sqrt{2}=\pm j2.828$

$\therefore \omega=\pm 2.828$ [rad/s]

【답】 ①

07 폐루프 전달 함수 $G(s)$가 $\dfrac{8}{(s+2)^3}$인 때 근궤적의 허수축과의 교점이 64이면 이득 여유는 몇 [dB]인가?

① 8 ② 18
③ 20 ④ 64

해설

이득 여유$(GM)=\dfrac{\text{허수축과의 교차점에서 }K\text{의 값}}{K\text{의 설계값}}$

문제에서 $G(s)$의 이득 정수 K의 설계값은 8이고 근궤적으로부터 허수축과 교차점에서의 K값은 64이므로 이득 여유$=\dfrac{64}{8}=8$ 이다.

[dB]로 표시한 이득 여유 $GM=20\log 8=18$ [dB]

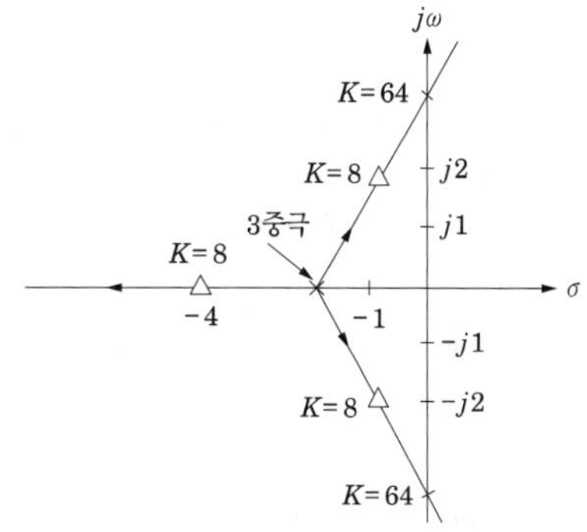

【답】 ②

08 s평면에 그려질 근궤적의 일부가 허수축을 통과할 때 이 2차 계통의 감쇠 인자는 얼마인가?

① 0 ② 0.2
③ 0.5 ④ 1.0

해설

2차계의 특성 방정식 $s^2+2\delta\omega_n s+\omega_n{}^2=0$에서 근은
$s_1,\ s_2=-\delta\omega_n\pm j\omega_n\sqrt{1-\delta^2}=-\sigma\pm j\omega$이 된다.
$\delta=0$ 경우 $s_1,\ s_2=\pm j\omega_n$이므로
감쇠 인자 $\sigma=\delta\omega_n$이 0일 때 허수축을 통과한다.

【답】①

09 특성 방정식 $(s+1)(s+2)+K(s+3)=0$의 완전 근궤적의 이탈점(breakaway point)은 각각 얼마인가?

① $s=-1.5,\ s=-3.5$인 점
② $s=-1.6,\ s=-2.6$인 점
③ $s=-3+\sqrt{2},\ s=-3-2\sqrt{2}$인 점
④ $s=-3+\sqrt{2},\ s=-3-\sqrt{2}$인 점

해설

특성방정식에서 $K=-\dfrac{(s+1)(s+2)}{s+3}=-\dfrac{s^2+3s+2}{s+3}$
이 식을 s에 대하여 미분하여 0 으로 놓고 풀면
$\dfrac{dK(s)}{ds}=-\dfrac{(2s+3)(s+3)-(s^2+3s+2)}{(s+3)^2}=0$
$s^2+6s+7=0$의 근의 공식에 의해 $s=-3\pm\sqrt{2}$

【답】④

10 개루프 전달 함수가 다음과 같을 때 이 계의 이탈점(break away)은?

$$G(s)H(s)=\frac{K(s+4)}{s(s+2)}$$

① $s=-1.172$
② $s=-6.828$
③ $s=-1.172,\ -6.828$
④ $s=0,\ -2$

해설

$G(s)H(s)=\dfrac{K(s+4)}{s(s+2)}$이므로
특성 방정식은 $1+G(s)H(s)=\dfrac{s(s+2)+K(s+4)}{s(s+2)}=0$
$s(s+2)+K(s+4)=0$ 에서 $K=-\dfrac{s(s+2)}{s+4}$
$\therefore\ \dfrac{dK}{ds}=\dfrac{-(2s+2)(s+4)+s(s+2)}{(s+4)^2}=0$
$\therefore\ s^2+8s=8=0$
$\therefore\ s_1=-1.172,\ s_2=-6.828$, 따라서 분지점은
$a=-1.172$, $b=-6.828$이다.

【답】③

11 개루프 전달 함수가

$$G(s)H(s)=\frac{K}{s(s+1)(s+3)(s+4)},\quad K>0$$

일 때 근궤적에 관한 설명 중 맞지 않는 것은?

① 근궤적의 가지수는 4이다.
② 점근선의 각도는 ±45°, ±135° 이다.
③ 이탈점은 −0.424, −2이다.
④ 근궤적이 허수축과 만날 때 $K=26$이다.

해설

$G(s)H(s)=\dfrac{K}{s(s+1)(s+3)(s+4)}$이므로
극점 : $P_1=0,\ P_2=-1,\ P_3=-3,\ P_4=-4$,
극수는 $p=4$
영점 : 없다. $z=0$
① 근궤적은 $s=0$, $s=-1$, $s=-3$, $s=-4$인 4개의 극에서 출발한다.
② 근궤적의 분지수는 4이다.
③ K→∞일 때 근궤적은 무한 원점으로 접근한다.
④ 그때 점근선이 실축과 만나는 점 α_c는
$\alpha_c=\dfrac{0+(-1)+(-3)+(-4)}{4-0}=-2$
실축과 이루는 각 β는
$\beta_1=\dfrac{(2\times0+1)180°}{4-0}=45°$
$\beta_2=\dfrac{(2\times1+1)180°}{4-0}=135°$
$\beta_3=\dfrac{(2\times2+1)180°}{4-0}=225°$
$\beta_4=\dfrac{(2\times3+1)180°}{4-0}=315°$

⑤ 근궤적은 실수축에 대하여 대칭이다.

⑥ 실축상에 근궤적이 존재하는 부분은 $-1 \leqq s \leqq 0$, $-4 \leqq s \leqq -3$이 ⊥ 영역이다.

⑦ 근궤적의 실축상의 이탈점 α_b는

$$\frac{1}{0-\alpha_b}+\frac{1}{-1-\alpha_b}+\frac{1}{-3-\alpha_b}+\frac{1}{-4-\alpha_b}=0$$

이 방정식을 간단히 하면

$$2\alpha_b^3+12\alpha_b^2+19\alpha_b+6=0$$

나머지 정리를 이용하여 위 방정식을 풀면

$\alpha_b=-0.42$ 또는 -3.5가 된다.

∴ α_b에 0.42를 대입하면

$$\frac{1}{0-\alpha_b}+\frac{1}{-1-\alpha_b}+\frac{1}{-3+0.42}+\frac{1}{-4+0.42}$$

∴ $\alpha_b=-0.424$의 근사값이 얻어진다.

따라서, 대칭성을 이용하면 $\alpha_b=-3.576$이다.

⑧ 근궤적이 허수축과 만나는 점 K를 구하기 위하여 루드 수열을 이용하여 계산하면 $K=26.25$가 된다.

【답】 ③

Chapter 10 상태공간에서 제어 시스템해석

일반적으로 제어 시스템은 주파수영역과 시간 영역으로 나누어 해석하며, 주파수 영역에 대하여 해석한다. 이러한 해석은 선형 시불변 시스템에서만 적용되며, 다변수 시스템을 해석하는 것에는 한계가 있다. 따라서 제어 시스템을 시간 영역에서 해석한다. 시간 영역 해석이란 대부분의 제에 시스템에서 시간이 독립 변수로 사용되므로 시간에 대한 상태 응답과 출력 응답을 계산하거나 단순히 시간 응답을 구하는 경우를 말하며 과도 응답과 정상 응답의 합이 된다.

시간 영역 해석은 비선형 시변 및 다변수 시스템에 쉽게 이용할 수 있어 최적화 제어에 기본이 된다. 여기서 다변수 시스템이란 려러개의 입·출력 신호를 가진 시스템을 말한다.

1. 상태미분 방정식(The state differential equation)

상태변수16)는 대상으로 하는 시스템의 특성을 완전히 표시하는 양, 즉 어느 순간에서나 시스템의 상태를 결정하는 n개의 변수 $x_1(t), \cdots, x_n(t)$의 집합을 말한다.

상태란 미분 방정식의 초기값에 해당하는 것으로, n계 시스템의 t_0에서의 상태는 $x_1(t_0), x_2(t_0), \cdots, x_n(t_0)$로 표시되는데, 이것은 $t \geq t_0$에 있어서 시스템에 대한 입력뿐만 아니라 시스템의 특성을 결정하는 데 충분한 초기값의 집합을 말한다.

제어 시스템은 이들 변수를 사용하여 그림1과 같이 표현할 수 있다. 그림 1에서 입력단은 입력변수의 집합을 그리고 출력단은 출력변수의 집합을 나타낸다.

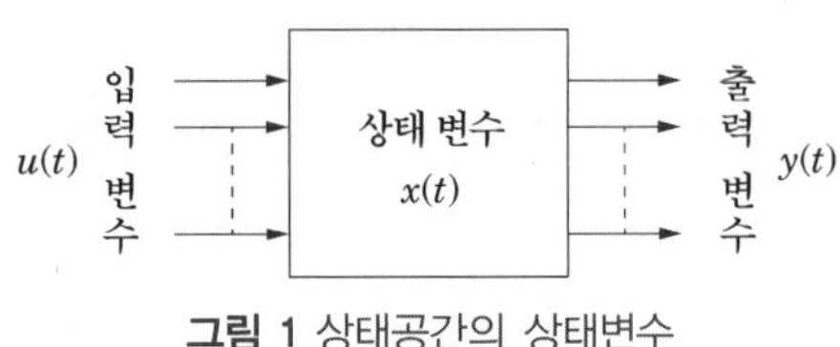

그림 1 상태공간의 상태변수

16) 상태 공간 표현식(State space representation)이란 물리적 계를 입력, 출력, 상태 변수의 1차 미분 방정식으로 표현하는 수학적 모델이다. 다수의 입력, 출력, 상태를 간결하게 표현하기 위하여 변수를 벡터로 표시하며, 동역학계가 선형이고 시간에 따라 변하지 않을 경우, 미분 방정식과 수식은 행렬 형태로 쓰인다. 내부 상태 변수는 어떤 주어진 순간 전체 시스템 상태를 표시할 수 있는 최소한의 시스템 변수 부분집합을 말한다.

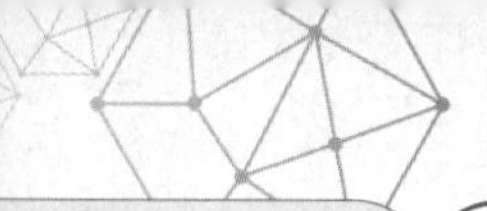

또, 상태변수의 집합은 시스템의 내부에 포함되고, 각 단자에는 직접 나타나지 않는 것이 보통이다.

이들의 변수의 집합을 벡터로 표현하면 취급이 매우 편리하며, 일반적으로 시간과 더불어 변화하므로 u, y, x는 시간 t의 함수이다. 임의의 시간 t에서 입력 u가 취하는 모든 값의 집합은 입력(벡터) 공간을 만든다.

마찬가지로 임의의 시간 t에서 출력 벡터 y 및 상태 벡터 x가 취하는 모든 값의 집합은 각각 출력(벡터) 공간 및 상태(벡터) 공간을 만든다.

$$\text{입력벡터 } u = \begin{bmatrix} u_1 \\ u_2 \\ \vdots \\ u_l \end{bmatrix}$$

$$\text{출력벡터 } y = \begin{bmatrix} y_1 \\ y_2 \\ \vdots \\ y_m \end{bmatrix}$$

$$\text{상태벡터 } x = \begin{bmatrix} x_1 \\ x_2 \\ \vdots \\ x_n \end{bmatrix}$$

일반적으로 제어의 대상이 되는 시스템은 미분 방정식으로 표시된다. 1차 미분 방정식의 일반적인 형태는 다음과 같다.

$$\begin{aligned} \dot{x}_1 &= a_{11}x_1 + a_{12}x_2 + \dots + a_{1n}x_n + b_{11}u_1 + \dots + b_{1m}u_m \\ \dot{x}_2 &= a_{21}x_1 + a_{22}x_2 + \dots + a_{2n}x_n + b_{21}u_1 + \dots + b_{2m}u_m \\ &\vdots \\ &\vdots \\ \dot{x}_n &= a_{n1}x_1 + a_{n2}x_2 + \dots + a_{nn}x_n + b_{n1}u_1 + \dots + b_{nm}u_m \end{aligned}$$

여기서, $\dot{x} = \frac{dx}{dt}$ (1차 미분 방정식)이다. 이들 연립 미분방정식을 행렬로 쓰면 다음과 같다.

$$\frac{d}{dt}\begin{bmatrix} x_1 \\ x_2 \\ : \\ x_n \end{bmatrix} = \begin{bmatrix} a_{11}\ a_{12} \dots a_{1n} \\ a_{21}\ a_{22} \dots a_{2n} \\ : \\ a_{n1}\ a_{n2} \dots a_{nn} \end{bmatrix}\begin{bmatrix} x_1 \\ x_2 \\ : \\ x_n \end{bmatrix} + \begin{bmatrix} b_{11} \dots b_{1m} \\ : \\ b_{m1} \dots b_{mm} \end{bmatrix}\begin{bmatrix} u_1 \\ : \\ u_n \end{bmatrix}$$

이식을 다음과 같이 표현하며 상태방정식이라 한다.

$$\dot{x} = Ax + Bu$$

출력방정식은 다음과 같이 표시된다.

$$y = Cx + Du$$

상태미분방정식의 해(Solution of the state differential equation)를 구하여 보면 다음과 같다. 예를 들어 상태변수가 하나인 1차식의 경우

$$\dot{x} = ax + bu$$

라플라스 변환하면

$$sX(s) - x(0) = aX(s) + bu(s)$$

$$\therefore \ X(s) = \frac{x(0)}{s-a} + \frac{b}{s-a}u(s)$$

이 식을 역라플라스 변환하면

$$x(t) = e^{at}x(0) + \int_0^t e^{a(t-\tau)}bu(\tau)d\tau$$

가 된다.

만약 상태방정식이 변수가 여러개인 고차식이 되는 경우 지수함수(Matrix exponential function)와 같이 정의될 때

$$e^{At} = \exp(At) = I + At + \frac{A^2t^2}{2!} + \cdots + \frac{A^kt^k}{k!} + \cdots$$

가 된다. 이것은 모든 유한(finite)한 시간 t와 임의의 A에 대해 수렴(convergence, 收斂, 함수의 변수가 증가 또는 감소하거나 급수의 항수가 증가함에 따라 극한에 점점 더 가까이 다가가는 성질)한다.

$$\frac{d}{dt}\begin{bmatrix} x_1 \\ x_2 \\ \vdots \\ x_n \end{bmatrix} = \begin{bmatrix} a_{11}\ a_{12} \dots a_{1n} \\ a_{21}\ a_{22} \dots a_{2n} \\ \vdots \\ a_{n1}\ a_{n2} \dots a_{nn} \end{bmatrix}\begin{bmatrix} x_1 \\ x_2 \\ \vdots \\ x_n \end{bmatrix} + \begin{bmatrix} b_{11} \dots b_{1m} \\ \vdots \\ b_{m1} \dots b_{mm} \end{bmatrix}\begin{bmatrix} u_1 \\ \vdots \\ u_n \end{bmatrix}$$

이므로

$$\dot{x}(t) = Ax + Bu$$

위의 식을 라플라스변환하면

$$sX(s) - x(0^+) = AX(s) + BU(s)$$

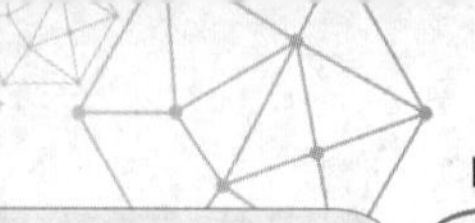

초기치를 0으로 하면

$$sX(s) = AX(s) + BU(s)$$

$$s = \begin{bmatrix} s & 0 \\ 0 & s \end{bmatrix} = s\begin{bmatrix} 1 & 0 \\ 0 & 1 \end{bmatrix} = sI$$

이고 A는 계수행렬이므로

$$|s - A|X(s) = BU(s)$$

$$X(s) = |s - A|^{-1}BU(s)$$

가 된다. 따라서

$$X(s) = [sI - A]^{-1}x(0) + [sI - A]^{-1}B\,U(s)$$

여기서

$$[sI - A]^{-1} = \Phi(s)$$

가 된다. 여기서 $\Phi(t) = \exp(At)$의 라플라스 변환이다.

$$[sI - A]^{-1} = \Phi(s)$$

를 역라플라스 변환하면

$$\Phi(t) = \mathcal{L}^{-1}\{[sI - A]^{-1}\}$$

이 된다. 이를 천이행렬(Transition Matrix)이라 한다.
상태 천이 행렬은 $\Phi(t) = \mathcal{L}^{-1}[(sI - A)^{-1}]$이며 다음과 같은 성질을 가진다.

$\Phi(0) = I$ (I : 단위 행렬)
$\Phi^{-1}(t) = \Phi(-t) = e^{-At}$
$\Phi(t_2 - t_1)\Phi(t_1 - t_0) = \Phi(t_2 - t_0)$ (모든 값에 대하여)
$[\Phi(t)]^K = \Phi(Kt)$ 여기서, K = 정수이다.

출력은

$$y = Cx + Du$$

이므로 이를 라플라스변환하면

$$Y(s) = CX(s) + DU(s)$$

이므로 다음과 같이 구할 수 있다.

$$Y(s) = C[sI - A]^{-1}x(0) + C[sI - A]^{-1}BU(s) + DU(s)$$

전달함수는 시스템의 초기상태 $x(0)$를 0으로 하고 입력과 출력 사이의 관계를 나타내는 것이므로

$$Y(s) = [C(sI - A)^{-1}B + D]\,U(s)$$

가 되어 전달함수 $G(s)$는 다음과 같이 구해진다.

$$G(s) = \frac{Y(s)}{U(s)} = C[sI - A]^{-1}B + D$$

여기서, $|sI - A| = 0$의 해를 고유값(eigenvalue)라 하며, 특성방정식의 근과 같다. 또한, s 평면의 $j\omega$ 축은 원점을 중심으로 한 반지름이 1인 단위원으로 사상되는데, 이때 s 평면의 우반면은 z 평면의 단위원 외부에 사상되고, s 평면의 좌반면은 z평면의 단위원 내부에 사상되며, s평면의 허수축은 z 평면의 원주원에 사상된다. 따라서 이산치계가 안정되기 위해서는 특성 방정식의 근이 단위원의 내부에 존재하여야 한다. 여기서, I는 단위행렬로 주 대각원소는 1이고 나머지 원소가 모두 0인 정사각행렬이다.

$$I = \begin{bmatrix} 1 & 0 \\ 0 & 1 \end{bmatrix} \text{ 또는 } I = \begin{bmatrix} 1 & 0 & 0 \\ 0 & 1 & 0 \\ 0 & 0 & 1 \end{bmatrix}$$

예제문제 01

상태 방정식 $x(t) = Ax(t) + Br(t)$인 제어계의 특성 방정식은?

① $|sI - B| = I$　　② $|sI - A| = I$

③ $|sI - B| = 0$　　④ $|sI - A| = 0$

해설

n차 선형 시불변 시스템의 상태 방정식 : $\frac{d}{dt}x(t) = Ax(t) + Br(t)$

이때 제어계의 특성 방정식 : $|sI - A| = 0$

답 : ④

예제문제 02

다음과 같은 상태 방정식의 고유값 λ_1과 λ_2는?

$$\begin{bmatrix} \dot{X}_1 \\ \dot{X}_2 \end{bmatrix} = \begin{bmatrix} 1 & -2 \\ -3 & 2 \end{bmatrix} \begin{bmatrix} X_1 \\ X_2 \end{bmatrix} + \begin{bmatrix} 2 & -3 \\ -4 & 3 \end{bmatrix} \begin{bmatrix} t_1 \\ t_2 \end{bmatrix}$$

① 4, −1　　② −4, 1　　③ 8, −1　　④ −8, 1

해설

$|s\boldsymbol{I}-\boldsymbol{A}|=0$

$\begin{bmatrix} s & 0 \\ 0 & s \end{bmatrix} - \begin{bmatrix} 1 & -2 \\ -3 & 2 \end{bmatrix} = \begin{bmatrix} s-1 & 2 \\ 3 & s-2 \end{bmatrix} = (s-1)(s-2)-6 = s^2-3s-4 = (s-4)(s+1) = 0$

$\therefore s=4,\ -1$

답 : ①

예제문제 03

상태 방정식 $\dot{X} = AX + BU$로 표시되는 계의 특성 방정식의 근은?

단, $A = \begin{bmatrix} 0 & 1 \\ -2 & -2 \end{bmatrix}$, $B = \begin{bmatrix} 1 \\ 0 \end{bmatrix}$임

① $1 \pm j2$　　② $-1 \pm j2$
③ $1 \pm j$　　④ $-1 \pm j$

해설

$|sI-A|=0$

$\begin{bmatrix} s & 0 \\ 0 & s \end{bmatrix} - \begin{bmatrix} 0 & 1 \\ -2 & -2 \end{bmatrix} = \begin{bmatrix} s & -1 \\ 2 & s+2 \end{bmatrix} = s(s+2)+2=0$

$\therefore s^2+2s+2$의 근은 근의 공식에 의해 $s=-1\pm j$가 된다.

답 : ④

예제문제 04

천이 행렬(transition matrix)에 관한 서술 중 옳지 않은 것은? 단, $\dot{x} = Ax + Bu$이다.

① $\Phi(t) = e^{At}$

② $\Phi(t) = \mathcal{L}^{-1}[sI-A]$

③ 천이 행렬은 기본 행렬(fundamental matrix)이라고도 한다.

④ $\Phi(s) = [sI-A]^{-1}$

해설

상태 천이 행렬은 $\Phi(t) = \mathcal{L}^{-1}[(sI-A)^{-1}]$이며 다음과 같은 성질을 가진다.

① $\Phi(0) = I$ (I : 단위 행렬)

② $\Phi^{-1}(t) = \Phi(-t) = e^{-At}$

③ $\Phi(t_2-t_1)\Phi(t_1-t_0) = \Phi(t_2-t_0)$(모든 값에 대하여)

④ $[\Phi(t)]^K = \Phi(Kt)$ 여기서 K = 정수이다.

답 : ②

예제문제 05

상태 방정식이 다음과 같은 계의 천이 행렬 $\phi(t)$는 어떻게 표시되는가?

$$\dot{x}(t) = Ax(t) + Bu$$

① $\mathcal{L}^{-1}\{(sI-A)\}$　② $\mathcal{L}^{-1}\{(sI-A)^{-1}\}$
③ $\mathcal{L}^{-1}\{(sI-B)\}$　④ $\mathcal{L}^{-1}\{(sI-B)^{-1}\}$

해설
특성 방정식 : $|sI-A|=0$
상태 천이 행렬은 $\mathcal{L}^{-1}|sI-A|^{-1}$

답 : ②

예제문제 06

상태 변위 행렬식(state transition matrix)$\Phi(t) = e^{At}$에서 t = 0일 때의 값은?

① e　② I　③ e^{-1}　④ 0

해설
상태 천이 행렬은 $\Phi(t) = \mathcal{L}^{-1}[(sI-A)^{-1}]$이며 다음과 같은 성질을 가진다.
① $\Phi(0) = I$ (I : 단위 행렬)
② $\Phi^{-1}(t) = \Phi(-t) = e^{-At}$
③ $\Phi(t_2 - t_1)\Phi(t_1 - t_0) = \Phi(t_2 - t_0)$(모든 값에 대하여)
④ $[\Phi(t)]^K = \Phi(Kt)$ 여기서 K = 정수이다.

답 : ②

예제문제 07

다음 상태 방정식으로 표시되는 제어계의 천이 행렬 $\Phi(t)$는?

$$\dot{X} = \begin{bmatrix} 0 & 1 \\ 0 & 0 \end{bmatrix} X + \begin{bmatrix} 0 \\ 1 \end{bmatrix} u$$

① $\begin{bmatrix} 0 & t \\ 1 & 1 \end{bmatrix}$　② $\begin{bmatrix} 1 & 1 \\ 0 & t \end{bmatrix}$　③ $\begin{bmatrix} 1 & t \\ 0 & 1 \end{bmatrix}$　④ $\begin{bmatrix} 0 & t \\ 1 & 0 \end{bmatrix}$

해설
상태 방정식 : $[sI-A] = \begin{bmatrix} s & 0 \\ 0 & s \end{bmatrix} - \begin{bmatrix} 0 & 1 \\ 0 & 0 \end{bmatrix} = \begin{bmatrix} s & -1 \\ 0 & s \end{bmatrix}$

$$\therefore [sI-A]^{-1} = \frac{1}{\begin{vmatrix} s & -1 \\ 0 & s \end{vmatrix}} \begin{bmatrix} s & 1 \\ 0 & s \end{bmatrix} = \begin{bmatrix} \frac{1}{s} & \frac{1}{s^2} \\ 0 & \frac{1}{s} \end{bmatrix}$$

$$\therefore \Phi(t) = \mathcal{L}^{-1}\{[sI-A]^{-1}\} = \mathcal{L}^{-1}\begin{bmatrix} \frac{1}{s} & \frac{1}{s^2} \\ 0 & \frac{1}{s} \end{bmatrix} = \begin{bmatrix} 1 & t \\ 0 & 1 \end{bmatrix}$$

답 : ③

예제문제 08

다음 계통의 상태 천이 행렬 $\Phi(t)$를 구하면?

$$\begin{bmatrix} X_1 \\ X_2 \end{bmatrix} = \begin{bmatrix} 0 & 1 \\ -2 & -3 \end{bmatrix} \begin{bmatrix} X_1 \\ X_2 \end{bmatrix}$$

① $\begin{bmatrix} 2e^{-t}-e^{2t} & e^{-t}-e^{2t} \\ -2e^{-t}+2e^{2t} & -e^{t}+2e^{2t} \end{bmatrix}$ ② $\begin{bmatrix} 2e^{t}+e^{2t} & -e^{-t}+e^{-2t} \\ 2e^{t}-2e^{2t} & e^{-t}-2e^{-2t} \end{bmatrix}$

③ $\begin{bmatrix} -2e^{-t}+e^{-2t} & -e^{-t}-e^{-2t} \\ -2e^{-t}-2e^{-2t} & -e^{-t}-2e^{-2t} \end{bmatrix}$ ④ $\begin{bmatrix} 2e^{-t}-e^{-2t} & e^{-t}-e^{-2t} \\ -2e^{-t}+2e^{-2t} & -e^{-t}+2e^{-2t} \end{bmatrix}$

해설

상태방정식 : $[sI-A] = \begin{bmatrix} s & 0 \\ 0 & s \end{bmatrix} - \begin{bmatrix} 0 & 1 \\ -2 & -3 \end{bmatrix} = \begin{bmatrix} s & -1 \\ 2 & s+3 \end{bmatrix}$

$$\therefore [sI-A]^{-1} = \frac{1}{\begin{vmatrix} s & -1 \\ 2 & s+3 \end{vmatrix}} \begin{bmatrix} s+3 & 1 \\ -2 & s \end{bmatrix} = \frac{1}{s^2+3s+2} \begin{bmatrix} s+3 & 1 \\ -2 & s \end{bmatrix} = \begin{bmatrix} \frac{s+3}{(s+1)(s+2)} & \frac{1}{(s+1)(s+2)} \\ \frac{-2}{(s+1)(s+2)} & \frac{s}{(s+1)(s+2)} \end{bmatrix}$$

$$\therefore \Phi(t) = \mathcal{L}^{-1}\{[sI-A]^{-1}\} = \begin{bmatrix} 2e^{-t}-e^{-2t} & e^{-t}-e^{-2t} \\ -2e^{-t}+2e^{-2t} & -e^{-t}+2e^{-2t} \end{bmatrix}$$

답 : ④

2. 가제어성과 가관측성17)

가제어성(controllability)과 가관측성(observability)은 고전제어와 현대제어의 기본적인 차이이다. 가제어성과 가관측성이 최적제어시스템 해의 존재여부를 결정한다. 즉, 고전제어에서는 주어진 제어 사양을 제어기로 만족시킬 수 있는지 알 수 없이 시행착오(trial and error method)를 이용해서 제어사양을 만족시키도록 제어기를 설계한다. 그러나 최적제어에서는 제어사양을 만족시킬 수 있는지 여부를 가제어성과 가관측성으로 알 수 있다.

구속조건이 없는 제어벡터에 의해, 임의의 초기상태 $X(t_0)$에서 다른 임의의 상태로 유한 시간 내에 상태를 변화시킬 수 있다면, 시스템은 시간t_0에서 가제어(상태 가제어)라고 한다. 이것은 출력 가제어와 다른 개념이고 일반적으로 가제어라고 하면 상태 가제어를 말한다.

초기상태가 $X(t_0)$인 시스템에 대해 유한시간 동안 출력을 관측함으로써 이 초기 상태를 결정할 수 있으면, 이 시스템은 시간 t_0에서 가관측이라고 한다.

17) • 가제어(controllable) : 입력을 넣어서 우리가 원하는 출력을 얻을 수 있을 때, 입력이 각 상태에 영향을 미칠 수 있다.
• 가관측(observable) : 출력을 가지고 상태를 알아낼 수 있는지의 여부조사, 상태 영향이 출력에 모두 영향을 미쳐야 출력을 가지고 상태를 알아낼 수 있다.

가제어성 및 가관측성의 개념은 Kalman이 도입하였다. 이 개념은 상태공간에서의 제어 시스템의 설계에 중요한 역할을 한다. 대부분의 물리적 시스템은 가제어이고, 가관측이지만, 그에 해당하는 수학적 모델은 가제어성과 가관측성을 갖지 않을 수 있다.

2.1 가제어성(controllability)

입력으로 유한시간 내에서 시스템의 모든 상태변수 $X(t_0)$를 임의의 상태로 제어할 수 있을 때 '가제어(controllable)하다'라고 한다. 이것을 수학적으로 가제어성을 판단하기 위해서는 행렬을 이용하는 데 이 행력을 가제어 행렬(controllability matrix)이라 한다.

$$M_C = [B\ AB\ A^2B\ \cdots\ A^{n-1}B]$$

여기서, A : 시스템행렬, B : 제어입력행렬

위의 M_C의 계수(rank)가 완전계수(full rank)[18]일 때(rank 는 계수로 행렬에서 선형 독립인 행의 수를 말한다.) 가제어하다 라고 한다.

rank$(M_C)=n$이면 시스템 $[A, B]$는 제어가능

예를 들면

$$\dot{x} = Ax + Bu$$

여기서,

$$A = \begin{bmatrix} 2 & 1 \\ 0 & 1 \end{bmatrix},\ B = \begin{bmatrix} 1 \\ 1 \end{bmatrix}$$

가제어성 M_c

$$M_c = [B\ AB] = \begin{bmatrix} 1 & 3 \\ 1 & 1 \end{bmatrix} = 2$$

랭크 M_c=2 이므로 제어가능

18) 행렬 중 nxn행렬, 정방행렬의 경우는 랭크가 n이라면 역행렬을 가질 수 있는 상태(invertible)가 된다. 이 경우를 두고 우full-rank 한다.

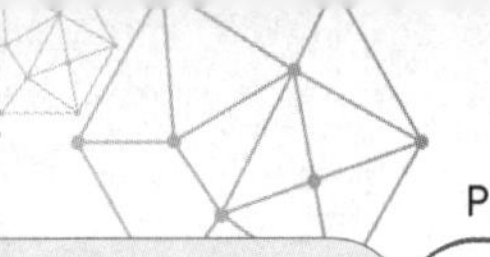

2.2 가관측성(observability)

시스템의 모든 상태변수가 출력에 영향을 미칠 때 그 시스템은 '가관측 하다'고 한다. 가관측 행렬은 아래와 같이 정의되고

$$M_0 = \begin{bmatrix} C \\ CA \\ \vdots \\ CA^{n-1} \end{bmatrix}$$

여기서, A : 시스템행렬, C : 출력행렬

위 행렬의 계수(rank)가 완전계수(full rank)이면 가관측 하다고 한다.

rank$(M_0) = n$이면 시스템 $[A, B]$는 관측 가능

예제문제 09

다음의 상태방정식의 설명 중 옳은 것은?

$$\dot{x} = \begin{bmatrix} -1 & 1 & 0 \\ 0 & -1 & 0 \\ 0 & 0 & -2 \end{bmatrix} \cdot X + \begin{bmatrix} 0 \\ 1 \\ 1 \end{bmatrix} \cdot U \quad , \quad y = [\,1 \quad 0 \quad 0\,] \cdot X$$

① 이 시스템은 가제어이다.
② 이 시스템은 가제어가 아니다.
③ 이 시스템은 가제어가 아니고 가관측이다.
④ 가제어성 여부를 따질 수 없다.

해설

$$A = \begin{bmatrix} -1 & 1 & 0 \\ 0 & -1 & 0 \\ 0 & 0 & -2 \end{bmatrix},\ B = \begin{bmatrix} 0 \\ 1 \\ 1 \end{bmatrix},\ C = [\,1 \quad 0 \quad 0\,]$$

$$A^2 = \begin{bmatrix} -1 & 1 & 0 \\ 0 & -1 & 0 \\ 0 & 0 & -2 \end{bmatrix}\begin{bmatrix} -1 & 1 & 0 \\ 0 & -1 & 0 \\ 0 & 0 & -2 \end{bmatrix} = \begin{bmatrix} 1 & -2 & 0 \\ 0 & 1 & 0 \\ 0 & 0 & 4 \end{bmatrix}$$

$$AB = \begin{bmatrix} -1 & 1 & 0 \\ 0 & -1 & 0 \\ 0 & 0 & -2 \end{bmatrix}\begin{bmatrix} 0 \\ 1 \\ 1 \end{bmatrix} = \begin{bmatrix} 1 \\ -1 \\ -2 \end{bmatrix}$$

$$A^2B = \begin{bmatrix} 1 & -2 & 0 \\ 0 & 1 & 0 \\ 0 & 0 & 4 \end{bmatrix}\begin{bmatrix} 0 \\ 1 \\ 1 \end{bmatrix} = \begin{bmatrix} -2 \\ 1 \\ 4 \end{bmatrix}$$

① 가제어 : $[B\ AB\ A^2B] = \begin{vmatrix} 0 & 1 & -2 \\ 1 & -1 & 1 \\ 1 & -2 & 4 \end{vmatrix} = -1$, 0이 아니므로 가제어 성립한다.

② 가관측 : $\begin{vmatrix} C \\ CA \\ CA^2 \end{vmatrix} = \begin{vmatrix} 1 & 0 & 0 \\ -1 & 1 & 0 \\ 1 & -2 & 0 \end{vmatrix} = 0$, 0이므로 가관측 성립 하지 않는다.

답 : ①

3. z 변환

3.1 이산치제어계 19)

z변환은 라플라스(Laplace) 변환과 유사한 방법으로 구한다. 선형 연속 시간 시스템의 동적 모델이 미분 방정식(differential equation)으로 표현된다면, 선형 이산 시스템은 차분 방정식(difference equation)으로 표현된다.

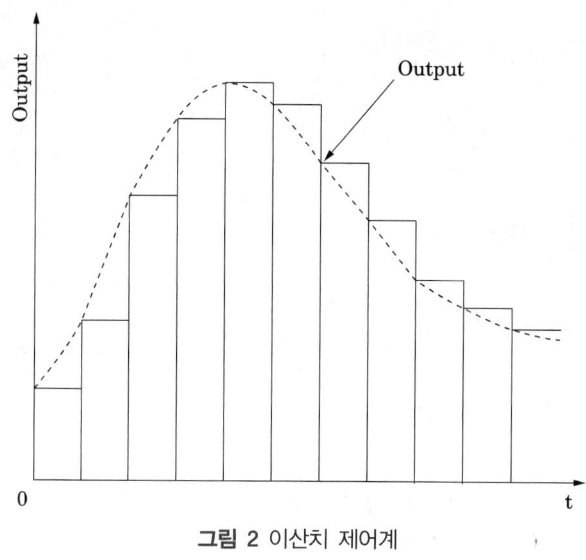

그림 2 이산치 제어계

샘플링 신호 $y^*(t)$에 대한 방정식은 다음과 같이 정의할 수 있다.

$$y^*(t) = y(t)\sum_{k=0}^{\infty} u_s(t-kT) - u_s(t-kT-T\omega)$$

여기서, k=정수, T는 샘플링 주기이며 $T\omega$는 펄스폭이다.

샘플링 신호를 해석하기 위해서는 이산치 제어계에서는 라플라스변환이 쉽지 않기 때문에 z변환을 이용한다.

$y^*(t)$가 일정하고, $y(t) = y(kT)$라면

$$y^*(t) = \sum_{k=0}^{\infty} y(kT)[u_s(t-kT) - u_s(t-kT-T\omega)]$$

양변을 라플라스변환하면 지수함수의 형태가 되나 연속함수에서는 지수함수가 문제

19) • 이산 : 따로따로 떨어진, 분리된, 별개의; 뚜렷이 구별되는(distinct) ; 짜맞추어지지 않은 것을 의미한다.
• 이산치제어계 : 불연속값의 제어계

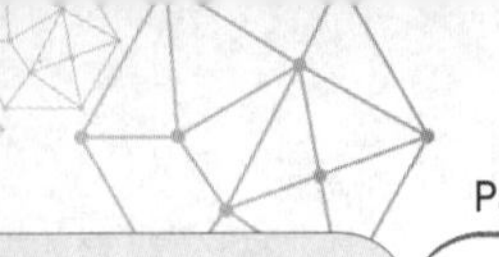

가 되지 않으나 이산치제어계에서는 문제가 된다.

$$Y^*(s) = \sum_{k=0}^{\infty} y(kT)\left(\frac{e^{-kTs}}{s} - \frac{e^{-kTs-T\omega s}}{s}\right)$$

$$= \sum_{k=0}^{\infty} y(kT)\left(\frac{1-e^{-T\omega s}}{s}\right)e^{-kTs}$$

위 식에서 지수부분만을 고려하면

$$e^{-T\omega s} = 1 - T\omega s + \frac{(T\omega s)^2}{2!} \mp \cdots$$

$$Y^*(s) = \sum_{k=0}^{\infty} y(kT)\left(\frac{T\omega s}{s}\right)e^{-kTs}$$

$$= \sum_{k=0}^{\infty} y(kT)\, T\omega\, e^{-kTs}$$

이것을 역 라플라스변환하면

$$y^*(t) = T\omega \sum_{k=0}^{\infty} y(kT)\delta(t-kT)$$

따라서 최종적인 샘플링은 다음과 같이 정의된다.

$$y^*(t) = \sum_{k=0}^{\infty} y(kT)\delta(t-kT)$$

3.2 z 변환의 정의

선형 시불변 제어계의 전달함수가

$$G(s) = \frac{b_{n-1}s^{n-1} + b_{n-2}s^{n-2} + \cdots + b_0}{s^n + a_{n-1}s^{n-1} + \cdots + a_0}$$

라고 하면, 이것의 라플라스 변환은 매우 어렵기 때문에 새로운 방법인 z-변환을 도입하여 해석한다.

$$Y(z) = y(k)\text{의 } z-\text{변환} = Zy(k)$$

$$= \sum_{k=0}^{\infty} y(k)z^{-k}$$

여기서, z는 실수와 허수를 갖는 복소변수이다.

3.3 z 변환과 라플라스변환

샘플링 주기 T를 갖는 k번째 순간의 임펄스 함수는

$$y(t) = y(kT)\delta(t - kT)$$

이며, $y(t)$는 임의의 시간 t까지 샘플러 출력 $y^*(t)$는 δ함수를 포함하여

$$y^*(t) = \sum_{k=0}^{\infty} y(kT)\delta(t - kT)$$

가 된다. 양변을 라플라스 변환하면

$$Y^*(s) = \mathcal{L}\, y^*(t) = \sum_{k=0}^{\infty} y(kT)e^{-kTs}$$

라플라스 변환을 하면 지수함수가 된다. 여기서 샘플링주기 T를 갖는 z변환 연산자를 도입하면

$$z = e^{Ts}$$

가 된다. 양변을 ln 취하면

$$\ln z = \ln(e^{Ts}) = Ts$$
$$\therefore s = \frac{1}{T} ln\, z$$

따라서 이를 정리하면

$$Y^*(s)|_{s=\frac{1}{T}ln\, z} = \sum_{k=0}^{\infty} y(kT)e^{-kT \cdot \frac{1}{T}ln\, z}$$

$$Y^*\left(\frac{1}{T}ln\, z\right) = \sum_{k=0}^{\infty} y(kT)e^{-k\ln z}$$

$$Y(z) = \sum_{k=0}^{\infty} y(kT)e^{-k\ln z}$$

$$= \sum_{k=0}^{\infty} y(kT)z^{-k}$$

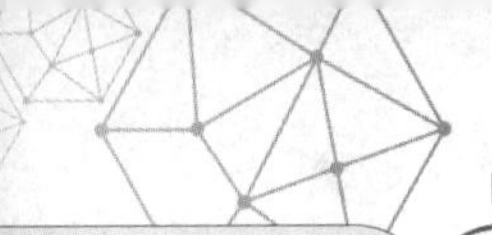

(1) 임펄스 함수

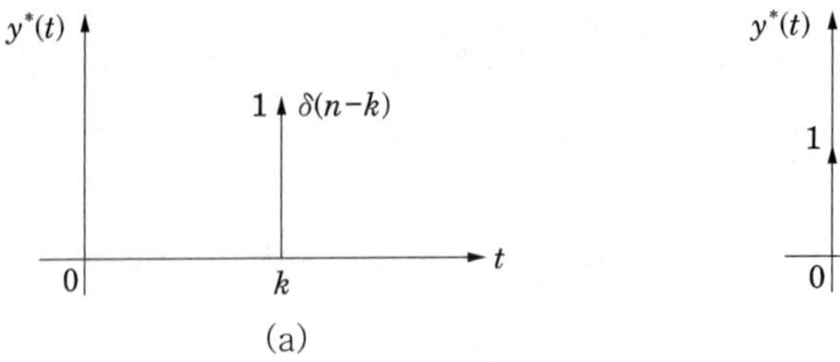

(a)

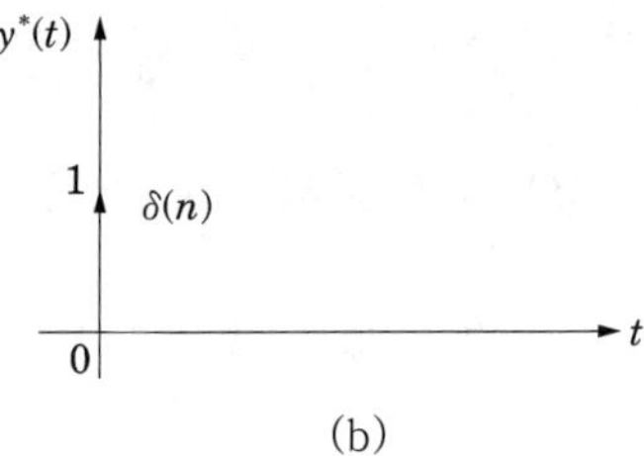

(b)

그림 3 단위 임펄스 함수

임펄스함수는 다음과 같다.

$$y^*(t) = \delta(n-k)$$

z 변환하면 다음과 같다.

$$z[\delta(n-k)] = \sum_{k=0}^{\infty} \delta(n-k) z^{-k} = 1 + z^{-1} + z^{-2} + \cdots = z^{-k}$$

그림 3(a)에서 $k=0$인 그림 3(b)에서 임펄스 함수는 다음과 같다.

$$y^*(t) = \delta(n)$$

z 변환은 $k=0$일 때 다음을 얻는다.

$$z[\delta(n)] = 1$$

(2) 단위 계단 함수(unit step function)의 z변환

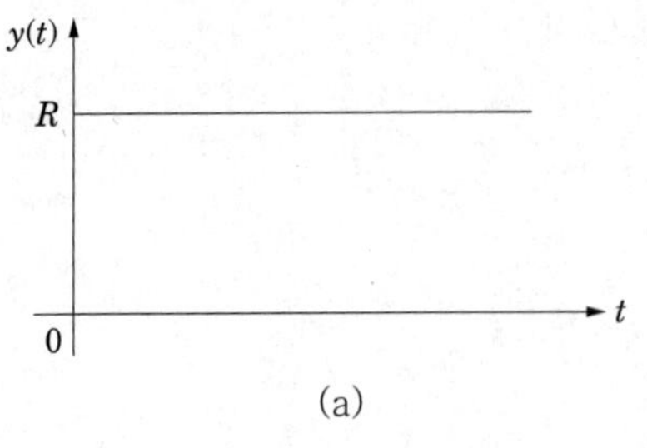

(a)

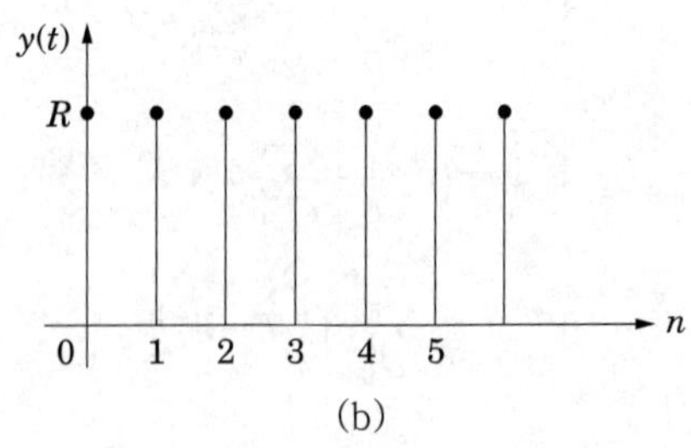

(b)

그림 4 계단 함수

먼저 단위 계단 함수는 수학적으로 다음과 같이 정의된다.

$$x(t) = 1 \ , \quad t \geq 0$$
$$x(t) = 0 \ , \quad t < 0$$

그리고 이 단위 계단 함수의 z변환은 z변환 정의에 의해, 다음과 같이 구할 수 있다.

$$X(z) = Z[x(k)] = \sum_{k=0}^{\infty} Z^{-k}$$
$$= 1 + z^{-1} + z^{-2} + z^{-3} + \cdots$$
$$= \frac{1}{1-z^{-1}}$$ 20)

(3) 단위 경사 함수(unit ramp function)의 z변환

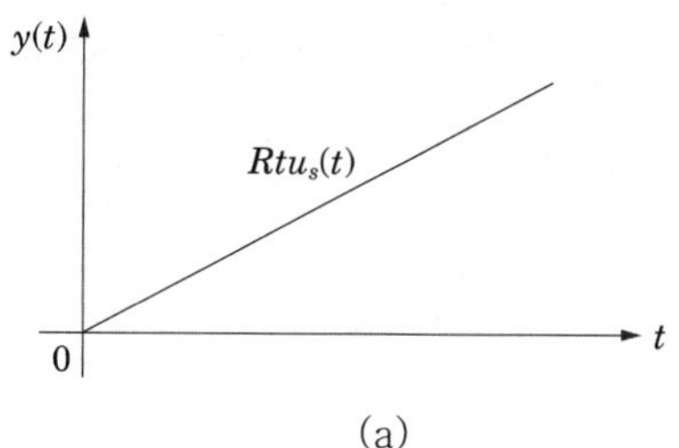

(a)

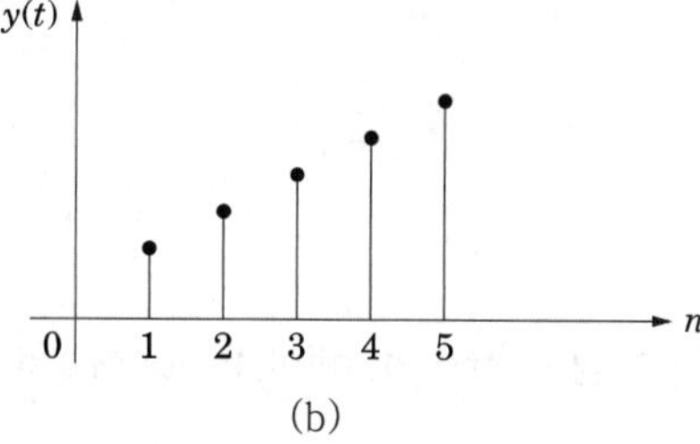

(b)

그림 5 경사함수

단위 경사 함수는 수학적으로 다음과 같이 정의된다.

$$x(t) = t\ ,\quad t \geq 0$$
$$x(t) = 0\ ,\quad t < 0$$

그리고 이 단위 경사 함수의 z변환은 z변환 정의에 의해, 다음과 같이 구할 수 있다.

$$X(z) = Z(t) = \sum_{k=0}^{\infty} kTZ^{-k}$$
$$= T(z^{-1} + 2z^{-2} + 3z^{-3} + \cdots)$$
$$= T(z^{-1}\sum_{k=0}^{\infty} z^{-k} + z^{-2}\sum_{k=0}^{\infty} z^{-k} + z^{-3}\sum_{k=0}^{\infty} z^{-k} + \cdots)$$
$$= T\sum_{k=0}^{\infty} z^{-k}(z^{-1} + z^{-2} + z^{-3} + \cdots)$$
$$= T\frac{1}{1-z^{-1}}\frac{z^{-1}}{1-z^{-1}}$$
$$= T\frac{z^{-1}}{(1-z^{-1})^2}$$

20) 등비급수의 합의 공식

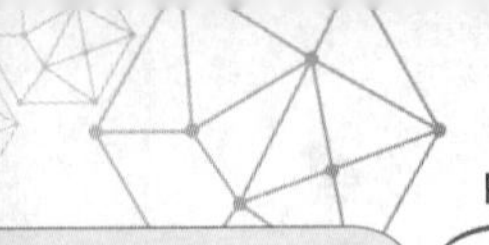

(4) 급수 함수(polynomial function)의 z 변환

급수 함수(polynomial function)는 수학적으로 다음과 같이 정의된다.

$$x(k) = a^k \ , \quad k \geqq 0$$
$$x(k) = 0 \ , \quad k < 0$$

그리고 이 급수 함수의 z변환은 z변환 정의에 의해, 다음과 같이 구할 수 있다.

$$X(z) = Z[a^{-k}] = \sum_{k=0}^{\infty} a^{-k} Z^{-k}$$
$$= 1 + az^{-1} + a^2 z^{-2} + \cdots$$
$$= \frac{1}{1 - az^{-1}}$$

(5) 지수 함수(exponential function)의 z 변환

지수 함수(exponential function)는 수학적으로 다음과 같이 정의된다.

$$x(kT) = a^{akT} \ , \quad k \geqq 0$$
$$x(kT) = 0 \ , \quad k < 0$$

이 지수 함수의 z변환은 z변환 정의에 의해, 다음과 같이 구할 수 있다.

$$X(z) = Z[e^{-akT}] = \sum_{k=0}^{\infty} e^{-akT} Z^{-k}$$
$$= 1 + e^{-aT} z^{-1} + e^{-2aT} Z^{-2} + e^{-3aT} Z^{-3} \cdots$$
$$= \frac{1}{1 - e^{-aT} z^{-1}}$$

(6) 사인 함수(sinusoidal function)의 z 변환

$$x(kT) = \sin(\omega kT) \ , \quad k \geqq 0$$
$$x(kT) = 0 \ , \quad k < 0$$

사인 함수에 대한 오일러 공식(Euler equation)은 다음과 같다.

$$\sin(\omega kT) = \frac{1}{2j}(e^{j\omega kT} - e^{-j\omega kT})$$

이 지수 함수의 z변환은 오일러 공식과 z변환 정의에 의해, 다음과 같이 구할 수 있다.

$$X(z) = Z[\sin\omega kT]$$
$$= \frac{1}{2j} Z[(e^{j\omega kT} - e^{-j\omega kT})]$$
$$= \frac{1}{2j}\left(\frac{1}{1-e^{j\omega kT}z^{-1}} - \frac{1}{1-e^{-j\omega kT}z^{-1}}\right)$$

$$= \frac{z^{-1}\sin\omega T}{1-2z^{-1}\cos\omega T + z^{-2}}$$

3.4 라플라스 함수의 z 변환

라플라스 변환된 시스템 $X(s)$의 z변환은 다음과 같이 3단계로 이루어진다. 먼저 역라플라스 변환(inverse Laplace transformation)을 통해 시간 영역의 함수 $x(t)$로 변환하고, 다음 단계로, 앞에서 구한 기본 함수의 z변환 식을 공식을 이용하여, 시간 영역의 함수 $x(t)$를 z변환한다.
예를 들면 라플라스 변환함수가 다음과 같을 경우

$$x(s) = \frac{a}{s(s+a)}$$

이를 역라플라스 변환하면

$$x(t) = 1 - e^{at}$$

시간영역으로 변환된 함수 $x(t)$는 단위 계단 함수의 z변환식과 지수함수의 z변환식 식를 이용하면

$$X(z) = Z[1-e^{-at}]$$
$$= \frac{1}{1-z^{-1}} - \frac{1}{1-e^{-aT}z^{-1}}$$
$$= \frac{(1-e^{-aT})z^{-1}}{(1-z^{-1})(1-e^{-aT}z^{-1})}$$

즉, 차분 방정식을 해석하는 데 이용하는 것이 z 변환으로 이상적인 샘플러에 의해 샘플링된 함수를 $x(t)$라 한다. 이것은 δ 함수를 이용하면 다음과 같이 쓸 수 있다.

$$x(t)' = \sum_{k=0}^{\infty} x(t)\delta(t-kT) = \sum_{k=0}^{\infty} x_k \delta(t-kT)$$

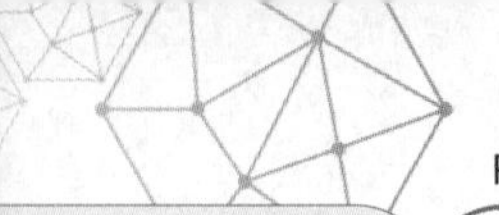

이것을 라플라스 변환하면

$$X(s)' = \sum_{k=0}^{\infty} x_k e^{-kTs}$$

가 되므로 z 변환은 다음과 같이 정의가 된다.

$$X(z) = Z\{x(t)\} = [X(s)']_{e^{Ts}=z}$$

s 와 z 는 $e^{Ts} = z$ 혹은 $s = \frac{1}{T} ln\, z$ 와 같은 관계를 갖게 된다. 단, T는 샘플링 시간이다.

표 1 z 변환

시간함수	z변환	시간함수	z변환
단위임펄스함수 $\delta(t)$	1	$e^{at}u_s(t)$	$\frac{z}{z-e^{aT}} = \frac{z}{z-e^{a}}$
$\delta(t-kT)$	z^{-k}	$te^{at}u_s(t)$	$\frac{ze^{aT}T}{(z-e^{aT})^2} = \frac{ze^{a}}{(z-e^{a})^2}$
단위계단함수 $u_s(t)$	$\frac{z}{z-1}$	$e^{-at}u_s(t)$	$\frac{z}{z-e^{-aT}} = \frac{z}{z-e^{-a}}$
$\delta_T(t) = \sum_{n=0}^{\infty}\delta(t-nT)$	$\frac{z}{z-1}$	$te^{-at}u_s(t)$	$\frac{ze^{-aT}T}{(z-e^{-aT})^2} = \frac{ze^{-a}}{(z-e^{-a})^2}$
$u_s(t-kT)$	$\frac{z}{z-1}z^{-k}$	$(1-e^{-at})u_s(t)$	$\frac{(1-e^{-aT})z}{(z-1)(z-e^{-aT})}$
$tu_s(t)$	$\frac{zT}{(z-1)^2} = \frac{z}{(z-1)^2}$	$a^t u_s(t)$	$\frac{z}{z-a}$

예제문제 10

T를 샘플 주기라고 할 때 z변환은 라플라스 변환 함수의 s 대신 다음의 어느 것을 대입하여야 하는가?

① $\frac{1}{T}\ln\frac{1}{z}$　② $\frac{1}{T}\ln z$　③ $T\ln z$　④ $T\ln\frac{1}{z}$

해설

z변환은 라플라스 변환 함수의 s 대신 $\frac{1}{T}\ln z$를 대입한다.

답 : ②

예제문제 11

다음은 단위 계단 함수 $u(t)$의 리플리스 또는 z 변환쌍을 니타낸다. 이 중에서 옳은 것은?

① $\mathcal{L}[u(t)] = 1$　　② $z[u(t)] = 1/z$

③ $\mathcal{L}[u(t)] = 1/s^2$　　④ $z[u(t)] = z/z-1$

해설

$\lim_{t \to 0} e(t) = \lim_{s \to \infty} E(z)$		
$f(t)$	$F(s)$	$F(z)$
$\delta(t)$	1	1
$u(t)$	$\frac{1}{s}$	$\frac{z}{z-1}$
t	$\frac{1}{s^2}$	$\frac{Tz}{(z-1)^2}$
e^{-at}	$\frac{1}{s+a}$	$\frac{z}{z-e^{-at}}$

답 : ④

예제문제 12

$f(t) = e^{-at}$의 z 변환은?

① $\dfrac{1}{z-e^{-at}}$　　② $\dfrac{1}{z+e^{-at}}$

③ $\dfrac{z}{z-e^{-at}}$　　④ $\dfrac{z}{z+e^{-at}}$

해설

$\lim_{t \to 0} e(t) = \lim_{s \to \infty} E(z)$		
$f(t)$	$F(s)$	$F(z)$
$\delta(t)$	1	1
$u(t)$	$\frac{1}{s}$	$\frac{z}{z-1}$
t	$\frac{1}{s^2}$	$\frac{Tz}{(z-1)^2}$
e^{-at}	$\frac{1}{s+a}$	$\frac{z}{z-e^{-at}}$

답 : ③

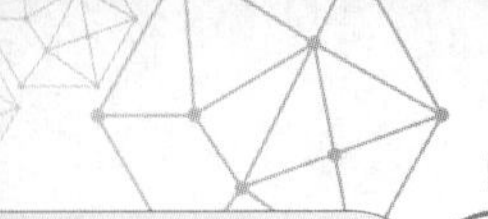

예제문제 13

신호 $x(t)$가 다음과 같을 때의 z변환 함수는 어느 것인가? 단, 신호 $x(t)$는

$$x(t) = 0 \qquad t < 0$$
$$x(t) = e^{-at} \qquad t \geq 0$$

이며 이상(理想) 샘플러의 샘플 주기는 T[s]이다.

① $(1-e^{-aT})z/(z-1)(z-e^{-aT})$ ② $z/z-1$

③ $z/z-e^{-aT}$ ④ $Tz/(z-1)^2$

해설

$\lim\limits_{t\to 0} e(t) = \lim\limits_{s\to\infty} E(z)$		
$f(t)$	$F(s)$	$F(z)$
$\delta(t)$	1	1
$u(t)$	$\frac{1}{s}$	$\frac{z}{z-1}$
t	$\frac{1}{s^2}$	$\frac{Tz}{(z-1)^2}$
e^{-at}	$\frac{1}{s+a}$	$\frac{z}{z-e^{-at}}$

답 : ③

예제문제 14

z 변환 함수 z/(z-e-at)에 대응되는 라플라스 변환과 이에 대응되는 시간함수는?

① $1/(s+a)^2,\ te^{-at}$ ② $1/(1-e^{-ts}),\ \sum\limits_{n=0}^{\infty}\delta(t-nT)$

③ $a/s(s+a), 1-e^{-at}$ ④ $1/(s+a),\ e^{-at}$

해설

$\lim\limits_{t\to 0} e(t) = \lim\limits_{s\to\infty} E(z)$		
$f(t)$	$F(s)$	$F(z)$
$\delta(t)$	1	1
$u(t)$	$\frac{1}{s}$	$\frac{z}{z-1}$
t	$\frac{1}{s^2}$	$\frac{Tz}{(z-1)^2}$
e^{-at}	$\frac{1}{s+a}$	$\frac{z}{z-e^{-at}}$

답 : ④

3.5 z 변환의 전달함수

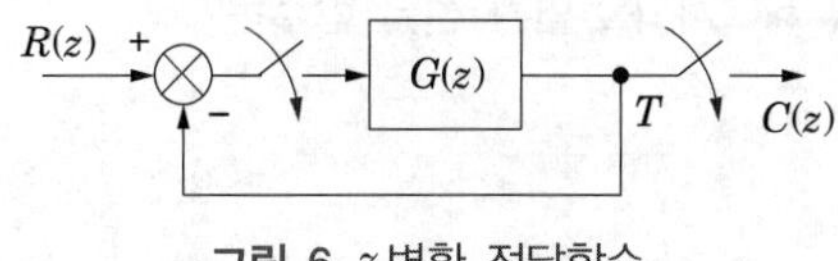

그림 6 z변환 전달함수

$$z\text{변환 전달 함수} = \frac{G(z)}{1+G(z)}$$

샘플러의 주기를 T라 할 때 s 평면상의 모든 점은 식 $z=e^{sT}$에 의하여 z 평면상에 사상된다. 이때 z 변환법을 사용한 샘플값 제어계가 안정하려면 특성방정식 $1+G(z)=0$의 근의 위치는 s 평면의 좌반면에 있으며, z 평면의 원점을 중심으로 한 단위원 내부에 사상되어야 한다.

① s 평면의 허수축은 z 평면의 원점을 중심으로 한 단위원에 사상된다.
② s 평면의 우반면은 z 평면의 원점을 중심으로 한 단위원 외부에 사상된다.
③ s 평면의 좌반면은 z 평면의 원점을 중심으로 한 단위원 내부에 사상된다.

예제문제 15

그림과 같은 이산치계의 z 변환 전달 함수 $\frac{C(z)}{R(z)}$를 구하면? 단, $z\left[\frac{1}{s+a}\right] = \frac{z}{z-e^{-a}}$이다.

R(t) → T → $r^n(t)$ → $\frac{1}{s+1}$ → T → $\frac{2}{s+2}$ → C(t)

① $\frac{2z}{z-e^{-T}} - \frac{2z}{z-e^{-2T}}$　　② $\frac{2z}{z-e^{-2T}} - \frac{2z}{z-e^{T}}$

③ $\frac{2z^2}{(z-e^{-T})(z-e^{-2T})}$　　④ $\frac{2z}{(z-e^{-T})(z-e^{-2T})}$

해설

$C(z) = G_1(z)\,G_2(z)\,R(z)$

$\therefore G(z) = \frac{C(z)}{R(z)} = G_1(z)\,G_2(z)$

$= z\left[\frac{1}{s+1}\right] z\left[\frac{2}{s+2}\right] = \frac{2z^2}{(z-e^{-T})(z-e^{-2T})}$

답 : ③

예제문제 16

다음 그림의 폐루프 샘플값 제어계의 z 변환 전달 함수는?

① $\dfrac{1}{1+G(z)}$　　② $\dfrac{1}{1-G(z)}$

③ $\dfrac{G(z)}{1+G(z)}$ 4　　④ $\dfrac{G(z)}{1-G(z)}$

R(z) + − G(z) T C(z)

해설

z변환 전달 함수 $=\dfrac{G(z)}{1+G(z)}$

답 : ③

예제문제 17

계통의 특성 방정식 $1+G(s)H(s)=0$의 음의 실근은 z 평면 어느 부분으로 사상(mapping) 되는가?

① z 평면의 좌반평면

② z 평면의 우반평면

③ z 평면의 원점을 중심으로 한 단위원 외부

④ z 평면의 원점을 중심으로 한 단위원 내부

해설

① s 평면의 허수축은 z 평면의 원점을 중심으로 한 단위원에 사상된다.

② s 평면의 우반면은 z 평면의 원점을 중심으로 한 단위원 외부에 사상된다.

③ s 평면의 좌반면은 z 평면의 원점을 중심으로 한 단위원 내부에 사상된다.

∴ 음의 실근은 s 평면 좌반면에 존재하므로 ③항에 해당된다.

답 : ④

예제문제 18

z 변환법을 사용한 샘플값 제어계가 안정하려면 $1+GH(z)=0$의 근의 위치는?

① z 평면의 좌반면에 존재하여야 한다.

② z 평면의 우반면에 존재하여야 한다.

③ $|z|=1$인 단위원 내에 존재하여야 한다.

④ $|z|=1$인 단위원 밖에 존재하여야 한다.

해설

① s 평면의 허수축은 z 평면의 원점을 중심으로 한 단위원에 사상된다.

② s 평면의 우반면은 z 평면의 원점을 중심으로 한 단위원 외부에 사상된다.

③ s 평면의 좌반면은 z 평면의 원점을 중심으로 한 단위원 내부에 사상된다.

∴ 근이 안정하려면 단위원 내부에 사상되어야 한다.

답 : ③

예제문제 19

샘플값(sampled-data) 제어 계통이 안정되기 위한 필요 충분 조건은?

① 전체(over-all) 전달 함수의 모든 극점이 z 평면의 원점에 중심을 둔 단위원 내부에 위치해야 한다.
② 전체 전달 함수의 모든 영점이 z 평면의 원점에 중심을 둔 단위원 내부에 위치해야 한다.
③ 전체 전달 함수의 모든 극점이 z 평면 좌반면에 위치해야 한다.
④ 전체 전달 함수의 모든 극점이 z 평면 우반면에 위치해야 한다.

해설

전체 전달 함수의 모든 극점이 z 평면의 원점에 중심을 둔 단위원 내부에 위치해야 안정하게 된다.

답 : ①

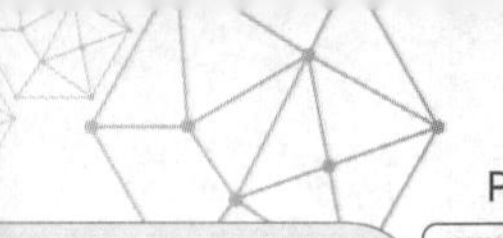

핵심과년도문제

10·1

상태 방정식 $\dot{x} = Ax(t) + Bu(t)$에서 $A = \begin{bmatrix} 0 & 1 \\ -2 & -3 \end{bmatrix}$ 일 때 특성 방정식의 근은?

① −2, −3
② −1, −2
③ −1, −3
④ 1, −3

해설 특성 방정식 : $|sI-A| = 0$

$|sI-A| = \begin{vmatrix} s & -1 \\ 2 & s+3 \end{vmatrix} = s(s+3)+2 = s^2+3s+2 = 0$

$s^2+3s+2 = (s+1)(s+2) = 0$

$\therefore s = -1,\ -2$

【답】 ②

10·2

$A = \begin{bmatrix} 0 & 1 \\ -5 & -2 \end{bmatrix}$, $B = \begin{bmatrix} 0 \\ 1 \end{bmatrix}$인 상태 방정식 $\dfrac{dx}{dt} = Ax + Br$ 에서 상태 천이 행렬 $\Phi(t)$는?

① $\begin{bmatrix} e^{-t}\left(\cos 2t + \frac{1}{2}\sin 2t\right), & \frac{1}{2}e^{-t}\sin 2t \\ -\frac{5}{2}e^{-t}\sin 2t, & e^{-t}\left(\cos 2t - \frac{1}{2}\sin 2t\right) \end{bmatrix}$

② $\begin{bmatrix} e^{-t}\left(\cos 2t - \frac{1}{2}\sin 2t\right), & \frac{1}{2}e^{-t}\sin 2t \\ -\frac{5}{2}e^{-t}\sin 2t, & e^{-t}\left(\cos 2t + \frac{1}{2}\sin 2t\right) \end{bmatrix}$

③ $\begin{bmatrix} e^{-t}\left(\cos 2t + \frac{1}{2}\sin 2t\right), & -\frac{5}{2}e^{-t}\sin 2t \\ \frac{1}{2}e^{-t}\sin 2t, & e^{-t}\left(\cos 2t - \frac{1}{2}\sin 2t\right) \end{bmatrix}$

④ $\begin{bmatrix} e^{-t}\left(\cos 2t - \frac{1}{2}\sin 2t\right), & -\frac{5}{2}e^{-t}\sin 2t \\ \frac{1}{2}e^{-t}\sin 2t, & e^{-t}\left(\cos 2t + \frac{1}{2}\sin 2t\right) \end{bmatrix}$

해설 상태 천이 행렬 $\Phi(t) = \mathcal{L}^{-1}[sI-A]^{-1}$

특성방정식 : $[sI-A] = \begin{bmatrix} s & 0 \\ 0 & s \end{bmatrix} - \begin{bmatrix} 0 & 1 \\ -5 & -2 \end{bmatrix} = \begin{bmatrix} s & -1 \\ 5 & s+2 \end{bmatrix}$

$$\therefore [s\boldsymbol{I}-\boldsymbol{A}]^{-1}=\frac{1}{\begin{vmatrix} s & -1 \\ 5 & s+2 \end{vmatrix}}\begin{bmatrix} s+2 & 1 \\ -5 & s \end{bmatrix}=\begin{bmatrix} \frac{1}{2}\frac{2(s+2)}{(s+1)^2+2^2} & \frac{1}{2}\frac{2}{(s+1)^2+2^2} \\ \frac{1}{2}\frac{-10}{(s+1)^2+2^2} & \frac{1}{2}\frac{2s}{(s+1)^2+2^2} \end{bmatrix}$$

$$\therefore \mathcal{L}^{-1}[s\boldsymbol{I}-\boldsymbol{A}]^{-1}=\begin{bmatrix} e^{-t}\left(\cos 2t+\frac{1}{2}\sin 2t\right) & \frac{1}{2}e^{-t}\sin 2t \\ -\frac{5}{2}e^{-t}\sin 2t & e^{-t}\left(\cos 2t-\frac{1}{2}\sin 2t\right) \end{bmatrix}$$

【답】 ①

10·3

어떤 시불변계의 상태 방정식이 다음과 같다. 상태 천이 행렬 $\Phi(t)$는? 단, $A=\begin{pmatrix} 0 & 0 \\ -1 & -2 \end{pmatrix}$, $B=\begin{pmatrix} 1 \\ 1 \end{pmatrix}$, $\dot{x}(t)=Ax(t)+Bu(t)$

① $\begin{bmatrix} 1 & 0 \\ (e^{-2t}-1) & 1 \end{bmatrix}$ ② $\begin{bmatrix} 1 & 0 \\ (e^{-2t}-1) & e^{-2t} \end{bmatrix}$

③ $\begin{bmatrix} 1 & 0 \\ 2(e^{-2t}-1) & e^{-2t} \end{bmatrix}$ ④ $\begin{bmatrix} 1 & 0 \\ (e^{-2t}-1)/2 & e^{-2t} \end{bmatrix}$

해설 특성방정식 : $[s\boldsymbol{I}-\boldsymbol{A}]=\begin{bmatrix} s & 0 \\ 0 & s \end{bmatrix}-\begin{bmatrix} 0 & 0 \\ -1 & -2 \end{bmatrix}=\begin{bmatrix} s & 0 \\ 1 & s+2 \end{bmatrix}$

$$\therefore [s\boldsymbol{I}-\boldsymbol{A}]^{-1}=\frac{1}{\begin{vmatrix} s & 0 \\ 1 & s+2 \end{vmatrix}}\begin{bmatrix} s+2 & 0 \\ -1 & s \end{bmatrix}=\frac{1}{s(s+2)}\begin{bmatrix} s+2 & 0 \\ -1 & s \end{bmatrix}=\begin{bmatrix} \frac{1}{s} & 0 \\ \frac{-1}{s(s+2)} & \frac{1}{(s+2)} \end{bmatrix}$$

$$\therefore \text{상태 천이 행렬 } \Phi(t)=\mathcal{L}^{-1}\{[s\boldsymbol{I}-\boldsymbol{A}]^{-1}\}=\begin{bmatrix} 1 & 0 \\ (e^{-2t}-1)/2 & e^{-2t} \end{bmatrix}$$

【답】 ④

10·4

계수 행렬(또는 동반 행렬) $\boldsymbol{A}$가 다음과 같이 주어지는 제어계가 있다. 천이 행렬 (transition matrix)을 구하면?

$$\boldsymbol{A}=\begin{bmatrix} 0 & 1 \\ -1 & -2 \end{bmatrix}$$

① $\begin{bmatrix} (t+1)e^{-t} & te^{-t} \\ -te^{-t} & (-t+1)e^{-t} \end{bmatrix}$ ② $\begin{bmatrix} (t+1)e^{t} & te^{t} \\ -te^{-t} & (t+1)e^{t} \end{bmatrix}$

③ $\begin{bmatrix} (t+1)e^{-t} & -te^{-t} \\ te^{-t} & (t+1)e^{-t} \end{bmatrix}$ ④ $\begin{bmatrix} (t+1)e^{-t} & 0 \\ 0 & (-t+1)e^{-t} \end{bmatrix}$

해설 특성방정식 : $[s\boldsymbol{I}-\boldsymbol{A}]=\begin{bmatrix} s & 0 \\ 0 & s \end{bmatrix}-\begin{bmatrix} 0 & 1 \\ -1 & -2 \end{bmatrix}=\begin{bmatrix} s & -1 \\ 1 & s+2 \end{bmatrix}$

$$\therefore [s\boldsymbol{I}-\boldsymbol{A}]^{-1}=\frac{1}{\begin{vmatrix} s & -1 \\ 1 & s+2 \end{vmatrix}}\begin{bmatrix} s+2 & 1 \\ -1 & s \end{bmatrix}=\frac{1}{s^2+2s+1}\begin{bmatrix} s+2 & 1 \\ -1 & s \end{bmatrix}=\begin{bmatrix} \frac{(s+1)+1}{(s+1)^2} & \frac{1}{(s+1)^2} \\ \frac{-1}{(s+1)^2} & \frac{(s+1)-1}{(s+1)^2} \end{bmatrix}$$

$$=\begin{bmatrix} \frac{1}{s+1}+\frac{1}{(s+1)^2} & \frac{1}{(s+1)^2} \\ \frac{-1}{(s+1)^2} & \frac{1}{s+1}-\frac{1}{(s+1)^2} \end{bmatrix}$$

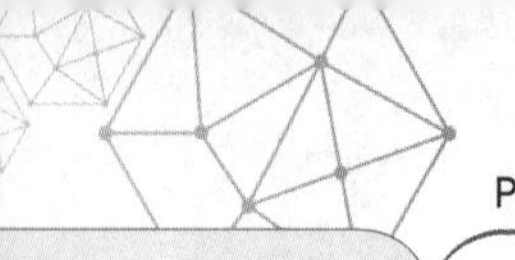

$\therefore$ 상태 천이 행렬 $\Phi(t) = \mathcal{L}^{-1}\{[sI-A]^{-1}\} = \begin{bmatrix} (t+1)e^{-t} & te^{-t} \\ -te^{-t} & (-t+1)e^{-t} \end{bmatrix}$ 【답】 ①

10·5

$A = \begin{bmatrix} 0 & 1 \\ -3 & -2 \end{bmatrix}$, $B = \begin{bmatrix} 4 \\ 5 \end{bmatrix}$ 인 상태 방정식 $\dfrac{dx}{dt} = Ax + Br$ 에서 제어계의 특성 방정식은?

① $s^2 + 4s + 3 = 0$
② $s^2 + 3s + 2 = 0$
③ $s^2 + 3s + 4 = 0$
④ $s^2 + 2s + 3 = 0$

해설 특성 방정식 : $|sI-A|$

$\therefore |sI-A| = \begin{bmatrix} s & 0 \\ 0 & s \end{bmatrix} - \begin{bmatrix} 0 & 1 \\ -3 & -2 \end{bmatrix} = \begin{bmatrix} s & -1 \\ 3 & s+2 \end{bmatrix} = s(s+2)+3 = s^2+2s+3 = 0$

$\therefore s^2+2s+3=0$ 【답】 ④

10·6

다음과 같은 상태 방정식으로 표현되는 제어계에 대한 아래의 서술 중 바르지 못한 것은?

$$\dot{X} = \begin{bmatrix} 0 & 1 \\ -2 & -3 \end{bmatrix} X + \begin{bmatrix} 1 & 1 \\ 0 & -2 \end{bmatrix} \omega$$

① 이 제어계는 2차 제어계이다.
② 이 제어계는 부족 제동(underdamped)된 상태에 있다.
③ x는 (2×1)의 계위(order)를 갖는다.
④ $(s+1)(s+2) = 0$이 특성 방정식이다.

해설 특성 방정식 : $|sI-A|$

$\therefore |sI-A| = \begin{bmatrix} s & 0 \\ 0 & s \end{bmatrix} - \begin{bmatrix} 0 & 1 \\ -2 & -3 \end{bmatrix} = \begin{bmatrix} s & -1 \\ 2 & s+3 \end{bmatrix} = s(s+3)+2 = s^2+3s+2 = 0$

특성 방정식은 $s^2+3s+2=0$이므로 $s^2+2\delta\omega_n s+\omega_n^2=0$과 비교하면

$2\delta\omega_n = 3,\ \omega_n^2 = 2$

$\omega_n = \sqrt{2},\ 2\sqrt{2}\delta = 3$

$\therefore \delta = \dfrac{3}{2\sqrt{2}} > 1$: 과제동 상태이다. 【답】 ②

10·7

z 평면상의 원점에 중심을 둔 단위 원주상에 mapping되는 것은 s 평면의 어느 성분인가?

① 양의 반평면　　② 음의 반평면
③ 실수축　　④ 허수축

해설 ① s 평면의 허수축은 z 평면의 원점을 중심으로 한 단위원에 사상된다.
② s 평면의 우반면은 z 평면의 원점을 중심으로 한 단위원 외부에 사상된다.
③ s 평면의 좌반면은 z 평면의 원점을 중심으로 한 단위원 내부에 사상된다. 【답】 ④

10·8

샘플러의 주기를 T라 할 때 s 평면상의 모든 점은 식 $z=e^{sT}$에 의하여 z 평면상에 사상된다. s 평면의 좌반평면상의 모든 점은 z 평면상 단위원의 어느 부분으로 mapping되는가?

① 내점　　② 외점
③ 원주상의 점　　④ z 평면 전체

해설 ① s 평면의 허수축은 z 평면의 원점을 중심으로 한 단위원에 사상된다.
② s 평면의 우반면은 z 평면의 원점을 중심으로 한 단위원 외부에 사상된다.
③ s 평면의 좌반면은 z 평면의 원점을 중심으로 한 단위원 내부에 사상된다. 【답】 ①

10·9

z 변환법을 사용한 샘플치 제어계의 안정을 옳게 설명한 것은?

① 폐루프 전달 함수의 모든 극이 z 평면상의 원점에 중심을 둔 단위 원 안쪽에 위치하여야 한다.
② 특성 방정식의 모든 특성근의 절대값이 1보다 커야 한다.
③ 폐루프 전달 함수의 모든 극이 z 평면상의 원점에 중심을 둔 단위 원 외부에 위치하고 특성근의 절대값이 1보다 커야 한다.
④ 폐루프 전달 함수의 모든 극이 z 평면상의 원점에 중심을 둔 단위 원 외부에 위치하고 특성근의 절대값이 1보다 적어야 한다.

해설 특성 방정식의 근이 모두 s 평면의 좌반부에 있으면 이 계는 안정하다 할 수 있으며, s 평면의 좌반부는 z평면의 원점을 중심으로 한 단위원 내부에 사상된다. 【답】 ①

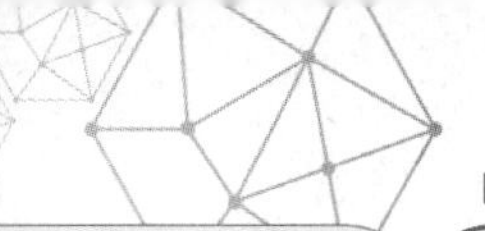

10 · 10

$e(t)$의 초기치는 $e(t)$의 z 변환을 $E(z)$라 했을 때 다음 어느 방법으로 얻어지는가?

① $\lim\limits_{z \to 0} zE(z)$ ② $\lim\limits_{z \to 0} E(z)$ ③ $\lim\limits_{z \to \infty} zE(z)$ ④ $\lim\limits_{z \to \infty} E(z)$

해설

항 목	초기값 정리	최종값 정리
Z 변환	$e(0) = \lim\limits_{z \to \infty} E(z)$	$e(\infty) = \lim\limits_{z \to 1}\left(1 - \frac{1}{z}\right)E(z)$
라플라스 변환	$e(0) = \lim\limits_{s \to \infty} sE(s)$	$e(\infty) = \lim\limits_{s \to 0} sE(s)$

【답】④

심화학습문제

01 다음의 상태방정식으로 표시되는 제어계가 있다. 이 방정식의 값은 어떻게 되는가? 단, $\boldsymbol{x}(0)$는 초기상태 벡터이다.

$$\dot{x}(t) = \boldsymbol{A}\boldsymbol{x}(t)$$

① $e^{-At}\boldsymbol{x}(0)$　　② $e^{At}\boldsymbol{x}(0)$
③ $\boldsymbol{A}e^{-At}\boldsymbol{x}(0)$　　④ $\boldsymbol{A}e^{At}\boldsymbol{x}(0)$

해설

$\dot{x}(t) = Ax + Bu$를 라플라스 변환하면
$sX(s) - x(0^+) = AX(s) + Bu(s)$
초기 상태의 방정식을 요구하므로
$X(s)(s-A) = x(0)$
$\therefore X(s) = \dfrac{1}{s-A}x(0)$
역라플라스 변환하면 $x(t) = e^{At}x(0)$

【답】 ②

02 다음의 상태 방정식에 대한 서술 중 바르지 못한 것은? 단, P, B는 상수 행렬임

$$\dot{\boldsymbol{x}}(t) = \boldsymbol{P}\boldsymbol{X}(t) + \boldsymbol{B}\boldsymbol{u}(t)$$

① 이 제어계의 영상태 응답 $\boldsymbol{X}(t)$는 $\boldsymbol{X}(t) = \boldsymbol{\Phi}(t)\boldsymbol{X}(0+)$이다.
② 이 제어계의 영입력 응답 $\boldsymbol{X}(t)$는 $\boldsymbol{X}(t) = \boldsymbol{\Phi}(t)\boldsymbol{X}(0+)$이다.
③ 이 제어계의 영입력 응답 $\boldsymbol{X}(t)$는 $\boldsymbol{X}(t) = e^{pt}x(0+)$이다.
④ 이 제어계의 영상태 응답 $\boldsymbol{X}(t)$는 $\boldsymbol{X}(t) = \int_0^t \boldsymbol{\Phi}(t-\tau)\boldsymbol{B}\boldsymbol{u}(\tau)\cdot d\tau$이다.
(단, $t \geq 0$)

해설

① 영입력응답 이란 회로에 외부 입력을 가하지 않고 회로내의 초기 상태에 의한 응답을 말한다.
② 영상태응답 이란 회로내의 최기 상태는 0이고 순수 외부 입력에 의한 응답을 말한다. 즉 $X(0)=0$ 인 경우 외부 입력에 의한 응답이다.
③ 상태방정식 $\dfrac{d}{dx}x(t) = Ax(t) + Bu(t)$을 라플라스 변환하면
$sX(s) - X(0) = AX(s) + BU(s)$
$X(s) - AX(s) = X(0) + BU(s)$
$(s-A)X(s) = X(0) + BU(s)$
$(sI-A)X(s) = X(0) + BU(s)$
$X(s) = \dfrac{1}{s-A}X(0) + \dfrac{1}{s-A}BU(s)$
역라플라스 변환하면
$X(s) = \mathcal{L}^{-1}\dfrac{1}{s-A}X(0) + \mathcal{L}^{-1}\dfrac{1}{s-A}BU(s)$
상태 천이 행렬 응답
$x(t) = \Phi(t)x(0) + \int_0^t \Phi(t-\tau)Bu(\tau)d\tau$ 이므로
초기값이 없는 영상태응답은
$x(t) = \int_0^t \Phi(t-\tau)Bu(\tau)d\tau$ 가 된다.
외부 입력이 없는 영입력응답은
$x(t) = e^{At}x(0)$가 된다.

【답】 ①

03 시스템의 특성이 $G(s) = \dfrac{C(s)}{U(s)} = \dfrac{1}{s^2}$과 같을 때 상태 천이 행렬은?

① $\begin{bmatrix} 1 & 0 \\ 0 & 1 \end{bmatrix}$　　② $\begin{bmatrix} 1 & t \\ 0 & 1 \end{bmatrix}$
③ $\begin{bmatrix} 1 & -t \\ 0 & 1 \end{bmatrix}$　　④ $\begin{bmatrix} -1 & 0 \\ 0 & 1 \end{bmatrix}$

해설

전달함수 $G(s)=\frac{C(s)}{U(s)}=\frac{1}{s^2}$ 이므로 $s^2 C(s)=U(s)$

역라플라스 변환하면

$\frac{d^2c(t)}{dt^2}=u(t)$

$x_1(t)=c(t)$라 하면 상태 방정식은

$\dot{x}_1(t)=\frac{dc(t)}{dt}$

$\dot{x}_2(t)=\frac{d^2c(t)}{d^2t}$

$\begin{bmatrix}\dot{x}_1(t)\\ \dot{x}_2(t)\end{bmatrix}=\begin{bmatrix}0&1\\0&0\end{bmatrix}\begin{bmatrix}c_1(t)\\c_2(t)\end{bmatrix}=\begin{bmatrix}0\\1\end{bmatrix}u(t)$ 에서

$A=\begin{bmatrix}0&1\\0&0\end{bmatrix}$ 이므로

특성방정식

$[s\boldsymbol{I}-\boldsymbol{A}]=\begin{bmatrix}s&0\\0&s\end{bmatrix}-\begin{bmatrix}0&1\\0&0\end{bmatrix}=\begin{bmatrix}s&-1\\0&s\end{bmatrix}$

$\therefore [s\boldsymbol{I}-\boldsymbol{A}]^{-1}=\frac{1}{\begin{vmatrix}s&-1\\0&s\end{vmatrix}}\begin{bmatrix}s&1\\0&s\end{bmatrix}$

$=\frac{1}{s^2}\begin{bmatrix}s&1\\0&s\end{bmatrix}=\begin{bmatrix}\frac{1}{s}&\frac{1}{s^2}\\0&\frac{1}{s}\end{bmatrix}$

상태 천이 행렬 $\boldsymbol{\Phi}(t)=\mathcal{L}^{-1}\{[s\boldsymbol{I}-\boldsymbol{A}]^{-1}\}=\begin{bmatrix}1&t\\0&1\end{bmatrix}$

【답】 ②

04 다음 운동 방정식으로 표시되는 계의 계수 행렬 A는 어떻게 표시되는가?

$$\frac{d^2c(t)}{dt^2}+3\frac{dc(t)}{dt}+2c(t)=r(t)$$

① $\begin{bmatrix}-2&-3\\0&1\end{bmatrix}$ ② $\begin{bmatrix}1&0\\-3&-2\end{bmatrix}$

③ $\begin{bmatrix}0&1\\-2&-3\end{bmatrix}$ ④ $\begin{bmatrix}-3&-2\\1&0\end{bmatrix}$

해설

$\dot{x}_2(t)=-2x_1(t)-3x_2(t)$

$\therefore \begin{bmatrix}\dot{x}_1(t)\\ \dot{x}_2(t)\end{bmatrix}=\begin{bmatrix}0&1\\-2&-3\end{bmatrix}\begin{bmatrix}x_1(t)\\x_2(t)\end{bmatrix}+\begin{bmatrix}0\\1\end{bmatrix}r(t)$

[별해]

2차 행렬의 경우 제1행은 $\begin{bmatrix}0&1\end{bmatrix}$만 될 수 있다. 제2행은 상태방정식에서

[$-c(t)$항의 계수 $-\frac{dc(t)}{dt}$항의 계수] 가 된다.

3차 행렬의 경우

제1행과 2행은 $\begin{bmatrix}0&1&0\\0&0&1\end{bmatrix}$만 될수 있다.

제3행은 상태방정식에서

[$-c(t)$항의 계수 $-\frac{dc(t)}{dt}$항의 계수 $-\frac{d^2c(t)}{dt^2}$항의 계수]

가 된다.

【답】 ③

05 다음 계통의 상태 방정식을 유도하면?

$$\dddot{x}+5\ddot{x}+10\dot{x}+5x=2u$$

단, 상태 변수를 $x_1=x,\ x_2=\dot{x},\ x_3=\ddot{x}$로 놓았다.

① $\begin{bmatrix}\dot{x}_1\\ \dot{x}_2\\ \dot{x}_3\end{bmatrix}=\begin{bmatrix}0&1&0\\0&0&1\\-5&-10&-5\end{bmatrix}\begin{bmatrix}x_1\\x_2\\x_3\end{bmatrix}+\begin{bmatrix}0\\0\\2\end{bmatrix}u$

② $\begin{bmatrix}\dot{x}_1\\ \dot{x}_2\\ \dot{x}_3\end{bmatrix}=\begin{bmatrix}0&1&0\\0&0&1\\-5&-10&-5\end{bmatrix}\begin{bmatrix}x_1\\x_2\\x_3\end{bmatrix}+\begin{bmatrix}2\\0\\0\end{bmatrix}u$

③ $\begin{bmatrix}\dot{x}_1\\ \dot{x}_2\\ \dot{x}_3\end{bmatrix}=\begin{bmatrix}-5&0&0\\-10&1&0\\-5&0&1\end{bmatrix}\begin{bmatrix}x_1\\x_2\\x_3\end{bmatrix}+\begin{bmatrix}2\\0\\0\end{bmatrix}u$

④ $\begin{bmatrix}\dot{x}_1\\ \dot{x}_2\\ \dot{x}_3\end{bmatrix}=\begin{bmatrix}-5&0&1\\-10&1&0\\-5&0&0\end{bmatrix}\begin{bmatrix}x_1\\x_2\\x_3\end{bmatrix}+\begin{bmatrix}0\\2\\0\end{bmatrix}u$

해설

상태 변수 $x_1(t)$, $x_2(t)$, $x_3(t)$를 다음과 같이 정의한다.

$x_1=x$, $x_2=\dot{x}_1=\dot{x}$, $x_3=\dot{x}_2=\ddot{x}$

이들 상태 변수를 원 식에 대입하면

$\dot{x}_3+5x_3+10x_2+5x_1=2u$

정리하면

$\dot{x}_1=x_2$, $\dot{x}_2=x_3$, $\dot{x}_3=-5x_1-10x_2-5x_3+2u$

그러므로

$\therefore \begin{bmatrix}\dot{x}_1\\ \dot{x}_2\\ \dot{x}_3\end{bmatrix}=\begin{bmatrix}0&1&0\\0&0&1\\-5&-10&-5\end{bmatrix}\begin{bmatrix}x_1\\x_2\\x_3\end{bmatrix}+\begin{bmatrix}0\\0\\2\end{bmatrix}u$

[별해]

3차 행렬의 경우 제1행과 2행은 $\begin{bmatrix} 0 & 1 & 0 \\ 0 & 0 & 1 \\ & & \end{bmatrix}$만 될 수 있다.
제3행은 상태방정식에서

$[-c(t)$항의 계수 $\;-\dfrac{dc(t)}{dt}$항의 계수 $\;-\dfrac{d^2c(t)}{dt^2}$항의 계수$]$

가 된다.

【답】①

06 $\dfrac{d^2x}{dt^2}+\dfrac{dx}{dt}+2x=2u$ 의 상태 변수를 $x_1=x, x_2=\dfrac{dx}{dt}$ 라 할 때 시스템 매트릭스(system matrix)는?

① $\begin{bmatrix} 0 & 1 \\ 1 & 1 \end{bmatrix}$ ② $\begin{bmatrix} 0 & 1 \\ 2 & 1 \end{bmatrix}$

③ $\begin{bmatrix} 0 & 1 \\ -2 & -1 \end{bmatrix}$ ④ $\begin{bmatrix} 0 \\ 2 \end{bmatrix}$

해설

상태방정식은 $\dfrac{d^2x}{dt^2}=-\dfrac{dx}{dt}-2x+2u$ 에서

$\dot{x}_2(t)=-2x_1(t)-x_2(t)$ 이므로

$\therefore \begin{bmatrix} \dot{x}_1(t) \\ \dot{x}_2(t) \end{bmatrix}=\begin{bmatrix} 0 & 1 \\ -2 & -1 \end{bmatrix}\begin{bmatrix} x_1(t) \\ x_2(t) \end{bmatrix}+\begin{bmatrix} 0 \\ 2 \end{bmatrix}u(t)$

[별해]

2차 행렬의 경우 제1행은 $\begin{bmatrix} 0 & 1 \\ & \end{bmatrix}$만 될 수 있다. 제2행은 상태방정식에서

$[-c(t)$항의 계수 $\;-\dfrac{dc(t)}{dt}$항의 계수$]$ 가 된다.

【답】③

07 선형 시불변계가 다음의 동태 방정식(dynamic equation)으로 쓰여질 때 전달 함수 $G(s)$는? 단, $(s\boldsymbol{I}-\boldsymbol{A})$ 는 정칙(nonsingular)하다.

$$\frac{d\boldsymbol{x}(t)}{dt}=\boldsymbol{Ax}(t)+\boldsymbol{Br}(t)$$

$$\boldsymbol{c}(t)=\boldsymbol{Dx}(t)+\boldsymbol{Er}(t)$$

$\boldsymbol{x}(t)=n\times 1$ state vector

$\boldsymbol{c}(t)=p\times 1$ input vector

$\boldsymbol{r}(t)=q\times 1$ output vector

① $G(s)=(s\boldsymbol{I}-\boldsymbol{A})^{-1}\boldsymbol{B}+\boldsymbol{E}$

② $G(s)=\boldsymbol{D}(s\boldsymbol{I}-\boldsymbol{A})^{-1}\boldsymbol{B}+\boldsymbol{E}$

③ $G(s)=\boldsymbol{D}(s\boldsymbol{I}-\boldsymbol{A})^{-1}\boldsymbol{B}$

④ $G(s)=\boldsymbol{D}(s\boldsymbol{I}-\boldsymbol{A})\boldsymbol{B}$

해설

전달함수는 초기조건이 0인 경우 이므로 상태 $x(0)=0$ 에서 정의 된다.
상태방정식을 라플라스 변환하면

$sX(s)=AX(s)+BR(s)$

$X(s)=[s-A]^{-1}BR(s)$는 $X(s)=[sI-A]^{-1}BR(s)$

출력방정식을 라플라스 변환하면

$C(s)=DX(s)+ER(s)$

$\therefore C(s)=D[sI-A]^{-1}BR(s)+ER(s)$

전달함수는

$\therefore G(s)=\dfrac{C(s)}{R(s)}=D[sI-A]^{-1}B+E$

【답】②

08 그림과 같은 회로도에서 상태 변수를 각각,

$$x_1(t)=e_c(t)$$
$$x_2(t)=i_1(t)$$
$$x_3(t)=i_2(t)$$

로 잡았을 때 벡터 행렬로 나타낸 상태 방정식 $\dot{X}=AX+BU$에서 A 행렬은 무엇인가?

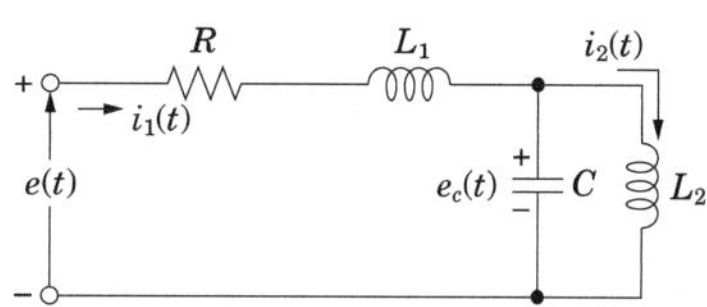

① $\begin{bmatrix} 0 & -1/C & -1/C \\ -1/L_1 & -R/L_1 & 0 \\ 1/L_2 & 0 & 0 \end{bmatrix}$

② $\begin{bmatrix} 0 & -1/C & -1/C \\ -1/L_1 & -R/L_1 & 0 \\ -1/L_2 & 0 & 0 \end{bmatrix}$

③ $\begin{bmatrix} 0 & 1/C & -1/C \\ -1/L_1 & -R/L_1 & 0 \\ 1/L_2 & 0 & 0 \end{bmatrix}$

④ $\begin{bmatrix} 0 & 1/C & 1/C \\ 1/L_1 & R/L_1 & 0 \\ 1/L_2 & 0 & 0 \end{bmatrix}$

해설

인덕터에 흐르는 전류와 정전 용량 양단에 걸리는 전압에 대한 식을 세우면,

$i_1 - i_2 = i_c$에서 $i_1(t) - i_2(t) = C\dfrac{de_c(t)}{dt}$

$v_{L1} = e(t) - v_{R1} - v_c$에서

$L_1\dfrac{di_1(t)}{dt} = e(t) - Ri_1(t) - e_c(t)$

$L_2\dfrac{di_2(t)}{dt} = e_c(t)$

상태 변수를 다음과 같이 정의하면,

$x_1 = e_c(t)$, $x_2 = i_1(t)$, $x_3 = i_2(t)$

이 회로망에 대한 상태 방정식은 다음과 같다.

$\dot{x}_1 = \dfrac{1}{C}x_2 - \dfrac{1}{C}x_3$,

$\dot{x}_2 = -\dfrac{1}{L_1}x_1 - \dfrac{R_1}{L_1}x_2 + \dfrac{1}{L_1}e(t)$,

$\dot{x}_3 = \dfrac{1}{L_2}x_1$

벡터 행렬로 표시하면

$$\begin{bmatrix} \dot{x}_1 \\ \dot{x}_2 \\ \dot{x}_3 \end{bmatrix} = \begin{bmatrix} 0 & 1/C & -1/C \\ -1/L_1 & -R_1/L_1 & 0 \\ 1/L_2 & 0 & 0 \end{bmatrix}\begin{bmatrix} x_1 \\ x_2 \\ x_3 \end{bmatrix} + \begin{bmatrix} 0 \\ 1/L_1 \\ 0 \end{bmatrix}e(t)$$

여기서,

$$\dot{\boldsymbol{x}} = \begin{bmatrix} \dot{x}_1 \\ \dot{x}_2 \\ \dot{x}_3 \end{bmatrix},\ \boldsymbol{x} = \begin{bmatrix} x_1 \\ x_2 \\ x_3 \end{bmatrix},$$

$$\boldsymbol{A} = \begin{bmatrix} 0 & 1/C & -1/C \\ -1/L_1 & -R_1/L_1 & 0 \\ 1/L_2 & 0 & 0 \end{bmatrix},\ \boldsymbol{R} = \begin{bmatrix} 0 \\ 1/L_1 \\ 0 \end{bmatrix}$$

$u(t) = e(t)$ $\quad \therefore\ \dot{x} = \boldsymbol{A}x + \boldsymbol{R}u$

【답】 ③

09 다음 계통의 고유값을 구하면?

$$\begin{bmatrix} X_1 \\ X_2 \\ X_3 \end{bmatrix} = \begin{bmatrix} 0 & 1 & 0 \\ 3 & 0 & 2 \\ -12 & -7 & -6 \end{bmatrix}\begin{bmatrix} X_1 \\ X_2 \\ X_3 \end{bmatrix}$$

① $\lambda_1 = -1,\ \lambda_2 = -2,\ \lambda_3 = -3$

② $\lambda_1 = -1,\ \lambda_2 = -3,\ \lambda_3 = -5$

③ $\lambda_1 = 0,\ \lambda_2 = -2,\ \lambda_3 = -3$

④ $\lambda_1 = 0,\ \lambda_2 = -3,\ \lambda_3 = -5$

해설

특성방정식

$$[sI - A] = \begin{bmatrix} s & 0 & 0 \\ 0 & s & 0 \\ 0 & 0 & s \end{bmatrix} - \begin{bmatrix} 0 & 1 & 0 \\ 3 & 0 & 2 \\ -12 & -7 & -6 \end{bmatrix} = \begin{bmatrix} s & -1 & \\ -3 & s & - \\ 12 & 7 & s+ \end{bmatrix}$$

$= s^3 + 6s^2 + 11s + 6 = 0$

3차 방정식의 근을 구하면 $s = -1,\ s = -2,\ s = -3$

【답】 ①

10 다음 그림의 전달함수 $\dfrac{Y(z)}{R(z)}$는 다음 중 어느 것인가?

r(t) → 이상적 표본기 (ideal sampler) → 시간지연 T → G(s) → y

① $G(z)Tz^{-1}$ ② $G(z)Tz$

③ $G(z)z^{-1}$ ④ $G(z)z$

해설

s영역에서 시간추이가 T만큼 있을 경우 전달함수는 $e^{-Ts}G(s)$가 된다.

$e^{Ts} = z$ 이므로 $e^{-Ts}G(s) = (e^{Ts})^{-1}G(s) = G(z)z^{-1}$

【답】 ③

11 단위 계단 함수의 라플라스 변환과 z 변환 함수는 어느 것인가?

① $\frac{1}{s}$, $\frac{z}{z-1}$　　② s, $\frac{z}{z-1}$

③ $\frac{1}{s}$, $\frac{z-1}{z}$　　④ s, $\frac{z-1}{z}$

해설

$\lim_{t\to 0} e(t) = \lim_{s\to\infty} E(z)$		
$f(t)$	$F(s)$	$F(z)$
$\delta(t)$	1	1
$u(t)$	$\frac{1}{s}$	$\frac{z}{z-1}$
t	$\frac{1}{s^2}$	$\frac{Tz}{(z-1)^2}$
e^{-at}	$\frac{1}{s+a}$	$\frac{z}{z-e^{-at}}$

【답】 ①

12 다음 차분 방정식으로 표시되는 불연속계(discrete data system)가 있다. 이 계의 전달 함수는?

$$C(K+2)+5C(K+1)+3C(K) = r(K+1)+2r(K)$$

① $\frac{C(z)}{R(z)} = (z+1)(z^2+5z+3)$

② $\frac{C(z)}{R(z)} = \frac{z^2+5z+3}{z+2}$

③ $\frac{C(z)}{R(z)} = \frac{z+2}{z^2+5z+3}$

④ $\frac{C(z)}{R(z)} = \frac{z^2+5z+3}{z}$

해설

주어진 차분 방정식의 양변을 z 변환하면(시간 추이는 z변환에서 추이 양 만큼 z^n을 곱해준다.)

$z^2C(z)+5zC(z)+3C(z) = zR(z)+2R(z)$

$\therefore \frac{C(z)}{R(z)} = \frac{z+2}{z^2+5z+3}$

【답】 ③

시퀀스제어

시퀀스제어란 다음 단계에서 해야 할 제어동작이 미리 정해져 있어 앞 단계에서의 동작 후 일정한 시간이 경과한 후에 다음 동작으로 이행하는 경우나 제어결과에 대응하여 다음에 해야 할 동작을 선정하여 다음 단계로 이행하는 제어를 말한다. 시퀀스 제어는 무접점 시퀀스, 로직 시퀀스, 유접점 시퀀스 등이 있다.

예제문제 01

시퀀스(sequence) 제어에서 다음 중 옳지 않은 것은?

① 조합논리회로(組合論理回路)도 사용된다.
② 기계적 계전기도 사용된다.
③ 전체 계통에 연결된 스위치가 일시에 동작할 수도 있다.
④ 시간 지연 요소도 사용된다.

해설
시퀀스 제어란 미리 정해 놓은 순서에 따라 각 단계가 순차적으로 진행되는 제어를 말한다. 시퀀스 제어는 연결 스위치가 일시에 동작할 수는 없으며 순차적으로 동작한다.

답 : ③

1. 제어와 스위치

시퀀스 제어에 사용되는 입력기구는 센서의 역할을 하는 스위치류 등이 해당되며, 동작을 행하는 부분은 제어회로로 릴레이 등이 구성된다. 이 들은 각각 접점이나, 동작신호로 제어되게 되는데 접점부분은 다음 3가지 형태로 분류된다.

- a접점(arbeit contact) : 조작하고 있는 동안에만 닫히는 접점으로 조작 전 열려있는 접점을 말하며 메이크 접점(make contact)이라고도 한다.
- b접점(break contact) : 조작하고 있는 동안에만 열리는 접점으로 조작 전 닫혀있는 접점으로 브레이크 접점이라고 한다.

- c접점(change-over contact) : 절환(전환) 접점이라는 뜻으로 a접점과 b접점을 공유하고 있으며 조작 전 b접점에 가동부가 접촉되어 있다가 누르면 a접점으로 이동한다.

제어 회로는 이들의 접점의 상태를 순차적으로 제어하여 동작을 행하게 된다. 시퀀스의 출력에 해당하는 부분은 표시등, 전동기, 솔레노이드밸브 등 실제 동작에 필요한 부분들이 해당된다.

1.1 누름버튼 스위치 21)

수동조작 자동복귀 접점의 기구로 사람이 조작하고 있는 동안만 접점이 닫히거나 열리고, 조작을 중지하면 처음의 상태로 복귀하는 접점을 말한다.

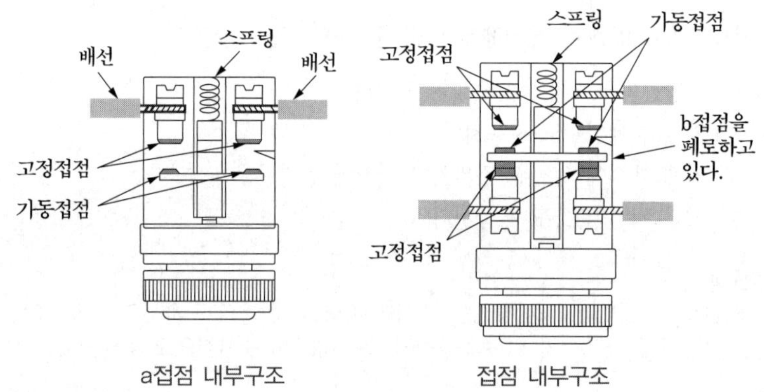

그림 1 누름버튼 스위치

1.2 유지형 스위치 22)

한번 조작하여 ON되면 그 상태를 계속 유지하는 접점으로 전등배선에 사용되는 텀블러 스위치, 선택회로에 사용되는 셀렉터 스위치 등이 유지형 접점 스위치에 해당된다.

그림2 유지형 접점

21) 약호 : *BS*, *PB*, *PBS*
22) 약호 : *S*

2. 전자계전기

철심에 감겨진 코일에 선류가 흐르면 전자석이 되어 쇠붙이를 끌어당기는 것을 전자력이라 하며, 이 힘에 의해 접점을 개폐하는 기능을 가진 것이 전자계전기라 한다.

2.1 릴레이(Relay) 23)

릴레이는 전자계전기의 대표적인 기기중 하나로 제어회로에 순시접점을 이용하는 곳에 사용된다. 일반적으로 8핀 릴레이가 기본이며, 11핀, 14핀, 17핀 등으로 접점을 늘려 사용되기도 한다.
8핀 릴레이는 그림 3과 같이 2개의 a접점과 b접점을 가지고 있다. a와 b는 연동되며 c접점의 형태로 동작한다.

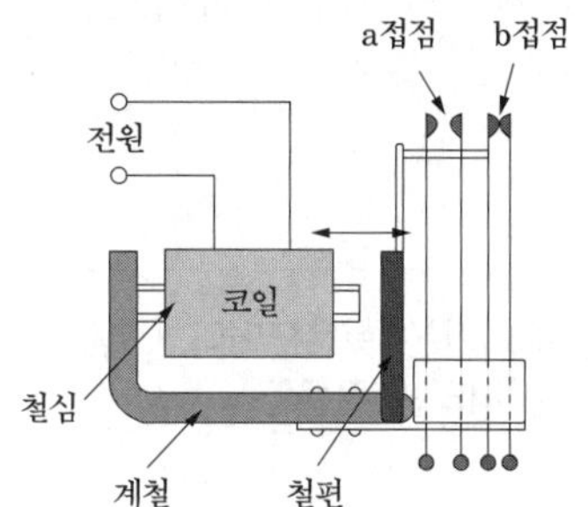

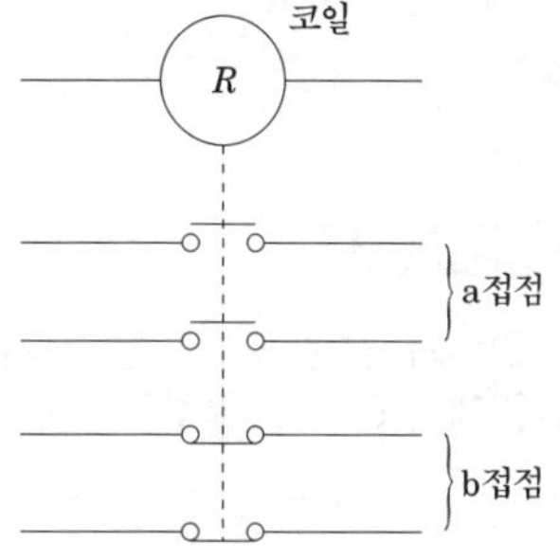

그림 3 릴레이의 내부구조와 내부회로도

릴레이는 접점의 동작은 순시동작을 한다. 따라서, 릴레이를 순시계전기라 부른기도 한다. 코일에 전원이 가해지면 철심이 전자석이 되며, 가동철편을 흡인하여 철편에 연결된 접점이 연동하여 접점의 상태가 변경된다. a접점은 폐로되며, b접점은 개로된다. 릴레이의 경우는 점점이 개폐할 수 있는 전류의 용량이 작기 때문에 큰 전류용량을 개폐하기 위한 장치가 전자접촉기(magnetic contactor)이다.

2.2 전자접촉기 24)

전자접촉기는 순시계전기로 주접점 과 보조접점으로 접점이 5a, 2b로 구성되어 있다. 주접점 a접점 3개와 보조접점이 각각 2a, 2b가 있다.

23) 약호 : *X, R*
24) 약호 : *MC, MCS, MS*

그림 4 전자접촉기와 내부구조

전자접촉기에 과부하계전기(overload relay)가 조합된 것을 전자개폐기라 한다. 과부하 계전기를 열동계전기라 하기도 하며, 전자접촉기에 흐르는 전류에 의해 발생된 열이 바이메탈 작용으로 접점이 개로되면서 제어회로를 차단한다.

예제문제 02

그림과 같은 결선도는 전자 개폐기의 기본 회로도이다. 그림 중에서 OFF 스위치와 보조 접점 b를 나타낸 것은?

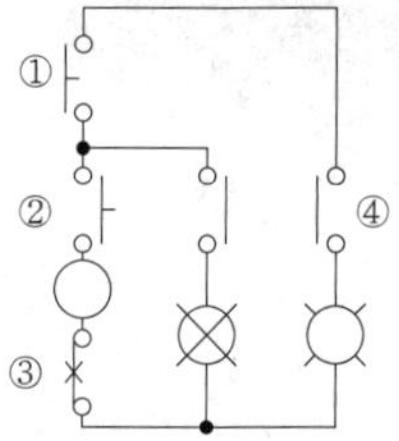

① OFF 스위치 ①, 보조 접점 b ④
② OFF 스위치 ②, 보조 접점 b ③
③ OFF 스위치 ③, 보조 접점 b ②
④ OFF 스위치 ④, 보조 접점 b ①

해설
① 누름버튼 OFF 스위치
② 누름버튼 ON 스위치
③ 열동 계전기 b접점
④ 주 계전기 보조 접점 b

답 : ①

3. 무접점 시퀀스

무접점 시퀀스는 접점의 동작을 다이오드, 트랜지스터25) 등으로 대신하여 시퀀스 제어회로를 구성하는 것이다. 다음 그림 5에서 다이오드에 순방향 전압을 가하면 다이오드가 도통된다. 이것은 스위치를 투입 한 것과 같은 동작을 한다. 반대로 다이오드에 역방향 전압을 가하면 다이오드는 OFF 되며, 스위치를 개방한 것과 같은 동작을 한다. 무접점 시퀀스는 이러한 동작을 응용한다.

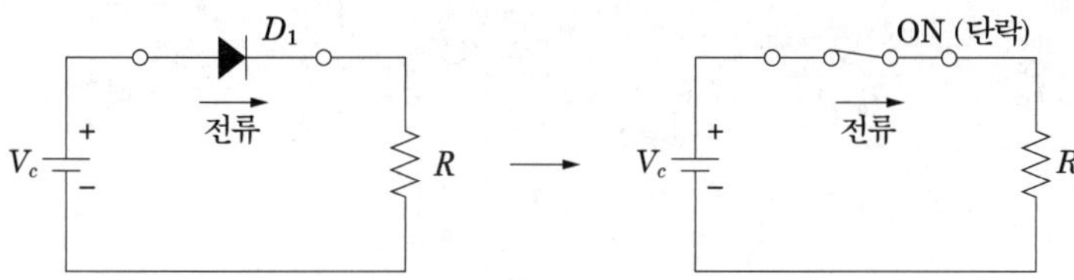

그림 5 순방향 전압을 가할 때 다이오드의 동작

다음 그림 6(a)는 입력이 없는 $V_i = 0$경우 V_c의 전압이 입력쪽으로 다이오드를 통해 흐르므로 출력 V_0는 0이 된다. 그림 6(b) 입력이 $V_i = V_c$ 가 되면 다이오드는 OFF가 되고(다이오드 양단의 전위가 같으므로) 전류는 V_0쪽으로 흐르면서 출력 $V_0 = V_c$가 된다.

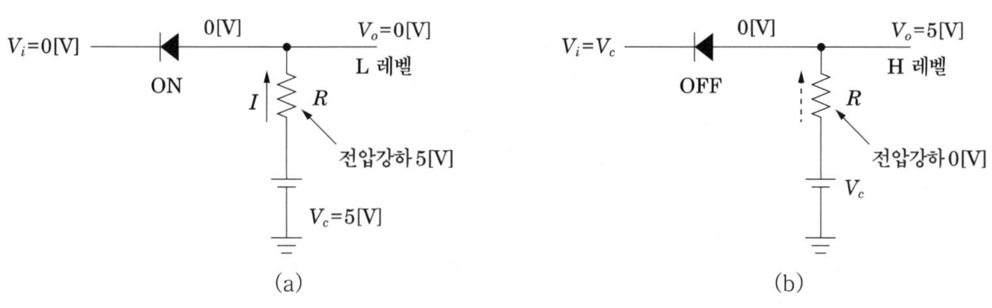

그림 6 출력전압

25) 트랜지스터의 심벌

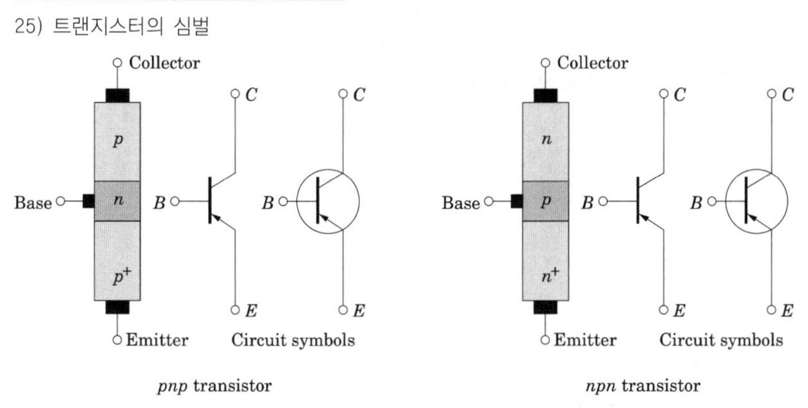

다음 그림 7은 트랜지스터의 동작특성을 나타낸 것이다. 그림에서 입력 V_i가 0 인 경우 트랜지스터 base 단자에 전류가 흐르지 않으므로 트랜지스터는 OFF상태가 된다. 이때 V_c의 전압이 출력에 가해지며 $V_0 = V_c$ 가 되어 출력이 생긴다.

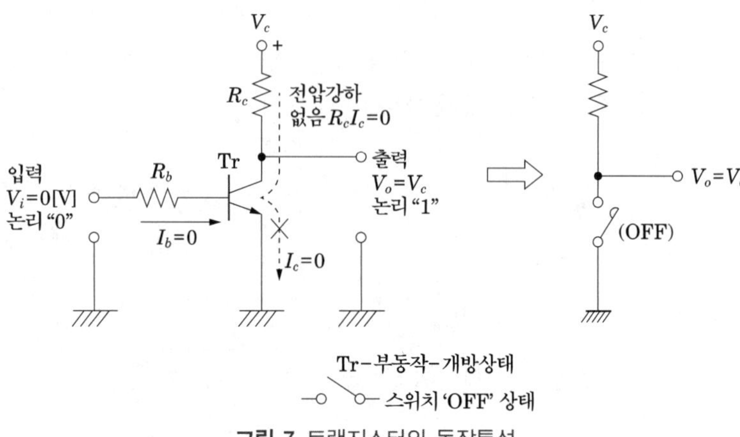

그림 7 트랜지스터의 동작특성

다음 그림 8은 트랜지스터의 입력에 $V_i = V_c$의 전압을 인가한 경우이다. 전원이 인가되면 트랜지스터는 ON이 되어 V_c의 전압이 접지로 인해 0이 되며, $V_c = 0$이 되어 출력이 0이 된다.

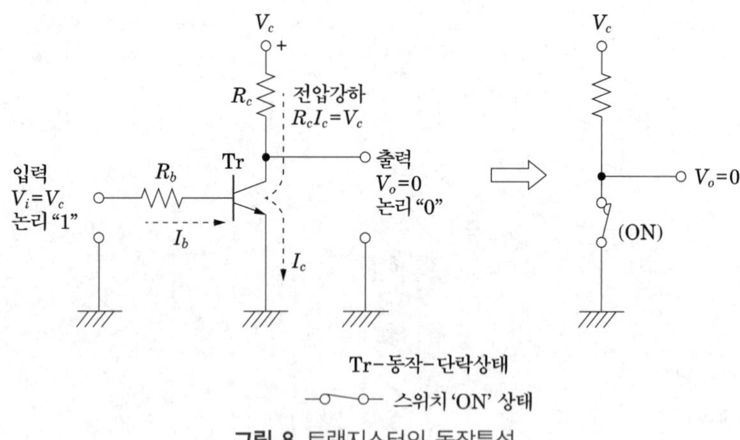

그림 8 트랜지스터의 동작특성

이와 같은 동작을 이용하여 AND gate, OR gate, NOT gate, NAND gate, NOR gate 등의 회로를 구성할 수 있다.

3.1 AND gate

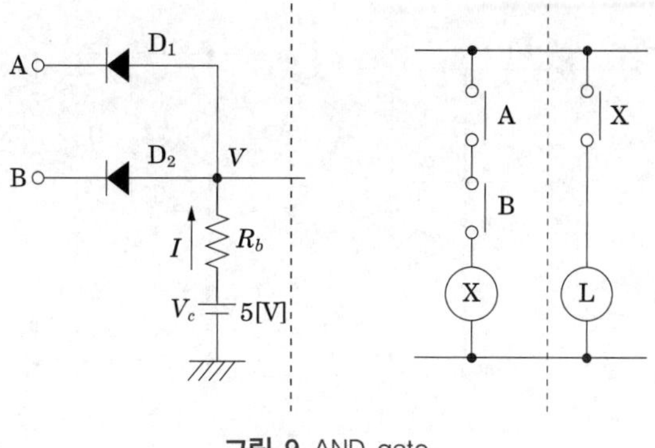

그림 9 AND gate

그림 9와 같이 다이오드 2개를 구성한 회로에서 A와 B에 모두 입력을 가하지 않은 경우 V_c는 0이 되며 출력이 나오지 않는다. 출력 $X=V_c$ 가 되기 위해서는 A와 B 동시에 전압을 V_c를 가해주어야 한다.

다음 그림 10은 트랜지스터를 추가한 그림이다. X 에 전위가 V_c가 되면 트랜지스터는 ON 상태가 되며 V_0가 5[V]가 된다.

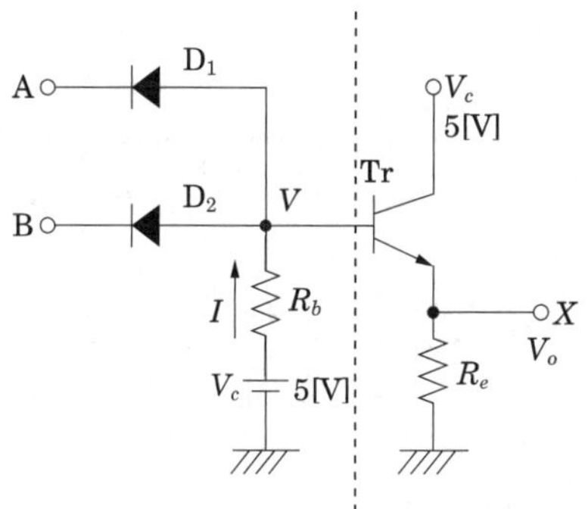

A	B	X
0	0	0
0	1	0
1	0	0
1	1	1

그림 10 AND gate의 출력

이와 같은 회로를 AND회로라 한다. AND회로는 A그리고 B가 동시에 입력이 가해질 경우 출력이 생기는 회로이며, 유접점과 로직 표시하면 그림 11과 같다.

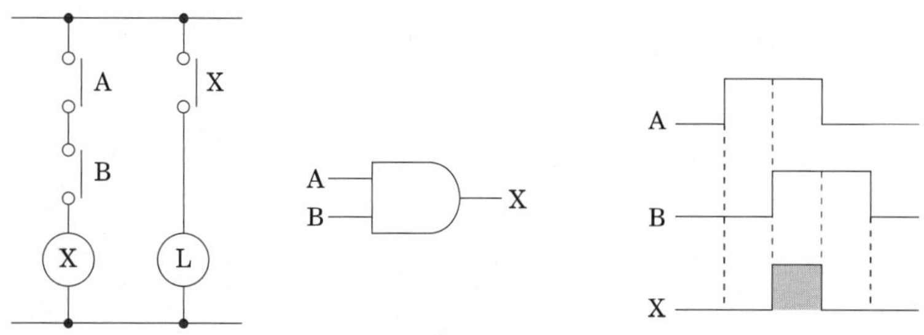

그림 11 AND gate의 기호와 타임차트

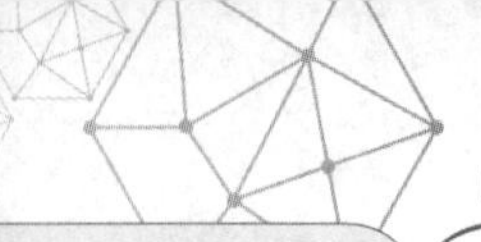

3.2 OR gate

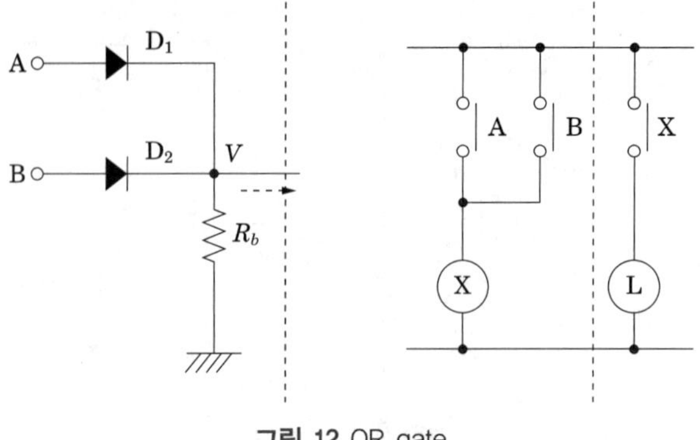

그림 12 OR gate

그림 12와 같이 다이오드 2개를 구성한 회로에서 A와 B중 어느 하나 이상에 입력을 가한 경우 출력 $X = V_c$가 되어 출력이 발생한다.

그림 13은 트랜지스터를 추가한 그림이다. X에 전위가 V_c가 되면 트랜지스터는 ON 상태가 되며 V_0가 5[V]가 된다.

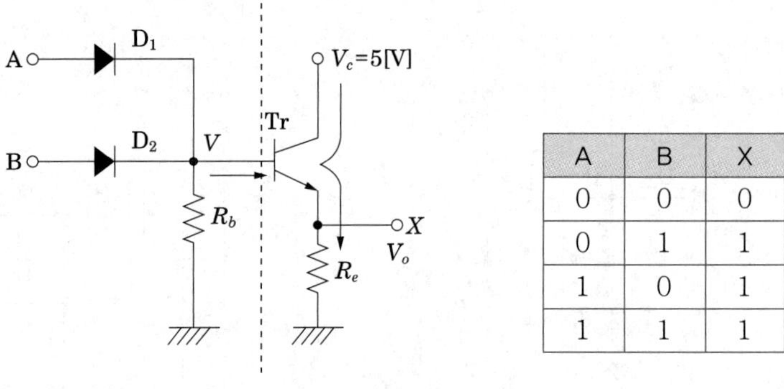

A	B	X
0	0	0
0	1	1
1	0	1
1	1	1

그림 13 OR gate의 출력

이와 같은 회로를 OR회로라 한다. OR회로는 A 또는 B 또는 A와 B가 동시에 입력이 가해질 경우 출력이 생기는 회로이며, 유접점과 로직 표시하면 그림 14와 같다.

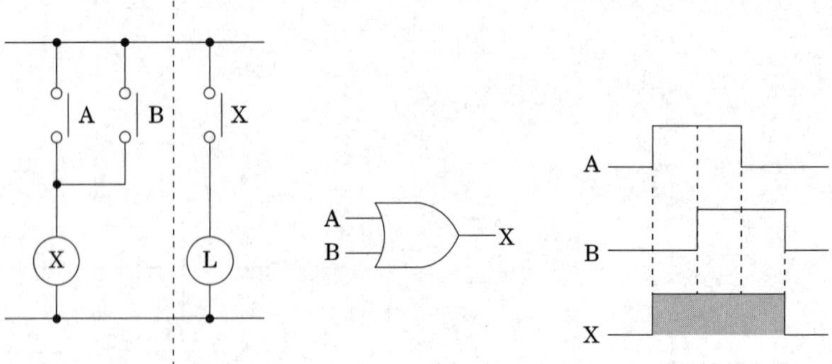

그림 14 OR gate의 기호와 타임차트

3.3 NOT gate

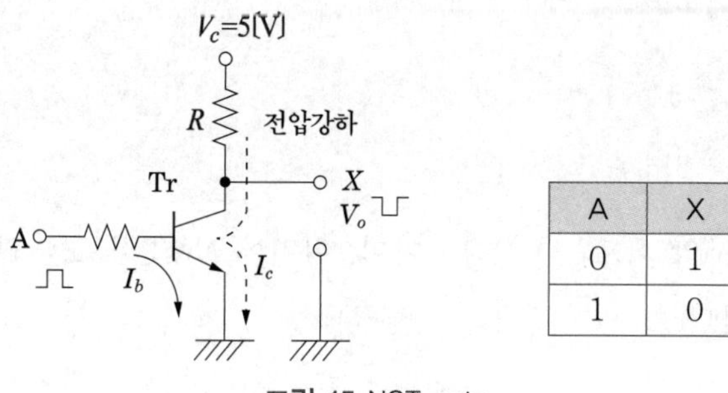

A	X
0	1
1	0

그림 15 NOT gate

그림 15와 같이 출력단자를 E(에미터) 단자에서 C(콜렉터)단자로 옮겨놓은 회로를 NOT 회로라 한다. 이회로는 B(베이스)단자에 전류가 흐르면 트랜지스터는 ON이 되고 출력 X의 $V_0 = 0$이 되는 회로이다.

이와 같은 회로를 NOT 회로라 하며, 입력과 반대로 출력이 생기는 회로이다. 유접점으로 표시하면 다음과 같다.

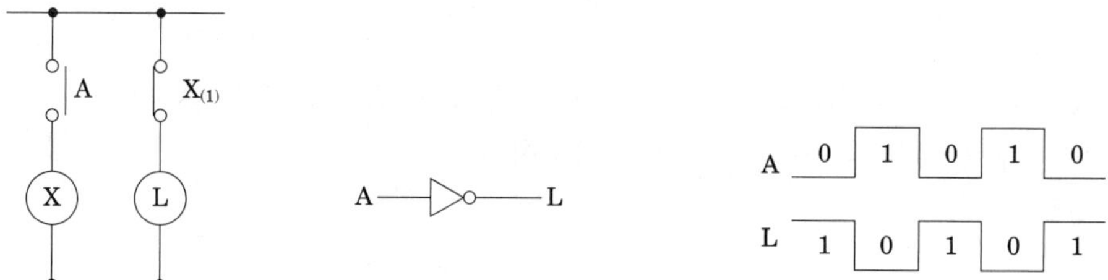

그림 16 NOT gate 기호와 타임차트

3.4 NAND gate

그림 17에서 X_1까지의 회로는 NAND회로이며, 여기에 NOT회로를 연결하여 출력을 반전시킨 회로를 말한다.

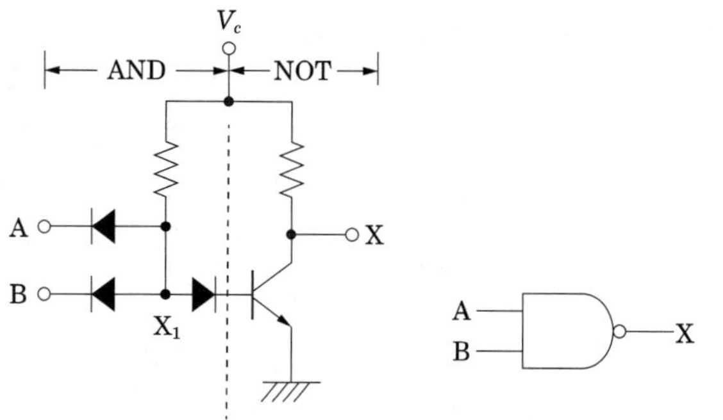

A	B	X
0	0	1
0	1	1
1	0	1
1	1	0

그림 17 NAND gate

이와 같은 회로를 NAND회로라 한다. NAND회로는 A그리고 B가 동시에 입력이 가해질 경우 출력이 0이 되는 회로이다.

3.5 NOR gate

그림 18에서 X_1까지의 회로는 OR회로이며, 여기에 NOT회로를 연결하여 출력을 반전시킨 회로를 말한다.

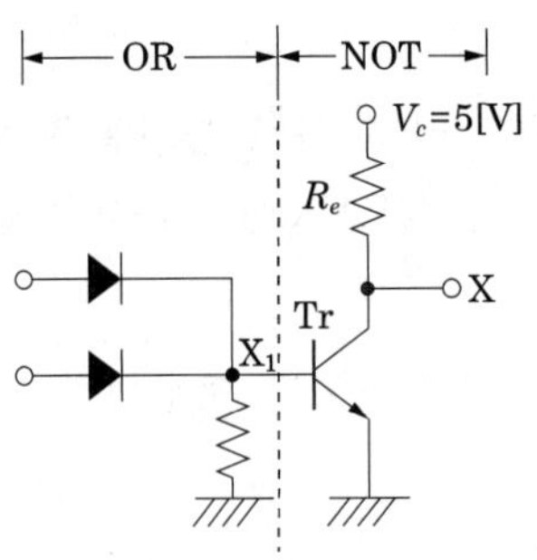

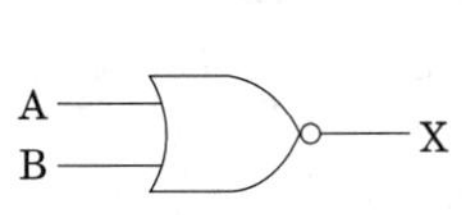

A	B	X
0	0	1
0	1	0
1	0	0
1	1	0

그림 18 NOR gate

이와 같은 회로를 NOR회로라 한다. NOR회로는 A 또는 B 또는 A 와 B가 동시에 입력이 가해질 경우 출력이 0이 되는 회로이다.

예제문제 03

다음 그림과 같은 논리 회로는?

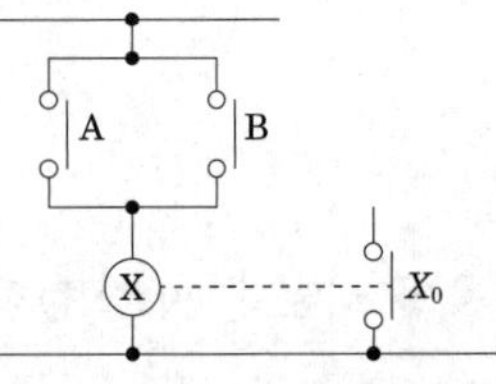

① OR 회로
② AND 회로
③ NOT 회로
④ NOR 회로

해설

A와 B 중 어느 하나 이상이 입력되면 출력이 발생하는 OR회로 이다.

답 : ①

예제문제 04

다음 그림과 같은 논리(logic) 회로는?

① OR 회로
② AND 회로
③ NOT 회로
④ NOR 회로

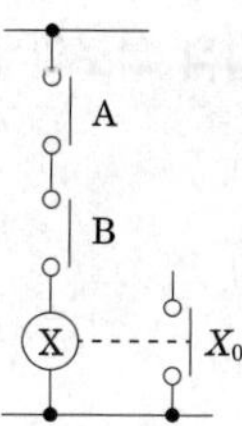

해설
A와 B 가 동시에 입력되면 출력이 발생하는 AND회로 이다.

답 : ②

예제문제 05

다음 회로는 무엇을 나타낸 것인가?

① AND
② OR
③ Exclusive OR
④ NAND

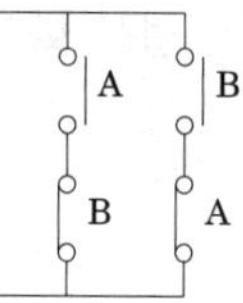

해설
배타적 논리합 회로(Exclusive OR) $Y=A\overline{B}+\overline{A}B$

답 : ③

예제문제 06

그림과 같은 계전기 접점 회로의 논리식은?

① $x \cdot (x-y)$
② $x+x \cdot y$
③ $x+(x+y)$
④ $x \cdot (x+y)$

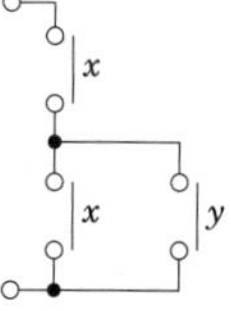

해설
x 와 y 는 병렬이므로 OR회로$(x+y)$이며, 이것과 x 가 직렬이므로 AND 회로가 된다.
$\therefore x \cdot (x+y)$

답 : ④

예제문제 07

그림과 같은 계전기 접점 회로의 논리식은?

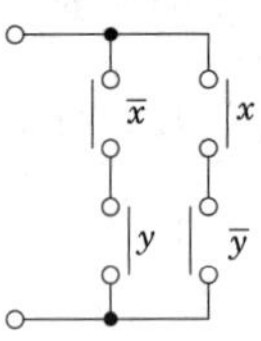

① $(\overline{x}+y)\cdot(x+\overline{y})$

② $(\overline{x}+\overline{y})\cdot(x+y)$

③ $\overline{x}\cdot y+x\cdot\overline{y}$

④ $x\cdot y$

해설

배타적 논리합 회로(Exclusive OR) $Y=x\overline{y}+\overline{x}y=x\oplus y$

답 : ③

예제문제 08

그림과 같은 계전기 접점 회로의 논리식은?

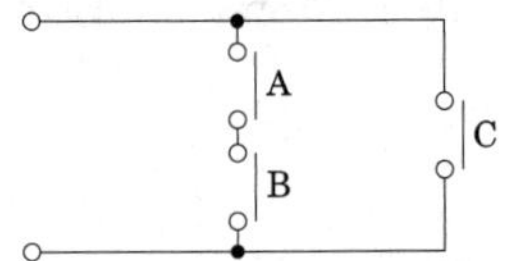

① $A+B+C$ ② $(A+B)C$

③ $A\cdot B+C$ ④ $A\cdot B\cdot C$

해설

A와 B가 (직렬)AND 이며, 이것에 C가 (병렬)OR 연결 이므로 $AB+C$

답 : ③

예제문제 09

다음 계전기 접점 회로의 논리식은?

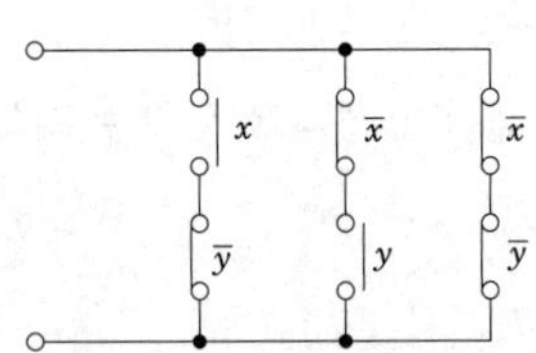

① $(x\cdot\overline{y})+(\overline{x}\cdot y)+(\overline{x}\cdot\overline{y})$

② $(x\cdot\overline{y})+(\overline{x}\cdot y)+(\overline{x\cdot y})$

③ $(x+\overline{y})\cdot(\overline{x}+y)\cdot(\overline{x}+\overline{y})$

④ $(x+\overline{y})\cdot(\overline{x}\cdot y)\cdot(\overline{x+y})$

해설

$Z=x\cdot\overline{y}+\overline{x}\cdot y+\overline{x}\cdot\overline{y}$

답 : ①

4. 논리 대수 및 드모르간의 정리

4.1 논리 대수

논리 대수에서 취급하는 변수로는 2진법의 "0"과 "1"만으로 된다. 논리 회로의 해석, 설계 및 응용 등에 이용되고 있다.

표 1 논리 대수 정리 및 스위치 회로 표시

정리	스위치 회로
교환 법칙 ① $A+B=B+A$ ② $A\cdot B=B\cdot A$	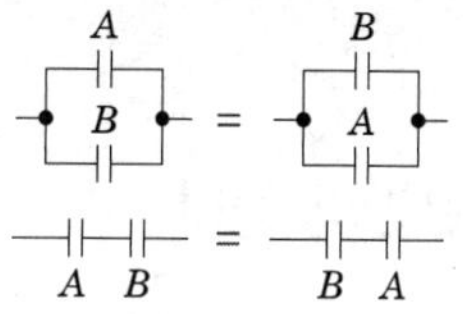
결합 법칙 ① $(A+B)+C=A+(B+C)$ ② $(A\cdot B)\cdot C=A\cdot(B\cdot C)$	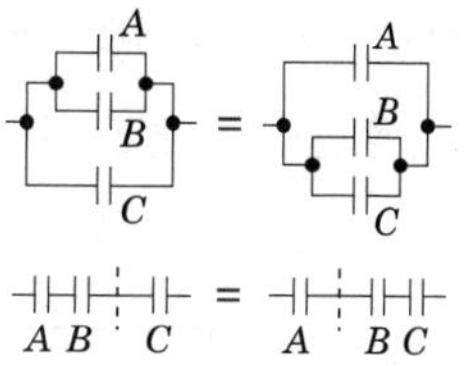
분배 법칙 ① $A\cdot(B+C)=A\cdot B+A\cdot C$ ② $A+(B\cdot C)=(A+B)\cdot(A+C)$	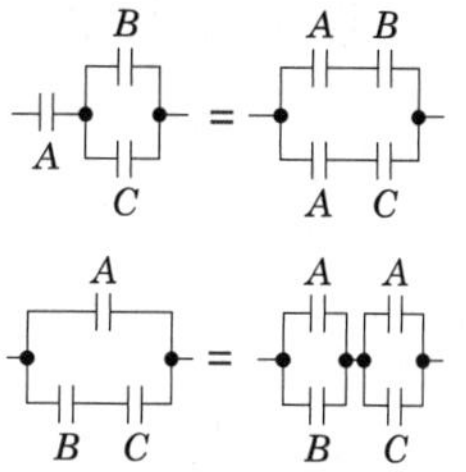
동일 법칙 ① $A+A=A$ ② $A\cdot A=A$	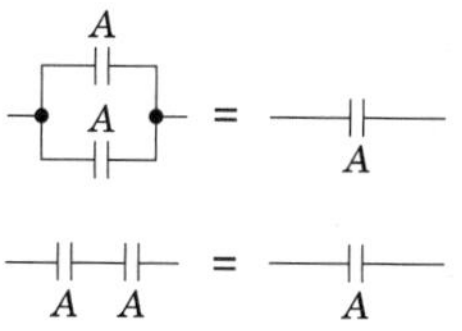
부정 법칙 ① $(A)=\overline{A}$ ② $(\overline{A})=A$	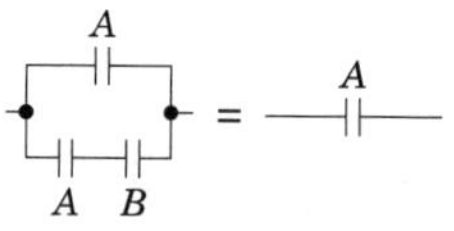
흡수 법칙 ① $A+A\cdot B=A$ ② $A\cdot(A+B)=A$	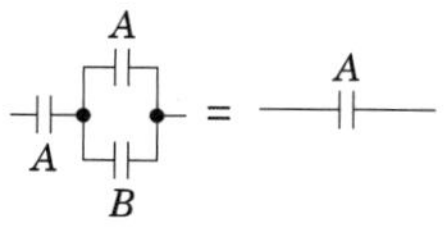

정리	스위치 회로
공리 ① $0+A=A$ ② $1 \cdot A=A$ ③ $1+A=1$ ④ $0 \cdot A=0$	0, A, =, A A, =, A 1, A, =, 1 0, A, =, 0

4.2 드 모르간의 정리

복잡한 직·병렬 회로를 간단한 회로로 등가변환할 때 이들 등가회로를 서로 쌍대 회로라고 하며, 쌍대 회로의 변환 방법은 직렬을 병렬로 병렬은 직렬로 바꾸고, a접점은 b접점으로 b접점은 a접점으로 바꾸면 된다.

$$\overline{(X_1+X_2+X_3\cdots X_n)}=\overline{X_1}\cdot\overline{X_2}\cdot\overline{X_3}\cdots\overline{X_n}$$

$$\overline{(X_1\cdot X_2\cdot X_3\cdots X_n)}=\overline{X_1}+\overline{X_2}+\overline{X_3}+\cdots+\overline{X_n}$$

예제문제 10

다음 논리식 중 옳지 않은 것은?

① $A+A=A$　② $A\cdot A=A$　③ $A+\overline{A}=1$　④ $A\cdot\overline{A}=1$

해설

① $A\cdot\overline{A}=0$　② $A+\overline{A}=1$　③ $A+1=1$　④ $A\cdot 1=A$
⑤ $A\cdot 0=0$　⑥ $A+0=A$　⑦ $A\cdot A=A$　⑧ $A+A=A$

답 : ④

예제문제 11

다음의 불 대수 계산에서 옳지 않은 것은?

① $\overline{A\cdot B}=\overline{A}+\overline{B}$　② $\overline{A+B}=\overline{A}\cdot\overline{B}$
③ $A+A=A$　④ $A+A\overline{B}=1$

해설

$A+A\overline{B}=A(1+\overline{B})=A$

답 : ④

예제문제 12

논리식 $L = X + \overline{X}Y$를 간단히 한 식은?

① X　② $\overline{X}$　③ $X + Y$　④ $\overline{X} + Y$

해설

$X + \overline{X}Y = (X + \overline{X})(X + Y) = X + Y$

답 : ③

예제문제 13

논리식 $A + AB$를 간단히 계산한 결과는?

① A　② $\overline{A} + B$　③ $A + \overline{B}$　④ $A + B$

해설

$A + AB = A(1 + B) = A$

답 : ①

예제문제 14

다음 논리식을 간단히 하면?

$$X = \overline{A}\,\overline{B}\,C + A\,\overline{B}\,\overline{C} + A\,\overline{B}\,C$$

① $\overline{B}(A + C)$　② $\overline{C}(A + B)$

③ $\overline{A}(B + C)$　④ $C(A + \overline{B})$

해설

$X = \overline{A}\,\overline{B}C + A\overline{B}\,\overline{C} + A\overline{B}C = \overline{A}\,\overline{B}C + A\overline{B}\,\overline{C} + A\overline{B}C + A\overline{B}C$

$= \overline{B}C(\overline{A} + A) + A\overline{B}(\overline{C} + C) = \overline{B}C + A\overline{B}$

$= \overline{B}(A + C)$

답 : ①

핵심과년도문제

11·1

그림의 게이트 명칭은?

① AND gate ② OR gate
③ NAND gate ④ NOR gate

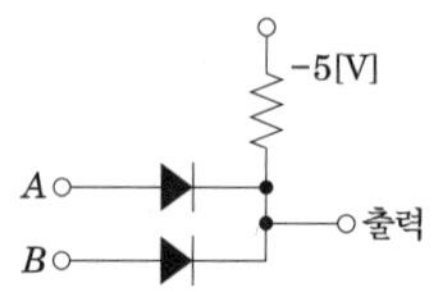

해설 A와 B 중 어느 하나 이상이 입력되면 출력이 발생하므로 OR gate 【답】 ②

11·2

다음 그림과 같은 논리 회로는?

① AND 회로
② NAND 회로
③ OR 회로
④ NOR 회로

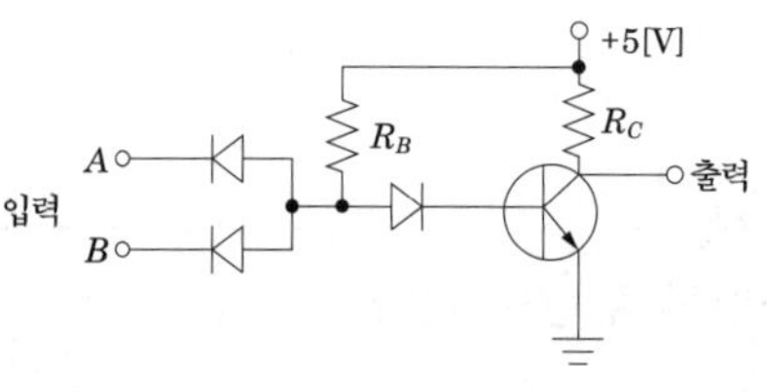

해설 AB 동시에 입력되면 출력이 소멸하므로 NAND gate 【답】 ②

11·3

논리 회로의 종류에서 설명이 잘못된 것은?

① AND 회로 : 입력 신호 A, B, C의 값이 모두 1일 때에만 출력 신호 Z의 값이 1이 되는 신호로 논리식은 $A \cdot B \cdot C = Z$로 표시한다.
② OR 회로 : 입력 신호 A, B, C 중 어느 한 값이 1이면 출력 신호 Z의 값이 1이 되는 회로로, 논리식은 $A+B+C=Z$로 표시한다.
③ NOT 회로 : 입력 신호 A와 출력 신호 Z가 서로 반대로 되는 회로로, 논리식은 $\overline{A}=Z$로 표시한다.
④ NOR 회로 : AND 회로의 부정 회로로, 논리식은 $A+B=C$로 표시한다.

해설 NOR 회로 : OR 회로의 부정 회로이므로 $\overline{A+B}=C$로 표시한다. 【답】 ④

11·4

그림의 논리 회로에서 두 입력 X, Y와 출력 Z 사이의 관계를 나타낸 진리표에서 A, B, C, D의 값으로 옳은 것은?

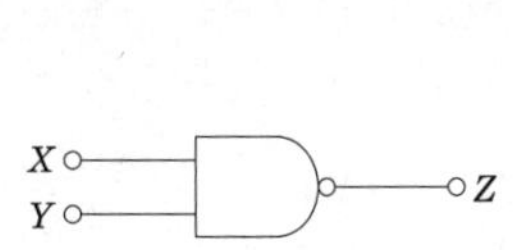

X	Y	Z
1	1	A
1	0	B
0	1	C
0	0	D

① $A, B, C, D = 0, 1, 1, 1$ ② $A, B, C, D = 0, 0, 1, 1$
③ $A, B, C, D = 1, 0, 1, 0$ ④ $A, B, C, D = 0, 1, 0, 1$

해설 NAND 회로이므로 $Z = \overline{X \cdot Y} = \overline{X} \cdot \overline{Y}$ 【답】 ①

11·5

다음의 논리 회로를 간단히 하면?

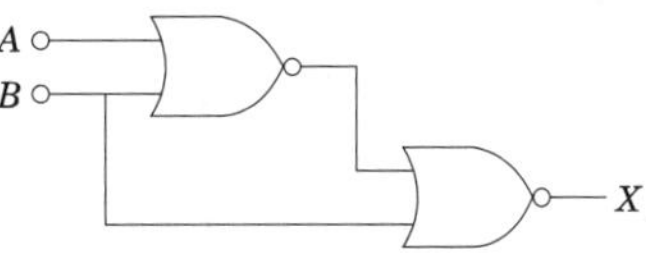

① AB ② $\overline{A}B$
③ $A\overline{B}$ ④ $\overline{AB}$

해설 드 모르간의 정리를 이용하면 $\overline{\overline{(A+B)}+B} = \overline{(\overline{A} \cdot \overline{B})+B} = \overline{(\overline{A}+B) \cdot (\overline{B}+B)} = A \cdot \overline{B}$ 【답】 ③

11·6

다음은 2차 논리계를 나타낸 것이다. 출력 y는?

① $y = A + B \cdot C$ ② $y = B + A \cdot C$
③ $y = \overline{A} + B \cdot C$ ④ $y = B + \overline{A} \cdot C$

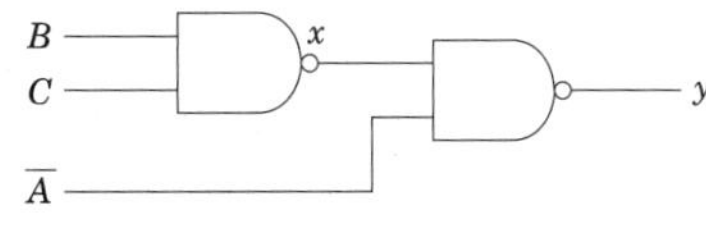

해설 드 모르간의 정리를 이용하면

$x = (\overline{BC}) = \overline{B} + \overline{C}$

$y = (\overline{x \cdot \overline{A}}) = \overline{(\overline{B}+\overline{C})\overline{A}} = B \cdot C + A$ 【답】 ①

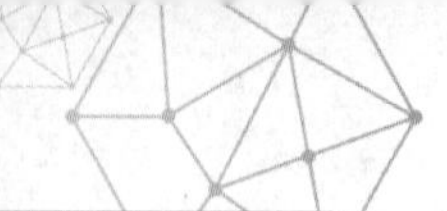

11·7

다음 논리 회로의 출력 X_0는?

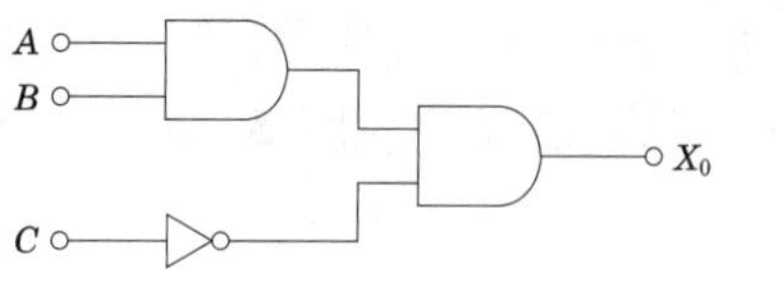

① $A \cdot B + \overline{C}$　② $(A+B)\overline{C}$
③ $A+B+\overline{C}$　④ $AB\overline{C}$

해설 $X_0 = AB\overline{C}$

【답】 ④

11·8

그림과 같은 논리 회로에서 출력 f의 값은?

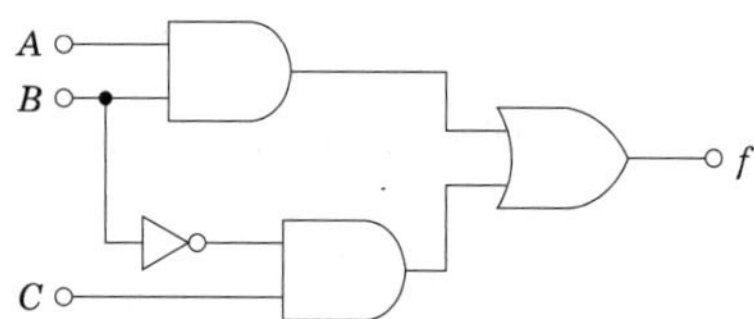

① A
② $\overline{A}BC$
③ $AB+\overline{B}C$
④ $(A+B)C$

해설 $f = AB + \overline{B}C$

【답】 ③

11·9

그림의 논리 회로의 출력 y를 옳게 나타내지 못한 것은?

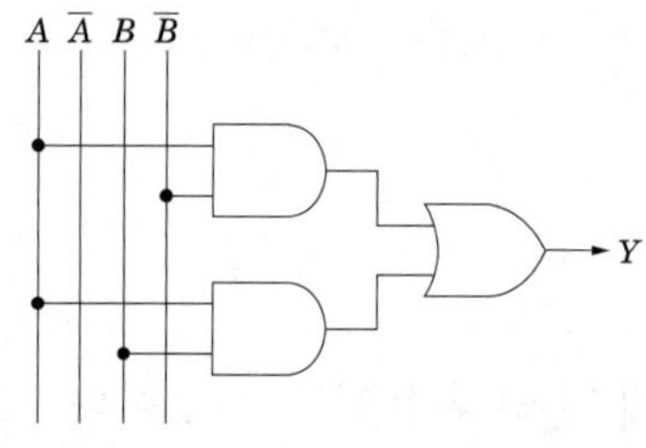

① $y = A\overline{B} + AB$
② $y = A(\overline{B} + B)$
③ $y = A$
④ $y = B$

해설 $y = A \cdot \overline{B} + A \cdot B = A(\overline{B} + B) = A$

【답】 ④

11·10

$\overline{A} + \overline{B} \cdot \overline{C}$와 동일한 것은?

① $\overline{A+BC}$　② $\overline{A(B+C)}$　③ $\overline{A \cdot B + C}$　④ $\overline{A \cdot B} + C$

해설 $\overline{A} + \overline{B} \cdot \overline{C} = \overline{A} + \overline{(B+C)} = \overline{A(B+C)}$

【답】 ②

11 · 11

그림과 같은 회로의 출력 Z는 어떻게 표현되는가?

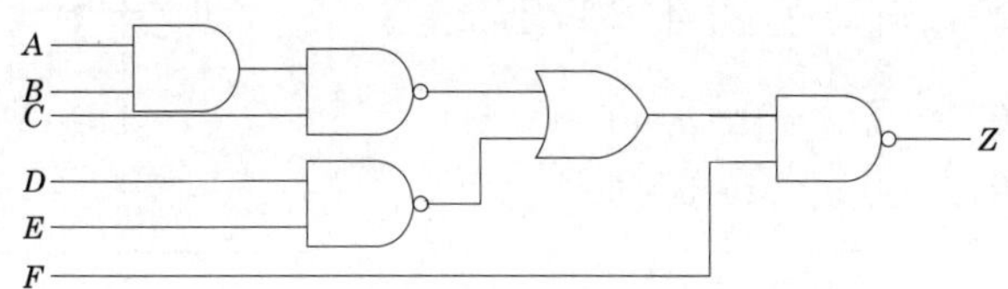

① $\overline{A}+\overline{B}+\overline{C}+\overline{D}+\overline{E}+\overline{F}$ ② $A+B+C+D+E+\overline{F}$

③ $\overline{A}\,\overline{B}\,\overline{C}\,\overline{D}\,\overline{E}+F$ ④ $ABCDE+\overline{F}$

해설 드 모르간의 정리를 이용하면 $Z=\overline{(\overline{ABC}+\overline{DE})F}=\overline{(\overline{ABC}+\overline{DE})}+\overline{F}=ABCDE+\overline{F}$ 【답】 ④

11 · 12

다음 논리회로의 출력은?

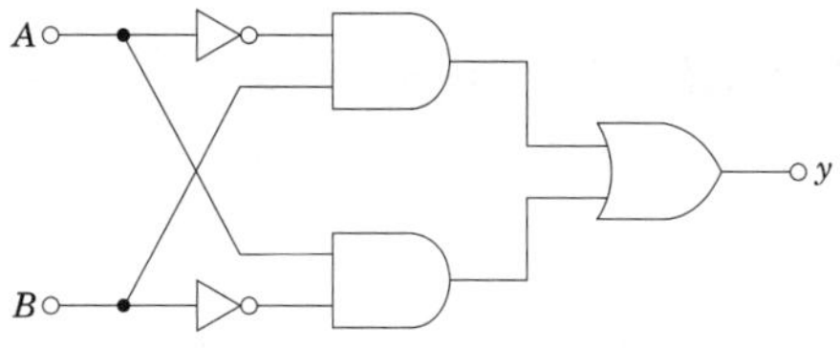

① $Y=A\overline{B}+\overline{A}B$

② $Y=\overline{A}\,\overline{B}+\overline{A}B$

③ $Y=A\overline{B}+\overline{A}\,\overline{B}$

④ $Y=\overline{A}+\overline{B}$

해설 Exclusive OR 회로(베타적 논리합 회로) 【답】 ①

11 · 13

그림은 무엇을 나타낸 논리 연산 회로인가?

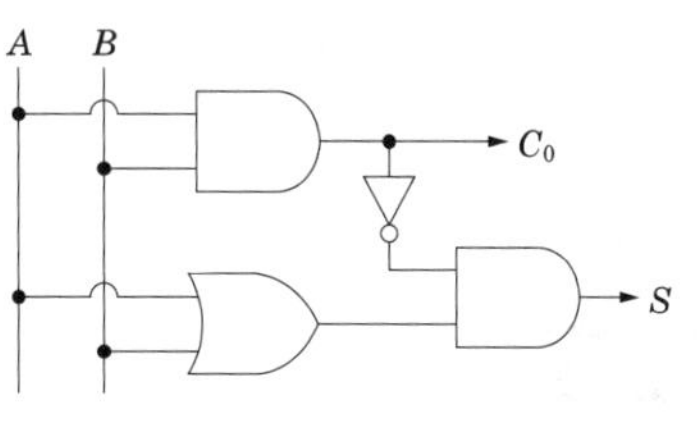

① NAND 회로

② EXCLUSIVE OR 회로

③ HALF-ADDER 회로

④ FULL-ADDER 회로

해설 HALF-ADDER 회로 【답】 ③

11 · 14

논리식 $L=\overline{x}\cdot\overline{y}+\overline{x}\cdot y+x\cdot y$ 를 간단히 한 것은?

① $x+y$ ② $\overline{x}+y$ ③ $x+\overline{y}$ ④ $\overline{x}+\overline{y}$

해설 $L=\overline{x}\overline{y}+\overline{x}y+xy=\overline{x}(\overline{y}+y)+xy=\overline{x}+xy=(\overline{x}+x)(\overline{x}+y)=\overline{x}+y$ 【답】 ②

11·15

그림과 같은 논리 회로에서 $A=1$, $B=1$인 입력에 대한 출력 x, y는 각각 얼마인가?

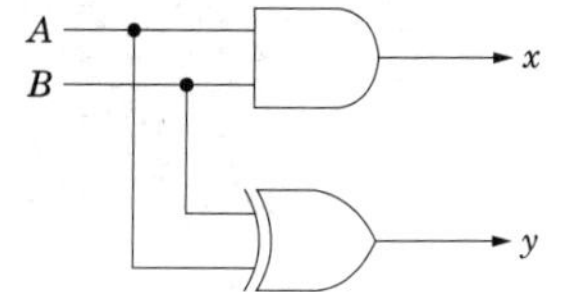

① $x=0$, $y=0$ ② $x=0$, $y=1$
③ $x=1$, $y=0$ ④ $x=1$, $y=1$

해설 A와 B의 AND 조건 $x=1$, A와 B의 EX OR 조건 $y=0$ 【답】 ③

11·16

다음 식 중 드 모르간의 정리를 나타낸 식은?

① $A+B=B+A$ ② $A\cdot(B\cdot C)=(A\cdot B)\cdot C$
③ $\overline{A\cdot B}=\overline{A}\cdot\overline{B}$ ④ $\overline{A\cdot B}=\overline{A}+\overline{B}$

해설 드 모르간의 정리 $\overline{A\cdot B}=\overline{A}+\overline{B}$, $\overline{A+B}=\overline{A}\cdot\overline{B}$ 【답】 ④

11·17

다음 논리식 중 다른 값을 나타내는 논리식은?

① $XY+X\overline{Y}$ ② $(X+Y)(X+\overline{Y})$
③ $X(X+Y)$ ④ $X(\overline{X}+Y)$

해설 ① $XY+X\overline{Y}=X(Y+\overline{Y})=X\cdot 1=X$
② $(X+Y)(X+\overline{Y})=XX+X(Y+\overline{Y})+Y\overline{Y}=X+X\cdot 1+0=X$
③ $X(X+Y)=XX+XY=X+XY=X(1+Y)=X$
④ $X(\overline{X}+Y)=X\overline{X}+XY=0+XY=XY$ 【답】 ④

11·18

논리식 $\overline{A}+\overline{B}\cdot\overline{C}$를 간단히 계산한 결과는?

① $\overline{A}+\overline{B}\overline{C}$ ② $\overline{A(B+C)}$
③ $\overline{A}\cdot\overline{B}+\overline{C}$ ④ $\overline{A\cdot B}+\overline{C}$

해설 드 모르간 정리를 적용하면 $\overline{A}+\overline{B}\cdot\overline{C}=\overline{A}+\overline{B+C}=\overline{A(B+C)}$ 【답】 ②

심화학습문제

01 오늘날 시퀀스(sequence) 제어는 대부분 반도체 논리 소자를 사용한 무접점식 시퀀스 제어를 사용하고 있는데, 이를 종류별로 나눌 때 옳지 않은 것은?

① 조건 제어　　② 순서 제어
③ 시한 제어　　④ 직선 제어

해설

시퀀스의 종류 : 조합회로와 순서회로로 나눈다. 조합회로는 조건, 시한 등이 있다.

【답】 ④

02 시퀀스 제어에 있어서 기억과 판단 기구 및 검출기를 가진 제어 방식은?

① 시한 제어　　② 순서 프로그램 제어
③ 조건 제어　　④ 피드백 제어

해설

피드백 제어 : 비교검출부가 있어 기억과 판단 기능을 갖는 제어회로를 말한다.

【답】 ④

03 디지털 신호를 시간적인 차례로 조합하여 만든 신호를 무엇이라 하는가?

① 직렬 신호　　② 병렬 신호
③ 택일 신호　　④ 조합 신호

해설

- 직렬 신호 : 2값 신호를 시간적인 차례로 조합하여 만든 신호를 말한다.
- 병렬 신호 : 2값 이상의 정보를 몇 개의 2값 신호의 조합으로 나타내고 각각의 2값 신호를 별개의 회선으로 동시에 보내는 형식의 신호를 말한다.
- 택일 신호 : 각각의 정보값을 각각 1회선에 대응시켜 전송하는 방식을 말한다.
- 조합 신호 : 2개 이상의 회선 신호값의 조합으로 표시하는 병렬 신호를 말한다.

【답】 ①

04 어느 시퀀스 제어 시스템의 내부 상태가 12가지로 바뀐다면 설계할 때 플립-플롭(flip flop)은 최소한 몇 개가 필요한가?

① 3　　② 4
③ 6　　④ 12

해설

n bit 2진 카운터는 n개의 플립-플롭으로 되어 있고 2^{n-1}까지 셀 수 있으므로 4 bit 2진 카운터를 사용하여야 한다.

【답】 ②

05 다음 회로와 동일한 논리 심벌은?

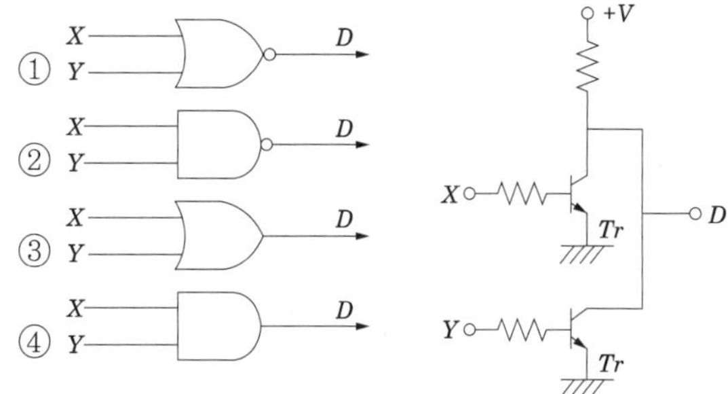

해설

X 또는 Y에 신호가 입력되면 Tr이 동작하여 출력 D가 소멸되므로 NOR회로가 된다.

【답】 ①

06 그림과 같은 동작을 하는 2진 계수기(binary counter)를 만들려면 최소한 플립-플롭(flip-flop)이 몇 개가 필요한가?

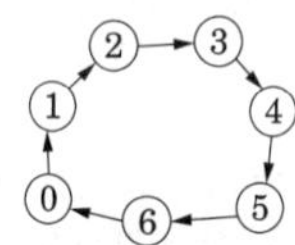

① 7개 ② 6개
③ 4개 ④ 3개

해설

n bit 2진 카운터는 n개의 플립-플롭으로 구성되어 있고 2^{n-1}까지 셀 수 있으므로 3 bit 2진 카운터를 사용한다.

【답】 ④

07 다음 카르노(Karnaugh)도를 간략히 하면?

	$\overline{C}\,\overline{D}$	$\overline{C}\,D$	CD	$C\overline{D}$
$\overline{A}\,\overline{B}$	0	0	0	0
$\overline{A}\,B$	1	0	0	1
AB	1	0	0	1
$A\overline{B}$	0	0	0	0

① $Y=\overline{C}\,\overline{D}+BC$
② $Y=B\overline{D}$
③ $Y=A+\overline{A}\,B$
④ $Y=A+B\overline{C}D$

해설

4개로 묶어 공통부분을 찾으면 $B\overline{D}$가 된다.

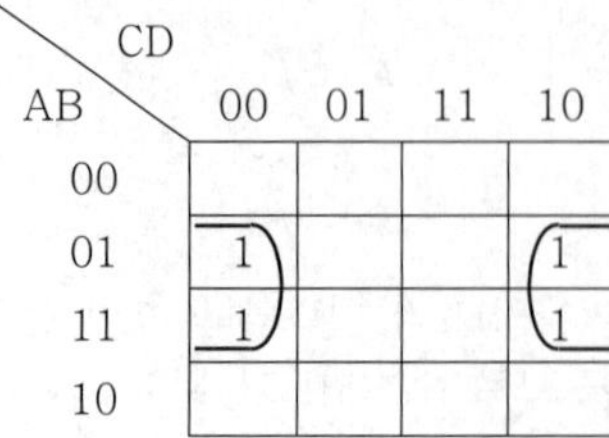

【답】 ②

Chapter 12

제어기기

1. 제어계의 요소

기계적인 부품은 스프링, 다이어프램, 벨로스, 노즐, 드로틀, 대시 포트, 파이프, 파일럿 밸브, 피스톤 등이 있으며,
전기적인 부품은 전자석, 코일, 계전기, 열전대, 진공관, 전동기 등. 또, 기기로 조립된 것으로는 기계적인 것으로 노즐 플래퍼, 다이어프램 밸브, 유압 분사관 서보 전동기 등이 있고 전기적인 것에는 직류 교류 변환기(convertor), 전자관 증폭기(electro amplifier) 등이 있다.
증폭기기는 전기식, 공기삭, 유압식이 있다.

표 1 증폭 기기의 종류

구분	전기계	기계계
정지기	진공관, 트랜지스터, 사이리스터(SCR), 사이러트론, 자기 증폭기	공기식(노즐, 플래퍼, 벨로스) 유압식(안내 밸브), 지렛대
회전기	앰플리다인, 로토트롤	

2. 조절기기

조절부는 검출부에서 측정된 제어량을 기준 입력과 비교하여 그 차의 동작 신호를 만들고 이것을 증폭하며, 또 P, PI, PD, PID 동작 등의 조작량으로 변환하여 조작부에 보내는 부분을 말한다.
조절부의 제어 동작은 공정 제어에 있어서 특히 중요한 부분으로 동작 신호를 x_i, 조작량을 x_0라 하면 제어 동작은 연속동작으로

비례 동작(P 동작) $x_0 = K_p x_i$ 단, K_p : 비례 이득(비례 감도)

적분 동작(I 동작) $x_0 = \frac{1}{T_I}\int x_i dt$ 단, T_I : 적분 시간

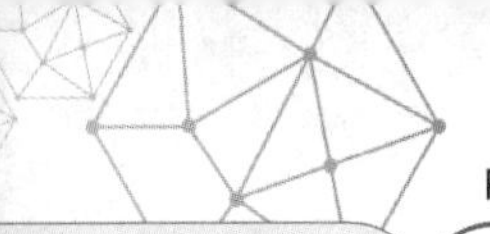

미분 동작(D 동작) $x_0 = T_D \frac{dx_i}{dt}$ 단, T_D : 미분 시간

비례+적분 동작(PI 동작) $x_0 = K_p\left(x_i + \frac{1}{T_I}\int x_i dt\right)$

비례+미분 동작(PD 동작) $x_0 = K_p\left(x_i + T_D \frac{dx_i}{dt}\right)$

비례+적분+미분 동작(PID 동작)

$$x_0 = K_p\left(x_i + \frac{1}{T_I}\int x_i dt + T_D \frac{dx_i}{dt}\right)$$

가 있으며, 불연속동작으로는

2위치 동작
불연속 동작
다위치 동작

이 있다.

예제문제 01

진동이 일어나는 장치의 진동을 억제시키는데 가장 효과적인 제어 동작은?

① on-off 동작 ② 비례 동작 ③ 미분 동작 ④ 적분 동작

해설

미분 동작(D 동작) : 시정수가 큰 프로세스 제어 등의 응답의 오버슈트를 감소시킨다.

답 : ③

예제문제 02

비례 적분 동작을 하는 PI 조절계의 전달 함수는?

① $K_p\left(1+\frac{1}{T_I s}\right)$ ② $K_p + \frac{1}{T_I s}$ ③ $1+\frac{1}{T_I s}$ ④ $\frac{K_p}{T_I s}$

해설

PI 동작 : $y(t) = K_p\left[x(t) + \frac{1}{T_I}\int x(t)dt\right]$

라플라스 변환하면 $Y(s) = K_p\left(1+\frac{1}{T_I s}\right)X(s)$

$\therefore G(s) = \frac{Y(s)}{X(s)} = K_p\left(1+\frac{1}{T_I s}\right)$

답 : ①

예제문제 03

조작량 $y(t)$가 다음과 같이 표시되는 PID 동작에서 비례 감도, 적분 시간, 미분 시간은?

$$y(t) = 4z(t) + 1.6\frac{d}{dt}z(t) + \int z(t)dt$$

① 2, 0.4, 4 ② 2, 4, 0.4 ③ 4, 4, 0.4 ④ 4, 0.4, 4

해설

$y(t) = K\left[z(t) + \frac{1}{T_i}\int z(t)dt + T_d\frac{d}{dt}z(t)\right]$에서

$y(t) = 4z(t) + 1.6\frac{d}{dt}z(t) + \int z(t)dt = 4\left[z(t) + \frac{1}{4}\int z(t)dt + 0.4\frac{d}{dt}z(t)\right]$

$\therefore\ K = 4,\ T_i = 4,\ T_d = 0.4$

답 : ③

예제문제 04

조작량 $y = 4x + \frac{d}{dt}x + 2\int xdt$로 표시되는 PID 동작에 있어서 미분 시간과 적분 시간은?

① 4, 2 ② $\frac{1}{4}$, 2 ③ $\frac{1}{2}$, 4 ④ $\frac{1}{4}$, 4

해설

$y(t) = K\left[z(t) + \frac{1}{T_i}\int z(t)dt + T_d\frac{d}{dt}z(t)\right]$에서

$y(t) = 4z(t) + \frac{d}{dt}z(t) + 2\int z(t)dt = 4\left[z(t) + \frac{1}{2}\int z(t)dt + \frac{1}{4}\frac{d}{dt}z(t)\right]$

비례 감도 $K = 4$, 미분 시간 $T_d = \frac{1}{4}$, 적분 시간 $T_i = 2$

답 : ②

3. 조작기기

조작기기는 직접 제어 대상에 작용하는 기기이며, 응답이 빠르며 조작력이 큰 것이 요구 된다.

표 2 조작 기기의 종류

전기식	기계식
전자 밸브, 전동 밸브, 2상 서보 전동기, 직류 서보 전동기, 펄스 전동기	클러치, 다이어프램 밸브, 밸브 포지셔너, 유압식 조작기(안내 밸브, 조작 실린더, 조작 피스톤, 분사관)

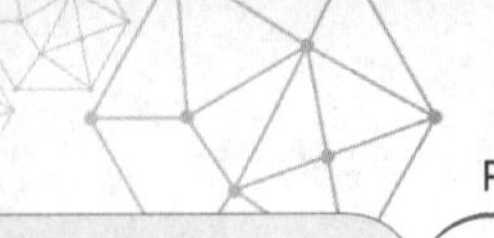

예제문제 05

제어 기기의 대표적인 것을 들면 검출기, 변환기, 증폭기, 조작 기기를 들 수 있는데, 서보 전동기(servomotor)는 어디에 속하는가?

① 검출기 ② 변환기 ③ 조작 기기 ④ 증폭기

해설

서보 전동기 : 조작기기에 해당된다.

답 : ③

4. 검출기기

온도, 압력, 유량 등의 물리량을 증폭 및 전송이 용이한 양으로 변환하는 기기를 검출기기라 한다.

표 3 변환 요소의 종류

변환량	변환요소
압력 → 변위	벨로스, 다이어프램, 스프링
변위 → 압력	노즐 플래퍼, 유압 분사관, 스프링
변위 → 임피던스	가변 저항기, 용량형 변환기, 가변 저항 스프링
변위 → 전압	포텐셔미터, 차동 변압기, 전위차계
전압 → 변위	전자석, 전자 코일
광 → 임피던스	광전관, 광전도 셀, 광전 트랜지스터
광 → 전압	광전지, 광전 다이오드
방사선 → 임피던스	GM관, 전리함
온도 → 임피던스	측온 저항(열선, 서미스터, 백금, 니켈)
온도 → 전압	열전대(백금-백금 로듐, 철-콘스탄탄, 구리-콘스탄탄, 크로멜-알루멜)

예제문제 06

압력 → 변위의 변환 장치는?

① 노즐 플래퍼 ② 차동 변압기 ③ 다이어프램 ④ 전자석

해설

압력 → 변위 : 벨로스, 다이어프램, 스프링

답 : ③

예제문제 07

변위 → 압력의 변환 장치는?

① 벨로우즈　② 가변 저항기　③ 다이어프램　④ 유압 분사관

해설
변위 → 압력 : 노즐 플래퍼, 유압 분사관, 스프링

답 : ④

예제문제 08

다음 중 온도를 전압으로 변환시키는 요소는?

① 차동 변압기　② 열전대　③ 측온 저항　④ 광전지

해설
온도 → 전압 : 열전대(백금-백금 로듐, 철-콘스탄탄, 구리-콘스탄탄, 크로멜-알루멜)

답 : ②

표 4 검출기의 종류

제어	검출기	비고
자동 조정용	• 전압 검출기 • 속도 검출기	① 전자관 및 트랜지스터 증폭기, 자기 증폭기 ② 회전계 발전기, 주파수 검출법, 스피더
서보 기구용	• 전위차계 • 차동 변압기 • 싱크로 • 마이크로신	① 권선형 저항을 이용하여 변위, 변각을 측정 ② 변위를 자기 저항의 불균형으로 변환 ③ 변각을 검출 ④ 변각을 검출
공정 제어용	• 압력계	① 기계식 압력계(벨로스, 다이어프램, 부르동관) ② 전기식 압력계(전기 저항 압력계, 피라니 진공계, 전리 진공계)
	• 유량계	① 조리개 유량계 ② 넓이식 유량계 ③ 전자 유량계
	• 액면계	① 차압식 액면계(노즐, 오리피스, 벤튜리관) ② 플로트식 액면계
	• 온도계	① 저항 온도계(백금, 니켈, 구리, 서미스터) ② 열전 온도계(백금-백금 로듐, 크로멜-알루멜, 철-콘스탄탄) ③ 압력형 온도계(부르동관) ④ 바이메탈 온도계 ⑤ 방사 온도계 ⑥ 광 온도계

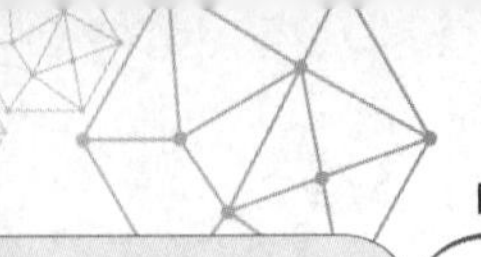

제어	검출기	비고
공정 제어용	• 가스 성분계	① 열전도식 가스 성분계 ② 연소식 가스 성분계 ③ 자기 산소계 ④ 적외선 가스 성분계
	• 습도계	① 전기식 건습구 습도계 ② 광전관식 노점 습도계
	• 액체 성분계	① pH계 ② 액체 농도계

심화학습문제

01 제어계에 가장 많이 이용되는 전자 요소는?

① 증폭기　② 변조기
③ 주파수 변환기　④ 가산기

해설

증폭기 중 TR(트랜지스터)가 가장 대표적으로 이용된다.

【답】 ①

02 다음 중 공기식 조절기의 특징이 아닌 것은?

① 증폭 요소가 노즐 플래퍼이다.
② 불꽃에 대한 방폭에 유의할 필요가 있다.
③ 신호의 전송에 시간 지연이 따른다.
④ 크기가 작다.

해설

공기식 조절기의 특징
① PID 동작을 만들기 쉽다.
② 장거리에서는 지연 시간이 있어 속응성이 나쁘다.
③ 출력은 크지 않다.
④ 크기가 작고 안전하다.

【답】 ②

03 PI 제어 동작은 프로세스 제어계의 정상 특성 개선에 흔히 쓰인다. 이것에 대응하는 보상요소는?

① 지상 보상 요소　② 진상 보상 요소
③ 진지상 보상 요소　④ 동상 보상 요소

해설

PI 동작은 지상 요소, PD 동작은 진상 요소에 대응된다.

지상 보상의 특성
① 주어진 안정도에 대하여 속도 편차 상수 K_v가 증가한다.
② 시간 응답이 일반적으로 늦다.
③ 이득 여유가 증가하고 공진정점 M_p가 감소한다.
④ 이득 교점 주파수가 낮아지며 대역폭은 감소한다.

【답】 ①

04 PI 제어 동작을 공정 제어계의 무엇을 개선하기 위해 쓰이고 있는가?

① 속응성　② 정상 특성
③ 이득　④ 안정도

해설

PI 동작은 지상 요소, PD 동작은 진상 요소에 대응된다. 따라서
PI : 정상 편차 개선하며, PD : 속응성 개선한다.

【답】 ②

05 적분 시간이 3분, 비례 감도가 5인 PI 조절계의 전달 함수는?

① $5+3s$　② $5+\dfrac{1}{3s}$
③ $\dfrac{3s}{15s+5}$　④ $\dfrac{15s+5}{3s}$

해설

PI 동작(비례 적분 제어)

$$y(t)=K_p\left[z(t)+\frac{1}{T_i}z(t)dt\right]$$

라플라스 변환하면

$$Y(s)=K_p(1+\frac{1}{T_i s})z(s)$$

$$\therefore G(s)=\frac{Y(s)}{Z(s)}=K_p\left(1+\frac{1}{T_i s}\right)=5\left(1+\frac{1}{3s}\right)=\frac{15s+5}{3s}$$

【답】 ④

06 PID 동작은 어느 것인가?

① 사이클링과 오프셋이 제거되고 응답속도가 빠르며 안정성도 있다.
② 응답속도를 빨리 할 수 있으나 오프셋은 제거되지 않는다.
③ 오프셋은 제거되나 제어동작에 큰 부동작 시간이 있으면 응답이 늦어진다.
④ 사이클링을 제거할 수 있으나 오프셋이 생긴다.

해설

PID 제어의 특징
① 정상특성과 응답속응성을 동시에 개선시킨다.
② 오버슈트를 감소시킨다.
③ 정정시간을 적게 하는 효과가 있다.
④ 연속선형 제어

【답】 ①

07 AC 서보 전동기(AC servomotor)의 설명 중 옳지 않은 것은?

① AC 서보 전동기는 그다지 큰 회전력이 요구되지 않는 계에 사용되는 전동기이다.
② 이 전동기에는 기준 권선과 제어 권선의 두 고정자 권선이 있으며, 90° 위상차가 있는 2상 전압을 인가하여 회전 자계를 만든다.
③ 고정자의 기준 권선에는 정전압을 인가하며 제어 권선에는 제어용 전압을 인가한다.
④ 이 전동기는 속도 회전력 특성을 선형화하고 제어 전압을 입력으로 회전자의 회전각을 출력으로 보았을 때 이 전동기의 전달 함수는 미분 요소와 2차 요소의 직렬 결합으로 볼 수 있다.

해설

AC 서보 전동기의 전달 함수는 적분 요소와 2차 요소의 직렬 결합으로 취급한다.

【답】 ④

08 어떤 자동 조절기의 전달 함수에 대한 설명 중 옳지 않은 것은?

$$G(s) = K_p\left(1 + \frac{1}{T_i s} + T_d s\right)$$

① 이 조절기는 비례－적분－미분 동작 조절기이다.
② K_p 를 비례 감도라고도 한다.
③ T_d 는 미분 시간 또는 레이트 시간(rate time)이라 한다.
④ T_i 는 리셋 율(reset rate)이다.

해설

비례 감도 K_p, 미분 시간 T_d, 적분 시간 T_i

【답】 ④

09 서보 전동기의 특징을 열거한 것 중 옳지 않은 것은?

① 원칙적으로 정역전(正逆轉)이 가능하여야 한다.
② 저속이며 거침없는 운전이 가능하여야 한다.
③ 직류용은 없고, 교류용만 있다.
④ 급가속, 급감속이 용이한 것이라야 한다.

해설

서보모터는 자동제어장치에 사용되는 모터로 다음과 같은 특징이 있다.
① 기계적 응답이 좋다(속응성).
② 시정수가 짧다.
③ 제어 조작이 용이하다.
④ 기동 토크가 크다.
⑤ 직류식과 교류식이 있다.

【답】 ③

10 제어기 전달함수가 $\frac{2s+5}{7s}$ 인 제어기가 있다. 이 제어기는 어떤 제어기인가?

① 비례미분 제어계
② 적분 제어계
③ 비례 적분제어계
④ 비례 적분 미분 제어계

해설

진달함수가

$$G(s) = \frac{2s+5}{7s} = \frac{2}{7} + \frac{5}{7s} = \frac{2}{7} + \frac{1}{\frac{7}{5}s} = \frac{2}{7}\left(1 + \frac{1}{\frac{2}{5}s}\right)$$

이므로 비례적분 제어계이다.

【답】 ③

11 다음 중 DIAC(diode AC semiconductor switch)의 V-I 특성 곡선은 어느 것인가?

① 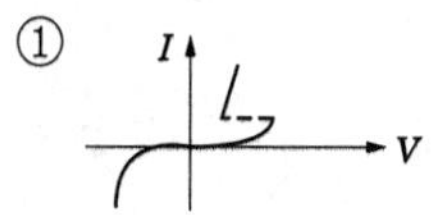

② 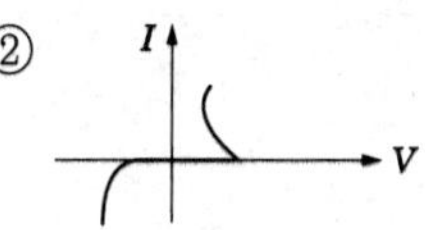

③ 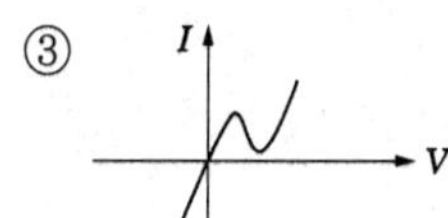

④ 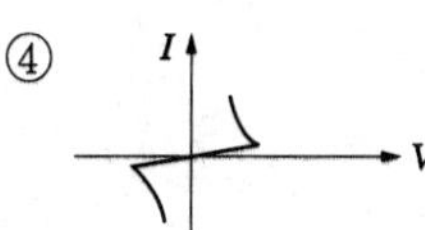

해설

SCR(실리콘 제어 정류 소자)의 $V-I$ 특성은 ①
DIAC은 양방향성 소자이므로 ④

【답】 ④

12 SCR을 사용할 경우 올바른 전압 공급 방법은?

① 애노드 ⊖ 전압, 캐소드 ⊕ 전압, 게이트 ⊕ 전압
② 애노드 ⊖ 전압, 캐소드 ⊕ 전압, 게이트 ⊖ 전압
③ 애노드 ⊕ 전압, 캐소드 ⊖ 전압, 게이트 ⊕ 전압
④ 애노드 ⊕ 전압, 캐소드 ⊖ 전압, 게이트 ⊖ 전압

해설

A(애노드)에 (+)를, K(캐소드)에 (-)를 가한 다음, G(게이트)에 트리거 펄스를 가하면 SCR은 도통상태가 된다.

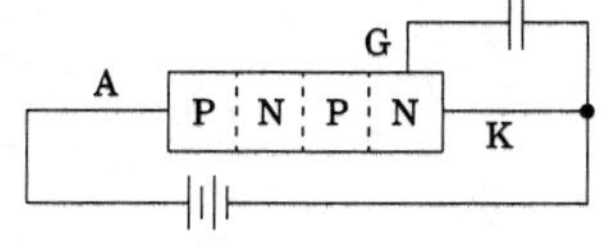

【답】 ③

13 SCR에 관한 설명으로 적당하지 않은 것은?

① pnpn 소자이다.
② 직류, 교류, 전력 제어용으로 사용된다.
③ 스위칭 소자이다.
④ 쌍방향성 사이리스터이다.

해설

쌍방향성 사이리스터는 TRIAC이며, SCR은 단일방향성 소자이다.

【답】 ④

14 그림과 같은 브리지 정류기는 어느 점에 교류 입력을 연결하여야 하는가?

① A-B점
② A-C점
③ B-C점
④ B-D점

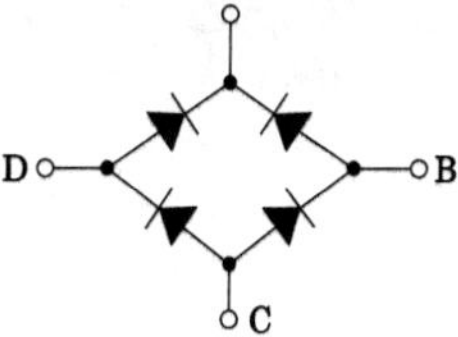

해설

브리지 정류의 경우 교류 입력은 B-D점이며, 직류 출력은 A(+)와 C(-)점이다.

【답】 ④

15 다음 그림은 어떤 소자의 등가 회로인가?

① SCR
② PUT
③ UJT
④ TRIAC

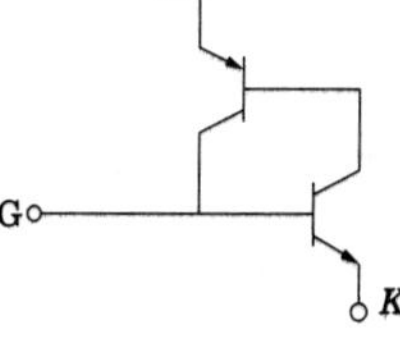

해설

SCR은 단일방향성 3단자로 소자로써 정류기능을 갖는다.

【답】 ①

16 8개 비트(bit)를 사용한 아날로그-디지털 변환기(Analog-to-Digital Converter)에 있어서 출력의 종류는 몇 가지가 되는가?

① 256 ② 128
③ 64 ④ 8

해설

출력의 종류 : 2^8=256개

【답】 ①

전기기사 · 전기공사기사
제어공학 ❺

定價 19,000원

저 자 김 대 호
발행인 이 종 권

2020年 7月 8日 초 판 발 행
2021年 1月 12日 2차개정발행
2022年 1月 20日 3차개정발행
2023年 1月 12日 4차개정발행

發行處 (주) 한솔아카데미

(우)06775 서울시 서초구 마방로10길 25 트윈타워 A동 2002호
TEL : (02)575-6144/5 FAX : (02)529-1130
〈1998. 2. 19 登錄 第16-1608號〉

※ 본 교재의 내용 중에서 오타, 오류 등은 발견되는 대로 한솔아카데미 인터넷 홈페이지를 통해 공지하여 드리며 보다 완벽한 교재를 위해 끊임없이 최선의 노력을 다하겠습니다.

※ 파본은 구입하신 서점에서 교환해 드립니다.

www.inup.co.kr / www.bestbook.co.kr

ISBN 979-11-6654-220-6 13560

전기 5주완성 시리즈

전기기사 5주완성

전기기사수험연구회
1,680쪽 | 40,000원

전기산업기사 5주완성

전기산업기사수험연구회
1,556쪽 | 40,000원

전기공사기사 5주완성

전기공사기사수험연구회
1,608쪽 | 39,000원

전기공사산업기사 5주완성

전기공사산업기사수험연구회
1,606쪽 | 39,000원

전기(산업)기사 실기

대산전기수험연구회
766쪽 | 39,000원

전기기사실기 15개년 과년도

대산전기수험연구회
808쪽 | 34,000원

전기기사실기 16개년 과년도

김대호 저
1,446쪽 | 34,000원

무료동영상 교재
전기시리즈①
전기자기학

김대호 저
4×6배판 | 반양장
20,000원

무료동영상 교재
전기시리즈②
전력공학

김대호 저
4×6배판 | 반양장
20,000원

무료동영상 교재
전기시리즈③
전기기기

김대호 저
4×6배판 | 반양장
20,000원

무료동영상 교재
전기시리즈④
회로이론

김대호 저
4×6배판 | 반양장
20,000원

무료동영상 교재
전기시리즈⑤
제어공학

김대호 저
4×6배판 | 반양장
19,000원

무료동영상 교재
전기시리즈⑥
전기설비기술기준

김대호 저
4×6배판 | 반양장
20,000원

전기/소방설비 기사·산업기사·기능사

전기(산업)기사
실기 모의고사 100선

김대호 저
4×6배판 | 반양장
296쪽 | 24,000원

온라인 무료동영상
전기기능사 3주완성

이승원, 김승철, 홍성민 공저
4×6배판 | 반양장
598쪽 | 24,000원

김흥준 · 윤중오 · 홍성민 교수의 온라인 강의 무료제공

소방설비기사 필기
4주완성[전기분야]

김흥준, 홍성민, 남재호
박래철 공저
4×6배판 | 반양장
948쪽 | 43,000원

소방설비기사 필기
4주완성[기계분야]

김흥준, 윤중오, 남재호
박래철, 한영동 공저
4×6배판 | 반양장
1,092쪽 | 45,000원

소방설비기사 실기
단기완성[전기분야]

※ 3월 출간 예정

소방설비기사 실기
단기완성[기계분야]

※ 3월 출간 예정